深圳经济特区
30年建设科技成果回顾和展望

刘琼祥　主编

中国建筑工业出版社

图书在版编目（CIP）数据

深圳经济特区30年建设科技成果回顾和展望/刘琼祥主编. — 北京：中国建筑工业出版社，2010.8
ISBN 978-7-112-12349-0

Ⅰ. ①深… Ⅱ. ①刘… Ⅲ. ①建筑工程-科技成果-深圳市 Ⅳ. ①TU

中国版本图书馆CIP数据核字（2010）第154633号

责任编辑：张振光　张幼平
责任校对：赵颖
装帧设计：深圳华新设计制作有限公司

深圳经济特区30年建设科技成果回顾和展望
深圳市住房和建设局
刘琼祥　主编
*
中国建筑工业出版社出版、发行（北京西郊百万庄）
各地新华书店建筑书店、经销
深圳华新彩印制版有限公司印刷
*
开本：635×965毫米　1/16　印张：22¼　字数：1060千字
2010年8月第一版　2010年8月第一次印刷
定价：268.00元
ISBN 978-7-112-12349-0
（19614）
版权所有 翻印必究
如有印装质量问题，可寄本社退换
(邮政编码100037)

《深圳经济特区30年建设科技成果回顾和展望》

编审人员

主　　编：刘琼祥

副 主 编：陈宜言　田玉山　张健康　丘建金　李映厚　刘绪普

顾问委员会：孟建民　陈世民　张旷成　黎克强　何家琨　支国桢

专家委员会：李泽武　魏　琏　郑大华　史丹梅　吴大农　肖　营
　　刘小敏　徐　波　谭志仁　姜成爱　瞿培华　刘建国

编写组负责人、责任编撰：张一莉　王彦深　区国雄

参编人员：陈志龙　王　宏　曾令新　李学健　疏　义　郑焕然　龙绍章　寇广辉　黄安平　徐永东
　　吴碧桥　王身风　刘声向　李　洁　邓建球　杨少林　赵行立　秦绍元　廖凤京

专业审稿

结构专业：魏　琏　刘　俊　张　剑

建筑专业：王晓东　赵嗣明　孙丽萍　司小虎　李泽武

给排水专业：刘锋钢　晏　风　毛俊琦　蔡　倩

电气专业：连建社　吴昌伟　林惠仁　凌智敏

暖通燃气专业：李　欣　杨　杰　何　菁　梁瑞贤

市政专业：万　众　张佐汉　汪全信　陈健侠　高俊合

轨道交通专业：刘树亚　吴永照　李永福　王建新

勘察与岩土工程专业：杨志银　魏万信　熊金安　朱干章

施工专业：王力健　王旭峰　米本周　夏海林　朱国梁

防水专业：张道真　赵　岩　戴尔仁　王　莹

幕墙专业：万树春　杜继予　闭思廉　王海军

混凝土专业：陈少波　麦庆南　苏　军　孟伟峰　张　健　杨江华　陈伟忠　张　辉　张满江红

总统稿：张一莉

组稿、编辑：林泽民　黄伟东

学会秘书处：刘福义　区国雄　张　帆　陈邵维

编委会

主　任：李荣强

副主任：胡建文

委　员：李子新　刘琼祥　祖黎虹　徐俊雄

组织编写单位：深圳市住房和建设局

编写单位

主编单位

深圳市土木建筑学会

深圳市建筑设计研究总院有限公司

深圳市市政设计研究院有限公司

深圳市勘察测绘院有限公司

深圳市勘察研究院有限公司

深圳市鹏城建筑集团有限公司

副主编单位

深圳市华森建筑与工程设计顾问有限公司

深圳奥意建筑工程设计有限公司

深圳市市政工程总公司

深圳市建设集团公司

深圳市建工集团公司

深圳市地铁三号线投资有限公司

中国建筑科学研究院深圳分院

中国建筑第二工程局深圳分公司

中国建筑第三工程局第一建筑公司深圳分公司

中建钢构有限公司

江苏省华建建设股份有限公司深圳分公司

参编单位

深圳市地质局

深圳市金粤幕墙装饰工程有限公司

深圳市越众（集团）股份有限公司

深圳市建筑工程公司

深圳市科顺防水工程有限公司

深圳市利源水务设计咨询有限公司

中铁建工集团有限公司

中建保华建筑有限公司深圳分公司

中国建筑一局（集团）有限公司深圳分公司

中国建筑第三工程局第二建筑工程公司深圳分公司

中国华西企业有限公司

序

深圳无疑是一座十分独特的城市。1980年8月，深圳经济特区正式建立时，还只是一个两三条小街、城区人口不过3万的边陲小镇。今天的深圳，已迅速崛起为一座常住人口近千万、经济繁荣、环境优美、功能完善、综合实力位居全国前列的新兴现代化城市。这座令人惊艳的“一夜城”仅仅用了30年时间，就完成了普通城市需要几百年才能走完的历程，不仅在中国改革开放中谱写出敢闯敢试、勇立潮头的壮丽诗篇，也创造了世界工业化、城市化和现代化发展史上的奇迹。

探究特区30年波澜壮阔的发展史，深圳建设科技是一个很好的切入点。作为一座新兴城市，深圳敢闯敢试，勇于创新，大胆破除建设领域各种条条框框和陈规旧俗，积极探索新思维新技术，在这片神奇的土地上创造了诸多不可思议的“第一”，引领国内建筑风气之先。作为一个移民城市，深圳海纳百川，广揽海内外优秀建筑设计人才，各类建设思想和理念在这里自由交汇、碰撞、升华，城市建设呈现出百花齐放、百家争鸣、生机勃勃的绚丽格局。

30年来，从蛇口工业区第一声桩响喊出“时间就是金钱，效率就是生命”这一振聋发聩的口号，到建设国贸大厦三天一层楼而震惊世界的“深圳速度”；从打造当时“亚洲第一高度”的地王大厦，到建设全国第一座大型商用核电站大亚湾核电站；从全国首创“BOT”融资模式的深圳地铁建设，到目前正在加紧施工的地标建筑——证券交易所广场、太平金融大厦、大运中心体育场……无论是早期的引进消化，还是日益强盛的自主创新与品牌发展；无论是大规模的市政工程建设，还是小批量的建筑建材应用；无论是传统的民居，还是现代化的办公大楼，深圳的城市建设具有明显的实验性、示范性和多样性特质，体现出深圳强烈的创新精神、开放的形象和国际化的视野，也恰恰从另一个角度阐释了这座年轻城市的青春活力与独特魅力。

《深圳经济特区30年建设科技成果回顾和展望》汇集了深圳30年来取得的1000多项重点建设科技成果，图文并茂，内容丰富，堪称30年深圳建设科技的集大成者，具有较高的学术价值，有助于海内外读者更好地了解深圳建设科技的发展，对建设科技工作者以及从事相关专业科研、教学人员具有较好的参考价值。

在新的历史起点上，深圳正致力于加快建设现代化国际化先进城市。如何在过去30年建设科技取得辉煌成就的基础上，继续推进深圳城市建设迈上新的台阶，是深圳建设科技工作者所面临的新的重大课题。只有继续发扬敢闯敢试的特区精神，进一步加大建设科技自主创新力度，积极在低碳经济、绿色建筑、建筑节能、废物利用、新能源和信息技术应用等领域深入探索，不断推出新技术新成果，才能再立新功、再创辉煌。希望藉此书的出版，激励广大建设科技工作者投身这项伟大的事业之中，为深圳建设科技、为特区的未来发展作出新的更大贡献。

深圳市常务副市长：吕锐锋

科學技術要更好
地為特區經濟发展
服務

谭庆琏
二〇一〇年七月書

谭庆琏　中国土木工程学会理事长题词

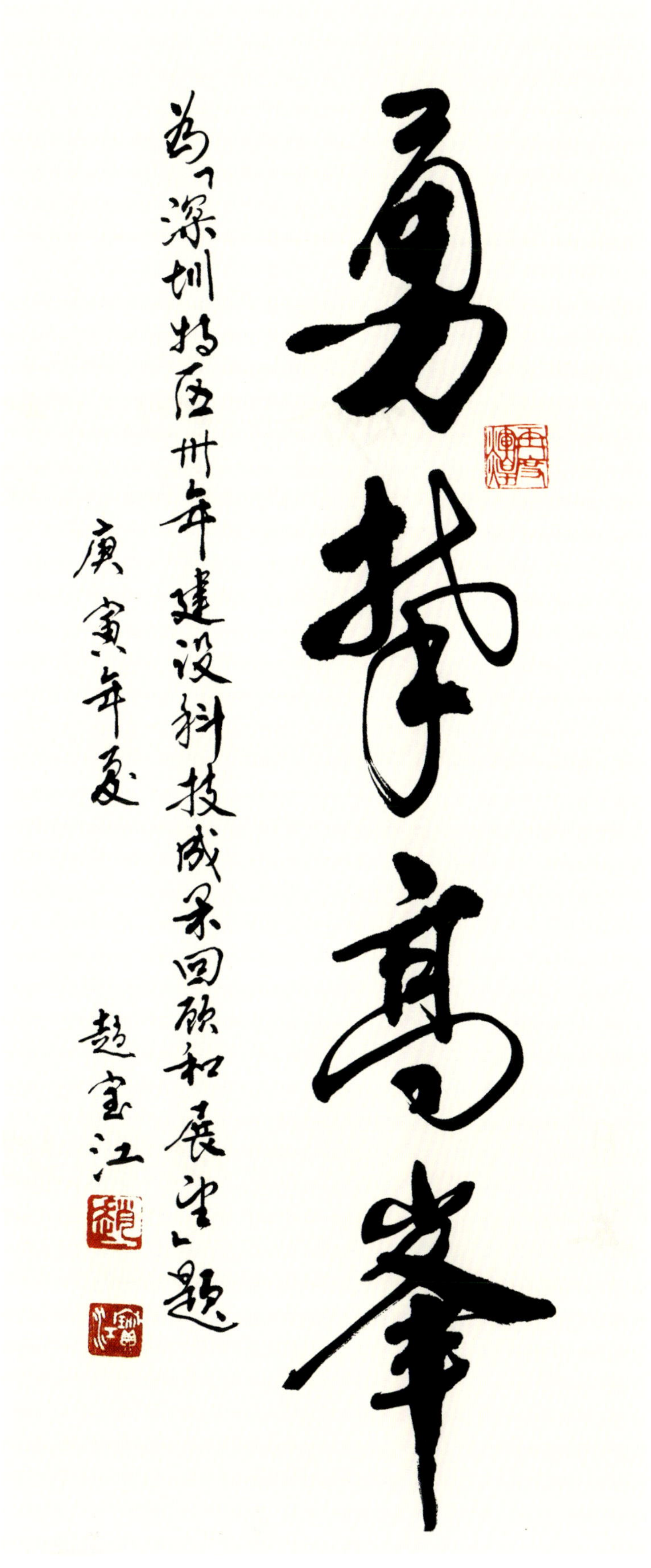

赵宝江　中国城市规划协会会长题词

前　言

时至今日，仅仅用抽象的时间和数字来丈量南海之滨的深圳特区经济发展和建设的成就，不说是不恰当，至少也是不够深入和形象。30年的时光，当改革开放的春风吹遍神州大地之时，深圳因其特殊的区位优势而得风气之先，从蓝缕初创到巍然傲立，深圳奇迹般成为一个现代化的大都市，成就了中国改革开放程的一个独特切片与窗口。

如果说人们视野中的深圳是深南大道两侧林立的摩天大楼，还有令人惊叹的“深圳速度”，那么，对那些亲身参与或经历深圳发展全过程，那些曾经为深圳的每一步发展、每一点变化而作出了无尽努力，那些在深圳城市建设和发展的过程中注入了自己的智慧和精力，付出了青春和汗水的建设者来说，每一天深圳的变化虽然无形却更为实在。无论阴晴雨晦，无论春夏秋冬，他们在这片热土上匆匆而沉重的脚步夯实了这个城市的躯干，忙碌而充实的生活成就了这个城市的华章。

记录城市建设者们的成就与功绩，就是雕刻城市的历史，传承城市的脉动。所有为这个城市建设作出过努力、流过汗水的人们都不应该被忘却。正因如此，值深圳特区成立30年之际，组织《深圳经济特区30年建设科技成果回顾和展望》一书才具有极其特殊的含义。

本书并不是想通过简单的罗列来为深圳特区建设发展的奇迹作注脚，而是想通过具体而微的方式，全面展示已有的成就并为未来探索方向和提供思路。本书分结构、建筑、给排水、电气、岩土工程、市政工程、轨道交通、施工、混凝土工程、幕墙、防水工程等各个专业，全面收集整理深圳特区成立30年来的建设科技成就。每一个专业领域，我们都以“回顾和展望”的形式，在总结30年发展的特色与成就之时，根据目前的建筑科技发展趋势，对未来展开了设想。如结构科技与创新方面，总结深圳建筑结构30年的发展首先体现在结构设计方式的变革上。第一个十年基本采用手算方式，第二个十年开始采用计算机，由程序进行计算分析，由计算机进行绘图；第三个十年由于不同力学模型的计算机程序的开发应用，结构设计有了结合实际进行选择和对比的可能。这三个十年的代表性建筑分别是：国贸大厦、发展中心大厦、体育馆；香格里拉大酒店、地王商业大厦、赛格广场、市民中心；宝安体育馆、会展中心、大运会中心体育场、证券交易所和京基金融中心。而从未来发展的角度来看，建筑结构设计主要要在几个方面着力：加强对高层建筑和超高层建筑的结构设计研究；对已建抗震设防不足的建筑进行抗震鉴定和必要的加固；进一步把循环经济、节材、环保的理念贯彻到结构设计中，并把中小学校的教学楼建成抗震的避难所。

再如从建筑设计与科技创新角度，深圳走过了借鉴模仿到探索创新再到自主创新的历史发展过程。第一个阶段，深圳城市建设基本是借鉴香港、新加坡等城市的建设发展模式，建设了节地集约式公共建筑，形成了深圳的第一个CBD，建设了8大文化建筑，并对生态住宅建筑作出了有益的探索。第二阶段，深圳进入发展的快车道，在国际先进建筑技术的介入和引领下，水平不断提高，并不断探索本土化的设计特色。打造了中心CBD，注重低碳生态设计，生态住宅设计走向成熟，积极进行风格创新并运用新技术、新材料、新工艺、新设备。第三个阶段是低碳、生态、高科技阶段。这一阶段的深圳建筑设计强化了科技创新和技术集成应用，积极推进“四节一环保”和绿色建筑技术的开发和推广，促进节约型城市和节能省地型住宅与公共建筑的发展。编制组织了建筑节能与绿色建筑的各种标准规范，发布实施了各种政策法规；建立技术保障体系并推广认证体系；开展示范工程建设，创建了一批达到国内领先水平的绿色与节能住宅区和公共建筑。深圳建筑的下一个十年，应该加强建筑资源利用与环境研究，发展建筑循环经济，研究建筑活动对生态环境和住区环境的影响，建设资源节约型和环境友好型住宅区，结合住宅产业化城市级示范，开展示范工程，营造具有时代特点和地域特征的低碳、绿色、生态与节能建筑。其他如给排水、电气、岩土工程、市政工程、轨道交通、施工、混凝土工程、幕墙、防水工程等都进行了非常仔细的总结和展望。

本书最后一部分列举了深圳建设行业有关单位主编或参编的国家、行业及地方技术标准。希望通过这样的成果展示的方式，对默默付出的建设者们给以充分的肯定，给他们带来无尽的欣慰，同时也为正在为深圳发展尽力的人们予以鼓励与支持：深圳不会忘记你们！

沧海横流显本色，一百年太久，只争朝夕，现代深圳人的追求必将在中国历史上留下浓墨重彩的一笔！

深圳市住房和建设局局长：李荣强

目　录

第一章　结构专业

深圳结构科技创新30年

刘琼祥

对人类历史来说，30年只是弹指一挥间，对一个城市成长发育来说，也仅仅是懵懂童年，混沌初开，但让我们自豪的是，我们可以看到深圳这个新型城市的内涵，看到它30年科技进步的足迹，可以与很多百年城市媲美。

本章收集了深圳经济特区30年建筑工程结构设计近百项科技成果，大部分是在高层建筑结构设计或大跨度结构设计中，解决复杂疑难技术问题的过程中取得的，另一部分是推广应用建设部、广东省已有科技成果并加以改进或发展。

结构设计的方式，在这30年有很大的发展。第一个十年基本采用手算方式，主要工具是计算手册加计算尺，绘图还是图板作业；第二个十年开始采用计算机设计，由程序进行计算分析，由计算机进行绘图；第三个十年计算机的容量、速度都有很大改进，不同力学模型的计算程序也逐渐开发应用，使结构设计有了结合工程实际进行选择和对比的可能。结构设计生产方式的变革，不仅大大提高了设计效率，而且使弹性时程分析和弹塑性时程分析成为可能。

第一个十年以国贸大厦、发展中心大厦、体育馆为代表。国贸大厦高160m，采用抗侧刚度好的钢筋混凝土筒中筒结构，滑模施工，创造了“三天一层楼”的深圳速度；发展中心大厦高154m，采用钢框架—混凝土剪力墙结构体系；体育馆的屋盖结构为90m见方的焊接球节点钢网架，由柱距为63m的4根大柱支承，整个屋盖在地面整体拼装后沿4根大柱顶升至设计标高。

第二个十年以香格里拉大酒店、地王商业大厦、赛格广场、市民中心为代表。香格里拉大酒店高114m，为三叉形平面，采用钢筋混凝土巨型框架体系，利用中部电梯间组成三角形中央筒体，三翼端部的楼梯间和管井组成端筒，横跨中筒和端筒的巨型框架梁净跨16.5m，每两层巨型梁之间设置6层小框架；地王商业大厦为与外方合作设计项目，高325m，结构81层，采用矩形钢管混凝土柱钢梁组合框架—混凝土核心筒混合结构体系，由于结构高宽比太大，采用了4道竖向支撑和3道加强层以提高抗侧刚度；赛格广场高292m，结构72层，内筒采用钢管混凝土密柱框筒及纵横各4道组合剪力墙，外围设置16根钢管混凝土稀柱，另设4道加强层和腰桁架，是由中国结构工程师自行设计并率先采用钢管混凝土柱组合结构的超高层建筑；市民中心结构设计的特点是486m长、120～154m宽的双曲网壳屋盖，象征大鹏展翅，中部支座于方塔、园塔的钢牛腿上，其最大压力为2300t，东西两翼则各自支承于17组树状钢管柱上。

第三个十年以宝安体育馆、会展中心、大运会中心体育场、证卷交易所广场和京基金融中心为代表。宝安体育馆钢屋盖140m见方，支座内跨度为101m，角部最大悬挑达49m，采用多钢管交汇的空间桁架结构，整个屋盖支承至12根Y形柱上，选用了金属弹簧万向抗震支座。深圳会议展览中心采用混凝土框架及钢结构，展厅126m跨弧形钢梁采用钢棒下弦形成张弦结构，与弧形梁刚接的钢柱下端采用铰轴式支座。大运会中心体育场采用大型单层折面空间网格结构体系，屋盖由20个结构单元组成，悬挑长度由52m至68m，采用了大型多枝杈铸钢节点及热成型工艺加工超厚壁钢管。上述三项工程的结构体系均属国内首次采用。证卷交易所广场的特点是裙楼不在地面，其抬升裙楼为巨型悬挑钢桁架结构。裙楼东西162m，各悬挑36m；南北98m，各悬挑22m；裙楼高25.5m，距地面36m，主桁架各杆均为箱型断面，最大钢板厚度

100mm。京基金融中心楼高439m，98层，是深圳目前最高建筑，采用巨型斜支撑外框架—混凝土核心筒结构体系，设置了3道加强层和5道腰桁架，框架由矩形钢管混凝土柱和型钢组合梁构成，底部核心筒1.9m厚内置型钢，采用了C80高性能混凝土和主动控制减振系统。

除上述体现在典型工程中的综合科技成果外，结构设计还在理论研究与应用、结构体系、构件与节点、基础等方面有不少科技成果。比如，在ABAQUS大型通用程序的二次开发上，几个设计研究单位都取得了可喜成果，使该程序在弹塑性时程分析方面得到了应用，其开发和应用水平处于全国领先水平；对混凝土结构耐久性对策的研究与应用，对滨海建筑的耐久性设计具有参考价值；进行了对复杂结构智能监测系统的研究和应用等。在获得专利方面，钢管再生混合柱为回收利用建筑固体废弃物提供了简便的出路。还有减振耗能阻尼片、吸振耗能装置以及钢屋盖等专利，都在工程应用中取得了良好效果。

深圳今年将出台《深圳市建设科技十二五发展规划》，为建设领域增强自主创新能力、加大培养人才力度提出了新的发展蓝图。深圳市经过30年的快速发展，开始出现土地空间限制、能源和水资源短缺、人口膨胀压力、环境承载力“四个难以为继”，面对这些发展中的挑战，建筑结构设计应在下列几个方面作出努力，为深圳建设作出新的贡献。

一、加强对高层建筑和超高层建筑的结构设计研究

在高层建筑里工作和居住，显然不如在多层建筑里舒适，如果遇到台风、地震或火灾，其风险将更大，同时建设费用、运行费用比多层建筑高得多，这些都是高层建筑客观存在的弱点。但是，高层建筑毕竟是新技术、新结构、新工艺、新材料的产物，也是一个城市经济繁荣和科技进步的体现，尤其在建筑用地短缺、地价昂贵的地区，高层建筑仍然受到建设主管部门和投资者的青睐。

联合国人口和发展委员会于2005年2月6日发布报告指出，全球65亿人中有50%居住在城市，预计到2030年将有61%的人口共计50亿人要住在城市。如果按这种城市化趋势推算，再过20年，我国的城市人口将增加3亿人。但是，我国人均耕地太少，城市用地有限，这些拥入城市人口的生存空间在哪里？显然，只有向高空发展。尤其是像深圳这种早已出现建设用地“难以为继”的瓶颈性制约的城市，建造高层建筑将是今后二三十年的必然趋势。

在深圳这个七度地震区和台风地区建造高层或超高层建筑，尚应加强下列工作：

1.依托重大工程，加强超高层建筑结构抗震性能和抗风性能研究，包括结构体系的创新和研究，转换构件的创新和研究，结构抗扭性能的研究。

2.加强高层建筑采用钢结构或钢—混凝土组合结构的设计研究。这种结构自重轻、构件断面小，对高层建筑抗震十分有利；除了加强结构节点构造的研究外，还要加强钢结构高效防火、防锈涂料的开发与研究。

3.加强罕遇地震作用下，结构弹塑性时程分析方法的开发与研究。

4.加强在高层建筑中消能减震技术的研究与应用。

5.依据重大工程，加强结构健康监测系统的研究与应用，以准确掌控重大工程在地震、台风或火灾后的受力和变形状况，及时采取有针对性的安全应急措施。

二、对已建的抗震设防不足的建筑进行抗震鉴定和必要的加固

在深圳建设的30年里，抗震设防烈度经历了三次变化：（1）在1980～1989年第一个十年里，深圳市的抗震设防烈度定为六度；（2）在1990～2000年第二个十年里，深圳市的抗震设防烈度是“北六南七”，即松岗、石岩、龙华、横岗南、葵涌北一线以北为六度，以南为七度；（3）从2001年至今的十年里，整个深圳市定为七度。这就出现了大批已建房屋抗震设防不足的问题。

在今后20年内，环太平洋地震带处于活跃期，而深圳正处在我国东南沿海地震带上，受前者诱发地震的几率较大，必须高度关注。为此，对深圳市2000年前已建设的抗震设防烈度低于七度的房屋应分期分批进行抗震鉴定和必要的加固。首先对抗震生命线工程如医疗建筑、消防车库、给排水建筑、燃气建筑、电力建筑、交通运输枢纽建筑、邮电通信和广播电视建筑等进行鉴定和加固；其次对人员密集的公共建筑，如影剧院、展馆、商场以及人数较多的

幼儿园、中小学教学楼进行鉴定和加固。

三、进一步把循环经济的理念贯彻到结构设计中

据2009年调查统计，我国拆除旧建筑产生了2.6亿t固体废弃物。随着我国城市化的进程和城市改造的扩大，固体废弃物呈逐年增多的趋势。固体废弃物包括砖块、石块、混凝土块、玻璃、钢材、木材等，现在除部分物资经分检回收外，大部分均当作建筑垃圾被填埋。今后在结构设计中可推广采用下列构件来消化这些可利用资源：

1.采用钢管再生混合柱。这种构件是把废弃的混凝土块体作为骨料装入钢管，可以做成有很高抗压承载力的框架柱或剪力墙边缘构件，这种技术已由深圳建筑设计研究总院与华南理工大学合作研究成功并获得发明专利，并已用于工程实践效果良好。

2.采用复合桩基，用固体废弃物作为桩底扩大端的填充材料。在夯扩过程中，既可挤密持力层，又可扩大端承面，从而获得较高的承载力。

3.采用固体废弃物经破碎后制成的空心砌块，可用于框架结构的填充墙、多层砌体结构的承重墙等处。

四、进一步把节材理念贯彻到结构设计中去

“四节一环保”，节材首当其中，我国人口不断增长，深圳人口不断膨胀，资源非常有限，材料很难再生，节材是结构设计必须遵守的原则。

1.大力设计钢结构房屋。我国早已是世界第一产钢大国，钢材强度高，环保钢材大量运用，有利于节材、环保。钢结构比混凝土结构抗风抗震性能好。

2.大力研究和应用高强度、高性能混凝土。加强C80以上高性能混凝土应用研究，加强高强钢筋应用，加强高性能钢的应用。加强混凝土耐久性能研究，建立混凝土耐久性能评价指标，进行海砂混凝土劣化和预防技术研究。加大环保型高性能混凝土外加剂的研究和应用。

3.延长建筑物使用寿命，减少材料应用。深圳是一个海滨城市，风大，腐蚀严重。要加大风环境研究，加强风时程研究与分析。加强抗腐蚀性耐久结构构件研究，有针对性设计，延长建筑物使用寿命。

五、进一步把环境保护的理念贯彻到结构设计中

目前深圳市几乎所有的混凝土结构主体，都是靠现场浇筑完成的，这需要有搭脚手架、支模板、绑钢筋、浇混凝土、浇水养护、折模板等一系列现场作业。这种人流物流反复交叉、干湿作业轮番交替的施工现场，其向四周散布的噪声和灰尘可想而知。为什么不能把混凝土板梁柱墙放在工厂预制，再运到现场吊装就位呢？想要改变现在施工现场对周边环境的干扰和破坏，采用主体结构预制化、装配化是一条出路。

20世纪曾经推行过的框架轻板建筑、大板建筑，应该说是成功的实例。结构设计应从环保理念出发，继承这些成功经验，并在新的历史机遇和条件下，扬长避短，继续发扬光大。万科企业股份有限公司研发的预制混凝土体系住宅，已为深圳建筑产品的预制化、装配化、产业化开了一个好头。

六、把中小学校的教学楼，建成抗震的避难所

汶川地震震害最让人痛心的，莫过于孩子们在教室内遇难，因为它涉及我们的努力奋斗何人继承的问题。

把教学楼建成抗震的避难所，是东边邻国的做法，在当前国际形势下，是我们应优先借鉴的一点。纵观各省市经济实力，深圳市能拿出几十亿修大运场馆、几百亿修地铁，在今后若干年里，也应该挤出钱为我们的接班人修建抗震避难所。

1.对深圳市而言，目前按现行抗震规范设计的教学楼，只能达到在遭遇八度地震时房屋不致倒塌。倘若遭遇八度以上地震时，可能发生危及生命的严重破坏，这与抗震避难所的要求还相距甚远。

2.建设主管部门可以会同教育主管部门，确定在深圳市建造教学楼的抗震性能目标，比如在遭遇十度地震时不致倒塌。

3.组织各设计单位举行设计竞赛，从功能性、安全性、经济性、可信性，适应性、可实施性等方面评选出获奖设计，供教育部门建设新教学楼时选用。

4.对现有中小学教学楼，根据已进行抗震鉴定的结果，提出达到与新建等同抗震性能目标的加固方案和设计，并尽快予以实施。

5.一座现代化城市，在遭遇不可抗拒自然灾害的时候，居民们到何处去避难？本来就应有这种设施，而将其与教学楼结合起来，真是一举两得的上策。

完成了上述几点，汶川悲剧才不会在深圳经济特区重演。

结构专业

一、获奖及典型工程结构设计综合成果

(一)深圳国际贸易中心结构设计

完成单位：中南建筑设计院（原湖北工业建筑设计院）

主要完成人：黄耀莘、樊小卿、周世昌、张子仲、刘文楚

完成时间：1982年6月

所获奖项：1986年湖北省科技进步一等奖；1986年城乡建设环境保护部科学技术进步二等奖；1987年国家科技进步三等奖；1994年全国首届优秀建筑结构设计一等奖

1.成果简介

深圳国际贸易中心是一座综合性商业大厦，总建筑面积10万m^2，主楼53层，地面以上高160m，并设有直径34m的旋转餐厅、直升机停机坪等。主楼采用大直径挖孔桩，在外筒各柱下按"一柱一桩"布置。采用钢筋混凝土筒中筒结构体系，进行了结构空间工作状态的特性分析。标准层内、外筒之间采用扁梁的肋形楼板结构。采用滑模施工。

2.应用与效益

作为深圳市的标志性建筑，丰富了城市景观，繁荣了城市经济和文化生活，突出了深圳改革开放的形象。国贸旋转餐厅被国际旅游组织定为"世界十大旋转餐厅"之一。

滑模施工创造了"三天一层楼"的深圳速度。该项目交付使用后，两年内收回全部投资。除了40%的面积为物业集团自用外，60%面积出租，年入颇丰。总之，取得了良好的社会、环境和经济效益。

(二)深圳体育馆结构设计综合成果

完成单位：深圳华森建筑与工程设计顾问有限公司

主要完成人：陈元椿、符史瑶、张运田、邱国华

完成时间：1985年

所获奖项：1987年国家优秀设计银奖

1.成果简介

屋盖结构为90m×90m四支点焊接球节点钢网架，支点柱距63m。看台为大跨度悬挑斜框架，悬挑净跨9m，屋盖和看台结构为各自独立体系。整体上由4根支撑柱承托屋盖和大跨度悬挑看台，结构简洁有力，较好地展示了体育建筑的风格。对焊接球节点

和4支座受力复杂的钢球进行了系统试验。网架在地面整体拼装后沿支撑柱顶升至设计标高。

2.应用与效益

工程从设计到建成仅用两年半，25年来举办了许多重大比赛和纪念活动，使用情况良好。

(三)深圳发展中心大厦结构设计综合成果

完成单位：深圳华森建筑与工程设计顾问有限公司

主要完成人：张报光、都焕文、姜峻岳、张仕通、程永年

完成时间：1984年12月

1.成果简介

本工程高153.98m，建筑面积约75000㎡，塔楼地面以上39层，地下1层，29层以上是办公楼，以下是酒店。

采用钢框架和钢筋混凝土剪力墙联合承重的结构体系，采用压型钢板组合楼板。结构计算采用香港理工学院STRUDL程序，同时还用有限条程序和SAP6程序进行分析比较。本工程设计时，国内尚无高层建筑结构设计规范，因此参照美国规范有关条文。本工程就风荷载控制专门作了风洞试验。

2.应用与效益

本工程建于深圳特区初创阶段，建筑设计为美国公司，机电设计为香港公司，华森公司负责结构设计，是当时最早采用混合结构的超高层建筑。由于立面新颖别致，为深圳经济特区树立了很好的形象。

(四)深圳香格里拉大酒店结构设计综合成果

完成单位：广东省建筑设计研究院

主要设计人：容柏生、陈宗弼、刘玉树

完成时间：1992年

所获奖项：建设部科技进步二等奖

1995年全国建筑学会优秀结构设计二等奖

1.成果简介

主楼为Y形塔式建筑，采用现浇钢筋混凝土巨型框架结构

体系，结构层数共33层（含旋转餐厅部分的5层），总高度为114.10m。在竖向结构方面，利用中部的电梯间和管道井，组成三角形的中央筒体，再利用三个翼端的梯间和管道井分别布置基本闭合的筒体，中央筒和六个翼端筒共同构成整幢建筑的竖向承重结构；平面采用多层承重形式，每隔6层设置一个结构承重层，于每翼并排4根承重大梁，跨度为16.5m，大梁与上下楼板和加劲肋形成类似箱形结构。上述的竖向结构（群筒）和水平结构（承重层）通过刚性连接，组成主楼的巨型框架结构。大框架各翼承重层间，采用6层小框架由承重大梁承托，或中柱只到五层，使第六层成为大空间，或中柱只做4层，上吊一层，使第五层形成大空间。边柱顶与上层承重大梁采用垂直滑动连接。

2.应用与效益

巨型结构是一种经济、新颖的结构体系，其优点是每个大空间内，都可以按建筑布局要求，灵活设置小尺度的次结构。该工程为深圳第一座巨型结构高层建筑。

(五)深圳地王商业大厦结构设计综合成果

完成单位：新日本制铁株式会社、深圳市建筑设计研究总院
主要完成人：木村功、白井贵志、王彦深、吴时适、扶长生
完成时间：1994年6月设计，1996年3月竣工

1.成果简介

塔楼建筑面积16万m^2，高度324.75m，地上81层，地下3层，采用钢框架—混凝土核心筒结构，塔楼大屋面高310m、宽

37m，高宽比8.37，高度及高宽比超限。

2.创新点

（1）采用混合结构体系：外框架采用矩形钢管混凝土柱和工字钢梁；设置3道加强层，斜杆为矩形钢管；在外框架角柱与核心筒之间增设内柱，在角柱和内柱之间设置竖向支撑(共4道)；楼盖采用工字钢梁、压型钢板组合楼板。

（2）对风压高度系数的调整：本工程前后进行了三次风洞试验，发现风压沿高度的分布，在2/3高度以上与《荷载规范》规定不符，由于风的流动不仅从建筑物两侧，也开始从顶部流过，所以风压随高度的增加反而减小，于是在2/3高度以上，调整为全按2/3高度处的系数值采用。

（3）促进规范对超高层建筑层间位移角控制的改进：本工程在风载下，最大的层间位移角为13.79/3750=1/272（第57层），远大于我国规范限值1/800。经计算，该层由层弯矩和层剪力引起的水平位移只有0.133mm，层间位移角只有1/28195；真正最大的受力层间位移为0.506mm（第五层），其受力层间位移角也只有1/7405。说明对超过150m的高层建筑应扣除非受力水平位移，该成果归功于魏琏教授的指导。

3.应用与效益

上述对规范限值的调整，不仅获得了中外方结构设计人员的支持，也在竣工验收中获得政府主管部门和各方专家的认同。时隔7年后，在2001版《建筑抗震设计规范》中终于作出了改进说明。

(六)深圳市邮电信息枢纽大厦结构设计综合成果

完成单位：深圳市建筑设计研究总院
主要完成人：吴时适、黄斌、吴宏雄、王启文、马启民、陈孝堂、龙平、王笑丹、黄文俊
完成时间：1996年5月
所获奖项：全国第四届优秀建筑结构设计二等奖

1.成果简介

深圳市邮电信息枢纽大厦，为抗震的生命线工程，主塔楼48层，高185m，副塔楼22层，高99m，主副塔楼间距为40m，其间设有通信电缆天桥连接。总建筑面积18万m^2。

整个结构为大底盘多塔楼结构，主塔楼采用框架—核心筒结构，23层以下框架柱采用圆钢管混凝土柱，第二十一、四十层为加强层，局部荷载较大楼层采用型钢混凝土框架梁。副塔楼采用框架—剪力墙结构，天桥采用钢结构、橡胶减震支座。

创新点：（1）演播大厅需要平面32m×40m、高10m的大空

间，在其上两层楼采用空腹桁架进行转换。

（2）40m跨通信电缆天桥。

（3）大直径钢管混凝土柱的节点，委托哈尔滨建筑大学做了节点试验。

3.应用与效益

本成果是20世纪末邮电部最先进的业务大楼，为抗震设防的生命线工程，有较大的环境和社会效益。

(七)深圳特区报业大厦结构设计综合成果

完成单位：深圳大学建筑设计研究院

主要完成人：傅学怡、陈宗良、朱顺发、王建俊

完成时间：1996年8月

所获奖项：第三届全国优秀建筑结构设计一等奖 （2003年）

1.成果简介

地下3层，地面以上47层，主体建筑高186.65m，钢结构桅杆顶高262.05m。总建筑面积99300㎡。现浇钢筋混凝土筒体—框架结构，主筒体连续完整，采用稀柱框架，主框架圆柱截面分3次收分变阶。

结构设计特点：（1）较全面分析了底部楼层抽空、双筒水平温差收缩、二～四层悬臂多功能厅、屋顶钢桅杆等复杂不利影响，采取有针对性加强措施，适当弱化上部筒体刚度，节省了钢材，方便了施工。（2）采用巨型悬臂钢筋混凝土桁架，合理采用斜撑结构、平面铰节点等新颖合理的结构。（3）采用全悬臂钢楼梯，并经现场载荷试验验证。

2.应用与效益

经济、技术指标良好，受业主好评，该建筑现已成为深圳市重要标志性建筑。

(八)鸿昌广场结构设计综合成果

完成单位：中国建筑科学研究院深圳分院

中南建筑设计院

主要完成人：宁淦泉、魏琏、陈妍桂、杨金明、皮绍刚、寿震华、张辉

完成时间：1996年

1.成果简介

深圳鸿昌广场建筑面积约13万㎡，64层，楼高218m。

创新点：（1）结构加强层。在竖向结构布置中，设置了三个结构刚性加强层：将内筒外墙延伸外筒，构成刚度很大的旋臂墙，有效地提高抗侧力的刚度。（2）施工条件下的模拟结构分析。在沉降缝未封闭前，将主楼和裙房视为两个独立的结构分析，封闭后将裙房以下的结构视为一个整体，形成新的刚度体系，按施工进度再分四次撤模，逐步加载。计算中还考虑了主楼和裙房间差异沉降10mm的要求，并入施工模拟的运算之中，达到裙房施工完成不久，上部主体还在施工的条件下就要求封闭后浇带，实现底层能简单使用的目的。（3）高强混凝土的应用。

2.应用与效益

高强混凝土的应用；是深圳最早采用C60高强混凝土的超高层建筑；施工中的实际强度已达到C65。

完成时是我国内地已经建成的最高钢筋混凝土高层建筑，为我国超高层的钢筋混凝土建筑积累了一整套宝贵的设计和施工经验。曾荣获全国建筑结构优秀设计三等奖。

(九)深圳市赛格广场结构设计综合成果

设计单位：香港华艺设计顾问(深圳)有限公司

主要设计人：吴国林、王兴法、马强、赖远彬、王家全

设计时间： 1997 年

所获奖项：全国第四届优秀建筑结构设计一等奖

1.成果简介

总面积为17.5万m^2， 塔楼72层，屋面标高为291. 6m，标准层层高为3.7m， 平面尺寸为43. 1m×43. 1m，四角切角形成八边形平面，屋面的东北方设有总高为345.8m的双联天线塔。内筒采用钢管混凝土密柱、实腹式双型钢梁组成的框筒，筒内设置纵横各4道钢骨混凝土组合剪力墙，构成塔楼主要抗侧力构件；塔楼外围设置16根钢管混凝土稀柱, 各层均设有环向钢梁，在19、24、49、63各设一道腰桁架，在19、24、49、63、72层沿主轴方向设四道水平刚性桁架。楼面钢梁采用实腹式工字型截面，与钢管混凝土柱刚性连接，采用压型钢板上浇84mm厚混凝土组合楼板。先后做了钢管混凝土结构大模型及4种不同形式的钢管混凝土梁柱节点模型的试验，最后选用了钢管混凝土柱内环结构加混合连接——钢梁腹板用高强螺栓连接、翼缘剖口熔透焊接，施工时还做了1：1梁柱节点的现场试验。

2.应用与效益

由于选择了钢管混凝土柱和SRC组合剪力墙结构，构件断面缩小，不仅增加了4000m^2的使用面积，还使大楼自重减轻，仅为混凝土结构自重的2/5，对抗震极为有利。 本工程钢板不超过30mm，不仅保证了焊接质量，还减少了焊接时间，节省了材料和成本。

(十)市民中心结构设计综合成果

完成单位：深圳市建筑设计研究总院有限公司

主要完成人：吴时适、王启文、陈孝堂、黄文、黄文俊、黄昕、王笑丹 、廖述江

完成时间：1998年1月设计，2005年5月竣工

成果简介

（1）6万㎡、最大悬挑50m的双曲网壳设计。象征大鹏展翅的大屋顶，长486m，宽120~154m，造型复杂，中部支承于方塔的4个牛腿和园塔的8个牛腿上，东西两翼各自支承于17组树状支柱上。风振系数如何取值是设计难点。进行了两次风洞试验和多次专家论证。

（2）承载力达2300t的钢牛腿设计。方形塔楼高85m，四个角设牛腿支承大屋顶的重量，西南角牛腿承载力达2300t，设计采用从钢柱内焊出3块厚钢板制成钢牛腿。由于施工原因牛腿要切成两部分，等大屋顶吊上去、两部分焊接成整体以后，再把大屋顶放下来支承于牛腿上。支承2300t重量的钢牛腿在工程界是空前的，在汕头大学通过试验进行了验证。

（3）框架结构顶层巨大水平拉力应对技术。东区的采光棚屋项，采用平行弦预应力桁架，施加预应力后周边产生21t/m的拉力，作用于框架结构的顶部。采用如下应对措施：框架多加斜杆;采光天棚旁两块网架改为钢筋混凝土梁板结构；屋面次梁改为45°斜放，令其与钢索方向一致;屋面板增加预应力钢筋；加强采光天棚周边梁的刚度。

（4）采用万向承力钢支座解决大屋盖与下部结构的变形协调问题。大屋盖要求支座的最大位移量达116mm，承载力为

150～2300t，采用徐国彬教授研制的万向承力钢支座。因其可承受轴压力和拉拔力，水平位移可自行恢复，又可作适量的转动，很好地解决了大屋盖与下部结构的变形协调问题。

(十一)招商银行大厦结构设计综合成果

完成单位：深圳市建筑设计研究总院有限公司

主要完成人：吴宏雄、王启文、成永忠、吴时适

完成时间：1998年1月，2001年竣工

1.成果简介

招商银行大厦建筑面积约6万m^2，地上54层，地下3层，屋面标高237.10m，框架—核心筒结构。因建筑功能需要，十字形核心筒有一个肢不能落地。在五、六层之间采用巨型钢结构平面和竖向桁架做结构转换层，上方不落地的墙肢做成钢结构。

2.应用与效益

（1）在框架—核心筒结构中采用十字形核心筒，核心筒不完整落地，在超过200m的超限高层建筑中属国内首创。

（2）把钢结构和混凝土结构巧妙结合在一起，并应用于200m以上的高层建筑中，也属国内首创。

(十二)深圳机场A、B号候机楼改扩建工程结构设计综合成果

完成单位：中国建筑东北设计研究院有限公司深圳分公司

主要完成人：A楼: 窦南华、李豪邦、刘健、张锦生

B楼: 杨良卿、隋庆海、韩晓辉、吴镇江、罗志峰

完成时间：1998年（A楼）、2004年（B楼）

所获奖项：A楼、B楼均获建设部优秀勘察设计二等奖

1.成果简介

A楼建筑面积为7.6万m^2，B楼为7.8万m^2，结构形式皆为混凝土框架+钢结构。主要创新点：（1）A楼在大空间屋盖钢结构设计上，首次使用了四叉支撑与三角空间曲线管桁架组成结构，桁架跨度60m，悬挑跨度18m，桁架上弦直接铺设矩形钢管檩条。四叉支撑使其与屋盖构件的节点成为铰接，节约了造价。三角空间曲线管桁架的腹杆与弦杆采用相贯焊接节点。（2）B楼为改造项目，最大限度地利用了原有结构。在原有柱上新加梁时，植筋与加大截面相结合；对部分原有梁粘贴钢板；局部基础加固采用锚杆静压桩。

2.应用与效益

本工程每平方米用钢量约70kg。相贯焊接节点美化了钢结构，为钢结构直接作为建筑装饰提供了条件。该工程成为深圳市标志性建筑之一。

(十三)深圳大中华国际交易广场结构设计综合成果

设计单位：中国建筑科学研究院结构所、中国建筑东北设计院深圳分院

主要设计人：李东彬、代伟明、魏琏、赵基达、陈永春、邢凤春、孙仁范

设计时间： 1998年

所获奖项：全国第四届优秀建筑结构设计二等奖

成果简介

总建筑面积36万m^2， 各部分层数不同：南侧为9~25层， 北侧为38~46层，采用框架剪力墙结构体系；中央为柱网达34m×42. 5m 的大厅，仅在四角设有柱子，一、二、三层为证券交易大厅，屋顶为花园，层高分别 为17. 3m、10m、15. 6m。对大厅楼盖进行了四个方案的技术经济比较，最终巧妙地利用第二层10m层高的空间，将一、二层34m跨框架梁联合组成为一榀拱架，选用了34m跨拱架加单向简支密肋梁楼盖结构的方案。对中央交易大厅还进行了整体分析、拱的稳定分析、楼盖舒适度验算。

(十四)深圳游泳跳水馆结构设计综合成果

完成单位：中国建筑设计研究院、华森工程设计咨询公司、ORUP

完成人员：霍文营、孔江洪、何向阳、王金祥、马跃庭

完成时间：2000年10月

所获奖项：国家优质工程银奖

1.成果简介

因屋盖跨度最大近300m，故本工程屋盖采用索架结构。沿建筑横向设置一榀梭形主桁架，其总长近190m，为减小跨度，在桁架中部设两组（每组两根）支撑柱，使得梭形桁架变为连续三跨；在游泳及跳水区，纵向设置桁架跨度分别为160m及90m，利用梭形桁架支撑柱顶部的桅杆架设斜拉钢棒，将游泳区纵向桁架分为三跨，跳水区纵向桁架分为两跨。

由于功能限制，结构不能设置伸缩缝，凡超长部分混凝土均采用了纤维混凝土。

2.应用效益

2001年竣工后已承担多次洲际及国内重大赛事，使用效果良好；本工程超长结构采用纤维混凝土，至今效果良好。

(十五)深圳福建兴业银行大厦结构设计综合成果

设计单位：深圳大学建筑设计研究院

主要设计人：傅学怡、顾磊、陈朝晖、杨想兵

设计时间：2001年

所获奖项：全国第四届优秀建筑结构设计一等奖

1.成果简介

总建筑面积45044m^2，地下3层，地上28层，总高106.5m，框架—核心筒体系。为适应建筑立面变化需要，主体结构边柱在裙房屋面层（第三层）和上部收分层（第十、二十二层），采用了创新的上下层框架柱错位搭接转换的方法：四层及以上框架柱比三层框架柱向外悬挑3.3m，采用1层高、4.8m宽的“搭接块”构成柱的转换结构，并对四层楼板施加预应力；十层及二十二层框架柱则内收1.65m，采用普通钢筋混凝土1层搭接转换。避免设置转换大

梁，节省了转换大梁所占空间及造价，提高了建筑有效使用空间。与中国建筑科学研究院合作进行了该工程整体结构1/25模型振动台试验、搭接柱1/5模型静力试验，揭示了搭接柱转换的工作机理，掌握了实现搭接柱转换的重要技术措施。

2.应用与效益

该工程自2003年8月竣工至今，经历多次台风考验，结构完好无损；室内空间宽敞，使用效率提高，得到用户赞赏。

(十六)宝安体育馆结构设计综合成果

完成单位：深圳市建筑设计研究总院有限公司

主要完成人：李晖、吴宏雄、吴时适、颜琦章、杨 文、张伟强、杨宁馨、王仕统、姜正荣

完成时间：2001年12月

所获奖项：全国第四届建筑结构优秀设计三等奖

1.成果简介

总建筑面积47400m²，主体三层，高31.5m，8188座（含活动座位）。钢筋混凝土框架结构，屋顶为空间桁架结构。

钢屋盖为140m×140m的空间桁架。支座以内为跨度101.4m的圆形桁架，由径向桁架和环向桁架正交而成，设置两道刚度较大的环梁;支座以外为24榀倒三角形悬挑钢桁架，悬挑长度为19.3～48.7m，由三榀桁架组成。这种屋盖体系，国内尚属首次采用。

屋盖采用多杆交汇的圆管桁架结构，每个节点少则7根、多则16根杆件空间相交，在东南大学进行了足尺模型节点试验。

整个钢屋盖通过24个支座支承在12个Y形柱上，支座既要承受拉压荷载，又要释放温度变形，还要在地震时减震，于是选用了金属弹簧万向抗震支座。

2.应用与效益

该工程已使用8年，经受了多次台风的检验；举办过多次体育盛会和大型活动，环境和社会效益明显。

(十七)深圳安联大厦结构设计综合成果

完成单位：香港华艺设计顾问(深圳)有限公司、香港王董国际有限公司

主要完成人：王兴法、梁莉军、王盛宝、陶霖华、王群、白义兵、刘汉元、张晓民、吴国林

完成时间：2003年

所获奖项：全国第五届优秀结构设计奖三等奖

1.成果简介

总建筑面积为9.9万m²，地上35层（包括2个避难层），地下4层（局部设备层为3层）。大屋面高度146.7m，屋顶直升飞机停机坪高度为159.7m，属B级超限高层建筑。

安联大厦是一座高级写字楼，通过错开设置的空中花园和中部入口大堂直通屋面的中庭空间，实现整个建筑物的自然通风。为了满足建筑功能的要求，结构层层楼板开大洞，楼板不连续，平面不规则。结构体系采用框架—双核心筒结构。受力体系布置合理，较早引进SAP2000、ANSYS等程序对结构作了分析。

2.应用与效益

本项目为复杂超高层结构设计提供了参考和借鉴。

(十八)深圳红树西岸结构设计综合成果

设计单位：深圳大学建筑设计研究

主要设计人：傅学怡、孟美莉、贾建英、邹奇、蒋新梅、吴兵

设计时间：2003年

所获奖项：全国第五届优秀建筑结构设计二等奖

成果简介

地下1层，主体建筑为18~32层，地上高度55.6~99.7m，总建筑面积346592m²，建筑物由3幢折板式住宅楼构成，3幢均首层架空6.2m为结构转换层，主体结构采用筒体—剪力墙—板柱结构。楼层周边柱上带板加厚，形成暗梁；采用温差收缩效应计算新方法；创新采用带柱帽(柱基、承台)倒无梁平底板；采用地基基础设计新方法，有助于增强中央区，减少地基基础最大沉降；通过科学试验与设计研究，就筒体—剪力墙—板柱结构、大底盘多塔、两层及高位洞口转换、高位洞式连体、高位切块结构等问题，采取了有针对性的抗震措施。

(十九)深圳招商城市主体结构设计综合成果

设计单位：中建国际(深圳)设计顾问有限公司

主要设计人：黄用军、方卫兵 、戴菲 、黄永飞、杨先桥、陈光明、徐艇、刘文清、施永芒

设计时间： 2003年

所获奖项：全国第五届优秀建筑结构设计三等奖

1.成果简介

总建筑面积81784m^2，地面以上主楼33 层，地面以下2层地下室，建筑高度99. 7m，属超限复杂高层建筑。在设计中采用了基于性能的设计方法，保证关键构件如8层连体结构的连接板、框支梁、柱及落地剪力墙在弹性大震下不屈服，采用了多个有限元分析程序对结构进行精确分析对比，找出结构薄弱部位，确保结构具有良好的延性。在主体结构设计中应用了钢板混凝土剪力墙、型钢混凝土柱、型钢混凝土转换梁、仅梁端增设一段型钢的梁，大量采用HRB400级钢筋及滚轧直螺纹机械连接。

2.应用与效益

该工程的复杂程度国内罕见，为同类工程的设计提供了方法和经验，并为业主创造了良好的经济效益。

(二十)深圳市诺德金融中心大厦结构设计综合成果

完成单位： 深圳市方佳建筑设计有限公司

主要完成人： 黄斌、李宏、袁昕、张彦杰、韦文斌

完成时间：2003年10月

所获奖项：全国第五届优秀建筑结构设计三等奖

成果简介

40层写字楼，总建筑面积90149m^2，屋面结构高度182.8m，停机坪结构高度193m，钢筋混凝土框架一核心筒结构。15层以下框架柱采用钢管混凝土组合柱，框架梁则采用普通钢筋混凝土，在钢管上开穿钢筋小孔的连接节点，并设置水平加 强环；楼盖采用现浇普通钢筋混凝土梁板体系，采用梁端增加水平腋以增加梁端嵌固作用有效长度；采用增加墙边框梁以增加墙对梁嵌固的局部刚度；剪力墙连梁设置钢筋交叉暗撑。

(二十一)深圳会议展览中心结构设计综合成果

完成单位：中国建筑东北设计研究院有限公司深圳分公司、SBP公司、德国GMP设计公司

主要完成人(中方)：窦南华、刘钢、谭明、陈哲、刘国银、王艳军

完成时间：2004年

所获奖项：中建公司2007、2008年度中国建筑优秀勘察设计（结构专业）二等奖

1.成果简介

结构形式为混凝土框架+钢结构。总建筑面积30万m^2，单个展厅最大面积为3万m^2。本结构特点：（1）展览厅126m跨钢梁的下端采用了铰轴式支座，创造性采用高强度钢棒作为受拉杆件，该拉杆与屋面弧形梁一起形成张弦结构，属国内首次使用。刚架间距30m，檩条为连续矩形钢管檩条。（2）使用了部分密肋楼盖和预应力结构。

2.应用与效益

工程中使用的高强度钢棒，系我国首次研发试制的产品，该产品的应用推动了《钢拉杆》标准（GB/T20934-2007）的制定。

该建筑已成为深圳市的地标建筑，承担了科技高新成果交易会的重任，其影响已从国内延伸到国际。

(二十二)深圳金域蓝湾三期结构设计综合成果

完成单位：深圳大学建筑设计研究院

主要完成人：傅学怡、陈宋良、吴兵、杨想兵

完成时间：2004年1月

所获奖项：第六届全国优秀建筑结构设计二等奖（2009年）

1.成果简介

地下2层，主体建筑为49层，地面以上157.7m，总建筑面积约88000㎡。主体结构采用现浇钢筋混凝土剪力墙结构体系，为适应建筑立面需要5处开洞：中央大洞（10层以下，洞跨15m），双塔上部11~17层外翼，18~26层内翼根部开洞，洞距10m。本工程属大底盘多塔、连体、高位转换复杂超限结构，与中国建筑科学研究院合作开展了整体结构1/30振动台试验研究。

创新点：科学试验与设计研究相结合；采用反应谱弹性大震设计新理念，确保关键部位、构件极限承载力满足大震要求，截面设计满足延性要求，为性能化抗震设计作出了探索。

2.应用与效益

经济、技术指标良好；该工程自结构封顶至今，经历多次台风考验，完好无损，得到了业主、用户的普遍赞赏。

(二十三)深圳中兴通讯研发大楼结构设计综合成果

完成单位：深圳奥意建筑工程设计有限公司

主要完成人：毛仁兴、许谦

完成时间：2004年1月

所获奖项：第六届全国优秀建筑结构设计奖三等奖

1.成果简介

中兴通讯研发大楼位于深圳市科技园南区，大楼地下2层，地上36层，塔楼总高度154m，总建筑面积63084㎡。该塔楼为超高层办公楼，结构体系采用框架—筒体结构，由钢管柱、钢-混凝土组合梁以及钢筋混凝土剪力墙核心筒所组成。地下一层及地下室顶板采用井字梁钢筋混凝土楼盖，二层以上采用H型钢梁组合楼板体系，在二十九层平面收进处局部采用桁架将竖向荷载传递给下层钢管混凝土柱及核心筒剪力墙，对于核心筒局部应力较大的地方以及底部加强区，采用钢骨加强。结构特点：采用了钢管混凝土柱和钢筋混凝土剪力墙核心筒组成的混合结构，很好地解决了钢管混凝土柱与混凝土组合梁、钢梁以及钢筋混凝土梁的连接节点，其中型钢梁与钢管混凝土柱外环节点、钢管混凝土柱与钢筋混凝土梁节点更具有特色。

2.应用与效益

结构构件轻巧，布置简洁合理，施工方便迅速，经济技术指标处于当时国内同类结构领先水平。

(二十四)西部通道旅检大楼结构设计综合成果

完成单位：深圳市建筑设计研究总院有限公司

合作设计单位：奥雅纳工程顾问公司

主要完成人： 谢浩文、李敏生、刘琼祥、丁建南、黄孚浩、曾祖贵、陈宏斌、梁兰、龙治平、马姝蕾、关建祺、黄君珀

完成时间：2004年5月设计，2007年6月建成

所获奖项：第六届全国优秀建筑结构设计三等奖

1.成果简介

总建筑面积54964㎡，平面为84mx254m，在长向中部设一道伸缩缝，主体3层，采用钢筋混凝土框架结构，屋面高度19.3m；与主体协同工作的钢屋盖高33m，在南北入口处外伸36m及40m，分别由两根斜钢柱支撑，其柱距为28m。为了使屋盖外观轻巧，屋盖均采用箱型钢梁。建筑物坐落海边，我国及香港地区规范对这种大跨屋盖尚无体型及风振系数可供参考，为此，进行了1：300模型风洞试验和风振系数的有限元计算。

本工程属巨型钢结构与钢筋混凝土框架协同工作的混合结构，对关键部件的节点进行了抗震优化设计，采用了全节点弯矩传递的混合节点和树杈状铸钢支座。

2.应用与效益

自1997年建成以来，已经历多次台风吹袭，结构状况良好；优美的钢屋盖造型，给过往深港的旅客留下了难忘形象，社会效益显著。

(二十五)2011年世界大学生运动会主体育馆结构设计综合成果

完成单位：中国建筑东北设计研究院有限公司深圳分公司、德国GMP设计公司、SBP公司

主要设计人员（中方）：窦南华、吴一红、隋庆海、黄伟、申豫斌、史德博、赵雪峥

完成时间：2006年

1.成果简介

该建筑是2011年世界大学生运动会的主体育馆，1.8万个座位，建筑面积7.4万㎡，结构形式为混凝土框架+空间单层折面钢网格结构和混凝土框架+张弦桁架结构。

创新点：（1）使用了空间单层折面网格结构，跨度144m，对结构体系提出了设置肩谷拉环等改进措施；（2）相交于一点的杆件较多，设计中恰当地选用了部分铸钢节点；（3）采用一种独创的弧形接触与销轴相结合的连接节点；（4）采用了盖碗式球形柱脚。

2.应用与效益

对结构体系进行改进，设置了肩谷拉环，使受力更合理，用钢量节约30%。

(二十六)京基大梅沙酒店结构设计综合成果

设计单位： AECOM建筑设计(深圳)有限公司

主要设计人员：王国安、冯平、高俊超、王子佳、黄娥、林黎杰

设计完成时间：2006年4月

咨询单位：中国建筑科学研究院建筑结构研究所

所获奖项： 第六届中国建筑学会优秀建筑结构三等奖

1.成果简介

总建筑面积约8万m^2，地下2层，地上12层，建筑高度为55.5m，建筑平面为“龙”形，总长约260m，宽度约14m。I区的斜柱和转换桁架为全结构中最为复杂的部分，全部重量均由8根倾斜的钢管混凝土柱支撑，钢桁架转换层以上的主体框架则层层外挑，导致建筑顶部距转换桁架支点悬挑达21.7m；对I区部分进行了1:10模型的震动台试验；在I区钢框架的部分支撑斜杆和部分横梁上设置了41个阻尼器。II区的中部入口大堂为近似椭圆形单层网壳结构，大堂高22.8m， 最大跨度51m。

2.应用与效益

选用钢结构解决了复杂体型的结构力学问题，通过对结构分别进行静力、动力弹性分析和静力、动力弹塑性分析，实现了较好的经济性；该项目已竣工使用三年多，在大梅沙海滨也取得了很好的环境与社会效益。

(二十七)大梅沙•万科中心结构设计综合成果

完成单位：中建国际（深圳）设计顾问有限公司

主要完成人：傅学怡、鲁志明、高颖、刘金龙

完成时间：2007年

1.成果简介

选用混合框架+拉索结构体系。上部结构重力荷载由预应力拉索、首层钢结构楼盖和上部各层混凝土楼盖传递到竖向落地构件—筒体、墙、柱；水平荷载通过各层楼盖传递到竖向构件。索与筒体、墙、柱连接处均埋入型钢。整体结构平面狭长且多支，为加强

各筒体之间的协同工作能力，保证斜拉力的有效传递，在结构底层和顶层加设水平交叉斜撑，板厚150mm。中间楼层采用主次梁结构，板厚120mm。

2.应用与效益

结构已封顶，性能完好，较常用巨型钢桁架结构节约成本约8000万元人民币。

(二十八)深圳市大运中心体育场结构设计综合成果

完成单位：深圳市建筑设计研究总院有限公司、德国GMP设计公司、SBP公司

主要完成人：刘琼祥、刘臣、郭满良、张建军、倪绍文、李兴武、彭省华

完成时间：2007年12月设计

成果简介

钢屋盖平面尺寸为285m×270m，为单层折面空间网格钢结构，建筑面积13.5万㎡。

创新点：（1）大型单层折面空间网格结构体系。体育场屋盖是一种创新的结构体系，形状为马鞍形，屋盖悬挑长度在不同区域分别为51.9m到68.4m，由20个结构单元组成，用铸钢球铰支座，

支承在6m标高的钢筋混凝土平台上；通过增设肩谷环梁、结构找形等优化措施，缩短了结构周期、减小了结构变形，获得了更好的抗风、抗震性能；经国家级钢结构专家组评审，认为本结构体系属世界首次采用。（2）多枝杈大型铸钢节点的应用。肩谷点有10根杆件交汇，直径由900～1400mm，采用设置外径1400mm刚性空心半球壳与各个杆件相连，节点外形美观，有利于浇铸；进行节点弹塑性荷载位移全过程分析，获得节点极限承载力。一个铸钢节点近90t重，属国内建筑结构首次采用。（3）热成型厚壁及超厚壁建筑结构用钢管的应用。对于厚壁及超厚壁钢管，冷加工成型工艺困难，而且对钢管力学性能有不利影响。通过考察调研，决定采用热成型加工方法。因国内尚无相关标准，于是制定了《厚壁冷卷管、热压管及锻造管的基本技术要求》，明确不同壁厚钢管的加工方式、成品的主要技术要求和检验标准，为厚壁管成型开辟了新途径，也为今后规范的制定积累了宝贵经验。

(二十九)京基金融中心结构设计综合成果

完成单位：华森建筑与工程设计顾问有限公司

主要完成人：张良平、曹伟良、项兵、范重、任庆英、李 炎、武芳、马臣杰、尚文红、郑竹、郭永兴、黄书彪、顾建、沈捷攀

完成时间：2009年

1.成果简介

京基金融中心约24万㎡，98层，楼高439m。主结构体系分别采用钢筋混凝土核心筒、巨型斜支撑框架及3道伸臂桁架、5道腰桁架组成三重抗侧力结构体系。核心筒从承台延伸至77层,该层以上仅保留左、右侧剪力墙；巨型斜支撑设于大楼东、西立面，X形交叉箱型断面钢板厚80mm；框架部分由矩形钢管混凝土柱及型钢组合梁组成；5道腰桁架结合避难及设备层均匀分布，3道伸臂桁架则设于三十四、五十六、七十四层及其上下邻层，在相连剪力墙中设置暗桁架。创新点：解决了矩型钢管混凝土柱和钢管斜撑相交节点的构造；解决了1.9m超厚剪力墙（内置型钢）的构造。

2.应用与效益

采用矩型钢管混凝土柱，C80混凝土和Q420高强钢；采用主动控制（AMD）减振系统。439m楼高是深圳市目前最高建筑。

二、其他科技成果

(三十)ABAQUS弹塑性时程分析技术的开发与应用

完成单位：深圳奥意建筑工程设计有限公司、哈尔滨工业大学深圳研究生院、深圳大学建筑设计研究院

主要完成人：张剑、王庆扬、王传甲、陈志强、滕军、李祚华、涂胡兵

完成时间：2005年

1.成果简介

结构在大震状态下，部分构件已进入塑性状态，又因产生大变形、P-△效应加剧，几何非线性程度加大，故计算分析不能再采用线弹性方法，而应采用弹塑性时程分析方法，它是实现大震结构性能目标的基本分析方法。

ABAQUS的非线性功能达到世界领先水平，其弹塑性时程分析是基于结构材料弹塑性模型，能较真实地反映结构实际受力变形规律。但由于考虑剪切效应的三维梁单元不能直接采用混凝土塑性损伤模型，及建立考虑钢筋影响的结构分析模型较为困难，尚难以在工程中直接应用。

针对上述难题，深圳奥意设计公司、深圳大学建筑设计院分别研制了梁单元塑性损伤模型显式算法VUMAT程序，可描述混凝土在动力往返作用下屈服、卸载、再加载、损伤、刚度退化、刚度恢复、动力滞回等一系列特性，另外，还可考虑梁受拉损伤对梁抗剪模量的不利影响以及钢管套箍效应对钢内混凝土屈服与变形性能的影响；哈工大深圳研究生院则采用VUEL用户程序，开发了考虑拉（压）、弯—剪—扭组合作用的用户空间梁单元，以解决ABAQUS三维梁单元不能直接采用混凝土塑性损伤模型的问题；深大建筑设计院开发了接口程序，可将MIDAS的结构本体、柱配筋数据转换成ABAQUS的数据，使弹塑性时程分析能方便、快捷地进行。

2.应用与效益

此成果已实际运用于数十栋大型超高层建筑的大震分析。目前，深圳对ABAQUS的开发与应用水平处于全国领先水平。可以预计，ABAQUS弹塑性时程分析有代替振动台大震分析的趋势，将成为超高层建筑大震分析的主要手段。

(三十一)基于能量判别的建筑结构地震响应研究

完成单位：深圳奥意建筑工程设计有限公司

主要完成人：王传甲、王庆扬、陈志强、阎晓铭、薛炳、胡守营

完成时间：2009年

1.成果简介

（1）建立模型：a.根据典型结构实际情况，建立地震响应弹塑性有限元分析模型；b. 确定材料弹塑性本构关系。

（2）滞回能计算方法研究：通过数值计算，对比、分析、筛选最适合本项目的方法：a.真实结构模型时程积分法；b.结构总能量、结构滞回能与阻尼之间非线性关系计算法；c.非线性拟模态分解法等。

（3）研究计算地震作用下结构总能量（包括滞回能、阻尼能和可恢复的弹性能等）的各种方法、适用范围，提出改进方案。

（4）建立一种表征震后结构损伤程度的可行的评价指标。

2.应用与效益

本课题的创新点：改进现有结构能量计算方法，明确适用范围；首次提出能够表征震后结构损伤的能量评价指标。

(三十二)高层结构抗震性能指标及结构体系大震性态描述

完成单位：哈尔滨工业大学深圳研究生院、深圳市城市与土木工程防灾减灾重点实验室

主要完成人：滕军、李祚华、董志军、郭伟亮、涂胡兵

完成时间：2009年

1.成果简介

本项目着重研究基于能量的结构抗震的整体性能分析方法，研究能量在地震过程中的转化、耗散及吸收特征：研究了塑性变形能在结构间的分布规律，包括塑性变形能在层间、构件间及材料间的分布；提出利用构件塑性区长度作为衡量构件大震性态的指标，通过分析，得到不同烈度区、各地震作用下构件塑性区长度；提出结构整体抗震性能评估的能量指标和耗能能力评价方法等。这些成果在超限高层结构抗震设防的结构分析中得到了应用。

2.应用与效益

应用该技术进行了多项结构大震弹塑性时程分析等结构大震性能验算。本成果在深圳市绿景大厦，淘金山7、8号楼，深圳红树湾R3栋，深圳爵士大厦，汉京湾H1、H2栋，海口市天邑国际大厦等工程的罕遇地震弹塑性时程分析中得到应用，对结构进行了基于材料损伤模型的地震损伤描述，明确了损伤的开始部位、发展过程以及最终程度，指导结构设计改善布局、优化构件，从而提高了结构抗震可靠度，创造经济效益7000万元以上。

(三十三)超高层建筑结构风振舒适度研究

完成单位：深圳奥意建筑工程设计有限公司

主要完成人：张涛、陈察、阎晓铭、薛炳

完成时间：2009年

1.成果简介

结合空中华西村的工程实际，建立刚性模型，进行测压试验，

测出建筑物表面风压，进行结构的承载力及变形验算。建立有限元模型，输入风洞试验模拟的建筑物各点的风压时程，求出结构在整个时程过程中的响应加速度，判断舒适度是否符合规范要求程度。对风振舒适度模拟的分析方法和结果判别标准进行研究，最终应用于实际工程。

2.应用与效益

对于风振舒适度的验算，大多采用规范简化公式，误差较大。该成果结合空中华西村的工程实际，采用有限元方法对计算模型进行风振时程分析，提高了计算精度，结果可信度更高。

(三十四)CFD数值大气边界层风洞技术

完成单位：哈尔滨工业大学深圳研究生院、深圳市城市与土木工程防灾减灾重点实验室

主要完成人：滕军、肖仪清、李朝

完成时间：2009年

1.成果简介

建立了以大涡模拟技术为核心的CFD数值大气边界层风洞技术。与传统的风洞试验方法相比，数值风洞技术的优势是费用少、周期短、适用广、结果丰富、便于参数分析，拥有广阔的发展前景。实现了建筑物（群）刚体模型在大气边界层脉动风作用下的测压和测力试验；解决了传统风洞试验难于测量复杂开敞结构，玻璃幕墙内外风压的问题；完善了基于超越概率的行人风环境数值评估方法，能够兼顾平均和脉动风对行人舒适度的影响；提出了基于数值风洞技术的复杂山地地形全风向风资源评估方法，结合场地常年气象资料，为风机微观选址提供参考；提出了基于数值风洞和数值计算的高层建筑风振舒适度的分析方法。

2.应用与效益

本项目能提供结构风压分布的结构设计风荷载，进行了地王大厦和市民中心屋盖结构表面平均和脉动风压的数值预报、半开敞式建筑福田交通枢纽的大型玻璃幕墙内外风压模拟，室内外行人风环境数值评估。与风洞试验相比，每次数值风洞试验可节约成本约30万元。

(三十五)高耸及大跨空间结构振动控制的研究及应用

完成单位：哈尔滨工业大学深圳研究生院、深圳市城市与土木工程防灾减灾重点实验室

主要完成人：滕军、刘红军、刘文光、马伯涛、鲁志雄

完成时间：2009年

所获奖项：获得国家科技进步二等奖

1.成果简介

本项目提出了电视塔结构控制装置实现的关键技术，给出了大跨、悬挑结构振动控制的技术方法和实现技术，研究了高层结构抗震非线性控制的具体方法以及由此出现的理论问题，建立了超高层结构、大跨结构风振舒适度的标准、分析、监测和控制方法。开发了用于减小高塔结构风振响应的动力吸振和耗能装置、用于减小大跨或悬挑结构振动的耗能阻尼片、用于连肢剪力墙连梁耗能的阻尼器及其使用方法，以及新型带剪力键的隔震支座等。

2.应用与效益

本研究成果应用于深圳梧桐山电视塔、深圳京基金融中心、华润人行天桥、广州电视塔等高层或大跨空间结构的振动控制，其控制效果明显，使建筑结构达到相关要求，产生经济效益达6200万元以上。

(三十六)混凝土结构耐久性对策研究与应用

完成单位：深圳市建筑设计研究总院有限公司、深圳市土木工程耐久性重点实验室（深圳大学）

主要完成人：刘琼祥、刑锋、王卫仑、陈坚、邹离湘、朱建群、尹胜文、黄恒卫、董必钦、陆晗、刘伟、朱继华、丁小波、李大望、韩宁旭、李毅

完成时间：2009年

1.成果简介

深圳滨海医院混凝土结构耐久性对策研究与应用主要包括：滨海医院高性能混凝土技术的研究与应用、混凝土结构使用寿命的研究、钢构件及设备耐久性维护技术建议。

2.应用与效益

本课题的研究成果，对类似的滨海建筑的耐久性设计与施工具有参考与指导意义。

(三十七)基于分散控制的复杂结构智能监测系统研究及应用

完成单位：哈尔滨工业大学深圳研究生院、深圳市城市与土木工程防灾减灾重点实验室

主要完成人：滕军、肖仪清、刘红军、彭细荣、朱焰煌、卢伟、 李成涛、姚姝、何春凯

完成时间：2008年

所得奖项：湖北省科技进步一等奖、第四届中国建筑工程总公司科学技术一等奖、广东省科技进步三等奖、深圳市科技创新奖、科技奥运先进个人、科技奥运先进集体

1.成果简介

本项目提出了先进、系统和智能的结构健康监测系统设计的理论和方法，研究了赋予结构健康监测系统智能特性的理论和技术，研究了基于结构健康监测信息的结构荷载统计方法和荷载模型，提出了多种损伤识别方法，发展了结构安全评定和可靠度预测方法，建立了结构多级安全预警水平。

2.应用与效益

该技术成果实现了施工过程和运营安全健康监测系统，研究成果已应用于深圳市民中心、深圳大梅沙万科中心、深圳京基金融中心、深圳湾体育中心、广州西塔、北京奥体中心“水立方”等多个工程的施工和运营健康监测中，为结构施工提供了科学参考依据，为结构损伤进行了预警，产生的经济效益达9000万元以上。

(三十八)万科中心结构施工监测与运营健康监测

完成单位：万科企业股份有限公司、哈工大深圳研究生院

主要完成人：朱敏、陈军 、滕军、肖仪清、彭细荣

完成时间：2009年9月

所获奖项：深圳市建设局“建筑节能和绿色建筑示范项目”

1.项目简介

采用光纤光栅智能索，对索内光纤光栅传感器的布设进行改进，使其成活率达到90%以上，通过内外周向布置光纤光栅，把握索内钢丝受力不均情况。提出在索端铸钢节点处布置光纤光栅传感器，根据铸钢节点处应变值来推断索力的方法，对施工阶段的索力进行全面的监测。本监测系统具有如下功能：在施工阶段，对索的拉力进行监测，对二层钢梁、钢管混凝土柱、钢棒的应力以及二层钢结构起拱或下挠变形、筒体及落地构件顶端的水平位移进行监测；在运营阶段，对索的拉力关键部位构件的应力应变进行监测，在超出限时预警时进行竖向加速度监测(即运营舒适度监测)。

2.应用与效益

持续两年的连续监测，为施工尤其是拉索的张拉提供了科学依据，为其他结构监测系统提供了参考。强风等恶劣环境下的监测结果表明，该结构处于安全状态。监测记录可为建筑维护提供指导。

(三十九)系统性的结构健康监测

完成单位及主要完成人：

（1）深圳证券交易所广场：香港理大科技公司监测，倪一清、周华飞、高赞明；深圳建筑设计总院设计，刘臣、林文明、王启文、刘琼祥。

（2）大运中心体育场：北京建工研究院监测，钱应欣、王丰、徐瑞龙；深圳建筑设计总院设计，刘臣、张建军、郭满良、刘琼祥。

完成时间：

（1）深圳证券交易所广场：2009年10月开始，第一阶段已完成；持续至竣工后5年。

（2）大运中心体育场：2009年11月开始，第一阶段已完成；持续至竣工。

1.成果简介

深圳证券交易所广场为超高层办公楼，地上高度245.8m，抬升裙楼南北方向各悬挑22m，东西方向各悬挑36m，为国内外高层建筑中最大的悬挑空中花园；深圳市大运中心体育场钢屋盖为创新的单层折面空间网格钢结构，最大悬挑长度68.4m。一般结构监测，仅是单项变形或应力应变监测。上述工程进行了系统性的结构健康监测，主要特点如下：（1）有效监测结构施工、使用阶段结构的变形状态、关键部位和构件的受力状态，实现对应力超限的多级报警。（2）监测结构的动力特性，及时发现响应异常、结构损伤或退化，进行基于模型的结构损伤识别分析，确保结构运营安全。（3）在台风、地震或灾难性事件发生后，及时提供实时信息，以实现全面有效的安全评估。

2.应用与效益

上述工程第一阶段监测完成后，对应力和变形监测数据与设计结果进行了对比分析，验证了超大悬挑抬升裙楼及大跨空间结构的变形及关键构件的应力水平、应力分布的设计分析结果与实际相符，结构处于具有一定安全储备的安全工作状态，证实结构安全可靠。

(四十)首次采用框支剪力墙结构体系

完成单位：深圳市建筑设计研究总院、中国建筑科学研究院、中国建筑科学研究院深圳分院

主要完成人：范绥之、吴时适、梁锦瑝、徐培福、郝锐坤、丘旭霞

完成时间：1984年4月

1.成果简介

红岭大厦由若干住宅塔楼和裙房组成，塔楼30层，高度92.8m，总建筑面积31040m^2。为解决3层裙房大空间需要，住宅部分剪力墙于四层楼面转换，采用了部分框支剪力墙结构。这是首次于国内探索采用框支剪力墙体系，制定了一套此类结构的技术措施，如楼板加厚、框支梁柱内力放大、配筋构造加强等。

2.应用与效益

工程建成已20余载，结构状态良好，证明当年的结构概念和技术措施可靠、有效，后来被规范选用，体现了当时深圳的创新精神。

(四十一)首次采用钢筋混凝土加强层

完成单位：深圳市建筑设计研究总院

主要完成人：江凯、赵玉祥

完成时间：1989年

1.成果简介

深房广场是国内首次在钢筋混凝土框架—筒体体系中采用加强层结构的实例。利用避难层和设备层（27层、50层）设两个加强层，内筒与外柱、柱子与柱子联系起来，发挥了柱子抗侧力的作用。

2.应用与效益

该结构的整体刚度比较大，在地震作用与风力下，各位移值均能得到较好控制，技术经济指标也很好。缺点是占用建筑面积，但结合避难层和设备层采用，安全与功能都能兼顾。

(四十二)高位连体结构

完成单位：深圳市建筑设计研究总院

主要完成人：施永芒、孙超、曾声谦、黄汉新

完成时间：1994年

1.成果简介

中银花园由5座住宅塔楼、2座办公塔楼及3层裙房组成，地下1层，地上100m，总建筑面积20万㎡。在两个办公塔楼的14~22层间，设置9层连体结构。在国内尚未建成同类结构时，本工程设计进行了理论分析、多程序计算和模型实验，并采取了连体两侧塔楼体型与布置相同、结构双轴对称、加强连体结构上部及下部即应力集中部位的配筋、提高抗震等级等措施。

2.应用与效益

这几个措施与8年后发布的《高层建筑混凝土结构技术规程》（JGJ3-2002）中的规定完全一致。

(四十三)大跨度弦支穹顶结构体系

完成单位：深圳大学建筑设计研究院

主要完成人：吴兵、孟美莉、傅学怡、张剑、孙璨、冯叶文

完成时间： 2008年9月设计，2010年6月竣工

1.成果简介

深圳坪山体育馆是2011年大运会篮球比赛场馆，长约116m，宽约82.5m，总建筑面积15263㎡，4600座，上部屋盖钢结构采用预应力弦支穹顶结构体系，水平投影面直径约72m。由上部单层网壳和下部索杆张拉体系组成，单层网壳为葵花形布置，跨高比约1/10，索杆张拉体系为肋环型布置。整个屋盖支承于圆周边24根混凝土立柱上。结合工程进行了“大跨度弦支穹顶结构体系优化设计”研究：模拟施工张拉全过程，分析弦支穹顶结构的工作性能；研究弦支穹顶结构整体稳定性；突发断索下结构受力性能影响及抗连续倒塌安全度评估。

2.应用与效益

深圳坪山体育馆已于2010年6月竣工，这是预应力弦支穹顶结构体系在华南地区的首次应用。

(四十四)无粘结预应力技术在平板—核心筒高层结构中的应用

完成单位：香港华艺设计顾问(深圳)有限公司、中国建筑科学研究院

主要完成人：刘俊、袁成铭、陈瑜、蔡鲁生、王霓

完成时间：1993年

1.成果简介

该工程核心筒外与外围框架柱之间采用无粘结预应力平板相连，结构整体分析采用等代框架法，楼板分析采用有限元法；为满足刚度要求，四层以下和二十五层及屋面为普通框架—筒体结构；周边框架柱之间用无粘结预应力宽扁梁加强，在悬挑板外周边利用窗上下墙设置了与柱相连的钢筋混凝土矮墙。由中国建筑科学研究院进行了板柱结构模型的振动台试验。

2.应用与效益

该工程为国内第一栋采用无粘结预应力混凝土楼板的外围框架平板—核心筒结构的高层建筑。

和普通框架—筒体结构相比，降低高度2.1m，节省混凝土360m^3、钢材400t，减少支模时间21天、节省1100工日，节省吊顶费用200万元。

(四十五)预制混凝土体系住宅

完成单位：万科企业股份有限公司

主要完成人：王蕴、窦祖融、黄江敏、赵俭

完成时间：2009年8月竣工

1.成果简介

万科第五园建筑面积12.5万m^2，是采用预制混凝土体系的住宅，属于装配整体式混凝土结构，采用建筑产品预制化、装配化、产业化的生产方式，关键技术是结构构件分拆、节点连接和体系抗震及抗风设计研究。

2.应用与效益

预制混凝土体系住宅产业化给行业、社会带来了巨大的变革，实现了资源（能源、水源和材料）的节约，减少了施工对环境的污染，提高了住宅质量和性能，大幅提升了建造效率。

(四十六)钢管混凝土柱与钢筋混凝土梁的开孔连接节点设计

完成单位：香港华艺设计顾问(深圳)有限公司

主要完成人：张晓民、陈文秀、过泓、白义兵

完成时间：1999年

1.成果简介

深圳嘉汇新城工程为框架—核心筒结构，框架由钢管混凝土柱和钢筋混凝土梁组成，其节点在钢管侧面开洞，让梁在钢管内穿过，并对开孔补强，此类节点尚属首例。

2.应用与效益

本成果1999年在深圳嘉汇新城工程中应用。钢管混凝土柱与钢筋混凝土柱对比，二者用钢量相当，但是前者承载能力提高较多，可减少柱截面面积49%。该节点方便了施工，减少了工地焊接量，缩短了工期，综合经济效益明显。

(四十七)钢管混凝土柱内环节点

完成单位： 深圳奥意建筑工程设计有限公司

主要完成人： 王传甲、王庆扬、陈察、阎晓铭

完成时间：2008年

1.成果简介

首先通过对钢试件条进行层状撕裂试验，确定钢材的力学性能；继而根据实际节点尺寸建立试验模型，并对其进行理论和试验分析。通过两者关系的比较，确定实际节点抗层状撕裂强度的基本关系式，最终根据该关系式估算实际节点的抗层状撕裂强度。根据上述成果，总结分析钢管混凝土柱内环节点的受力机理，并提出防止钢板出现层状撕裂的措施。

2.应用与效益

成功应用于328m的空中华西村项目。

(四十八)连通式钢管混凝土柱节点

完成单位： 深圳大学建筑设计研究院

主要完成人： 张剑、刘畅、李博雅

完成时间：2009年2月

1.成果简介

该节点提供一种钢管混凝土柱与钢筋混凝土梁的刚性节点，由环形连接件、钢筋混凝土环梁和填充在节点区的混凝土构成。环形连接件包括核心区短钢管、上下两块水平环形钢板，它们之间通过若干竖向钢板焊接为一体，竖向钢板均匀焊接在短钢管的外表面，短钢管的上、下端面分别与上、下环板之间留有穿筋间隙（80~100mm），混凝土环梁环套在竖向钢板的外侧。短钢管在核心区对混凝土保持约束，竖向钢板沿径向布置，不阻碍钢筋的贯通，并使钢管受拉能力得到延续，上下环状钢板起到了连接的作用，钢筋混凝土环梁起到了加强混凝土约束及节点构造作用。

2.应用与效益

该节点已在东莞理工学院图书馆、万科东海岸一期及深圳瀚森大厦等项目中使用，施工简便，效果良好。

(四十九)型钢混凝土转换梁与柱

完成单位：深圳市建筑设计研究总院有限公司

主要完成人：刘琼祥、黄孚浩、温万雄、王凡、李达

完成时间：1992年

1.成果简介

同乐大厦由2座长折形塔楼及5层裙房组成，塔楼为核心筒加端筒的框支剪力墙结构，总建筑面积61200m^2，总高度101.3m，地下2层，地上32层。在裙房顶设转换层，框支柱和框支梁均为钢骨混凝土（SRC）构件。

2.应用与效益

纯钢结构存在屈曲失稳、不耐火、易腐蚀等问题，而混凝土结构则存在强度低以致截面过大的问题。把钢骨埋置于钢筋混凝土内，由于受到混凝土和箍筋的约束，钢骨不会屈曲失稳，确保了钢骨强度、延性的发挥，成为在组合构件中有效补偿钢筋混凝土强度、延性不足的重要技术。

(五十)转换厚板大悬挑设计

1.成果简介

完成单位：香港华艺设计顾问(深圳)有限公司

主要完成人：张晓民、白义兵、吴国林

完成时间：1997年

该工程5层以下为商业及车库用房，6~29层为住宅。由于建筑上下使用功能不同、柱网要求不同，在5层设置了厚板转换，板厚2.3m，且多处悬挑，悬挑最大处为5m。在转换厚板中设置型钢桁架，在框支柱采用外包焊接角钢的型钢混凝土柱。

2.应用与效益

本成果1997年在深圳蔡屋围商住大厦工程中应用，为国内较早外包焊接角钢的型钢混凝土柱的工程实例。

(五十一)框架柱逐段内收转换

完成单位：深圳市同济人建筑设计有限公司

主要完成人：叶宇同、邓伯阳、孙平、朱岩、杨斌、朱国权、王慧中

完成时间：2001年

成果简介

深圳市国有免税大厦总高162m，地上塔楼41层，框架—核心筒结构。按设计要求，塔楼外立面逐段内收，外框柱亦随之内收。从0层到38层，外框柱共内收三次：第一次在第十层内收1.35m，采用钢骨转换托梁的方式；第二次在第二十八层内收1.35m，结构从23~28层采取将外框柱设计成斜柱的方法；第三次在第三十七层，内收2.58m，采用钢筋混凝土托梁方式解决。对于构件的托柱转换，其钢骨节点的设计无现成实例可循，除应保证结构传力简洁明确、符合计算假定外，还应兼顾构件加工和现场施工的可行性。

(五十二)《建筑结构用钢板》的应用

完成单位：深圳市建筑设计研究总院有限公司

主要完成人：刘琼祥、刘臣、林文明、石星亮、王益山、郭满良、张建军、彭省华

完成时间：深圳证券交易所广场：2008年4月设计，2009年12月竣工；大运中心体育场：2007年12月设计，2009年11月竣工

1.成果简介

超高层建筑、大型复杂空间结构受力复杂，采用的钢材应具有足够强度、延性和良好可焊性，才能实现抗震性能目标。

深圳证券交易所广场抬升裙楼为巨型悬挑钢桁架结构。抬升裙楼平面162m×98m，竖向25.5m，距地36m，东西向悬挑36m，南北向悬挑22m。抬升裙楼主桁架钢板主导厚度30~100mm，最大箱型柱截面为2500mm×1900mm×100mm×100mm、日字型柱截面4200mm×2000mm×80mm×80mm，箱型梁截面1500mm×1800mm×100mm×100mm，其中高建钢用量约1.8万t。

深圳市大运中心体育场屋盖为单层折面空间网格钢结构，平面为椭圆形285m×270m，属于超限大跨创新空间复杂结构。钢屋盖主杆件采用管形截面，直径为700~1200mm，主导厚度30~100mm，最大长度约50.6m，其中高建钢用量约0.5万t。

2.应用与效益

推荐性国标《建筑结构用钢板》（GB/T19879-2005）于2006年2月发布，立即应用到深圳证券交易所广场、深圳大运中心体育场等大型项目中，使钢材质量得以确保。

(五十三)PC材料在工程加固中的应用

完成单位：深圳市天其佳实业有限公司

主要完成人：傅淑娟、李敬业、赵崇恒、江斌、刘建洪、李大伟

完成时间：2004年

1.成果简介

PC材料是聚合物水泥砂浆的简称，具有抗压强度高、抗拉强度高、粘结性高、抗老化等优点。过去主要在防水工程中使用，现通过吸取水电部门的加固经验，聚合物在调整配合比后可用于土建工程的加固，其适用范围为钢筋混凝土构件（梁、板、柱、剪力墙）及砌体构件（砖墙）的加固。

2.应用与效益

本成果首先于2004年在西乡某工业厂房中应用，获得成功。近几年先后在深圳大剧院、南海酒店、南方大厦、上步埔尾综合楼等20余项工程中使用。由于PC砂浆可抹（喷）涂而不需支模，故大大方便了施工；又因PC砂浆强度高，加固厚度可为4~6cm,远小于“加大截面法”的8~10cm，故可节省建筑空间。经综合估算，该方法比一般加固方法节省成本20%~30%。

(五十四)GBF现浇混凝土密肋空心楼盖

完成单位：深圳市筑博工程设计有限公司

主要完成人：汤凯峰、许丰、王棣、冯海滨、黄国伟、肖志敏

完成时间：2006年7月

1.成果简介

采用GBF现浇混凝土密勒空心楼盖，解决了大跨度教室不设次梁的问题，通过设置空心混凝土管减轻自重，将大跨度的板厚控制在200mm。

2.应用与效益

在深圳高发第五大道幼儿园采用该项技术，既增加了净高，又使教室上空平整美观。

(五十五)大跨混凝土折板屋盖

完成单位：深圳市清华苑建筑设计有限公司

主要完成人：刘一威、沈克力、胡战平、刘丽

完成时间：2006年6月

1.成果简介

深圳坂田医院住院楼为框架结构，地上6层，地下1层，充分运用折板组合成拱的受力特性，在六楼会议厅14m跨屋盖采用混凝土折板，利用折板每块板平面内刚度大、抗弯抗剪性能好的特点，使折板的斜板本身也能平衡拱的水平推力，做到一板多用；运用程序中的“壳单元”，准确计算了板的内力，并用手算内力与电算结果互相验证。

2.应用与效益

与普通梁板体系相比，大厅顶部净高提升1.55m，扩大空间229m^3，显著改善了建筑内部环境质量。因为大部分折板处于受压状态，比普通梁板裂缝宽度小、维修几率低。节省钢材约35%，混凝土约30%，节省工期约15天。

(五十六)树杈状三管半球铸钢支座

完成单位：深圳市建筑设计研究总院有限公司

主要完成人：刘琼祥、谢浩文、黄孚浩、李敏生、丁建南、曾祖贵

完成时间：2006年3月设计，2007年6月竣工

成果简介

西部通道口岸旅检大楼采用巨型钢—混凝土混合结构体系，设计了一种特殊的节点形式——树杈状三管半球铸钢支座：半球直径1m，壁厚50mm，24个支座设置于屋顶框架轴线上，树杈三管顶部通过销栓与双向钢梁铰接。

铸钢节点的优点，一是可免去重叠焊接引起的应力集中，二是具有灵活的适应性，可生产出复杂外形和内腔的节点。当今我国尚无铸钢节点相关技术标准，经参考多国规范及以往经验，对铸钢节点提出了具体的技术要求，使得本工程铸钢支座不但质量可靠，而且外形美观。

(五十七)网架拔柱工程改造技术

完成单位：深圳市天其佳实业有限公司

主要完成人：傅淑娟、赵崇恒、李敬业、江斌

完成时间：2005年

1.成果简介

“托梁拔柱”在国内已有较多工程实例，很多资料已有介绍，而“托网架拔柱”国内尚未查到工程实例。本成果在网架拔柱位置，制作两榀转换钢屋架；在拔柱的柱头上制作用于顶升的支座，用千斤顶先将网架顶起，后将网架落到转换钢屋架上，然后将柱头截去，完成“托网架拔柱”。

2. 应用与效益

深圳某大厦宴会厅采用钢网架屋顶支撑在四周框架柱上，因使用要求大空间，需要在侧面四柱中拔去中间两根柱。采用该技术后，不用拆除原网架，减少了建筑垃圾，加快了施工进度，节省资金220万，效果显著。

(五十八)套筒锥螺纹钢筋接头加工设备及工程应用研究

完成单位：深圳市建筑科学研究中心、桂林电子工业学院

主要完成人：胡世昌、刘国玺、林潮江、矫培国

完成时间：1987年

1.成果简介

研制钢筋阳螺纹的加工设备：由深圳市建筑科学研究中心主导、桂林电子工业学院机械系矫培国教授领导下的科研小组攻关实施，研制成功“钢筋阳螺纹套丝机”；通过实验研究，确定锥螺纹各参数（锥角、螺距、齿形、齿高），确定套筒各参数（材料、长度、外径、加工工艺）；1987年底，通过了深圳市科委组织的科技成果鉴定。

2.应用与效益

1987年夏，在63层“广州国际贸易大厦”成功应用，受到一致好评；该项成果是我国钢筋机械接头的开创性工作。

(五十九)引进FRANKI短型桩并提高承载力

完成单位：深圳市建筑设计研究总院、广东省基础公司深圳分公司

主要完成人：王彦深、黎克强、吴时适、张咏梅等

完成时间：1984年5月

1.成果简介

台湾花园高98m，32层双塔楼，采用FRANKI桩，以强风化岩顶面为持力层，桩长只有11～13m，比当时高层建筑桩长普遍30～50m大为缩短，而设计单桩承载力取200t，比香港限值135t提高了48%。该桩在600钢套管内，用重锤夯击碎石沉管至残积土底，换填干硬混凝土夯出800扩大头，随即放入钢筋笼、浇注混凝土，拔出钢套管成桩。深圳首先在红岭大厦试用，由香港建新桩基础公司按上述工艺施工，但试验桩的破坏值只有350t。本工程设计人研究了试桩报告，发现香港施工方法存在严重缺陷，才导致桩身混凝土提前破坏。经与广东省基础公司深圳分公司磋商，决定对香港施工工艺进行多处改进，很快完成了近七百根桩基施工，同时在场地不同位置施工了四根破坏性试验桩。

2.应用与效益

由深圳市建筑科学研究所主持了现场静载试验，四根试验桩的破坏值在550～700t之间，不仅验证了对桩身提前破坏原因分析的正确性，还验证了工艺改进措施的有效性。可惜当初没能坚持先试验、后施工，否则全楼的桩数还能再减少37.5%。

(六十)推广钢筋混凝土夯扩桩

完成单位：福田区住宅局、福田建筑设计院 、深圳市建筑设计研究总院新技术推广部

主要完成人：李云高、李敬业、禹伟杰、张咏梅

完成时间：1995年

所获奖项：深圳市科技进步三等奖

1.成果简介

深圳市1992年前施工的锤击沉管灌注桩，虽然工艺简单，但单桩承载力不高，而且易发生“缩颈”甚至断桩现象。

自1992年起，福田区住宅局、福田建筑设计院、深圳市建筑设计研究总院新技术推广部积极引进“夯扩桩”技术，其特点是：（1）可以夯出扩大头以提高桩端承载力；（2）在桩管内增设一根内管，以在拔管过程中压住浇入桩孔内的混凝土，避免发生“缩颈”。

2.应用与效益

在新洲住宅区等多项工程中应用，与沉管灌注桩相比，承载力提高50%~100%，投资节约30%。

(六十一)地下室外墙采用地下连续墙

完成单位：深圳市建筑设计总院

主要完成人：刘琼祥、黄孚浩、温万雄、王征

完成时间：1992年

1.成果简介

庐山花园大厦由4座百米塔楼组成，3层地下室底板底标高12m，地下室外墙周长450m，距最近建筑浅基础仅1m。采用800mm厚地下连续墙及逆作法施工，配置了监测墙体位移的预警系统。

2.应用与效益

为在密集市区建造多层地下室提供了经验。比常规设计方案节约大量支撑材料，缩短工期半年。

(六十二)地下连续墙榫式接头应用

完成单位：深圳市建筑设计研究总院第三设计院

主要完成人：黄孚浩、陈坚、李敏生、王征、周国祥、刘臣、王凡

完成时间：1998年

1.成果简介

福民大夏地下室2层，邻近有已建投入使用的多层住宅区。地下工程基坑支护采用地下连续墙，槽段接头采用了新型的现浇

钢筋混凝土榫式刚性接头，增强了相邻墙体接头的抗剪能力，并能传递部分弯矩，提高了连续墙的整体刚度，并且提高了接头的抗渗漏能力。

2.应用与效益

建成后地下室外墙仅发现少数几个点的渗漏，经灌缝堵漏后至今未再出现渗漏现象。

三、结构设计专利

(六十三)减小高塔结构风振响应的动力吸振和耗能装置

发明人：滕军、刘红军、刘文光

专利号：ZL 2005 1 0102356.7（发明）

ZL 2005 2 0120271.7（实用新型）

专利权人：滕军

1.专利内容简介

一种减小高塔结构风振响应的动力吸振和耗能装置。本新型控制装置有效、简单、经济、可靠，首次提出将结构控制装置安装在桅杆筒内，直接针对桅杆结构振动进行减振控制，极大提高控制效果，避免以往将控制装置安装在塔楼中，造成装置庞大、机构复杂及效果难于提高等弊病。

2.应用及效益

本新型控制装置已成功应用于深圳市梧桐山电视塔，明显地减小了电视塔桅杆的风致振动，直接经济效益约1000多万元。

(六十四)减小大跨或悬挑结构振动的耗能阻尼片

发明人：滕军、刘红军、刘文光

专利号：ZL 2006 1 0035412.4（发明）

ZL 2006 2 0058749.2（实用新型）

专利权人：滕军

1.专利内容简介

一种通过附着在大跨或悬挑(包括竖向、水平、斜向悬挑)结构上以减小结构振动的耗能阻尼片。通过将大跨或悬挑结构动力响应引起的耗能阻尼片曲率变化，集中到钢板之间的相对错动上，导致钢板间的高阻尼粘弹性材料产生动力剪切变形，利用较大面积材料的动力剪切变形耗能减振。

2.应用及效益

本专利成功应用于华润人行天桥的人流步行振动控制，减振效果明显，直接经济效益约500多万元。

(六十五)连肢剪力墙耗能连梁钢板阻尼器及其使用方法

发明人：滕军、马伯涛

专利号 ZL 2007 1 0124547.2（发明）

ZL 2007 2 0170921.8（实用新型）

专利权人：滕军

1.专利内容简介

一种用于连肢剪力墙连梁耗能的阻尼器，包括相互连接的塑性屈服耗能的工作区和保持近似刚性的嵌固区。工作区开有两列或两列以上长条形孔洞。使用方法包括：将一个或一个以上的阻尼器替换连梁或附着在连梁上，安装于连梁位置。各阻尼器工作区设有螺栓限制每片阻尼器的出平面失稳；嵌固区用高强螺栓或盖板焊接将各阻尼器联为整体。

2.应用及效益

本专利正用于深圳航天国际中心1号塔楼，将显著改善结构的抗震性能，直接经济效益将达1000多万元。

(六十六)钢管再生混合柱

发明人：吴波、刘琼祥、刘伟、许喆

专利号：ZL 2008 1 0029254.0

专利权人：吴波、刘琼祥、刘伟、许喆

完成时间：2008年10月

1.专利内容简介

再生骨料混凝土由于工艺复杂（对废弃构件破碎、筛分、净化）、成本高等原因而推广难度大，而钢管再生混合柱则对废弃构

件的节段或块体进行回收利用，对施工工艺要求不高，简单方便，具有更高的可行性。

2.应用与效益

深圳市建筑设计研究总院有限公司刘琼祥、张一莉、王启文、王则福、彭德昭、陈芳、蔡庆雄、刘朝、刘伟、许喆等人员，将该成果实际应用到紫金县文化活动中心工程，该工程建筑面积6759m^2，钢筋混凝土框剪结构，部分框架柱采用钢管再生混合柱（块体型），柱底最大轴力约2000kN，而两根足尺模型试验的抗压承载力为12000 kN，对应变形为11.1mm，其竖载—位移曲线表现出良好的延性。

2009年我国拆除旧建筑已产生2.6亿t固体废弃物，若1/10采用钢管再生混合构件回收利用，不仅可节约大量资源和能源，还可节省34.6亿元的直接投资，具有很强的生态效益和经济效益。

(六十七)一种钢屋盖系统（包括三个实用新型专利）

发明人：王传甲、娄宇、黄健

专利号：ZL 2009 2 0155946.X

ZL 2099 2 0155947.4

ZL 2009 2 0155948.9

专利权人：深圳奥意建筑工程设计有限公司

1.专利内容简介

该实用新型钢屋盖系统，由X向平行弦钢屋架和Y向平行弦桁架组成，且两者上弦杆相交。该实用新型钢屋盖系统在保证稳固的同时，实现了跨度不受限制，且简化了结构体系，降低了用钢量。

2.应用与效益

第一个专利应用于“晶诚（郑州）科技园晶圆厂项目”主厂房的钢屋盖，第二个专利应用于“南昌百世德薄膜太阳能电池生产线项目”主厂房的钢屋盖，第三个专利应用于“西安西岳6英寸集成电路生产线项目”和“瑞萨半导体（北京）有限公司一期扩建第二工程项目”主厂房的钢屋盖。三个专利的应用，为工程项目降低结构造价、实现绿色施工起到了积极作用。

第二章　建筑专业

深圳建筑设计与科技创新30年

张一莉

深圳建筑设计伴随特区建设的步伐走过了30年历程，深圳从原来建成区面积不到3km^{2}的边陲小镇，发展为新型现代化的大城市，数不胜数的高层建筑和大跨度空间结构、各具特色的深圳CBD，充分展示了深圳建设科技的发展水平。回顾发展历程，深圳建筑设计经历了从借鉴模仿到探索创新再到自主创新三个阶段。

一、借鉴模仿的初创阶段（1980~1990年）

这一时期深圳的城市建设蓝本借鉴了香港、新加坡等城市建设的发展模式。

（一）节地集约式公共建筑

这时期的公共建筑设计和布局，吸收20世纪世界建筑发展新模式：高度集约的节地型的城市综合体，其特点是面积大、用途多、紧凑、高度集中。一栋或多栋高层建筑，下边有多层商业裙房，下接多层地下车库和机房，地面上的高层建筑可以是同一类型的，也可以是多种不同类型，此种建筑满足了社会高效率的要求。

如：由中港合资兴建的国际商业大厦，带商业裙房，呈直角形布局，20层公寓式写字楼建筑，是特区最早的公共建筑之一。1981~1983年陆续建成的电子大厦、华强大厦、市政府办公楼、东湖宾馆、新园宾馆、友谊商场、泮溪酒家、电信大厦等，都受到了香港高层、高密度理念影响。

国贸大厦是有3层中庭空间、地上53层、地下4层、高度160m的超高层办公楼与多层商业裙房组合体。罗湖火车站旁的香格里拉大酒店、富临大酒店等，设计模式为高层，有商业裙房，带地下车库。深南中路南侧的统建办公楼、统建住宅楼分别是将4栋同类高层连在一起，下置多层商业裙房。

（二）第一个深圳CBD形成

早在1984年《深圳经济特区总体规划》中，深圳市政府就提出建立深圳中心商务区（SZCBD）。所谓中央商务区（Central Business District，简称CBD）是指一个国家或大城市里主要商业活动进行的地区。CBD高度集中了城市的经济、科技和文化力量，作为城市的核心，具备金融、贸易、服务、展览、咨询等多种功能，并配以完善的市政交通与通信条件等。深圳市政府曾两次举办由国内著名设计机构和新加坡规划专家参与的CBD规划设计竞赛，邀请了二十多位国内外规划专家征询CBD方案，力求规划具有国际水准，代表深圳21世纪形象和水平。这个时期的代表作国贸大厦，是当年大陆的第一高楼，也是超高层建筑技术在中国的首次实践。

以地王大厦为主的蔡屋围金融CBD

因“三天一层楼”的建设速度而成为深圳名片，并逐步形成以国贸大厦为主体的深圳CBD。

（三）八大文化设施

自1983年起，深圳市政府决定兴建深圳市图书馆、深圳大学、深圳电视台、深圳大剧院、深圳体育馆、科学馆、新闻中心、博物馆等8大文化设施。深圳图书馆的设计充分利用荔枝公园的园景，使阅览室在水面上展开，获得良好的生态和视野条件。

1983年国务院批准成立深圳大学，1984年新校园正式开始建设，当年本科生在新校舍上课，创造了大学当年筹办、当年招生开学的高校发展奇迹。深圳大学校园规划及主要建筑设计，先后获得市、省、部级多项建筑设计奖项，在2005年的深圳市十大历史性建筑评选中位列其中。

（四）初探生态住宅建筑

1980年，市房地产公司与港商合作，设计建设了东湖丽苑、

福田中心区CBD

翠竹苑、湖滨新村等住宅区；深圳特色的居住小区、高层住宅区等新的形态与模式也逐渐产生。园岭住宅区打破当时全国常用的兵阵式布局，根据南方特点，设计成园林式住宅区、连廊式住宅群为居民创造一个立体活动空间。底层独立入口，其余从二层连廊进入住宅的双地面层手法及七至八层为跃层的复式住宅设计手法，是当时的节地生态住宅区典范。

全国第一个高层居住区白沙岭居住区，其总体布局代替了常用的行列式布置方式，打破了建筑物平行或垂直街道的习惯做法，建筑体型采用了板式高层做法，建筑外形呈曲面，S形，很长且流畅的水平线条给人以明快的感觉；建筑底层架空，并采用了两端叠落等手法。建筑平面设计采用外挂式通廊、内部跃层的新颖手法，引起全国各地的关注和模仿。绿化系统由点、线、面相结合，沿街留出30~50m绿化带。该居住区荣获广东省设计二等奖。美国芝加哥国际建筑学术会议将白沙岭居住区列入《优秀规划设计和20世纪80年代世界建筑大全经典》。

二、探索创新阶段（1991~2000年）

这一阶段，随着改革开放步伐的加快，深圳进入高速发展的快车道，城市扩张，建设量大幅增加，境外设计机构及国际知名建筑大师关注并参与到深圳城市建设中，深圳建筑设计在国际先进技术的介入和引领下，设计水平得到很大提高，在获得新的设计理念和思路的同时，不断探索寻求本土化的设计特色。

（一）注重低碳、生态设计

深圳是一座山水城市，拥有丰富的天然资源。南有深圳湾，东有大鹏湾，有红树林、内伶仃岛自然保护区。市内还有莲花山、笔架山、梧桐山、七娘山。

在深圳市总体规划的基础上，福田区中心区规划致力于生态城区的构造，精心营造梅林山体保护区、红树林自然保护区南北两大自然生态景观区，严格限制其周边地区的高层建筑，以保护山、海自然景观的视觉通达性，与组团绿化隔离带、公园、商业和旅游绿地等绿化开敞空间共同构成绿化生态城区的基准面。

南山区规划则以“山-海-城”融为一体的理念，利用现有海、岛、湖、河、山等丰富的自然资源，通过景观整合，构筑山、城、海一体的特色城区。1998年南山区中心城规划即以整个片区的地下交通，连接地面各个高层建筑的垂直交通枢纽，使地下、地面交通并举，人、车、货分流，过境与片区交通无碍，主动理顺公建与城市交通的关系。

公共建筑设计注重天人合一，继承岭南建筑的传统特点，注意因地制宜，注重自然光线、气流、视野的运用以及室内外空间的开承转合。建筑空间不再拘泥于立面的装饰，而注重整体的体量塑造，尽量把室内外空间进行有机的融合、协调，并获得较好的城市形态。

20世纪90年代建成的深圳市特区报业大厦、深圳大学科技楼，在高层建筑中设置室内共享空间“空中花园”或在周边设置不同高度的巨型洞口，使建筑内外气流呼吸流畅。安联大厦以绿色办公、“肺空间”、城市文脉、环保节能及阳光办公等五大设计理念构建高端写字楼综合优势，在建筑的竖向不同高度设计了28个空中花园和1个屋顶花园，形成了立体休闲空中花园群，顺应回归自然的潮流。

（二）中心区CBD形成

20世纪90年代初的代表作地王大厦，地下3层车库，地上68层办公楼高326m，34层公寓板楼高114m，3层商业裙房形成16.7万㎡的城市综合体。它和深南大道南边排列成行的金丰城、深圳书城、深业中心、深圳发展银行大厦及北边的大剧院、农业银行大厦、招商银行等组成建筑群，华润“万象城”，通过地下通道连接地铁大剧院站及地王大厦，同时通过广场、过街天桥、室内步行街，形成便捷的步行系统，成功地吸引了周边的商业人流，形成了蔡屋围金融CBD。

1995~2000年建成的赛格广场，地下4层、地上72层，裙房10层，高292.6m，面积17.5万㎡，成为深圳第二高楼，它和华强北商业圈、佳禾广场、北方大厦、国际科技大厦、世界贸易广场、格兰云天大酒店、上海宾馆等建筑群形成深圳华强北商圈CBD。

1996年确定的深圳中心区CBD城市规划设计，注意到方便公建运作必须交通先行。大关系上进行深港接驳、地铁四号线穿越中心区与香港连通。CBD区内地面的交通是机动车与非机动车分流，同时重视公共交通，注意大公交站与地铁接驳。一号地铁线南移，运用香港模式，下地铁站即直接上各地面公建的垂直交通枢纽，减少换乘。大片中心绿化下设地下车库，地下空间开发以金融服务、文化娱乐、地下停车、人防设施和配套设施为主。中心区交通流量控制在公交车60%，私家车25%，步行15%，形成畅顺、宽松、舒适的交通体系，适应公共建筑的可持续发展。

金中环国际商务大厦内同时拥有两个地铁口和四个第一层“地面”层的四通八达立体交通网，是使用功能相当卓越的现代建筑。市民中心以大鹏展翅为主体形象的面展470m、面积22万㎡，是独一无二的城市主体形象。少年宫、图书馆、音乐厅、电视中心、会议展览中心、安联大厦等大厦的建成，形成了深圳市中心区CBD。

（三）风格创新与新技术、新材料、新工艺、新设备的应用

这十年深圳的建筑作品注重风格创新与建筑新技术、新材料、新工艺、新设备的应用，在顺应现代建筑发展潮流的同时，融入地域性的文化特性。

“深圳大学演艺中心”以轻盈剔透的网架结构、舒展自然的平面形态，形成了亚热带地区所特有的开敞式空间形态；“华夏艺术中心”由4层V字形大楼、艺术广场和园林绿化带组成，总体设计古朴典雅、内涵深邃、气度非凡，外墙裙采用南方特有的红砂岩浮雕饰面，给人以鲜明的文化建筑特性，更透出浓郁的地方特色；“南油文化中心”形体呈小角度的旋转，使内外空间发生错位，建筑在不经意间产生大量的衍生意义；“南山图书馆”以其简洁明朗的圆形外墙包容着丰富变化的室内空间。“何香凝美术馆”的设计，展示空间简明，观赏流线流畅，展示厅的采光设计把空间的变化发挥到了极致。

（四）生态住宅设计走向成熟

在1996~2010年总体规划下，形成了以黄埔雅苑、天健花园等为代表的内城居住区，以阳光带海滨城、蔚蓝海岸、招商海月等为代表的深圳湾滨海住宅区，以万科东海岸、17英里为代表的东部沿海高尚住宅区，以及人文自然景观俱佳的华侨城、香蜜湖片区等。

1995年深圳百仕达花园，首次尝试住宅底层架空的方式，是居住更加关注环境的引领者。1996年深圳万科城市花园首次采用半地下车库的做法，该项目荣获了1999年全国优秀设计评选委员会国家金奖，是国家第一个住宅项目金奖。招商海月花园引入“生态地下车库”，使住户回家的路充满阳光；万科金色家园，提出泛会所概念，突破了底层架空的做法，形成数千平方米的空中花园；中海阳光棕榈园在深圳首创“入户花园”户型，提供了传统住宅欠缺的灰色空间。

此一时期的住宅区设计开始注意环境保护、生态设计，注意应用人车分流、空中花园、入户花园、变层高住宅、底层架空、小区商业内街、生态地下车库等众多设计新概念和绿色住宅等多项开创性的设计手法。在户型平面设计中，为适应人们生活方式的变化，

深圳大运会馆

凸窗、大厅小居室、错层阳台、户内花园等，成为普遍推广的设计模式，逐渐形成具有深圳特色的设计风格。同时，受香港、新加坡等地住宅设计的影响，及土地有偿使用后经济效益提升的要求，高层住宅建设的数量明显增加，且大多数以一梯八户甚至更多户的十字形平面为主要形式，形成了特有的高层高密度时代特征。

三、低碳、生态、高科技创新阶段（2001~2010年）

从2001~2010年，深圳建筑设计强化科技创新和技术集成应用，积极推进"四节一环保"和绿色建筑技术的研究开发和推广应用，促进节约型城镇和节能省地型住宅与公共建筑的发展。

(一)建筑节能与绿色建筑的政策法规

2001年，市建设局组织编制了《深圳市居住建筑节能设计规范》、《屋面及外墙隔热构造图集》，2005年发布实施《公共建筑节能设计标准》、《非承重砌块墙体设计规范》，解决了新型墙体材料应用的技术问题。

2006年《深圳经济特区建筑节能条例》确立了建筑节能专项验收制度、12层以下居住建筑必须安装太阳能热水系统、1万㎡以上公共建筑必须安装空调余热回收装置等全国首创的制度，使深圳的建筑节能工作有法可依。

从2001~2006年，先后发布实施了《深圳市居住建筑节能设计标准实施细则》、《深圳市屋面及外墙隔热构造图集》、《深圳市外墙隔热构造图集》、《深圳市建筑外遮阳设施标准图集》、《深圳市公共建筑节能设计标准实施细则》、《深圳市建筑节能工程施工验收规范》、《深圳市太阳能建筑应用技术规范》等地方标准。2008年发布了《国家机关办公建筑及大型公共建筑分项能耗数据采集技术导则》，2009年发布《深圳市绿色建筑评价规范》、2009年《公共建筑节能设计标准》深圳实施细则、《可再生能源建筑应用示范项目数据监测技术导则》（试行），使深圳的建筑节能标准体系更加完善。

深圳证券交易所

(二)技术保障体系和推广认证体系

组织有关单位建立深圳市居住建筑能耗和气象参数库；进行建筑围护结构热工性能检测，建立"深圳市建筑围护结构热工性能参数库"；组建建筑节能实验室，开展建筑节能科研和检测工作；开展建筑门窗外窗遮阳技术、玻璃幕墙复合遮阳技术研究。组织开展对深圳市政府机构及财政支持单位建筑能耗进行调查，并对部分建筑的能耗进行监测，通过调查和实测，基本掌握我市公共建筑能耗参数。建筑节能、自然通风、遮阳技术、建筑节能检测以及计算机模拟技术等方面均取得了重要进展，为节能减排工作提供了强大的技术动力。

(三)开展示范工程，创建一批达到国内领先水平的绿色与节能住宅区和公共建筑。

招商地产的泰格公寓获得美国绿色建筑评估标准LEED银级认证；"横岗振业城一期"评为建设部绿色3A住宅区；万科城第四期被建设部列为2006年度全国绿色建筑示范项目；深圳市体育新城安置小区、建科大楼等5个项目被国家财政部、建设部确定为2006年第一批可再生能源建筑应用示范项目。

深圳市被建设部和美国能源基金会选定为"推动夏热冬暖地区居住建筑节能试点示范城市（EF项目）"此外，深圳已被批准成为建设部和联合国能源基金会组织的"中国终端能源效率项目（UNDP）"试点城市，"万科城四期"被建设部、发改委与荷兰王国住房、空间规划和环境部联合选为"中荷可持续示范项目"。2010年８月，国家发改委正式将深圳列入国家低碳试点城市，寄望深圳能率先走出一条发展新路。

深圳将以2011年大运会场馆及相关配套设施建设、可再生能源在建筑中规模化应用、住宅产业化的城市级示范为纽带，组织科技协作与攻关，充分发挥科技的先导和支撑保证作用，提高深圳建设行业整体技术水平，有步骤实施"打造建筑之都"的计划。

大运会中心体育场、证券交易所广场和京基金融中心等重点工程，所有处于深圳城市重要片区、主要道路的单体建筑方案的确定，都是运用动画仿真技术将单体方案置于所在城市环境下，多角度、多视点进行动态推敲、分析、比较，使建筑设计和城市设计、景观设计紧密结合；中心区CBD的规划使建筑单体在城市设计的控制下既富特色、更臻完善。

卓越世纪中心位于深圳中心区CBD南区东南部，是集写字楼、商业、酒店多种业态为一体的大型综合项目，三维立体交通贯通深港澳与珠三角经济动脉，地铁一号线、二号线、三号线、四号线、广深高铁尽在咫尺，交通十分便利。

深圳腾讯大厦楼体总高193m，地上39层，地下3层，是造型

深圳市滨海医院

新颖、内部功能齐全、人文环境领先的超高层建筑，成为深圳特区深南大道上的新地标。

大中华IFC大型综合商务区，有机地综合了办公商务和居住及完备的配套功能，适应了现代化商旅发展规律。

卓越时代广场集甲级写字楼、超5星级酒店以及国际一线品牌商业于一体，是与国际全面接轨的高档次、高标准“一站式商务集约体”。

NEO企业大道度身打造高端物业管理服务、顶尖的全球化软性支撑平台，为企业提供全新的商务办公及生活体验。

深圳市滨海医院采用“生态、绿色、以人为本”的设计理念，是国内最具现代化、生态化、智能化的大型综合性绿色医院。

万科“第五园”尝试进行中国建筑文化在住宅开发中的运用与彰扬，在布局上采取中国城市固有的低层高密度的城市形态，由二、四、六层不同价位的住宅单元组成里弄、合院混合空间结构。同时提炼传统民居手法，运用照壁、山墙、冷巷、天井、前庭、后院、廊架、挑檐、花窗等平、立面建筑细部，“六合院”、“四合院”等围合形式，石板小径、白墙、灰瓦等传统造园手法，体现了中华民族精致的建筑空间和文化内涵。

中信红树湾花城、金地梅陇镇花园的生态节能环保设计；万科金域蓝湾三期利用红树林自然保护区景观资源，以品质为内核，以艺术为包装而成的城市名片；中海半山溪谷，中海大山地一期，深圳中海西岸华府一、二期，东部华侨城天麓二区等，设计中注重节地、节能、节水、节材与保护环境，因而获得深圳优秀设计一等奖。

四、启示与展望

深圳建筑的永恒主题是创新，深圳建筑的优势与灵魂是创新。深圳创新体系的特点形成，有天时、地利、人和的因素，有国家赋予深圳经济特区的使命。深圳建筑30年始终把坚持节地、节能、节水、节材与保护环境的技术创新与技术进步作为设计的主导方向，因此发展的速度惊人，取得的成绩显著。

深圳建筑的下一个十年，更应加强建筑资源利用与环境研究，发展建筑循环经济，研究建筑活动对生态环境和住区环境的影响，建设资源节约型和环境友好型住宅区。结合住宅产业化城市级示范，开展示范工程，营造具有时代特点和地域特征的低碳、绿色、生态与节能建筑。结合2011年大运会体育场馆的建设与改造，研究推广建筑节能与绿色建筑的适用技术与成套技术，包括绿色建筑整体设计技术、外窗外遮阳及玻璃幕墙复合遮阳技术、建筑屋面和外墙立体绿化技术，室内环境污染防治与改善技术，可再生能源利用与建筑一体化应用技术等。

参考文献：

1、《深圳勘察设计25年》建筑设计篇…………………主编　张一莉
(1)《深圳建筑25年总论》…………………………………………孟建民
(2)《深圳公共建筑风格与特点概述》…………………………潘玉琨
(3)《深圳住宅建筑设计特点及其演进》………………………沈少跃
(4)《深圳勘察设计大事纪》……………………………………李维信
2、中国建筑设计三十年………………《建筑创作》杂志社主编
3、深圳市建设科技十一五发展规划

建筑专业

(一)膨胀珍珠岩粉保温层技术应用

1.项目简介

京鹏大厦位于深圳市罗湖区深南东路，总建筑面积17568㎡。主楼由裙楼（1~3层）和主楼（4~18层）两部分组成，附楼为地下水泵房、锅炉房、洗衣房、空调机房、电气机房等部分。一、二、三层包括大厅、餐厅、厨房、娱乐设施等，四~十八层为标准客房，屋顶为电梯机房和水箱等部分。

设计时间：1984年4月

竣工时间：1987年

设计单位：深圳市建筑设计研究总院有限公司

本专业主要设计人员：杨庆生

2.应用与效益

本项目屋面采用膨胀珍珠岩粉保温层。

其创新点是首先在深圳市的重要公共建筑项目中采用性能良好的轻质保温隔热材料。

本项目为当时深圳市规模较大的星级酒店项目。其屋面设计充分考虑深圳的气候特点，采用80mm厚膨胀珍珠岩粉保温层。并采用花池、铺地等屋顶花园的处理手法，以获得良好的隔热性能，减低相应的能耗。

该项目荣获广东省优秀设计表扬奖。

(二)深圳金融中心大厦

1.项目简介

完成单位：深圳机械院建筑设计有限公司（原机械工业部深圳设计研究院）、香港华艺设计顾问（深圳）有限公司（合作单位）

主要完成人：陈文孝、郑乃圭、林辉、秦洪、李移民、凌智敏、潘天任、周民生

完成时间：1984~1985年（设计时间），1984~1986年（建设时间）

所获奖项：1988年获广东省“美梦杯”十大优秀建筑奖

建设地点： 深圳市罗湖区深南东路、红岭南路交汇处

结构形式： 钢筋混凝土框架剪力墙结构

占地面积： 53624㎡

建筑面积： 116731㎡

2.应用与效益

深圳金融中心大厦作为20世纪80年代深圳改革开放的第一批重点工程建设项目，具有鲜明的时代特征，立面造型壮观新颖，与十字路口对面的邓小平画像共同形成深圳特区的重要地标。

深圳金融中心大厦由酒店、银行及财税大楼三部分组成。其中，晶都酒店设有360多间高级客房、现代化商务会所及当时最大的深圳酒店地面停车场。作为市政府外事接待指定单位，试业以来，成功接待过新加坡前总理李光耀等31位国家元首及政府首脑，曾被评为"深圳市十大优秀星级酒店"、"深圳市十佳旅游酒店"。银行及财税大楼是中国工商银行深圳分行、中国建设银行深圳分行及有关金融财税单位的主要办公场所，是深圳人金融生活的重要组成部分。

3.应用的新技术、新材料、新设备、新工艺

（1）先进的电子计算机系统和现代通信系统。

（2）先进的办公自动化系统。

（3）集中空调系统。

（4）保安闭路监视系统。

（5）选用低损耗，低噪声，性能先进的环氧树酯浇筑干式变压器，确保良好的防火与使用性能。

（6）新材料应用：内部空间分隔采用轻质混凝土空心砌块、石膏轻质墙板。地下室及屋面防水采用高性能聚氨酯类防水胶膜。

（7）节能：照明采用了高效低能耗的灯具。外窗采用铝合金茶色玻璃窗，有效降低空调能耗。

(三)深圳市人民医院第二门诊大楼

1.项目简介

完成单位：深圳机械院建筑设计有限公司（原机械工业部深圳设计研究院）

主要完成人：张绍强、秦洪、林月顺、周民生、潘天任

完成时间： 1984年（设计时间）、1984~1985年（建设时间）

所获奖项：1986年获机械工业部科技进步二等奖

建设地点： 深圳市罗湖区东门北路1017号

结构形式： 砖混结构

用地面积： 4176.50㎡

建筑面积： 5012.00㎡

2.应用与效益

该项目的设计符合适用、经济、美观三大原则。建成投入使用后，在相当长的时间里，吸引了许多学者和设计工作者前来参观学习，取经摄影，赢得广泛的赞扬。

（1）该项目外观造型设计采用音乐演奏的乐器——手风琴鼓膜元素构建立面外观，两端转角做透空处理，使得建筑物正立面造型似手风琴正在演奏，气氛轻快活跃。平面两端的疏散楼梯采用悬挑手法，建筑入口雨篷略作翘起，外墙采用清淡奶白色陶瓷锦砖饰面、淡黄色入口雨篷等等，整体造型十分轻盈，特别符合医院建筑外观轻巧明快的要求。

（2）在平面功能布局上特别重视使用要求，在设计过程中反复征求业主意见，与有关部门多次讨论方行定板。项目建成投入使用后，业主甚为满意，评价甚优。

（3）在建筑结构布局上，柱网方正，简洁统一，造价低廉。

(四)水泥珍珠岩砌块在深圳市台湾花园（原名滨河东区商住楼）项目中的应用

1.项目简介

完成单位：深圳市建筑设计研究总院有限公司

主要完成人：王彦深、翁华宾、陈达昌

完成时间： 1985年（设计时间），1992 年（竣工时间）

台湾花园坐落于深圳市商业、金融、文化、交通中心地带，北临深圳著名的深南大道，隔河与香港毗邻，是深圳房地产开发初期，面向香港、澳门和台湾公开发售的中国大陆高档外销商住楼。大厦总建筑面积7.3万㎡，楼高33层，四层设有7000㎡的园林式“空中花园”，大厦一至三层为底商，三层以上是公寓式中高档住宅，构成了一个集商业、休闲、办公、娱乐为一体的综合建筑体。

总建筑面积73000㎡， 建筑高度98m/33层。

2.应用与效益

为了减轻自重，经广东省建委介绍，专程到东莞市石龙镇水泥珍珠岩制品厂调研，确定了几种砌块的尺寸，还在设计院做了浸水试验，24h泡水后浸水深度不到1cm；在施工现场做了墙壁悬挂重物的强度试验，得到建设单位的认可。该项目是深圳市在高层建筑中不用实心红砖、采用轻质材料的首例。

台湾花园塔楼全部内隔墙及3层裙房的内墙全部采用水泥珍珠

岩砌块；裙房外墙则在砌块外侧加做了钢丝网水泥防水；屋面保温材料也是采用珍珠岩砌块铺设。

（1）水泥珍珠岩砌体容量600kg/m^3，只有黏土砖的1/3，大大减轻了建筑自重，有利于抗震。

（2）不用黏土，不与农争地，有利于节地和环保；

（3）把轻质墙体材料从东莞引入深圳，首次在高层建筑中应用。

(五)珍珠岩屋面保温块在深圳市宝丰大厦的应用

1.项目简介

完成单位：深圳市建筑设计研究总院有限公司

主要完成人：顾天籁、郑欣

完成时间：1987年12月（设计时间）

深圳宝丰大厦位于罗湖区内，由2栋圆弧建筑组成，主楼为10层办公楼，副楼为15层公寓，两栋楼形成对比，总建筑面积25300㎡，框剪结构。

2.应用与效益

珍珠岩屋面保温块是以膨胀珍珠岩散料为骨料，加入防水剂和胶粘剂，经过配制、筛选、加压成型、烘干等工序后制成的隔热保温块材。

珍珠岩屋面保温块应用于本工程的屋面，解决了建筑屋面保温、隔热的问题，产品质轻且保温隔热性能优良，防火、防尘、防潮，不变形，不腐烂发霉，无毒无味，憎水性能好，施工安装简单易行。工程应用后，使用效果较好。

(六)深圳铁路新客站

1.项目简介

完成单位：深圳机械院建筑设计有限公司（原机械工业部深圳设计研究院）、香港华艺设计顾问（深圳）有限公司（合作单位）

主要完成人：郑乃圭、胡惠源、刘奇实、盛克强、潘冰洪、潘天任、彭伯端、周福瑞、全松旺、史全福、任才龙、林贵华

完成时间： 1988~1990年（设计时间）、1989~1992年（建设时间）

所获奖项：1993年获深圳市优秀设计一等奖；1995年获机电部优秀设计一等奖；1996年获国家优秀设计铜奖

建设地点： 深圳市罗湖口岸

结构形式： 钢筋混凝土框架结构、钢网架屋面结构

占地面积： 约28.6万㎡（东西向130m、南北向220m）

建筑面积： 约12万㎡

2.应用与效益

该项目于1988年根据深圳市总体规划要求开始兴建， 1991年10月起逐步建成并投入使用。项目功能齐全，布局合理，服务配套，设备先进，整体设计充分体现社会效益、经济效益、环境效益的有机统一，具有20世纪90年代国内先进水平。

3.项目特点

充分体现中国南大门形象及交通建筑的特征，立面造型壮观新颖，与口岸环境相协调。

吸取国外的最新设计理念——"综合性铁路客运站"，全方位满足多种现代功能要求。

建筑周边设置高架步行通廊，人车分流，互不交叉干扰；客流上进下出，交通流畅；城市交通与客流、内部人流与货流均布局明晰有序，有效地解决了建设用地紧张的矛盾。

4.应用的新技术、新材料、新设备、新工艺

（1）先进的客运通信系统：列车到发微机通告系统；多输出回路、多输出信源、多广播通道的有线广播系统；客运自动引导显示系统；客运闭路电视监控系统；旅客电视询问系统。

（2）旅客自助服务系统：电子售票网络系统；行包到达查询系统；行包自动检斤、计费、制票、结账系统；旅客安全检查设备。

（3）选用环氧树酯浇筑干式变压器，低损耗，低噪声，性能先进。

（4）应用的新材料主要为：围护结构采用轻质高强混凝土空心砌块、石膏轻质墙板；地下室及屋面防水采用高性能聚氨酯类防水胶膜；走廊吊顶采用彩色钢板代替铝合金板；室内半露明吊顶采用铝合金或彩色钢板格栅；大堂柱面装修采用钢陶瓷面板。

（5）结构设计采用劲性钢筋混凝土构件和预应力钢筋混凝土大梁，增强抗震能力，减小结构构件尺寸，增加使用空间。

（6）本工程大部分为站场、站台用地，可建设用地仅为东西两侧进深30m和15m的用地，充分利用站场、站台上部空间布置建筑功能用房，节约建设用地。

（7）节能节水方面，酒店热水采用平板式太阳能热水器供应；照明采用高效低能耗的灯具；在国内首创采用蓄冰空调系统，利用深圳实行峰谷电价的有利条件，节约运营成本，提高经济效益。

(七)住宅户型标准化设计（翠都花园）

1.项目简介

完成单位：深圳市建筑设计研究总院有限公司

主要完成人：关瑶、骆广深、刘瑞嫜、黄晓东

完成时间： 1990年11月（设计时间），1993年1月（竣工时间）

所获奖项： 深圳市优秀勘测设计二等奖、广东省优秀设计三等奖

工程地点：深圳市翠竹路

结构形式：钢筋混凝土框架结构

建筑面积：2万m²

2.应用与效益

本项目采用当时规划局的标准户型进行标准化住宅设计。

本项目按照方案竞标中选的第一名方案实施，按要求根据规划局举办的优秀住宅户型设计精选图集的户型进行组合设计，严格执行当时的住宅面积标准，构思巧妙，鲜明突出。

该项工程为深圳市规划局进行住宅设计创新与住宅政策改革的试点工程，为住宅设计的标准化设计作出了一定的贡献。

(八)混凝土空心砌块（银湖长途汽车客运站）

1.项目简介

完成单位：深圳市建筑设计研究总院有限公司

主要完成人：黄晓东、刘瑞嫜、陈青云、黎敬超、李忠、马昌

完成时间：1991年5月~1992年1月（设计时间）、1993年1月（竣工时间）

所获奖项：深圳市优秀勘测设计三等奖、广东省优秀设计表扬奖

工程地点：深圳市北环路银湖路口

结构形式：钢筋混凝土框架结构

建筑面积：25240m²

2.应用与效益

本项目采用混凝土空心砌块作为建筑外墙及室内各种填充墙，并按施工要求采用300宽钢片网布置在墙体与柱、梁的连接部位，外墙部分采用了防水砂浆。卫生间设300高实体混凝土墙体。

其创新点是首先在深圳市的重点公共建筑项目采用节能环保的混凝土空心砌块，对于节材、节能贡献较大。

本项目为当时深圳市规模最大的综合性长途汽车客运总站，亦为当时全国规模较大的站场。该项目为综合功能的汽车站，其功能包含长途汽车站场、200间客房的星级酒店以及餐饮、商业等。

该项目大部分空间均采用中央空调系统。该项目全部采用混凝土空心砌块，除大大减少建筑物的自重之外，还获得了良好的热工性能。

该项目走在深圳墙体改革的前面，并具有较佳的节能效果。

(九)深圳海王大厦

1.项目简介

完成单位：深圳机械院建筑设计有限公司（原机械工业部深圳设计研究院）

主要完成人：张绍强、汪克、裘沛燊、丁保文、秦洪、甄星灿、唐增洪、周民生、詹旺兰、潘天任、周全成

完成时间：1991~1992年（设计时间）、1991~1995年（建设时间）

所获奖项： 1995年获机械电子工业部优秀设计一等奖

建设地点： 深圳市南山区南油大道与创业路交汇处

结构形式： 钢筋混凝土核心筒框剪结构

用地面积： 7967.67㎡

建筑面积： 约63000㎡

建筑高度： 105m

2.应用与效益

深圳海王大厦由1幢20层写字楼、1幢32层商住楼和4层商业裙房及1层地下室（局部2层）组成。1991年由多家设计单位投标，机械院方案中标。该项目设计构想与建成效果相符，建成后社会评价良好，被誉为蛇口众多高层建筑中的“一枝独秀”，并成为南山地区乃至深圳市的标志性建筑。同时具有良好的社会效益和经济效益，售价比周边建筑高出2000元/㎡。

该项目设计主要科技创新之处在于：

（1）重达20.5t的巨型铜雕海王神像穿楼而过，其时乃至迄今均为世界之最。

（2）利用各层裙房屋顶的不同标高作立体广场，具有独特的商业价值，与18m流程的天池水幕自然结合，为亚洲之最。

（3）设计之最大着力之处，还在于特别注重功能研究，最大限度满足业主用户要求，居室的布置最终达到家家海景、户户阳光、海浪波涛、观赏独享的良好景观效果。

(十)深圳文锦广场

1.项目简介

完成单位：深圳机械院建筑设计有限公司（原机械工业部深圳设计研究院）

主要完成人：范纯青、王晓东、阚朝晖、刘奇实、潘冰洪、李国林、彭伯端、林贵华、凌智敏、李建军

完成时间：1991年9月~1993年12月（设计时间）、1991~1996年（建设时间）

所获奖项：1998年获机械电子工业部优秀设计一等奖

建设地点：深圳市罗湖区

结构形式：框架剪力墙结构、框架结构、剪力墙结构

占地面积：11590㎡

建筑面积：117000㎡

2.应用与效益

该项目建筑体量宏伟，造型流畅，用材精致，色彩稳重，与周围环境浑然一体，建筑风格独树一帜。设计师以高超手法，将不同的内部功能以统一形式加以创造，利用“洞天”之景取得功能和造型上的协调，使几个单体联合成为一座美观大方的集合体。

（1）将功能不同的各单元组合成一个包容共生的整体，建筑群体有机而和谐。

（2）满足不同景观要求，从笋岗路的对景、立交桥车内观景到文锦路上的景点，这栋建筑群体富有变化的建筑外轮廓线令人联想回味。

（3）通过水平线条和光影效果，表达简洁大方的体形。

（4）“洞”——灰空间成为此建筑极富魅力的欣赏点。一擎红柱，曲线的黄色阳台以及白色帐篷与统一的水平线条相对比，打破单调，具有强烈的个性、标志性、时代感和超前特性，成为当年深圳的一大景观建筑。

3.应用的新技术、新材料、新设备、新工艺

裙房外墙采用意大利麻红花岗石装饰，干挂法施工，此施工方式在当时属首创；塔楼以隐框玻璃幕墙作为外墙装饰，每层幕墙由

两部分组成，上部为浅墨色镀膜玻璃装饰，下部采用业主下属企业的最新产品——仿意大利麻红花岗石色彩的拱尖玻璃，该产品在建筑外墙的大面积使用为全国首例；填充墙体采用陶粒混凝土空心砌块，有效减轻结构自重。

(十一)同乐大厦——高层建筑外墙挂网贴面砖技术

1.项目简介

完成单位：深圳市建筑设计研究总院有限公司

主要完成人：卢昌海、楚锡璘、麦旋威

完成时间：1992年（设计时间），1994年（竣工时间）

所获奖项：1996年荣获深圳市优秀设计二等奖

同乐大厦由地下2层汽车库及设备用房，地上2栋33层塔楼组成，5层裙房有办公、会议、商场、餐饮等功能，塔楼主要为住宅。建筑总面积约为61200㎡，建筑总高度96.1m，是一类高层综合楼。

2.应用与效益

建筑外墙贴面砖采用通常做法往往存在面砖脱落伤人的隐患，如何使面砖与基层粘结更为牢固是解决面砖脱落问题的关键。在设计当时，采用基层加挂钢丝网的构造措施，增加面砖与基层的粘结强度，从而减少面砖脱落的可能无疑是一大创新。

同乐大厦作为较早的外墙贴面砖的高层建筑，最先采用了在抹灰层内挂钢丝网的技术以防止粘贴的面砖脱落。

同乐大厦外墙贴面砖采用挂网技术，有效地保证了外墙面砖贴挂的安全，没有出现面砖脱落等现象，对以后的同类建筑外墙设计以及规范的编写均起到了良好的作用。

(十二)庐山大厦——陶粒混凝土轻质砌块

1.项目简介

完成单位：深圳市建筑设计研究总院有限公司

主要完成人：张一莉、韩斌、楚锡璘

完成时间：1992年（设计时间）、1995年（竣工时间）

所获奖项：1998年荣获深圳市优秀设计二等奖，2000年获广东省优秀设计二等奖

庐山大厦位于深圳市罗湖区，由地下2层汽车库及设备用房、地上裙房及A、B、C、D4栋塔楼组成。A座为星级酒店及办公，B座为高级公寓及办公，C和D座为单身公寓，裙房设有酒店用房、商场、餐饮、娱乐等功能。建筑总面积约为11.2813万㎡，建筑总高度108.1m，是一类超高层综合楼。

2.应用与效益

传统的墙体砌筑材料多采用红砖（黏土砖）。红砖制造需要消耗大量农田耕土，与国家保护耕地的禁令相违。

陶粒混凝土轻质砌块具有重重轻、强度高、保温隔热、吸声隔声、施工方便、经济实用等优点。陶粒混凝土轻质砌块的研发和应用，无疑是建材领域的一大创新，既减少了土地资源的流失，又为墙体材料带来了革新。

庐山大厦地下室内隔墙采用陶粒混凝土轻质砌块砌筑，塔楼内墙采用陶粒混凝土空心砌块砌筑，对减轻结构荷载，节材、环保都起到了良好作用。

(十三)中国长城计算机深圳公司扩建工程

项目简介

完成单位：深圳奥意建筑工程设计有限公司

主要完成人：王镇藩、张澄燕、刘光军、林生明、戴庆安、钟曼娜、刘笋、秦维之、王金庄、刘春荣、朱传光、叶鸿年、夏媛、张承、王秉常

完成时间：一期1992~1993年，二期1999~2001年

所获奖项：国家第八届优秀工程设计金奖；电子工业优秀工程设计一等奖；深圳市优秀工程勘察设计二等奖

本项目本工程由主厂房、办公楼、食堂组成，总建筑面积4.8万㎡，主要生产著名品牌“长城”电脑。

（1）主厂房建筑面积3.6万㎡，共3层。在深圳第一次采用

15m×15m的大柱网，室内柱子比常规柱网减少超过50%，有利于电子工业日新月异的发展，有利于工艺布置，有利于产品的更新换代。

（2）采用“新技术”。为了满足大柱网要求，结构专业大胆、科学地应用了“新技术”——后张法现浇钢筋混凝土予应力肋形楼盖，降低了梁高和层高，提高了结构刚度，降低了造价，取得了良好的经济效益。

(十四)华强大厦——XPK系列硅酸钙砌块

1.项目简介

完成单位：深圳市建筑设计研究总院有限公司

主要完成人：宋希禄、杨凯、彭东明

完成时间：1993年10月（设计时间），1997年12月（竣工时间）

所获奖项：2000年荣获深圳市优秀设计二等奖；2001年获广东省优秀设计二等奖

华强大厦由地下2层汽车库及设备用房、地上30层塔楼组成，集办公、会议、餐饮、购物、娱乐等功能为一体，建筑总面积约为60491㎡，建筑高度约111.3m，采用框架核心筒结构，属一类高层综合楼。建筑位于深南路与中航路交叉口东北角，是该地段较为重要的高层建筑，造型具有强烈个性、标志性、时代感和超前特征，是深圳市一座独特的景观建筑。

2.应用与效益

XPK系列硅酸钙砌块的主要原料是矿渣陶粒、水泥及其他助剂。它利用工业废渣，节约能源，不毁坏土地，具有适应性强、应用广泛等优点。 XPK系列硅酸钙砌块具有重量轻，隔声、隔热、防潮性能佳，抗冻、耐久性好等优点。外观尺寸标准，块体适宜，施工方便，工效高。

华强大厦项目的填充墙采用XPK系列硅酸钙砌块砌筑，减轻了结构荷载，对节材、环保都起到了良好作用。

(十五)深圳特区报业大厦

1.项目简介

完成单位：深圳大学建筑设计研究院

主要完成人：龚维敏、卢暘、赵阳、夏春梅、黄妹等

完成时间： 1998年

所获奖项：2000年深圳市优秀设计金牛奖；2001年广东省优秀设计一等奖；2002年建设部优秀设计三等奖；2003年全国优秀建筑结构设计一等奖

报业大厦为深圳特区报总部的办公楼。楼高42层（局部47层），主体高168m，塔尖高260m。主体塔楼9~40层为办公用

房，41、42层为国际会议厅及俱乐部，4层裙房中设有展厅、餐厅、700座会议厅等用房。总建筑面积9.23万㎡。

2.应用与效益

（1）在国内首先实现空中花园的概念。塔楼中每隔3层设有一共享空间，这是以植物为主题的休息、活动场所，体现了热带建筑的特点，构成垂直发展的公共空间体系。每个楼层都能对应于一个或几个这样的特色空间，为人们提供在高空中接近自然的场所。

（2）塔楼主体采用了双筒式平面，筒体位于东西两侧，形成了两侧的热缓冲区，减少了空调能耗，同时创造了自由、灵活的内部空间。

（3）裙房“船形”敞廊、塔楼下部30m高的架空空间提供了大面积的半室外集散空间，体现了热带建筑的特点。

（4）使用镀膜玻璃，有效衰减进入室内的太阳热辐射，降低了建筑能耗。

(十六)深圳开发科技数字磁头扩建工程

1.项目简介

完成单位：深圳奥意建筑工程设计有限公司

主要完成人：徐怡青、李荣书、袁春亮、陈志强、梁江涛、张金汇、韦荫辉、隋爱群、王秀娴、廖文瑾、张志书、何煊安、欧阳军、雷昶、费思美

完成时间：1995～1996年

所获奖项：第七届全国优秀勘察设计奖银奖；1994年深圳市优秀工程设计一等奖；广东省第八次优秀工程设计二等奖；电子工业部科学技术进步奖二等奖

2.应用与效益

本项目由主厂房、办公楼、食堂组成，总建筑面积4.7万㎡。1991年9月开工，1992年12月竣工，1993年3月投产。

（1）主厂房建筑面积3.3万㎡，共3层。在深圳多层厂房中，最早采用12m×15m的大柱网，室内柱子比常规柱网减少约50%，有利于电子工业日新月异的发展，有利于工艺布置，有利于产品的更新换代。

（2）主厂房内设10级、100级、1000级各类洁净室，其中10级洁净室576㎡为当时全国最大，技术含量和技术难度很高。

（3）采用“新材料”。屋面防水采用“新材料”—三元乙丙防水卷材，防水效果好。

(十七)GRC轻质墙体在深圳市邮电信息枢纽中心的应用

1.项目简介

完成单位：深圳市建筑设计研究总院有限公司

主要完成人：黄厚泊、陈达昌、陈更新、陈邦贤

完成时间：1996年10月（设计时间），2001年11月（竣工时间）

深圳市邮电信息枢纽中心位于深圳市福田中心区，是集信息和邮政金融为一体的高科技专业型建筑群，总建筑面积18万㎡，主楼48层，高180m，副楼22层，裙房8层，地下室3层，包括展示厅、报告厅、会议室、电信专业机房等组成，采用框架—筒体结构，追求电信建筑自身的个性与变化，展现21世纪的文明与技术。

2.应用与效益

GRC轻质墙体采用专用水泥为胶凝剂，以轻质陶粒为骨料，以膨胀珍珠岩为填充料，加入特别添加剂，面层用抗碱玻璃纤维网增强，经特殊工艺制成多孔墙板，板宽600cm，板厚60～90cm，高度为2.8m。

GRC轻质墙体运用于本工程的机房等办公用房内墙体，具有质轻、防火、防潮、耐水、保温、隔声、隔热、强度高、耐久性优且不含有害物质等特点。工程应用后，使用效果较好。

(十八)轻钢龙骨埃特板在深圳市邮电信息枢纽中心的应用

1.项目简介

完成单位：深圳市建筑设计研究总院有限公司

主要完成人：黄厚泊、陈达昌、陈更新、陈邦贤

完成时间：1996年10月(设计时间)、2001年11月(竣工时间)

(二十二)深圳市群星广场

1.项目简介

完成单位：深圳奥意建筑工程设计有限公司

主要完成人：彭其兰、欧阳军、王任中、毛仁兴、林家骏、吴昌伟、殷明、张熙琳、翁建华、杨蔚峰、迟占明、赵海红、孔德政、李杰、潘淑君

完成时间：1997～2000年

所获奖项：深圳第十届优秀工程勘察设计规划奖一等奖；信息产业部电子工业优秀勘察设计一等奖；广东省第十一次优秀工程设计二等奖

深圳群星广场位于深圳市华强北路与红荔路交汇处，为深圳华强北商业区标志性建筑，也是深圳市有影响的特大型超高层公共建筑，总建筑面积14.4万㎡，总高度155.10m。本建筑主要功能为高档办公公寓及住宅楼，其中1～4层裙房为大型商业中心。

2.应用与效益

住宅每3层设一个空中花园，为南方传统院落在高层住宅的创新形式；办公楼外墙采用氟碳仿铝板涂料，既美观又节省造价。

(二十三)万科四季花城

1.项目简介

完成单位：深圳大学建筑设计研究院

主要完成人：陈方、殷滨

完成时间：1998年（设计时间），2001年（完成时间）

所获奖项：万科四季花城规划与单体设计（中标）；1999年12月获建设部评选“国家康居示范小区”设计第一名；万科四季花城广东省建筑设计一等奖；深圳市建筑设计一等奖（2003年）；规划设计二等奖（2003年）

万科四季花城地处深圳梅林关外约2km处，占地23hm^2，建筑面积35万m^2. 采用街区式社区概念及小镇主题，成功地弥补了边缘社区的缺陷，其自成体系的居住小城式公共空间序列、居住街区及温馨的小城生活给购房者留下了深刻的印象，在市场销售上取得了巨大的成功。值得一提的是入住的业主大部分来自于深圳市区，从此方面来说，其对于中国城市住宅“郊迁”问题的研究提供了可贵的实例与经验。万科四季花城是一次从“控规”、“详规”、“建筑设计”、“环境设计”难得完整的经历，这对于边缘社区的规划控制研究而言，尤为可贵。

2.应用与效益

万科四季花城是新城市主义概念与城市居住“郊迁”相结合的一次较为圆满的试验。其设计要素——小镇主题及街区型住宅、人车共存（人车水平分离交通体系）、自建式屋顶复式单元等，对当时国内住区规划产生了深远的影响。

(二十四)深圳市南山区国土规划局办公楼

完成单位：深圳市清华苑建筑设计有限公司

主要完成人：金逸群、吕之林、毛晓兵

完成时间：1998年

所获奖项：2000年深圳市第九届优秀工程勘察设计一等奖

1.项目简介

该办公楼位于南山区南头深南大道北侧，西临艺园路。建筑总用地面积5454.5㎡，总建筑面积7982.4㎡，建筑主体高度31.95m。

2.应用与效益

（1）总体布局

本方案将建筑物置于地段北面，办公楼与深南大道之间留出32m×35m的空间，结合铺地及小品设计，绿化使之成为一个尺度宜人，适于交往、休憩的广场，作为进入办公楼前的过渡空间。主入口在地段的东南角，自用车库入口结合地形布置在西侧，厨房后勤入口及自行车库放在主楼北面，各入口互不干扰。

（2）平面布局

本建筑半地下1层，地面8层。半地下室为停车场和设备用房；首层为门厅、办公大厅及员工食堂、厨房；二层为办公及多功能室；三至七层为各科室办公用房；八层为大会议室。通过适当布置竖向交通及辅助面积，使主楼形成集中大办公室空间和走道式单元办公空间有机结合的平面布局，便于不同科室按其工作性质灵活布置，形成开放、规范、便民、高效的办公空间。

（3）建筑造型

通过体型组合不同材质搭配及细部处理，达到庄重而不过分严肃、典雅而富于现代气息、精致而不花哨的造型效果，贴合其中小型政府办公建筑的身份。其鲜明、新颖的形象使之成为深南大道上一个标志性建筑。

(二十五)联想集团研发中心

1.项目简介

完成单位：深圳机械院建筑设计有限公司（原机械工业部深圳设计研究院）、李名仪/廷丘勒建筑师事务所（合作单位）

主要完成人：朱希、向大庆、李朝晖、冯育达、潘燕、丁瑞斌、陈运根

完成时间：1998~1999年(设计时间)、1998~2000年(建设时间)

所获奖项：2003年获深圳市优秀建筑设计二等奖；广东省优秀工程设计三等奖；2004年获中国机械工业优秀设计二等奖

建设地点：深圳市南山区高新技术开发区

结构形式：钢筋混凝土框架结构

占地面积：约18622㎡

建筑面积：约48400㎡

2.应用与效益

联想集团研发中心为科研、开发、办公建筑，具有会议、展厅、办公等功能，并有职工食堂等配套设施，是一座现代化智能型科研办公楼。标准化模数的运用是本项目的设计精髓。建筑平面采用9m×9m的柱网，层高均为4m。建立标准化的空间模型、结构模型和设备模型，实现空间模块。各模块采用标准化设计，技术设备配套齐全，有效降低成本。平面具有灵活性、应变性，能适应企业未来的发展和变化需求。基地东侧的花园采用与建筑设计统一的模数，布局生动、有序、活泼。

（1）建筑节能和绿色建筑

立面在东西方向上逐层退台，形成空中庭园。在平台及其檐部设花槽种植攀援植物，植物沿固定在混凝土构架和金属拉索上的双层尼龙网向上生长，形成绿荫，既减少了强烈的东西向阳光辐射对建筑的影响，又可为工作人员提供生态的空中休闲区域。

（2）新材料的运用

内墙采用轻质高强的陶粒混凝土砌块和TR轻质墙板；地下室防水采用改性沥青卷材；屋面防水采用合成高分子卷材和涂料；外墙防水采用聚合物水泥砂浆；屋面保温采用聚苯板。

(二十六)基督教深圳堂

完成单位：深圳市建筑设计研究总院有限公司

主要完成人：孟建民、杨艳、邱伟旭、范晖涛

完成时间：2000年1月（设计时间），2001年12月（竣工时间）

所获奖项：2003年深圳市第十届优秀工程设计奖一等奖；2003年广东省第十一届优秀工程设计奖一等奖；2002年建设部优秀工程奖三等奖

1.项目简介

本项目位于深圳市福田区梅林路北侧。2000年1月完成施工图设计，2001年12月竣工。占地面积4451.5㎡，建筑面积7029㎡，建筑高度29.3m。地下1层，地上4层。主堂（1400座）在上，屋面为网架结构；附堂（600座）在下，为钢筋混凝土密肋梁结构。

2.应用与效益

（1）本建筑合理地解决了中西文化的冲突和交融问题，以及西方宗教在社会主义中国、在东方世界的形象和特点问题。

（2）本建筑依山就势，与山地地形紧密结合，突出了建筑的

雄伟与壮观，也节省了资金。

（3）屋面为网架结构，间隔布置采光带；堂内无柱，宽敞明亮，通风良好，视野开阔。

（4）外形上，两片厚重的弧形墙由东向西逐渐升高，给人一种向上的力量感；弧墙支撑的透空复顶洒下均匀的光影，且天空中浮动的彩云给人与上帝更加接近之感，菱形钟塔更是这种力量的延续，达到一种“天地交融”的意境。

(二十七)深圳机场物流园规划及建筑设计

完成单位：中国建筑东北设计研究院有限公司深圳分公司

主要完成人：刘战、张涛、任炳文、隋庆海、邢凤春、申豫斌、朱宝峰、徐良鸥、何延治、牛晓阳、王晓光、曲杰、高扬、罗志峰

完成时间：2000年至今

所获奖项：建设部2005年度勘察设计三等奖；中建总公司2005年优秀工程设计二等奖

应用与效益

深圳机场航空物流园是深圳规划建设的四大物流园区之一，包括空运中心、海运中心、临港工贸园、物流发展用地等，总用地116hm^2，已建成面积30万m^2。

空运中心由国内货运村、国内货站、国际货运村、国际货站、联检综合楼、保税贸易仓库等组成。中国建筑东北设计研究院有限公司深圳分公司承担了整个物流园的规划、可行性研究及绝大部分建筑单体的设计。设计以功能实用为主，立面造型以单元构图为元素，用统一圆窗、圆洞及外露的蓝色框架、格栅形成独特的个性。

海运中心由海运保税货站、保税仓库等组成。

(二十八)深圳电视中心

完成单位：深圳机械院建筑设计有限公司（原机械工业部深圳设计研究院）、 重庆建筑大学深圳设计研究院（合作单位）、广电总局设计院（合作单位）

主要完成人：范纯青、全松旺、郭赤贫、张晓丹、萧唯、莫德明、唐增洪、潘冰洪、冯育达、王忠礼、黎红、丁红、熊汉华、凌智敏、倪国民、丁瑞斌、蒋丹翎

完成时间：1999年9月~2001年3月（设计时间）、2000年~2004年5月（建设时间）

所获奖项：2005年获中国机械工业优秀设计一等奖；2007年获广东省优秀设计二等奖

建设地点：深圳市福田中心区

结构形式：框架剪力墙结构

占地面积：20132㎡

建筑面积：70220㎡

建筑高度：121.90m

1.应用与效益

本工程提供了高效、便捷、舒适的建筑环境，是一个集现代化、智能化、专业化等高科技于一体的电视中心。具有宣传教育、文化娱乐和信息中心的窗口作用，也是一个信息采集、加工、处理、再发布和传播的中心。本工程设计工艺流程科学、技术先进，充分考虑未来技术和信息发展的需要，能适应未来技术和工艺流程的变化，并保留了一定的发展余地。

2.项目特点

深圳电视中心是电视节目演播、制作、传输及开展文化活动的综合性建筑。其中有1800㎡剧场一座，100~800㎡大小不等的8个演播厅，另有设备技术、管理办公用房，以及配套的停车、生活服务、群众文化活动空间等设施，是一座综合性、专业性的超高层建筑。

本工程由28层主楼与造型新颖别致的裙房共同组成，二者之间通过混凝土格架相连，是一座具有时代气息的优美建筑。主楼为钢筋混凝土与点驳接式玻璃幕墙的统一体。其弧面造型以象征意义的形式，传达积淀在人们意识中的关于声波、电波、电磁波及电视传媒的复合记忆，以其优雅的形象形成建筑的主题造型。裙楼的三块弧面实板与塔楼弧面相互对应，兼有空间、尺度、形态及形状的对比关系，形成高—低、大—小、虚—实、通透—围合的对比效果。外墙装修追求高科技特征，整体采用银色亚光复合铝合金面板和透明玻璃，局部饰以灰色铝板线条，追求静中求动的现代美。

外墙主楼南面部分采用呼吸式双层玻璃幕墙系统，并大面积采用

透明玻璃，开创现代办公新模式，在深圳属首创。

梭形玻璃幕墙采用点驳接，在超高层建筑中大面积采用为全国首创（当时点驳接幕墙国内刚刚兴起，主要用于低层建筑）。

技术用房全部采用智能化地板设计，地面架空走线，可以灵活改变房间分隔，以适应未来之需要。1800㎡演播室剧场采用座椅下送风方式，均匀，有效，低噪，人性化。

(二十九)蒸压加气混凝土砌块

完成单位：深圳市宝安建筑设计院

主要完成人：万晓兵、李小梅

完成时间：2000年

应用与效益

20世纪90年代中后期，国家和地方为保护耕地禁用黏土砖，为此各种轻质砌块等新型墙体建材大量涌现。蒸压加气混凝土砌块重量轻，可大大减少结构自重；同时保温隔热性能好。经在宝安高级中学工程中应用，效果良好。

(三十)深圳华侨城波托菲诺•纯水岸（栖湖花园）

完成单位：深圳机械院建筑设计有限公司（原机械工业部深圳设计研究院）、澳大利亚柏涛（墨尔本）建筑设计有限公司(合作单位)

主要完成人：全松旺、阚朝晖、张晓丹、刘大钢、任才龙、徐雪英、蒋丹翎、林贵华、李旭

完成时间：2001~2002年（设计时间），2001~2002年（建设时间）

所获奖项：2004年获中国机械工业优秀设计二等奖；2006年获深圳市优秀设计一等奖

建设地点：深圳市华侨城燕栖湖畔

结构形式：钢筋混凝土框架结构

占地面积：约103512㎡

建筑面积：约127030㎡

应用与效益

波托菲诺•纯水岸（原名栖湖花园），位于深圳著名的旅游景区华侨城腹地，周围有谛诺山、7万㎡的燕栖湖和8万㎡的荔枝林，

条件优越，景色宜人，规划设计以人为本.

波托菲诺•纯水岸自建成后，各方好评如潮，曾获建设部颁发的“中国住宅创新示范楼盘”奖，中国城市规划协会颁发的“2003年中国低密度住宅区研发示范基地”奖，深圳市国土局颁发的“2002年深圳楼盘销售龙虎榜最畅销楼盘”奖，被誉为当时深圳市豪宅十大楼盘之首。2002年每平方米售价平均高达1.6万元，为发展商带来了可观的经济效益和良好的社会效益。

项目特点：

小区由12栋多层住宅、8组86套联排式别墅组成，配建有高级会所、幼儿园、菜市场、酒店式公寓。小区人车分流，区内环境幽静，居住舒适。规划设计充分考虑建筑与自然的完美融合。多层住宅以面积170～210㎡的四房两厅为主力户型，平面方正，户户均有良好的景观，采光及通风。联排式别墅面积260～310㎡，立面造型丰富多姿，居住写意、舒适，美丽的燕栖湖尽收眼底。

小区的商业步行街由公共建筑和住宅楼围合而成，给小区提供集中式的服务，其设计体现浓郁的意大利风情。

小区运用智能化系统设计，将照明及家用电器设备集中进行智能化控制，引入了全功能型的家庭及小区安全防范技术。

小区采用现代化交通管理模式，除联排式别墅允许车辆直接进入各户车库外，其余地块均采用人车分流模式。

合理处理及利用燕栖湖水，将湖水通过净化装置，给小区提供绿化浇灌水及多个戏水池用水，并循环使用。

(三十一)深圳时代金融中心

完成单位：深圳机械院建筑设计有限公司（原机械工业部深圳设计研究院）、美国BBG/ARCHITECTS事务所（合作单位）

主要完成人：李朝晖 、李旭、 莫德明、 梅文平 、丁瑞斌 、潘燕 、刘家英、 李瑾

完成时间：2001~2002年（设计时间）、2001~2003年（建设时间）

所获奖项：2004年获深圳市优秀工程设计二等奖、2005年获广东省优秀工程设计一等奖

建设地点：深圳城市中心区

结构形式：钢筋混凝土核心筒框剪结构

用地面积：6670.20㎡

建筑面积：约75430.08㎡

建筑高度：99.75m

应用与效益

时代金融中心为高档精品写字楼，3层地下室分别为车库、战时人员掩蔽所及设备用房；一至四层裙房为商业及银行用房；五至二十八层为办公用房。通过精心的设计，时代金融中心以其精美典雅的外表给人留下了“现代与永恒共存的建筑之美”。

（1）一至四层裙楼，设有一道18m高的街墙立面，与其他沿街建筑共同构成中心区18m高的连续街墙立面，成为城市景观的一个特点。

（2）建筑每个立面都运用了极具特色的设计手法。南北立面极具动感和活力，比例典雅的倾斜幕墙从七层开始一直到二十八层，之上为15m高的玻璃幕遮墙，将建筑的竖向比例控制在优美的视觉范围内。东西两立面在40m、85m和110m高度处均有后退。建筑北面有两个塔尖，面向深南路高度约有130m。

（3）外立面幕墙设计是设计中最为重要的环节。幕墙采用多种石材、铝板、不绣钢板以及中空镀膜玻璃等建筑材料，利用各种材料的质感、肌理以及物理性能，运用对比统一的设计手法将它们很好地结合在一起，取得丰富的视觉效果及整体感。

（4）除了材料和材料质感的多样化以外，为了表现光影变化，建筑幕墙设计在强调竖向线条的同时，在立面上设计了丰富的凹凸变化。

(三十二)2011年世界大学生运动会国际广播电视新闻中心建筑设计

完成单位：中国建筑东北设计研究院有限公司深圳分公司

主要完成人：刘战、唐炎潮、李曙光、任炳文、李鑫、黄伟、申豫斌、李文娟、朱宝峰、徐良鸥、翁君、何延治、姜军、兰品贵、王晓光、曲杰、高扬、郭立立

完成时间：2008~2010年

项目简介

深圳大运会国际广播电视新闻中心（MMC）项目位于深圳市龙岗区奥林匹克体育中心“一场两馆”的西南面，西临龙兴路，东南临鼓岭路。建筑面积3.72万㎡，结构形式为混凝土框架+钢结构。建筑由MPC和IBC两个部分组成。MPC是主新闻中心（Main Press Center）的简称。它为新闻媒体提供办公空间、新闻信息终端服务及技术支持。IBC是国际广播电视中心（International Broadcasting Center）的简称，它是重大国际国内比赛中给各广播电视机构提供转播、收录制作和编辑比赛内容的场所。

建筑处于体育场—游泳馆轴线与规划步行街轴线的交点上，在空间上起着转合衔接的作用。作为“一场两馆”的附属建筑，该建筑不仅要求遵循大运中心的整体规划要求，同时也要体现出建筑所处环境的个性特点，通过空间及外部设计反映出其内在的特质和建筑特性。根据《深圳大运体育中心修建性详细规划》，场地中间必须留出大于24m的人行通道，与南面开放性广场相连接，成为人行主要出入口。因而建筑上部以五个东西走向的矩形体量为主要形体构成元素，通过与底部简洁体量的穿插搭接，形成底部架空通道。东南角的开放式全景演播室的视线要求，又生成了建筑在端部悬挑的姿态。整个建筑设计在满足规划及功能需求的同时也形成了丰富的室内外空间及外部造型。

建筑将演播室及设备用房等不需要采光的功能空间布置在建筑的西向或北向，外围护结构采用砌块墙体及石材幕墙，避免了室内因西晒引起的能源损耗；将办公会议室、编辑室等对通风采光要求较高的功能空间布置在建筑的南向和东向，外围护结构采用LOW-E中空玻璃幕墙，通过玻璃开启利用自然通风采光，达到生态、节能的设计。建筑正立面运用数码字体的构思，通过装饰条的搭接组合，将“MMC”的全称“MAIN MEDIA CENTER”反映在玻璃幕墙上。装饰条上镶嵌LED条形灯，不论在白天还是夜晚，建筑性格的标识特征都格外醒目。

(三十三)深圳宝安体育馆

完成单位：深圳市建筑设计研究总院有限公司、法国思构国际设计公司（合作设计）

主要完成人：孟建民、刘毅、王丽娟、廖凯、侯军、冯春、唐岳篪、唐箴

完成时间：2001年12月（设计时间），2002年7月（竣工时间）

所获奖项：广东省第十二次优秀工程设计二等奖；深圳市第十一届优秀工程勘察设计二等奖； 鲁班奖

1.项目简介

本项目为深圳市宝安区体育中心的核心建筑。2001年12月完成施工图设计，2002年7月建成投入使用。建筑面积47900㎡，主体三层，高28m，观众厅容纳人数为8300人。钢筋混凝土框架结构，屋顶为空间桁架结构。建设定为举行体操、篮球、排球等项目大型国际赛事的体育场馆。

2.应用与效益

采用自动转轴遮光大型屋面采光窗；采用保温、吸声轻质铝合金屋面板；采用轻质隔声多孔塑料板做隔墙；采用钢圆管相贯空间桁架结构；采用成组成排式自动可折叠座席；采用多功能体育设施木地板。

宝安体育馆为大型体育馆，可举行国际赛事。馆外总体设计优美、完整，交通流线清晰；体育馆内设施完善，坐席交通方便；观众视线、音质良好；光照、音响效果优秀；室内各类空间满足功能要求。

宝安体育馆不仅在规模上成为当时深圳之最，还采用了多项领先于当时同类建筑的新技术、新工艺、新材料：（1）自动转轴遮光大型屋面：采光窗可根据光线角度自动转向，具有很好的采光和遮光功能，建成时为国内首创。（2）采用保温、吸声轻质铝合金屋面板：屋面除轻质、保温外，适当调整了其檩条的间距和数量；隔声、吸声效果甚佳。计算混响时间时，可解决音质问题的45%；特别是低频（125Hz、250Hz、500Hz）效果更好。（3）轻质隔声多孔塑料板做隔墙：色彩淡雅，外观新颖，犹如装饰材料。吸声效果良好。（4）采用钢圆管相贯空间桁架结构：桁架外观良好，节点复杂，坚固；桁架空间内安装设备，隔声、吸声材料设置方便。（5）采用成组成排式自动可折叠座席：自动座席设置，出入方便，简洁流畅，定位准确，自动回收折叠后，节省场地空间，轻巧、灵活、实用。（6）采用多功能体育设施木地板。地板平整、耐用，板内设体育配套设施，埋件齐全，方便球类比赛和体操场地使用。

(三十四)盐田区行政文化中心

完成单位：深圳大学建筑设计研究院

主要完成人：杨文焱、王鹏、马越、赵勇伟、姚小玲

完成时间：2003年

所获奖项：2004年深圳市第十一届优秀工程建筑设计一等奖；2005年广东省第十二次优秀工程设计一等奖；2005年广东省优秀建筑设计创作奖

1.项目简介

深圳盐田区行政文化中心由政府、法院和检察院办公用房，一个多种功能的文化中心，一个城市建设成就展厅，以及由这些建筑内容围合成的市民广场组成。行政中心高12层、长141m、高72m，构成广场北界面；文化中心高7层，位于广场西侧；城市建设成就展厅高1层，与喷泉水池形成广场东侧的景观带。

2.应用与效益

（1）首次在深圳地区尝试使用双层建筑表皮，以适应亚热带湿热地区的气候，隔绝建筑场地周边城市噪声，降低能耗。应用常规技术，在采光表面外设置钢筋混凝土遮阳板和墙体，形成空气间层和外表皮，阻热降噪。造价适中，效果良好，并求得建筑的特殊表现力。

（2）建筑内部采用高中庭和空中花园相结合的形态，在建筑内部形成“烟囱效应”，减少空调能耗，同时创造庄严、雄伟兼具人性化的内部空间。

（3）在国内较早大面积采用氟碳喷涂外墙材料，较充分地展现了材料的表现力，以较低廉的代价获得了金属外墙的效果。

(三十五)深圳百仕达红树西岸

完成单位：深圳大学建筑设计研究院

主要完成人：高青、陈佳伟、钟中、赵勇伟、顾宗年、马航

完成时间：2006年

所获奖项：美国AIA建筑设计大奖；中国建设工程鲁班奖；美国SARA荣誉设计奖

1.项目简介

深圳百仕达红树西岸是国内第一座全玻璃幕墙高层住宅小区。项目位于深圳湾滨海大道北侧，建设用地面积7.5hm^2，建筑面积约34.5万m^2。主体建筑18~33层，地面以上高层55.6~99m，每幢高层建筑折线长度约200m，立面高低错落，下部开洞。

本项目由美国ARQ设计公司与深圳大学建筑设计研究院合作设计。

2.应用与效益

（1）规划布局上，三幢折线形住宅塔楼架于整体平台上。三幢板楼围绕平台中央“珊瑚礁湖”组合，其精心布局使得每个住户处在欣赏南部海景、西侧高尔夫球场景观、南侧红树林、东侧社区公园景观的最佳地理位置。

（2）整个建筑采用玻璃窗墙系统，几乎实现了外墙100%的采光比例，总厚度达27cm的三层LOW-E玻璃，在隔绝外界噪声的同时，还能隔绝一部分辐射热和紫外线。

（3）整体采用无梁楼盖结构，最大限度地增加面海景观面。

（4）与国际500强公司合作，大量采用智能化家居系统，打造智能化社区。

（5）在住宅建筑中大量使用新材料和新施工技术，如采用美国陶氏化学创新隔声技术，最大限度地减少上下邻居之间的噪声干扰，绝对保证业主隐私和个人空间的私密性。

(三十六)中兴通讯研发大楼

完成单位：深圳奥意建筑工程设计有限公司

主要完成人：黄舸、郑旭华、毛仁兴、赵海红、何菁、殷明、张庆伟、许谦、孔德政、黄运惠

完成时间：2002~2005年

所获奖项：深圳市第十二届优秀勘察和优秀建筑工程设计一等奖；2006年度信息产业部优秀工程设计一等奖；2007年度广东省优秀工程设计三等奖；第六届全国优秀建筑结构设计奖三等奖

项目简介

中兴通讯研发大楼位于深圳高新区深南大道南侧，位置显要，是目前深圳市最高的科技研发大厦。总建筑面积63084.76m^2，地上36层，地下2层，建筑高度153.80m，为深圳高新区新的制高点和地标建筑。

设计将主楼置于京山工业园对称中轴的延续端，与主体东侧的中心花园绿地一起构成此轴线，终端上并置两个空间——楼体空间、楼外绿化空间。利用超高层建筑较小的占地率组织大面积整体的地面绿化系统，使建筑生于绿色之中；在东侧与大楼一起布置的绿化空间是场地内空间层次的积极补充，对比大楼的人工封闭，它提供的是自然的、开放的人性化场所，可进入度及可停留性是设计的重点，体现了生态的、人性化的空间环境追求。

为强化中兴通讯企业形象，大楼整体外装延续了一期设计风格。

以大面积蓝色横框幕墙搭配角部及顶部的横向带形窗，带形窗实体墙部分外装选用浅棕色干挂石材。平面屈率与幕墙不同的亚光不锈钢横框，在玻璃上投下微妙变化的阴影，形成丰富的立面变化。一至三层外墙玻璃为悬索式透明玻璃幕，最大程度将室外绿化美景引入室内。

平面为集中的内核心筒设计，核心筒内设垂直交通电梯、消防电梯、疏散楼梯及各技术竖井。一层为办公大堂，二三层通过架空连廊与一期工程有便捷的连系，其余均为研发层。十五层及二十九层为设备及避难层，大楼分高、中、低三区。

(三十七)金地香蜜山

完成单位：深圳机械院建筑设计有限公司 （原机械工业部深圳设计研究院）、上海日清建筑设计有限公司（合作单位）

主要完成人：李朝晖、沈晔、潘冰洪、陈汝俊、任才龙、蒋丹翎、李蓉

完成时间：2002-2004年（设计时间），2002~2005年（建设时间）

所获奖项：2007年获中国机械工业优秀工程设计二等奖

建设地点： 深圳市香蜜湖安托山片区

结构形式： 钢筋混凝土剪力墙结构

占地面积： 约 78679㎡

建筑面积： 约22万㎡

应用与效益

该项目采用极简主义的设计手法，用虚实、简约的形体着力刻画建筑的力度与飘逸感，一反传统住宅建筑的语言，创造独特的建筑体量，凸显城市沿主要大街的建筑品质，并与山体前的网球中心共同组成丰富的视觉印象。

该项目的空间根据地形、地貌特点形成内外两大块，以网球中心、体育会所、商业步行街组织的广场完全对城市开放，形成沿莲花路的公共空间，成为一个亲切宜人的城市文化广场。

（1）建筑节能和绿色建筑

建筑群体以整体倾斜25°的网格朝向东南方向，充分利用夏季主导风向并避免日晒。住宅单体平面从生态建筑学的原则出发，将平面花园引入高层建筑，每家每户每个房间都能自然通风采光，并有效组织穿堂风，降低能耗。

利用原始地形的高差，尽可能将地下车库设计成自然通风和采光的生态车库，既节约能源，也营造出更为舒适、人性化的停车空间。

（2）新材料的运用

墙体采用轻集料三排孔混凝土空心砌块；地下室防水采用911聚氨酯防水涂膜，屋面防水采用SBS防水卷材，外墙防水采用水泥基聚合物防水涂膜，屋面保温采用XPS挤塑聚苯乙烯保温隔热板。

(三十八)盐田国际行政办公大楼

完成单位：深圳机械院建筑设计有限公司(原机械工业部深圳设计研究院)、(香港)胡周黄建筑设计(国际)有限公司（合作单位）

主要完成人：陈颖、许锐、王茜、余东良、李荣辉、熊汉华、刘家英、李耀星、李峰

完成时间：2003年9月~2004年7月（设计时间）、2003年9月~2008年9月（建设时间）

所获奖项：2009年度获中国机械工业优秀工程设计二等奖；全国勘察设计行业优秀建筑设计（中外合作）三等奖

建设地点：深圳盐田港码头三期填海区

建设单位：盐田三期国际集装箱码头有限公司

结构形式：钢筋混凝土框架剪力墙结构

用地面积： 24050.51㎡

建筑面积： 65654.00㎡

建筑高度：主楼111.60m、副楼27.90m

1.项目简介

该项目是盐田国际集装箱码头有限公司为适应其高速发展的港口业务而兴建的超高层办公楼，是盐田港区对内对外业务办理及港口指挥的枢纽中心。

2.应用与效益

该项目规划布局合理，功能分区明确，交通便捷顺畅；设计理念具有现代意识及人文情怀；技术设计稳健娴熟，设备配置先进节能；建筑造型挺拔俊朗，矗立港口，一览无余，凸显其气度非凡的掌控者地位。

新技术、新材料、新设备及新工艺的应用

（1）规划主次分明，流线组织清晰有序，环境配合浑然一体，整体氛围朴实、从容、大度。

（2）主体平面方正，实用率高，垂直交通分段分速，中空穿插共享中庭，有效缓解办公室空间的单调划一，使所有办公室都具有良好的景观视野。

（3）采用中空LOW-E玻璃幕墙，反射率控制在15%以内，既节能舒适，又避免城市光污染。

（4）幕墙及主、副楼之间的钢桥均采用单元装配式工艺安装，施工周期短，质量可靠，观感精良。

(三十九)创意侨园——住宅厨房卫生间变压三防排气道(2005053)

完成单位：深圳市建筑设计研究总院有限公司

主要完成人：冯咏钢、陈险峰、韩庆

完成时间：2003年6月（设计时间），2005年1月（竣工时间）

1.项目简介

创意侨园位于深圳市福田区，由地下1层汽车库及设备用房、1层裙房、1层架空层和24层住宅等组成。建筑总面积约为71329.21㎡，建筑总高度87.64m，是一类高层商住楼。

2.应用与效益

有关调查资料表明，住宅厨房卫生间变压三防排气道可以改善住宅排气道防倒灌防串烟串味，保证住宅厨房排气道的排烟效果。住宅厨房卫生间变压三防排气道满足现代住宅厨房、卫生间集中高效排油烟和排气的要求，符合建筑以人为本的理念。

该技术在功能、安全、可信（可靠、可用、维修）、经济等质量特性及节能环保（节地、节水、节能、节材）方面都有突出表现。它不仅可以改善住宅排气道防倒灌、防串烟串味，保证住宅厨房排气道的排烟效果，而且可提高住宅厨房使用功能，使小面宽、大进深、节地型住宅设计更具可能性和灵活性。另外采用钢丝网水泥砂浆预制法制造工艺，制作简单、成本低、安装方便，并具有防腐、防燃、防潮、防雨雪倒灌等功能。

创意侨园较早采用了“住宅厨房卫生间变压三防排气道”，使用效果良好。

(四十)中信红树湾•花城(一、二期)

完成单位：深圳奥意建筑工程设计有限公司、澳大利亚柏涛（墨尔本）建筑设计有限公司

主要完成人：赵国兴、冯佩、张熙琳、张迎军、曾勐、张涛、殷明、刘慧萍、陆金刚、周林森、朱勇、张薇、杨松、董春林、林大平

完成时间：2003年7月~2006年11月

所获奖项：深圳市第十三届优秀勘察设计(住宅建筑类)一等奖；2009年度广东省优秀工程勘察设计二等奖；2008年度工业与信息化部级优秀电子工程设计奖二等奖；2009年度全国工程勘察设计行业优秀工程勘察设计行业奖三等奖

1.项目简介

中信红树湾•花城（一、二期工程）是深圳市著名楼盘，超大规模高尚滨海住宅社区（两期共35万㎡），地处市政高起点规划的深圳市南山区深圳湾填海区T207-0034地块，沙河东路、滨海大道和白石路绕其周边。社区东面是拟建中的城市中央花园，西面毗邻郁郁葱葱的沙河高尔夫球场，南面眺望深圳湾，东北远观世界之窗、锦绣中华、欢乐谷美景。在城市中心拥有海景、高尔夫景等稀缺、丰富的自然与人文景观，地理位置十分独特，被誉为未来城市的“地王”。它的建设和开发不但受到市委、市政府的重视，而且受到广大深圳市民广泛关注。这块地在2001年底的土地拍卖会上创下全国单幅土地最高价。

设计采用斜列式布局、板点结合，日照、采光、通风优良，以高层住宅结合低层联排小住宅，充分吸纳周边自然美景，塑造一个现代、和谐、富有文化气息的住宅小区，实现了生态与人文环境的完美结合，开创了中国的湾区物业。建筑材料选用节能隔热效果显著的加气混凝土砌块及双银中空玻璃，有效改善室内居住环境，并降低能耗。

2.应用与效益

中信红树湾•花城项目依托独特的区位优势和自然资源，打造深圳顶级的高尔夫物业。以生态、健康为主题，营造滨海特色的庭院景观，做到既有外部自然景观又有内部庭院风光，塑造品质高尚、健康人居、尊贵典雅的产品形象，在住宅市场的浮躁中不失传统以求舒适大度，而在居住观念的传统中则力争创新以求脱颖而出，引领居住潮流，升华现代居住文化，凸现楼盘无尽现代高尚文化内涵。

(四十一)中海•半山溪谷

完成单位：深圳大学建筑设计研究院QL建筑工作室

主要完成人：覃力、颜奕填、李一凡、陈晓、耿海云、姚芳

完成时间：2005年10月~2006年12月（设计时间）、2007年12月（竣工时间）

1.项目简介

中海•半山溪谷位于深圳市盐田区，建设用地的四周均为未开发的山地，地块内植物生长茂盛，有山泉溪流和水塘，自然环境优美。

建设地点：深圳市盐田区

用地面积：841024.4㎡

总建筑面积：93868㎡

住宅建筑面积：80190㎡

公建建筑面积：3805㎡

半地下车库建筑面积：9873㎡

容积率：1.0

总户数：1101户

建筑密度：17.3%

绿化率：64%

停车数：502辆。其中地上／半地下：196辆／306辆

建筑层数：2~8层

2.应用与效益

（1）以低密度生态型社区为规划设计的基本原则，最大限度地保护原有山体、树木和山溪、水塘，以之形成社区内的主庭园水系及社区景观，营造出一种可持续发展的自然生态环境。

（2）低成本，在地形条件十分复杂、高差近50m，结构基础处理造价较高的情况下，土建造价仍然控制在2100元/㎡。

（3）本项目在山地住宅设计方面有新意，充分利用了山地地形的特点，空间结构组织因山就势，顺应自然，单体建筑结合地形标高的变化进行处理，较有创意。

（4）保护原有的山体和山溪、水塘，以之形成社区内的主庭园水系，营造出一种可持续发展的自然生态环境。

（5）本项目按照节能设计要求进行设计，每幢住宅均可获得足够的日照和良好的通风环境，并合理控制窗墙比，部分窗户上方设置出挑阳台，并利用建筑外墙设置竖向遮阳，防止室内过热，降低空调荷载。外墙采用20mm厚聚苯砂浆，屋面采用30mm厚挤塑聚苯板。

（6）采用被动式太阳能热水器。

(四十二)万科金域蓝湾三期

完成单位：深圳大学建筑设计研究院

主要完成人：曹卓、傅洪、孙颐潞、吴志刚

完成时间： 2006年

所获奖项：2009年深圳市第十三届优秀工程勘察设计住宅建筑一等奖；2009年广东省优秀工程勘察设计工程设计二等奖

1.项目简介

万科金域蓝湾三期项目位于深圳市福田区福荣路北生活片区，地块东与鸿景湾花园相邻，西面为万科金域蓝湾一、二期，南面俯瞰深圳湾全景和红树林鸟类自然保护区，优越的地理位置以及丰富的景观资源构成了该地块开发的区位优势，是高品质优质生活的理想居所。三期项目包括两栋47层连体超高层住宅及幼儿园，以其150.7m的建筑总高度在整体布局中成为金域蓝湾住宅群体以及整个片区的高潮与标志。总建筑面积63410㎡

2.应用与效益

(1)总体规划：如何解决在城市中心地带窄小用地和高容积率条件下的住宅设计，是本项目面临的最大问题。总体布局采用两栋一梯六户的蝶形平面，尽量大地延长南面的展开面，在满足住宅基本的通风采光条件下，争取最大限度的景观利用。

(2)建筑造型：建筑风格突出超高层建筑“简洁、挺拔”的性格特征，以“点、线、面”相结合的现代设计手法，突出滨海建筑的特色。

(3)住宅户型：在保证户型有较高使用率的情况下，每户均有最佳的景观面。

(4)由于项目的南边面临广深高速公路，为了减小噪声对住宅的影响，每户住宅的门窗均采用8mm的中空玻璃门窗，既减小噪声的影响也降低了能耗；同时为了改善每户住宅的内环境，每户均设有独立控制的新风系统。

(5)由于该项目结构体系复杂，又进行了多次的高位转换，因此结构设计中采用了型钢柱、型钢梁，以减小受力构件的截面，在保证结构体系安全的情况下，最大限度地节约钢材及混凝土用量，降低工程成本。

(四十三)深圳市天健世纪花园

完成单位：深圳市清华苑建筑设计有限公司

主要完成人：梁鸿文、潘厚礼、李海鸣、刘传海、刘一威、沈映红、徐平、左振渊、洪岭

完成时间：2003年

所获奖项：2003年获广东省注册建筑师协会第二次优秀建筑创作奖；2004年获深圳市第十一届优秀工程勘察设计一等奖；2005年获广东省第十二届优秀工程设计二等奖；2005年获建设部优秀城镇住宅和住宅小区设计三等奖

项目简介

建筑性质：住宅

建造地点：深圳市福田区

该住宅小区位于福田中心区，红荔路南侧，与中银花园相邻。建筑总用地面积44010.8㎡，总建筑面积146478.67㎡，建筑主体高度96m。

（1）总体布局

天健世纪花园在总平面布局上，南区各幢楼基本沿建筑红线周边安排，北区基地上沿南、北向进行点式布置，且利用小学建筑和运动场空间与南区高层住宅作错位布置，避免南、北区之间以及与中银花园相邻高层住宅间可能产生的挤迫感，从而围合出两个开阔的室外共享大空间。加大了住宅楼各方向上的视距和视野，营造了这个地块空间的通透感，奠定了基地良好自然通风的状态。

（2）平面布局

各栋楼主轴均作45°旋转，为户户均有穿堂风创造了条件；对平开窗的位置和开启方向作了推敲，有利于穿堂风的进出。各种户型均方便生活、实用率高。为改善小高层住宅中厨房的工作环境，洗涤池面对外窗，且将外窗设计为转角型，开阔了厨房的视野。

（3）建筑造型

在建筑立面处理上，除了考虑天际线的变化，在屋顶部做了些构架，其余没有为造型而设的附属物，还建筑以其原本的简洁面貌。建筑外饰面以浅米灰色为基调，有利于减少太阳热辐射的导入，从色彩上改善建筑热工性能。在各楼层处，每隔两层加一道深灰色水平线，在阳台栏板或凹阳台内墙面作色块点缀，增加建筑外立面的可读性，使整个楼盘清新、端庄的外貌在平淡中透出独有的品位。

(四十四)国家游泳中心

完成单位：中建国际（深圳）设计顾问有限公司、PTW Architects、Arup

主要完成人：赵小钧、傅学怡、郑方、王敏、商宏、郑权、弋洪涛、施永芒、邢民、顾磊、毛红卫、赵书义、平川、董青、李志涛

完成时间：2003~2006年(设计时间)、2008年(竣工时间)

项目简介

国家游泳中心位于北京奥林匹克公园内，北邻成府路，东邻景观路，南接北顶娘娘庙和北四环，西邻景观西路，是北京2008年夏季奥运会修建的主游泳馆，也是2008年北京奥运会标志性建筑物之一。开工时间为2003年12月24日，竣工时间为2008年1月28日，国家游泳中心承担了游泳、跳水、花样游泳等比赛。

国家游泳中心约177m×177m的正方形平面被划分为3个主要的池厅，分别为奥林匹克比赛大厅、热身池大厅和嬉水大厅，之间用ETFE泡泡墙形成的线性空间分隔。比赛大厅内包括观众座席、游泳池、跳水池以及各类附属用房，为奥运会期间主要使用空间。热身池大厅内包括热身池、多功能泳池，上方另预留赛后溜冰场。嬉水大厅是赛后为公众提供的水上综合娱乐场所，包括冲浪、滑水、漂流、戏水、喷泉等多种设施，可以给游客带来终极的关于水的欢乐，同时考虑了各种年龄层次戏水爱好者的需求。在东南主入口的上方，为前来感受、体验、触摸泡泡的游客提供了一个极具梦幻色彩的空间—“泡泡吧”，人们在这里可以最大程度体验到泡泡赋予这栋建筑的无穷魅力。

总建筑面积79532 ㎡，建筑高度 31m。

（1）ETFE膜材料应用与效益

采用轻质屋面的奥运会游泳中心对声学要求很高，水上运动和嬉水中心对声学也有着独特的要求，建筑外围护结构设计，必须控制外部环境噪音使其不能进入噪音敏感区，并且必须防止中心内嘈杂活动和机房噪音影响附近噪音敏感区，确保为选手，教练，观众和工作人员提供一个舒适的氛围；一个清晰自然的PA系统；一个公众乐于光临的环境。

国家游泳中心需解决的另外一个问题，是建筑立面和屋面上的雨水冲刷的噪声，因为建筑立面采用的是轻质材料，并且奥运会将在降水量最多的月份举行。屋面和立面的设计要求使用一种缓冲材料和/或一种降低雨水噪声的方法，以期控制内部噪声等级以符合相应的设计标准。

为实现上述要求，了解ETFE膜材料和气枕的声学性能，清华大学声学实验室在清华大学搭建的雨噪声原型测试塔分别对1个或2个2层、3层和4层膜气枕的声学性能进行测试，从而得到了气枕与各种吸声、隔声材料组合的吸声系数、空气声隔声值以及测试塔内模拟比赛大厅混响时间值。

中国建筑科学研究院物理所在对ETFE膜材料进行了光学测试。

采光的设计意图是为游泳中心内部空间引入合理日光。透过轻薄得像泡泡一样的表面可以看到游泳中心的有机框架，所以该建筑物给人的感觉是一个透明的半户外空间，形成广泛的室内外视觉联系。带薄塑料气枕的泡泡状结构设计对室内外的参观者形成了强烈的感官冲击。ETFE立面设计为游泳中心实现高水平采光提供了条件，电力照明负荷大大降低，小于“封闭箱”建筑中的电力照明负荷。

国家游泳中心项目的外围护结构采用了ETFE气枕模拟水的形态，气枕总面积达10万㎡，落成后成为世界上最大的ETFE工程，同时也成为单个气枕最大、拥有内、外两层气枕结构的独一无二的建筑物。ETFE气枕不仅在视觉效果上充分满足了建筑美学对水的形态——泡沫状态下的水分子结构的表达，同时也最大限度地配合了主体钢结构“泡沫”结构系统的设计。

（2）国家游泳中心室内环境关键技术研究

合理设计的游泳池和戏水池的大空间气流组织，合理设计观众区域气流组织，合理布置送风、回风和排风口，尽量避免出现送/回风死区，保证空间气流的换气次数。

空调设计在热回收、免费能源利用、自然通风、膜夹层空腔通风等方面的实施使节能降耗得到进一步体现，也体现出对运动员、观众的人文关怀，为广大观众和运动员提供舒适的观赛和比赛环境。

在全年相当长的一段时间内，室内采用自然通风不仅可以满足室内环境对新风的需求，而且可以补偿部分或全部室内热湿负荷，创造与室外互动的自然生态环境。嬉水大厅和比赛大厅两个高大的空间及训练池厅为自然通风的采用创造了条件。根据计算机模拟的结果得出，嬉水大厅在过渡季节和夏季的大部分时间都可以采用自然通风来满足对室内热湿环境的要求。在具备自然通风的条件的区域，在地下一层训练池区通过窗井内的开启外窗实现自然进风，比赛大厅和戏水大厅的自然进风在获得建筑专业和甲方支持的情况下，解决了在双层泡泡墙下开启通风百叶的难题，这样的百叶不但要解决夏季自然进风的问题更重要的是要解决冬季冷风侵入的问题，在与幕墙中标方的多次协调后采取了气动保温门的做法，满足了冬夏季的使用要求。

(四十五)振业城

完成单位：深圳华森建筑与工程设计顾问有限公司

主要完成人：王晓东、徐丹、岳子清、谷再平、杜军、姜慧媛、尹德全、尤士刚、贾宗梁

完成时间：2004年1月10日~2005年3月28日(设计时间)、2005年9月28日(竣工时间)

1.项目简介

工程地点：深圳市龙岗区横岗镇

结构形式：框架结构

占地面积：18.7802hm^2

建筑面积：18.9万m^2

振业城以健康、生态、科技为指导原则，以节能为设计手段，系统采用先进适宜的技术，提供健康、舒适、安全的居住生活空间，同时节约资源，促进环境保护，创建一个可持续发展的新型绿色住区，以提升横岗片区整体住区形象。

（1）规划布局

结合地形，利用地块中部洼地成湖，湖两岸地势较高处设计为岛式坡地住宅，湖东、南、北三面地势较为平坦处设计为7个岛式组团，形成“七岛一湖”的总体布局形式。住宅分级设置，以湖为景观中心，按照景观等级，分别布置湖滨住宅、联排住宅及叠加住宅、高层住宅、空中别墅，形成北高南低，北侧高层半围合中、南部低层住宅的整体格局。

（2）绿色住宅设计策略

①规划设计策略

a.利用地形，因地制宜

振业城用地地形复杂，地势北高南低。规划设计充分结合地形，采用滨水住宅、坡地住宅等形式创造独特滨水坡地建筑。

b.岛式组团

每个岛式组团规模为40~60户，有机散布于中心湖区周围。组团间平滑自由的曲线界面，非常适宜组织小区自然通风，形成良好的室外风环境。

c. 南北向布局

建筑尽可能南北向布置，以最大限度地争取南向阳光，给太阳能集热器创造有利条件。

(四十八)深圳大学图书馆二期

设计单位：深圳大学建筑设计研究院

设计总负责人：杨文焱、成国亭、吕夏青、黄亮、姚小玲

设计时间：2004年

完成时间：2007年

所获奖项：2009年深圳市第十三届优秀工程建筑设计二等奖；2009年度广东省优秀工程设计二等奖；2009年度广东省优秀建筑设计创作奖；2009年度全国建筑行业优秀建筑设计二等奖

1.项目简介

作为老馆的扩容补充，图书馆二期以理工类藏书为主，选址于深圳大学中心广场南边，原 E 座教学楼旧址。地下1层，地上5层，23m高，总建筑面积25000㎡。

2.应用与效益

（1）在国内首次大面积使用U型玻璃。积极探索这种新型材料的表现力、构造特点以及热工性能，使建筑获得了充分融于校园环境的品格，在内部产生了柔和的漫射光和较低能耗的环境。

（2）利用地形，依据校园中心秩序，按照二进制数码，即0与1的排列组合规律，组织安排空间体量和立面透与半透的变化，在建筑底部设置架空层与大量水池，降低建筑周边的热效，体现湿热地区的建筑特点。虚与实交替的体量延续了校园中心的特点，同时为之注入了新的活力。

(四十九)深圳横岗城市中央花园

完成单位：深圳大学建筑设计研究院

主要完成人：覃力、雷美琴、赵阳、颜奕填

完成时间：2003年5月

1.项目简介

建设地点：深圳市龙岗区横岗中心区

占地面积：44140.60㎡

总建筑面积：66397 ㎡

住宅建筑面积：49024㎡

容积率：1.6

2.应用与效益

（1）横岗城市中央花园的规划布局，采用多重院落式的半围合布局形式，整个社区由4个风格各异的半封闭院落和1个带有泳池、水景和广场的中央主庭院组成。4这种空间结构，借鉴了东方建筑群体空间相互渗透、相互交融的组织方式在保障1.6高容积率的前提下，为社区环境留出了更多的空地，利于下一步的景观创造，提高整体空间环境的品质。

（2）建筑的造型形式抓住“新古典主义”的“新”字，对建筑比例的推敲和细节的设计，外装修则采用大面积涂料，局部使用砂岩，以最普通、最廉价的建筑材料，创造出了高档次、高品位的建筑造型效果。

（3）把城市空间引进了商业环境之中，用广场将两条线性商业空间有机地连接了起来，既为顾客提供了一个休憩场所，又给整个商业区域带来了活力，使商业氛围更加浓郁。

（4）横岗城市中央花园的社区环境创造，以“园林化”和“人性化”为目标，景观与建筑紧密结合，形成了一个有机的整体化的空间环境。绿化、水景和建筑底部架空层的设计，融合了中国园林和西方园林的经典手法，地形高低起伏的变化，也增添了不少耐人寻味的空间情趣。

（5）横岗城市中央花园的交通组织采用了人车分流的方法。停车方式以沿着车行道周边设置停车位为主，同时也借助地形的高差，利用住宅的地下层停车。周边的车行道与地下车库的标高相同，而住宅庭院步行系统的标高则高于车行道，行人可以直接进入住宅的一层。因此，在整个社区的所有庭院内都见不到汽车，从而使得居住社区的整体环境更加人性化。

(五十)绿色建筑与建筑节能设计(新技术推广项目)

完成单位：深圳建筑科学研究院有限公司

完成时间：2005年

1.项目简介

绿色建筑与建筑节能是建筑新技术、新能源、新材料与传统建筑技术的交叉研究领域。

据欧洲建筑师协会测算，建筑在整个寿命周期内的能耗占用了50%的地球能源。与建筑相关的活动消耗了全球50%的水资源、40%的原材料，造成了80%的农地减少。同时，50%的空气污染、42%的温室气体效应、50%的水污染、48%的固体废物和50%的氟氯化物均来自于建筑。

2.应用与效益

（1）经济效益

据有关数据分析，绿色建筑与建筑节能设计是项目全过程中所带来增量成本最少的阶段，除相关技术分析工具和人员投资外，几乎无增量成本。但是提高绿色建筑设计和技术水平，从设计源头推动绿色建筑的发展，将有效降低绿色建筑的建设成本，据初步估算，合理的设计能使增量成本下降大约40%。

而且，绿色建筑的合理化设计可使建筑真正的“绿色”。一栋真正的绿色建筑可以有效降低以下投资：运营成本降低约8%~9%、建筑本身的价值增加约7.5%、投资的回报增长达到6.6%、居住率相应提高约3.5%、租房率约提高3.0%等。

（2）社会效益分析

绿色建筑首先应对设计阶段进行控制，改变创作理念，利用现代科技手段实现精细化设计是必由之路。

建筑设计具有先导的作用，在建设的全过程中处于最为关键的环节，设计符合绿色理念可对推动绿色建筑建设起到事半功倍的作用。

提高绿色建筑设计水平和建设绿色建筑的主观积极性，可使绿色建筑良性发展，实现低成本、高效率地推广绿色建筑，为打造深圳“设计之都”迈出实际的一步，并凸显建筑设计在创造具有中国特色绿色建筑之路中的重要价值。

（3）环境效益分析

众所周知，绿色建筑具有以下环境效益：

节能方面：降低粉尘、有害气体、温室气体排放，减少空气污染，减少温室效应，是建筑中节能以及采用可再生能源所能产生的最直接的环境效益。

节水方面：节水器具的采用，大大提高总节水率，减少自来水的消耗量，同时也减少污水排放量，从源头上减少了污染物排放。雨水利用可减少了雨水直接排入就近水体的水量，减轻了市政雨水管网的负荷，降低了城市内的雨洪威胁和就近水体的雨洪威胁。并通过收集、处理及利用雨水，用于生态景观浇洒用水，大大减少自来水的用量。同时，雨水的收集利用还可以缓解城市热岛效应，提高地下水补给，促进生态平衡发展。

由于绿色建筑设计在绿色建筑全寿命周期中的重要作用，合理化设计能使绿色建筑达到更好的环境效益。

(五十一)深圳市建筑节能重点实验室

完成单位：深圳市建筑科学研究院

完成时间：2005年6月

项目简介

深圳市建筑节能重点实验室（以下简称实验室）于2005年6月1日批准由深圳市建筑科学研究院（2007年更名为深圳市建筑科学研究院有限公司）独立组建，获得深圳市政府无偿资助人民币300万元。实验室至2008年6月1日组建完成，于2008年12月10日按时通过科信局组织的验收。

实验室研究工作紧扣深圳市经济与社会发展的重大需求，密切关注建筑节能与绿色建筑领域国际国内发展前沿动态，探索南方地区建筑节能与绿色建筑科学与工程领域中的重大科学技术问题。核心研究方向为以下五个：新建建筑节能研究；既有建筑节能改造研究；建筑可再生能源应用研究；绿色建筑技术及其集成研究；绿色城市规划研究。

(五十二)深港西部通道口岸旅检大楼

完成单位：深圳市建筑设计研究总院有限公司

主要完成人：孟建民、刘琼祥、许红燕、丁建南、宁坤、王超、归素川、 张娟、魏瑛璐、杨晓峰、张昌盛

完成时间：2006年3月(设计时间)，2007年6月(竣工时间)

所获奖项：2009年4月获深圳市第十三届优秀工程勘察设计评选公共建筑类一等奖；2009年10月获广东省优秀工程勘察设计一等奖；第一届广东省土木工程“詹天佑故乡杯” 奖

旅检大楼是西部通道口岸的主体建筑，位于深圳南山东角头填海区，占地面积21641m^2，总建筑面积56677m^2，主体3层，地下局部1层，主体钢筋混凝土框架结构，局部钢结构，总高度23.42m，其中深方29399m^2，港方27278m^2。旅检大楼采用深港功能各自独立、形态融为一体的设计，具有高度统一性，并成为区域标志性的建筑，是重要的口岸交通类建筑。

1.铝合金百叶遮阳板应用与效益

旅检大楼全部的透明玻璃幕墙整体采用了耐腐蚀的铝合金百叶遮阳板，不仅起到了节能的作用，而且弱化了大楼巨大的体量产生的单调感，使节能措施与建筑形体有机结合在一起，形成了独特的口岸建筑形象。

在以节能为先导的设计理念指引下，在旅检大楼的设计中，把铝合金百叶遮阳板这一节能措施作为一种造型元素进行考虑，在细部设计方面，充分挖掘这一构件的造型效果，充分考虑其与幕墙整体的结合，做到了节能措施与建筑形态的有机融合。

2.人性化及环境性设计应用与效益

旅检大楼作为重要的口岸交通类建筑，其人性化及环境性设计的采用是系统且全方位的，不仅在总体布局设计中体现，更应用到材料选择、设备维护、残障设施等各个方面，“以人为本”的人性化系统设计思路具有创新性。

主要对旅检大楼人性化设计进行研究，其中包括总体布局人性化、建筑及设备维护的人性化设计、材料应用人性化和细节设计人性化；无障碍设计主要是针对各类存在身体障碍的人群进行设计。

总体布局人性化：基于交通建筑人流特点的分析作出布置形式，同时考虑到人流高峰期的快速验放特点，深港双方都作出了灵活改变通行数量的设计。

建筑及设备维护的人性化：设计充分考虑到投入使用后，大楼的维护便利性和安全性，充分考虑了设备的维护及吊装维护，这些都对建筑及设备的维护管理与使用效果意义重大。

对旅检大楼这样一个人流量巨大的综合交通建筑，大楼中部的人流最大限度地避免了迂回以保证快速通关和疏散。大楼疏散趟门

人性化设计（智能化的自动门掩门系统）避免了在出入口部形成瓶径，这既避免了多趟门对人流通行的阻挡，同时又在紧急情况下，所有门扇可自动开启保证最大的疏散能力。

无障碍设计以以人为本、方便所有人、提高每个人生活质量的需要为基准，保证建筑内外无障碍设施的可接近性、可到达性、可用性和安全性。

3. "一地两检"的平面布设技术应用与效益

旅检大楼的策划、设计和施工中，通过对"一地两检"模式下口岸建筑的运行特点的研究，形成了平面布设的关键技术，有望成为类似口岸建筑平面布设的基本模式。

出于节约用地、便于管理、为深港两地人流物流往来提供更加快捷便利的通关环境的目的，在西部通道口岸旅检大楼的策划、设计和施工中，深港双方创造性地运用了"一地两检"的通关查验模式。"一地两检"模式通过提高深港海关之间的查验效率，可以使口岸通过能力大大提高。但在项目设计上，需要根据口岸建筑运行特点，对各功能设施进行有效的布设研究，使深港双方的查验部门共同在同一建筑内按照各自的法律体系开展工作，使口岸设施同时满足深港双方的建设和验收使用标准。

旅检大楼的总体布置是基于对过境交通建筑特点的考虑。在"一地两检"的模式下，既要在有限的建筑内合理地安排深港双方的各类查验部门，使这些部门有序运作，又要在此基础上解决最高每日6万人次的深港两地居民的往来通关的顺畅，因此大楼在楼层安排、功能分区、通行模式方面进行了特别的处理。大楼共分3层，一层二层主要设计为查验大厅，一层南北双向通行，二层南向通行，查验厅柜台于大楼中部布置，各查验单位的办公空间设置在大楼东西两侧，这是基于交通建筑人流特点的分析作出的布置形式。同时考虑到人流高峰期的快速验放特点，深港双方都作出了灵活改变通行数量的设计。深方采用的是双向通行，而港方采用潮水式验放。二者的不同在于，港方为应对高峰期人流集中的情况，在查验厅内设置了连接一层和二层的自动扶梯，使得南行人流可在此有效分流查验入境，这样使得南行人流可以在一二层间自由调节，保证通关速度。另外在坡道设计、通关查验设施设计以及三层后勤保障用房的安排上也通过合理布设满足大人流量通行和口岸日常运作及安保要求。

4. 节能、节地应用与效益

旅检大楼的节能设计，根据建筑物的重要性和使用特点，节能策略向舒适、高效、提高能源效益倾斜，在维持既定的外部幕墙形象的基础上，建筑采用了多项节能措施，而节地主要通过一体化设计和建筑整合、衔接来实现，达到了绿色环保的效果。

绿色建筑的基本内涵可归纳为：减轻建筑对环境的负荷，即节约能源及资源；提供安全、健康、舒适性良好的生活空间；与自然环境亲和，做到人及建筑与环境的和谐共处、永续发展。

在深港西部通道口岸旅检大楼的方案、设计和施工过程中，本着绿色建筑设计的三大设计理念，即节能能源、节约资源、回归自然，充分考虑建筑物与周围环境的协调，节约土地资源，利用太阳能这样的天然可再生能源，采用节能的建筑围护结构和空调方式，尽可能地控制和减少能源的消耗以及对环境的污染。

总体而言，深港西部通道口岸旅检大楼设计与建造，是工程建设节能与空间利用节约化的一次成功的尝试。

5.顾问合作设计模式的应用与效益

旅检大楼在“一地两检”，“一楼两标”的建设管理模式下，所采用的深港顾问合作设计模式，其广度和深度都远远大于国内其他合作设计项目，在顾问合作设计方法、界面划分、设计管理策略、现场协调机制等方面进行了研究，形成了行之有效的方法模式。

全面研究了香港设计管理模式、口岸工程采用顾问合作设计、合理的界面划分方法及设计管理策略、国内设计企业应对全球化环境的措施。通过研究提出几种设计管理策略及协调机制：人员架构与高素质团队；多层面沟通平台与互动设计；关键设计问题与突破措施；设计质量控制与技术创新；管理观念更新与和谐运作管理；提出我国设计体制的发展方向——“规模化、专业化、职业化”，同时还应革新服务意识和提升专业化水平。

另外也分析了合作设计模式下的大型公建施工配合服务及现场协调的要点和难点；服务阶段的项目管理和技术协调方法的特点，以及长期性、重要性和必要性。

这些研究和分析对于越来越开放的我国建筑设计市场更快更好地参予国际竞争具有巨大的现实意义。

6.在同一工程中同时应用深港法规

深港两地不同法规、规范在大型跨境工程建设中的同时应用，在国内建设史上是第一次。由此得到了法规规范方面的比较成果，创造了一定的实施体制。

主要对深港两地专业规范在跨境工程中的应用及比较进行分析研究。包括深港两地法规规范特点和要求、深港两地项目建设程序对于跨境工程建设的影响。

深港西部通道旅检大楼设计由国内国际合作设计，深港两地的法规规范、项目建设程序、各专业的设计存在不同程度的差异，如何在深方设计施工的前提下，使深港双方的查验部门共同在同一建筑内或同一场地内按照各自的法律体系开展工作，如何使口岸设施同时满足深港双方的建设和验收使用标准。

合作设计中本着“求同存异、高标准、高要求”的指导思想，深港双方的设计师须通过紧密的协调机制，使设计同时符合双方规范和验收标准，同时还解决了材料选择、检测和施工程序、要求都存在深港双方标准截然不同的问题。设计追求灵活性、高安全性、全面有效的协同设计以及信息互动平台。

(五十三)深圳创意产业园3#厂房(全国绿色建筑“旧厂房改造项目”示范工程)

完成单位：深圳市招商局地产控股股份有限公司（建设单位）、深圳市清华苑建筑设计有限公司（设计单位）、加拿大毕路德国际·北京毕路德建筑顾问公司（设计单位）、贵阳市第一建筑工程股份有限公司（施工单位）

主要完成人：梁鸿文、李念中、江卫文、郭继宏、刘传海、冯嘉宁、曹珂、胡嗣胜、潘北川、左振渊、蒙高玉、甘翔、贾文文、黄小欣、莫凡

完成时间：2006～2008年

项目简介

本项目作为一个旧工业建筑向节能性办公建筑的更新改造工程，是建筑节能技术综合设计及应用的示范项目。项目设计综合应用各种建筑节能技术，集成创新，在“节能、节地、节材、生态环保”四方面展现最佳效能。通过实践，分析论证建筑构造技术节能和设备科技技术节能中各单项技术的可行性和实用性，为一般建筑的节能技术应用和推广提供设计通用参考，并对比同类基准建筑综合节能指标达到65%。

更新设计概要：

1.平面设计

1.1平面功能布局（由旧电子轻工业厂房—现代化办公楼，功能转变和价值提升）

1.2公共空间设计（前庭，上下班集散及展示功能；中庭，休闲适应功能转变的需要）

1.3前庭平台（绿化遮阳及室外休闲功能）

1.4辅助空间[一层及半地下停车场；地下设备；加建会议（5层）及会商空间（南面）]

1.5保留原建筑的实用功能（疏散楼梯、设备间等）

2.节能设计

2.1体型合理（体型系数0.59）

2.2构造设计（采用轻质隔热墙体材料，梁、柱、墙体热桥隔断，门窗热桥隔断）

2.3通风（结合平面改进设置通风中庭，6.6m×79.2m，剖面通风面有效深度25.16m；北面入口前庭，剖面分级呈阶梯状，平面矩形，自然通风口设置于二层及四层；以上实施设计经过专业模拟计算）

2.4遮阳（各个方向的遮阳措施设计）

2.4.1西面：垂直遮阳和绿化遮阳

2.4.2北面：前庭的屋顶分层绿化，并在使用过程中形成绿化垂挂遮阳

2.4.3南面：水平遮阳

2.4.4东面：门窗上部，防止低角度炫光的低透光度遮阳

2.4.5中庭屋顶：结合太阳能电池板设置带透光网格遮阳；保证采光的同时阻隔直射阳光

以上遮阳构造，通过详细计算及设计，使室内采光和对外景观视线效果不受影响，各个方向的遮阳效果也能得到保证。

2.5门窗（依据深圳地区的气候及日照特点、结合采光、通风及隔热等功能要求，对门窗气密性及开启面积详细设计及计算；使各个方面的开窗面积，不同的玻璃材料合理组合搭配，满足节能及舒适使用要求。）

2.5.1西面：减少开窗面积，使用IOW-E中空玻璃

2.5.2北面：空调季节阳光直射效果强烈，但建筑北面的前庭只在一层部分使用空调，上部空间需要升温以使前庭室内达到一定的拔风效果，所以一层使用IOW-E玻璃而二三层使用普通玻璃

2.5.3南面：使用IOW-E中空玻璃

2.5.4东面：使用普通玻璃

3.生态设计

3.1室外植被绿化措施

3.1.1地下室顶板绿化草坪

3.1.2地下室顶板生态景观水池

3.1.3前庭屋顶绿化

3.1.4屋顶绿化

3.1.5建筑边角地带生态水处理设备

3.2室内植被绿化设计， 改善室内生态小环境

3.2.1中庭绿化

通过2008年建筑投入使用后的8-9月份能耗实测，初步证明设计达到预期目标。

(五十四)深圳会议展览中心建筑设计

完成单位：中国建筑东北设计研究院有限公司深圳分公司、德国GMP设计公司

主要完成人（中方）：任炳文、刘泽生、刘战、吴亚娟、李曙光、窦南华、刘钢、谭明、陈哲、刘国银、崔长起、朱宝峰、徐良鸥、房家声、董文兵、何延治、李天恩、王晓光、曲杰

完成时间：2001～2004年

所获奖项：

中国勘察设计协会2009年全国优秀工程勘察设计行业建筑工程设计二等奖；中国建筑学会建筑设备（给水排水）优秀设计三等奖；中国建筑工程总公司2005～2006年度中国建筑工程总公司优秀工程设计一等奖；中国建筑股份有限公司2007～2008年度中国建筑优秀勘察设计（建筑结构专业）二等奖；中国建筑股份有限公司2007～2008年度中国建筑优秀勘察设计（建筑智能化专业）一等奖；中国建筑股份有限公司2007～2008年度中国建筑优秀勘察设计（建筑环境与设备专业）一等奖；辽宁省建设厅2005—2006年度辽宁省优秀工程勘察设计一等奖

项目简介

深圳国际会议展览中心是一座可提供各类公众展览、专业展览和6种语言同声翻译会议中心的多功能建筑。结构形式为混凝土框架+钢结构。总建筑面积30万m^2，其中展览面积12万m^2，单个展厅最大面积为3万m^2。会议中心包括3000人多功能会议室一间，1200人多功能厅一间，可供精品展和多功能会议使用，另外还有800人会议室一间。300人、100人会议室若干间，能满足同时举办多个展览会议使用要求。

本建筑设计有以下难点：

（1）会展中心展览厅结构跨度126m，在设计中综合考虑了防火、受力等因素，创造性地使用了高强度钢棒作为受拉杆件。当时这种杆件属于国内首次使用，国内并无成熟产品，在业主等各方面大力合作下，综合考虑建设工期、造价及产品风险等因素，经过多次与生产单位及有关专家研讨决定采用国内产品，推动了国内钢棒作为拉杆的发展。2009年参编《钢拉杆》GB/T20934-2007规范。

（2）超大空间的空调设计。本建筑展厅采用了分层空调方式，大大节约了能耗。

本项目为中国建筑东北设计研究院与德国GMP设计公司合作完成。

(五十五)大型公共建筑能耗监测平台(新技术推广项目)

完成单位：深圳建筑科学研究院有限公司

完成时间：2007年7月

1.项目简介

大型公建能耗监测平台是通过对国家机关办公建筑和大型公共建筑安装分类和分项能耗计量装置，采用远程传输等手段及时采集能耗数据，实现重点建筑能耗的在线监测和动态分析功能的硬件系统和软件系统的统称。

2.应用与效益

（1）经济效益

随着能源的日渐稀缺，能源价格不断上涨，国家机关办公建筑和大型公共建筑的高耗能使国家机关和相关单位背上了沉重的经济包袱。通过能耗监测平台推进国家机关办公建筑和大型公共建筑节能运行或改造，保守估计可达到每年80亿kWh电的节能量。按照大城市平均电价0.8元/kWh计算，则每年可节约64亿元的运行费用。这可让国家机关办公建筑和大型公共建筑的日常运行费用大幅下降,从而节省大量宝贵的公共财政开支和资金。

（2）社会效益

国家机关办公建筑和大型公共建筑能耗监测平台，对于完善节能管理体系，培育和规范建筑节能服务体系，形成政府监管、市场引导的推进模式，形成节能长效机制等诸多方面都有着重大积极作用。若国家机关办公建筑和大型公共建筑节能改造顺利，将对我国节能减排事业作出突出的贡献。

同时，依托能耗监测平台，通过公示高耗能建筑和节能建筑，弘扬节能先进典型，曝光浪费行为，引导合理消费，能充分发挥舆论导向与监督作用，并能营造有利于促进建筑节能的社会氛围。

此外，能耗监测平台对全社会倡导健康、文明、节俭、适度的消费理念，促进城市节约型消费方式的变革也有重要作用，有利于形成建筑节能的整体社会氛围。

(五十六)深圳市住宅产业化示范基地

完成单位：深圳市建筑科学研究院

完成时间：2007年9月

项目简介

2007年9月，深圳市住宅产业化工作领导小组办公室、深圳市国土资源和房产管理局向深圳市建筑科学研究院(简称深圳建科院)颁发了深圳市住宅产业示范基地。截至申报日期，深圳建科院是深圳市完成建筑节能和绿色建筑专项咨询项目量最多的单位。从2000年起致力于绿色建筑的研究，从2003年开始，共完成100多个项目、600多幢、1000万m²建筑的能耗、通风、采光、日照等模拟和技术咨询。

(五十七)2011年世界大学生运动会主体育馆

完成单位：中国建筑东北设计研究院有限公司深圳分公司、德国GMP设计公司

主要完成人（中方）：任炳文、陈正伦、李曙光、杨海荣、黄海、窦南华、吴一红、隋庆海、黄伟、申豫斌、史德博、赵雪峥、崔长起、朱宝峰、徐良鸥、金丽娜、何延治、兰品贵、王金元、王晓光、曲杰、高扬

完成时间：2007~2010年

项目简介

建筑面积：7.4万m²

结构形式：混凝土框架+钢结构

大学生运动会主体育馆是供2011年世界大学生运动会使用的主体育馆，包括比赛馆及热身馆，共有18000个座位。该馆是一座可举办手球、体操、室内足球、冰球等各种室内体育赛事以及大型演出、小型展览等活动的多功能综合性体育馆。

本建筑设计有以下难点

（1）功能齐全，设计复杂。本建筑要同时满足手球、体操、室内足球、冰球、大型文艺演出等项目的空间需要及所有室内比赛、活动的视线、光线、通风、设施存放、疏散等灵活使用的要求。

（2）结构形式独特。本建筑创造性地使用了空间单层折面网格结构，设计中对该结构的构成进行了详细研究，对结构体系提出了设置肩谷拉环等改进措施，使得结构体系的传力更加合理，结构的刚度进一步增强，抗震性能更加优异，与不设拉环相比，节约用钢量大约30%。

(五十八)建筑设计产品策划研究

完成单位：深圳奥意建筑工程设计有限公司

主要完成人：陈晓然、张爽、洪岱琪、池小燕

完成时间：2008~2009年

1.项目简介

立足于公共建筑和居住建筑的特色规划和单体设计，结合公司和市场上的优秀项目进行产品研究、总结和创新性指导工作。2008年完成了5个课题研究，包括“‘高层+低层’产品组合模式

探讨”、“高品质产品设计的档次体现”、“阳光100城市广场系列产品研究”、“深圳市写字楼创新设计总结”、“万科情景洋房和内院式Townhouse创新研究”。2009年完成了“小户型公寓特色设计总结”、“一梯两户高层豪宅案例分析”、“深港购物中心开发与规划设计要点的比较分析”的课题研究。

“‘高层+低层’产品组合模式探讨”，总结了该类产品组合项目在技术指标、规划结构、路网设计、景观规划等方面的特点，为该类型项目的设计提供了参考。

“高品质产品设计的档次体现”对高品质产品的规划、建筑设计、材料设备等方面结合实际案例进行了总结分析，为如何设计高品质、高附加值的建筑项目提出了设计指引。

“阳光100城市广场系列产品研究”着重分析其产品较突出的规划布局、建筑立面、细部等方面的特点，总结归纳该类年轻型城市综合体的特色设计。

“深圳市写字楼创新设计总结”，重点研究了深圳写字楼设计最新走势及手法，从宏观到细节，从外到内，进行了全面分析。

“万科情景洋房和内院式Townhouse创新研究”，从项目的规划、单体设计、户型设计等多方面进行分析，总结最新设计手法以及创新点、发展趋势。

“小户型公寓特色设计总结”，针对近年来深圳小户型项目，对其平面特色、公共部分等新型的设计手法的研究，提出设计应注重可变性、多样性、环保性、模块化等设计要素。

“一梯两户高层豪宅案例分析”，针对越来越多高层住宅注重居住舒适性，对景观、户型、专属空间等设计点，结合项目策划、定位和设计的关系，提出相应的设计指引。

“深港购物中心开发与规划设计要点的比较分析”，对于深港两地购物中心，从定位、功能分区、空间特色、交通流线、内部尺度、立面造型等进行对比，得出有借鉴意义的设计特色。

2.应用与效益

通过将课题研究的成果，运用到项目设计前期，以带策划理念的概念方案来完成设计任务，提升设计的竞争力，已完成了“深圳软件产业基地”、“天津天鹅湖住宅项目”、“昆明国际旅游度假社区”、“南京信息工程大学科技转化中心项目运作报告”、“宝能天津住宅项目”的前期项目策划定位报告。此外创新性地对不同类型的产品进行了全方位和专业性的总结，提出相关的创新方式和理论指导，对设计人员专业设计水平的提高和创新性设计能力的补充有指导性作用。

(五十九)国家级民用建筑能效测评机构

完成单位：深圳市建筑科学研究院

完成时间：2008年

项目简介

深圳市建筑科学研究院有限公司是全国6家国家级民用建筑能效测评机构之一，为华南地区唯一可对民用建筑能源消耗量及其用能系统效率等性能指标进行检测、评估的机构。主要承担以下业务：国家级、省、市建筑节能示范工程能效测评工作；三星、二星、一星绿色建筑测评工作；国家级、省、市可再生能源示范项目测评工作；所在气候区域其他建筑能效测评工作；所在气候区域企业委托的各类民用建筑（含新建、改造）能效测评工作；国家民用建筑能效测评方法等技术文件编制工作，负责所在气候区域的建筑能效测评技术文件编制工作；指导省级建筑能效测评机构的建设工作；住房和城乡建设部、广东省住房和建设厅、深圳市住房和建设局等政府职能部门委托的其他工作。每年还为住房和城乡建设部提供所在气候区域建筑能效测评标识总结和分析报告。

(六十)省级民用建筑能效测评机构

完成单位：深圳市建筑科学研究院有限公司

成立日期：2008年

项目简介

深圳市建筑科学研究院有限公司是广东省4家国家级民用建筑能效测评机构之一，可对民用建筑能源消耗量及其用能系统效率等性能指标进行检测、评估。主要承担以下业务：国家级、省、市建筑节能示范工程能效测评工作；三星、二星、一星绿色建筑测评工作；国家级、省、市可再生能源示范项目测评工作；所在气候区域其他建筑能效测评工作；所在气候区域企业委托的各类民用建筑（含新建、改造）能效测评工作；国家民用建筑能效测评方法等技术文件编制工作，负责所在气候区域的建筑能效测评技术文件编制工作；指导省级建筑能效测评机构的建设工作；住房和城乡建设部、广东省住房和建设厅、深圳市住房和建设局等政府职能部门委托的其他工作。

(六十一)都市综合体设计研究

完成单位：深圳奥意建筑工程设计有限公司

主要完成人：陈晓然、张爽、洪岱琪、池小燕

完成时间： 2009年

1.项目简介

本研究分别从开发商、地理经济学视角、规划设计及建筑设计者几大角度来系统研究都市综合体，对都市综合体的形成条件、概念、特征和价值平台作了详尽阐述，结合国内外都市综合体的发展现状及模式，从设计角度提出相关的创新方式和系统的理论指导，并从推广公司的新品牌推广出发，剖析都市综合体实际操作项目，全方位阐述公司对此类工程超前的设计与思考方式，从而达到通过设计提升项目附加值的目的。

2.应用与效益

本课题研究涉及全面的资源整合，创新的思维模式有助于提高设计人员的设计效率和设计水平，对客户开发项目具有前瞻性的指导、参考作用，有助于强化公司专业形象，提升公司的行业竞争力及业务承接能力，做到品牌加分。2009年底参与江苏华西村的“华西中心”综合体项目前期策划，为业主提供了建筑策划理念及设计指引，并和设计团队一起，最后取得了被业主认可的成果。

(六十二)现代物流园规划与设计研究

完成单位：深圳奥意建筑工程设计有限公司

主要完成人：石海波、王君明、刘志远、陈江华、易立学、江坤泽、张建雯、王彬

完成时间：2009年

1.项目简介

对若干优秀国内外物流园区实例理论分析，选择适当实例进行实地考察，并结合目前国内建筑设计行业的特点，提出对物流园建筑设计方法的系统框架，最终形成一套相对完整的与普通建筑设计思维同步的系统设计方法，并将其运用到具体项目的设计实践中，对设计过程及设计产品进行综合评价，验证设计方法的有效性。

2.应用与效益

物流园规划与设计是一个技术性较强的多学科交叉领域，国内外关于物流园区的研究成果仍停留在宏观的区域规划层面，关注的焦点仍然是政府的宏观政策以及国外园区规划建设经验等，而落实到具体实施层面的中小物流园的规划设计研究成果则寥寥无几。本研究课题从建筑设计角度出发，对中小规模的物流园进行建筑层面的分析探讨，得出的成果可以直接服务于该类型的建筑设计，为设计院工程师提供切实可行的设计方法。

成果广泛应用于国内各地物流园类型建筑设计。

(六十三)商业购物中心项目开发中的建筑设计合作框架研究

完成单位：深圳奥意建筑工程设计有限公司

主要完成人：陈炜、孙逊、郑旭华、方竹、宁琳、陈晓然

完成时间：2009年

1.项目简介

应用于商业购物中心项目开发中的建筑设计前期策划、方案深化和工程设计各阶段

本课题的研究内容：商业购物中心建筑资料的收集；商业购物中心建筑设计阶段研究；商业购物中心建筑空间特色研究；商业购物中心建筑消防设计研究；商业购物中心建筑施工技术研究；专业化商业建筑设计团队的培养；

2.应用与效益

作为专业化的商业建筑设计公司除了具备一般性的建筑设计理论、知识、技能和配合经验以外，需要对商业建筑有个系统的认知。专业化商业建筑设计的知识体系框架是我国建筑设计领域的一个空白，本课题的研究将在一定程度上填补这一空白。探索出专业化、高效的商业建筑设计合作框架。这将对我国商业项目专业化建筑规划设计公司的发展以及国内商业购物中心开发建设具有重要的战略意义。

本成果广泛用用于常熟深国投商业中心、苏州深国投商业中心、杭州深国投商业中心、德清深国投商业中心、海宁深国投商业中心、吴江深国投商业中心、张家港深国投商业中心、徐州深国投商业中心、南京深国投商业中心、镇江深国投商业中心、海雅广场、东海国际中心的设计实践中，取得了良好的社会和经济效益。

(六十四)深圳建科大楼

完成单位：深圳建筑科学研究院有限公司、深圳市建筑设计研究总院有限公司

主要完成人：叶青、陈泽广、张劲峰、张炜、袁小宜、沈驰、马远幸、彭世瑾、郭士良、周俊杰、蹇婕、龚小龙、王欣、鄢涛、唐永政、黄建强、姜雨

完成时间：2009年3月

所获奖项：

2006年首批国家财政部、建设部可再生能源示范项目；

2006年获联合国开发计划署低能耗和绿色建筑集成技术示范楼称号；

2007年获深圳市第一批建筑节能和绿色建筑示范项目；

2007年获深圳市可再生能源利用城市级示范工程项目；

2007年获“十一五”国家科技支撑计划中的华南地区绿色办公建筑室内外综合环境改善示范工程与现代建筑示范工程与技术集成平台；

2008年获广东省注册建筑师协会“广东省注册建筑师第四届优秀建筑创作佳作奖”；

2009年获国家第一批民用建筑能效测评三星标识；

2009年获第三届百年建筑优秀作品公建类•绿色生态建筑设计大奖；

2009年获三星级绿色建筑设计标识证书；

2010年获第三届好设计创造好效益“最佳绿色建筑奖”；

2010年获第三届“好设计创造好效益”中国奖；

2010年获2010中国建筑节能年度发展研究报告公共建筑节能最佳实践奖；

2010年通过“双百示范”工程验收；

2010年获深圳市十大优秀低碳范例奖；

2010年获第二届广东省土木工程“詹天佑故乡杯”奖；

深圳市住宅产业化示范基地、全国科普教育基地、博士后创新实践基地、福田区大学生实习基地。

项目简介

大楼已实现了最初的建设目标，以约每平方米四千余元的工程总造价，达到了国家绿色建筑评价标准三星级和美国LEED金级的要求，取得了较为突出的社会效益。经初步测算分析，1.8万㎡规模的整座大楼每年可减少运行费用约150万元, 其中相对常规建筑节约电费145万元，节约水费5.4万元，节约标准煤610t，每年可减排$CO_2$1600t,在当今全社会的节能减排事业中贡献了自己的力量。

建科大楼是深圳市建筑科学研究院（以下简称IBR）科研办公楼，项目以探索低成本和软技术为核心的绿色建筑实现模式为宗旨，以实现建筑全寿命周期内最大限度节约和高效利用资源、保护环境、减少污染为目标，融入了深圳市建科院多年实践中取得的研究成果、专利技术，承载了实践绿色生活、绿色办公方式的梦想，成为一座荟萃地域特色、绿色科技和建筑艺术的绿色科研办公建筑。

为更好地指导绿色建筑设计，IBR开拓性地提出了“平衡、时空、系统”的绿色技术哲学观、“本土、低耗、精细化”的绿色技术指导原则和“政策、市场、技术联动”的绿色技术体系，并结合平等的生命观形成“共享设计”理念。这些理念充实了中国特色绿色城市理论，探索出了有中国特色的绿色技术体系。

建科大楼位于深圳市福田区北部梅林片区，总建筑面积1.8万㎡，地上12层，地下2层，建筑功能包括实验、研发、办公、学术交流、地下停车、休闲及生活辅助设施等。建筑设计采用功能立体叠加的方式，将各功能块根据性质、空间需求和流线组织，分别安排在不同的竖向空间体块中，附以针对不同需求的建筑外围护构造，从而形成由内而外自然生成的独特建筑形态。

（1）共享设计方法

建筑设计过程是个共享参与权的过程，设计的全过程体现了权利和资源的共享，关系人共同参与设计；同时，建筑本身是一个共享平台，设计结果要实现建筑本身为人与人、人与自然、物质与精神共享提供一个有效、经济平台的目的。绿色建筑设计不仅提供健康、舒适、资源高效利用的构筑物，还要引导社会行为和人文（包括人的生活工作方式、交往方式、行为方式、思想方式）。

从方案创作开始，整个过程都定量验证，并大量应用新的设计技术，利用计算机对能耗、通风、采光、噪声、太阳能等进行模拟分析。楼体的竖向布局与功能相关联，材料、通风、自然采光、外墙构造、立面及开窗形式等各方各面的确立也都经过优化组合。为了确定一种技术方式，研究了十几种技术路线的贡献率后才选定最佳平衡值。

从设计到建设，建科大楼采用了一系列适宜技术共40多项（其中被动、低成本和管理技术占68%左右），每一项技术都是建科大楼这一整合运用平台上“血肉相连”的一部分。它们并非机械地对应于绿色建筑的某单项指标，而是在机理上响应绿色建筑的总体诉求，是在节能、节地、节水、节材诸环节进行整体考虑并能够满足人们舒适健康需求的综合性措施。

（2）平民化绿色建筑特性

平民特性之一：建筑是社会的建筑

建筑在全生命周期内对于自然资源与社会资源的消耗、对城市环境及周边居民的影响不容忽视，因此，建筑也应具有“社会公民”意识，要尽其社会责任！

绿色建筑是基于一种平等的生命观，不要因为我们是智慧的人类，就剥夺植物、动物的生存权；也不要因为我们建得起楼，买得起房，就占据其他人（他们也是这个社会的成员，也是这个城市的居民）的生存空间。

①开放的责任：

建科大楼通过与城市公共空间融合的建筑形态和开放的展示流

IBR
深圳建科院
IBR
深圳建科院

线，以积极的态度向每一个前来的市民展示绿色、生态、节能技术的应用和实时运行情况，以更直观、“可触摸”的方式普及宣传绿色建筑，使绿色、生态、可持续发展理念和绿色生活方式深入人心。

②自律的责任（高效运行、节约减排）：

a.节能60%以上

项目建筑设计总能耗为国家批准或备案的节能标准规定值的75.3%。主要节能贡献要素：节能围护结构+空调系统+低功率密度照明系统+新风热回收+CO_2控制+自然通风+规模化可再生能源。

节能措施1：量体裁衣节能外围护结构

大楼屋顶采用30mm厚XPS倒置式隔热构造，同时南北主要区域采用种植屋面；五层及五层以下外墙采用挤塑水泥外墙板和装饰一体化的内保温结构，七层以上外墙采用加气混凝土砌块，外贴LBG金属饰面保温板；外窗玻璃部分采用传热系数K≤2.6、遮阳系数SC≤0.40的中空LOW-E玻璃铝合金窗，西南立面部分采用透光比为20%的光电幕墙，同时东立面、北立面和南立面均设计遮阳反光板等外遮阳措施。

节能措施2：四种节能空调对比应用

地下一层实验室空调采用水源热泵系统，冷却水就近采用水景池内的水，由于靠近水景水池，管路系统简单，运行可靠，在使用时间上也可以灵活运行。主要办公区域采用水环式冷水机组＋冷却塔＋风机盘管。九层南区和十一层南区为小开间空间，考虑到平时正常时间使用空调外，某些房间还会在节假日不定期使用，故采用风冷变频多联空调系统＋全热新风系统。十层采用高温冷水机组＋辐射顶板＋热泵式溶液调湿新风机组，新风经除湿降温后承担室内湿负荷，被动式冷梁（或毛细管冷辐射吊顶）承担室内热负荷，冬季热泵式溶液调湿新风机组可加热加湿运行，改善室内环境。

节能措施3：绿色节能照明

会议区域照明和地下车库照明选用LED光源，楼梯间采用受红外感应开关控制的自熄式吸顶灯（节能灯光源）；大厅、走道主要以节能筒灯为主；办公区域均采用格珊型荧光灯盘，光源选用T5灯管替代传统的T8灯管。办公区域照明采用智能照明控制方式。

节能措施4：热回收

新风系统采用全热交换器，通过新风与排风的热交换，回收部分冷量，新风热回收机组采用焓交换效率大于60%的热交换式换气机。全年单位空调面积可回收的冷量为97.9MJ/㎡。

节能措施5：新风可调和变频技术应用

全空气系统的新风入口及其通路均按全新风配置，通过调节系统的新、回风阀开启度，可实现过渡季节按全新风运行，空调季节按最小新风比运行。新风比的调节范围在30%~100%。冷却塔和冷却水泵随负荷变化可进行运行台数调节或变频调节。

节能措施6：能源管理系统

项目设置全楼能耗系统计量系统。系统分软件、硬件两部分，硬件主要为各种能耗基表如水表、电表、热能表等，抄收部分如抄表模块、集中器等，数据接收处理部分，如管理电脑、数据库服务器等。系统分别对各种用能系统用能量进行计量、加工、存储。

节能措施7：可再生能源利用

每层残疾人卫生间兼淋浴房采用半集中式太阳能热水系统；食堂、专家公寓冲凉房采用集中式太阳能热水系统。大楼屋顶花架安装单晶硅光伏电池板，西立面和南立面采用光伏幕墙系统。同时与光伏遮阳棚结合的多晶硅光伏组件，将光伏板和遮阳构件结合最大限度的利用太阳能，同时起到遮阳的作用。生活热水基本利用太阳能热水系统，利用率＞50%；光伏发电量约为建筑用电总量的5%~7%。

b.节水43.2%以上

结合当地经济状况、气候条件、用水习惯和区域水专项规划等，统筹、综合利用各种水资源，采用雨水收集、中水处理回用等措施。设计给水排水系统，选用节水器具，布置人工湿地污水处理系统，非传统水源利用率为 43.52 %。

c.节材

项目设计无装饰性构件，全部采用预拌混凝土，可再循环材料使用重量约占所有建筑材料总重量的10.15 %。所有应用材料均以满足功能需要为目的，将不必要的装饰性材料消耗减到最低。充分发挥各种材料自身的装饰和功能效果。如办公空间取消传统的吊顶设计，采用暴露式顶部处理，地面采用磨光水泥地面，设备管线水平、垂直布置均暴露安装，减少维护用材，同时方便更换检修，避免二次破坏的材料浪费。采用整体卫生间设计，利用产业化生产标准部件，提高制造环节的材料利用效率，节约用材。

平民特性之二：人与自然共享平台

从绿色建筑的设计理念来说，任何人工的建筑其实都是占据了原属于自然的青山绿水，就应该对所占据的部分进行生态补偿，努力营造一种人和大自然的和谐关系——人与自然的共享。建科大楼的设计也遵循着这一目标，在一个只有3000㎡用地的高密度办公楼里，营造了远远超过3000㎡的“花园”，回馈给自然和工作在这里的人们。花园，已不是传统意义上的“非功能空间”，而是承载了人们在更亲近自然的环境中生活和工作梦想的“多功能空间”。

①自然通风设计

对建筑场地的环境进行研究（建立监测站），根据监测数据，模拟分析建筑风环境，并成为建筑方案确定的重要考虑因素。根据室外风场规律，进行窗墙比控制，研究各个不同立面的外窗形式（平开、上悬、中悬窗等），结合采用遮阳反光板；同时外窗朝向和形式考虑外部噪声影响。在建筑平面上，采用大空间和多通风面设计，实现室内舒适通风环境，开窗的各种功能需求自然而然地确定出大楼的建筑外围护构造选型，即由功能需求决定形式。

②自然采光设计

报告厅和办公区域约90%的面积采光系数超过2%，地下一层高出室外地面1.5m，周边设置下沉庭院，通过玻璃采光顶加强采光效果。地下二层主要在一层玻璃采光顶下利用采光井等加强自然采光，车库车道利用光导管达到采光效果。

③噪声控制

通过结构措施防噪，在一至五层设置展厅、检测室和实验室等非办公房间减少开窗面积，减少室外噪声对人员的影响；采用双层窗，在受室外噪声、影响较大的房间采用LOW-E中空玻璃，隔热与防噪。要求其计权隔声量不小于30dB；局部地方采取室内吸声降噪措施

④健康工作环境

室内环境充分体现人性化设计。大楼在每层下风向的西北角设有专用吸烟区，这也是建筑北区在西面的一个热缓冲层。根据研究和能耗审计的需要，建立墙体内表面温度、房间温度、湿度长期监控，同时对CO_2长期监控与预测，并定期监测噪声等级；建筑采用活动外窗，强化自然通风。内部功能房间装修采用绿色涂料和胶粘剂，使用不含甲醛的复合木质材料；办公区中的复印机、打印机集中设置在中间半室外的休闲平台上。

平民特性之三：人与人共享平台

建筑为人与人交流共享提供更多空间，让思想有更多碰撞，产生更多智慧火花！

大楼公共交流面积达到40%左右。层层设置的茶水间，成为大楼空中庭院的一部分；在鸟语花香的庭院里办公，相信应该是很多人的理想。而建科大楼通过“凹”字形平面设计将这个梦想变成了现实：南北两个办公空间通过中央走廊联系起来，集中形成了宽大的空中庭园。配合所在楼层的不同功能定位，这些或大或小的庭院，既可成为花园、交流平台、咖啡茶座，也可成为“日光浴场”。

建科大楼的使用空间是亲和朴实的，就像自己的家一样，没有大尺度空间和那些所谓艺术空间对人形成的距离和陌生感，在这里办公让大家变得更加亲近和自然。

平民特性之四：生活与工作共享平台

健康生活，快乐工作。工作的目的是什么？不完全是朝九晚五地挣钱，工作就是生活的一种方式，它也应该是绿色的。在建科大楼里很难将工作和生活截然分开，除了办公空间，大楼里分布着各种“非办公”的功能和场所，有屋顶菜地，有周末电影院、咖啡间、公寓、家庭日（开放日）、卡拉OK厅、健身房、按摩保健房、爬楼梯的“登山道”、员工墙、心理室等，能够放进去的功能都把它放进去。这一切，正是共同创造事业与共享生活的场所。

健康的身体和舒畅的心情是高效工作的有力保障，绿色办公大楼为员工创造了身心健康的工作环境。坐久了，来到健身房活动下筋骨。情绪不好了，来到“发泄室”宣泄下情绪。烦躁的时候，坐在菜地里摆弄会瓜果。灵感枯竭了，爬爬登山道远眺青山绿水。

深圳科技图书馆

(六十五)深圳大学城•图书馆•管理中心大楼(又名深圳科技图书馆)

证书编号：ZTYGXB-2009-04

完成单位：深圳建筑科学研究院有限公司、罗麦庄马（香港）有限公司简称RMJM(方案设计)

主要完成人：叶青、孙延超、王启文、李劲鹏、吕志军、卜增文、王莉芸、刘勇、龚燕舞

完成时间：2009年6月

所获奖项：第一届广东省土木工程“詹天佑故乡杯”奖；2007年获美国建筑师学会香港分会2007年建筑设计优秀奖；2008年获英国结构工程师学会教育与医疗项目类优秀奖；2009年获深圳市第十三届优秀工程勘察设计艺建筑二等奖；2009年度广东省优秀工程勘察设计办公楼、学校类三等奖

项目简介

本项目总建筑面积4.6万㎡，分为图书馆、管理中心及连接桥三部分。其中图书馆4万㎡，管理中心0.6万㎡，钢桥在两栋建筑之间，建筑高度为24m，分4层，总长度540m，横跨大沙河及两条市政道路，最终与周围山体连为一体。图书馆设计总藏书150万册，可同时供3000名阅读者使用，是深圳市第二大图书馆。为了将公共资源更加高效的利用，深圳市政府于2006年批准将深圳市大学城图书馆重新定位为深圳市科技图书馆。

(六十六)国家工商行政管理总局行政学院

证书编号：ZTYGXB-2009-02

完成单位：深圳建筑科学研究院有限公司
深圳市建筑设计研究总院有限公司

主要完成人：叶青、张炜 、孙延超、杨衡、马远幸、吕志军、刘勇、梁恺光、周俊杰、刘俊跃、杨荔、丘国雄、沈驰、郭士良、谢传贵

完成时间：2009年6月

所获奖项：2010年获第九届中国詹天佑奖第一届广东省土木工程“詹天佑故乡杯”奖；2008年被评为广东建工集团优良样板工程；广东省优良样板工程及广东省风景园林优良样板工程银奖；水利部2008年全国生产建设项目水土保持示范工程；2009年获深圳市第十三届优秀工程勘察设计建筑三等奖

项目简介

国家工商行政管理总局行政学院是经国务院和中央机构编制委员会批准设立，直属于国家工商行政管理总局的司局级事业单位，学院总占地面积10万m²，总建筑面积3.9万m²，总投资2.79亿元。划分为行政教学区、教职工公寓区、学员公寓区三大功能区，共由15栋单体建筑组成，是国家工商行政管理总局以培养高层次人才为目标，具备研修、培训考试及国际交流合作等综合功能的基地。

(六十七)深圳市建筑节能检测评价中心

完成单位：深圳市建筑科学研究院有限公司

完成时间：2009年12月

项目简介

为了进一步推动《条例》的实施和深圳市建筑节能工作的顺利开展，完善深圳市建筑节能服务体系，在政府资助和监管下，利用深圳市建筑科学研究院在节能研究、检测、咨询、设计方面的丰富经验，建立深圳市建筑节能检测评价中心。将坚持公正、中立和社会效益原则，通过建筑材料、用能系统、建筑物能耗测评，对建筑能耗状况进行定量分析并作出评价，协助市建设行政主管部门（以下简称市主管部门）开展建筑节能专项验收工作；通过对建筑节能技术、工艺、设备、材料、产品能效评估，协助市主管部门制定建筑节能产品目录；通过建筑节能研究，建立能耗统计分析体系，协助市主管部门制定建筑物能效标识制度，并进行建筑物能效标识评定，为全面开展建筑节能工作提供技术支持；与此同时，通过向社会提供建筑节能咨询、检测、评价等专业服务，扩大业务领域，提高经济效益，维持中心的正常运作和可持续发展。

本中心的组建和运行拟从以下六方面展开：建立完善的建筑节能检测评价体系；完善建筑节能检测评价标准体系；拓宽建筑节能检测和研究领域；提升建筑节能检测评价技术能力；建立健全建筑节能检测评价管理体系；整合区域资源，减少重复建设，提高地区建筑节能检测能力。

(六十八)广东省建筑节能与应用技术重点实验室

完成单位：深圳市建筑科学研究院有限公司

广州大学土木工程学院、广州市建筑科学研究院有限公司

完成时间：2010年

项目简介

2009年底，由深圳市建筑科学研究院与广州大学土木工程学院、广州市建筑科学研究院有限公司联合申报“广东省重点实验室建设项目——建筑节能与应用技术实验室”，获广东省科技厅立项批准。该实验室主要开展绿色建筑与建筑节能规划与设计理论及技术研究、绿色建筑材料与围护结构节能理论与技术研究、建筑设备与系统节能理论与技术研究、绿色建筑技术应用与评价体系研究等四个领域。

(六十九)2010年上海世博会意大利馆

完成单位：深圳市建筑设计研究总院有限公司

主要完成人：罗韶坚、孙荣凯、陈志亮、王鑫、郭满良、 凌江、郦博、王健、 史盛、颛孙伟庆、王莹、 陈集慧、贺建鑫

完成时间：2010年4月10日

应用与效益

意大利馆外墙采用了复合系统，外侧是世界首创被称为“透明混凝土”的新型材料，内侧为双层ETFE膜结构。

“透明混凝土”在本建筑中主要以500mm×1000mm×50mm规格的板材使用，可以根据需要直接切割成不同形状，其连接固定方式类似于普通干挂石材，其成分主要是在传统混凝土中加入有机玻璃片、玻璃纤维以增加透光性，随着玻璃片密度的大小不同，透光度就不同；同时掺入大量细细的钢丝，用以增加混凝土板材的强度和连接牢固度。“透明混凝土”覆盖了整个意大利馆的外墙，在横梁、立柱等部位其透明度为零，而每个体块立面的中间区域则为50%、20%等，它们组合成各种不同图案。

双层ETFE膜为一种轻型、耐腐蚀、张拉强度高、耐高温、绝缘性的新型材料，可循环再利用，其本身具有良好的自洁性；内侧膜的磨砂点阵，可以改变光线的传播方向，使透过的光线非常柔和；最重要的是其中间空气层结构具有优越的保温隔热性能，大大降低了建筑的能耗。

(七十)绝热建筑墙板(专利)

发明人：罗刚

专利号：ZL 2007 2 0117946.1

专利权人：深圳市建筑科学研究院有限公司

授权公告日：2008年2月13日

1.专利内容简介

新型墙板应为箱形构造，在“箱中”放置绝热材料，连接两混凝土面板的“侧板”采用导热系数小的材料制作，以减小热桥效应。

2.应用及效益

适用于节能建筑外墙。结构合理，造价低，高效节能。已在深圳市建科院建科大楼应用。

(七十一)具有隔热功能的外墙瓷砖墙面以及施工方法(专利)

发明人：罗刚、黄远洋、田雁晨

专利号：ZL 200610157232.3

专利权人：深圳市建筑科学研究院有限公司

授权公告日：2009年2月18日

1.专利内容简介

将每两个标准块连接一次，然后两个标准块的节点再连接一次，以此类推，最后只有一个测试点。适用于“膨胀聚苯板薄抹灰外墙外保温系统”和其他需要进行抗负风压试验的建筑外墙保温装饰层的抗负风压性能的现场检测。

2.应用及效益

适用于夏热冬暖地区外墙隔热。综合造价低，美观，施工方便快捷。已在深圳市建科院建科大楼外墙应用。

(七十二)透水砖透水系数检测仪(专利)

发明人：罗刚、张阳、王莹

专利号：ZL200920635686.X

专利权人：深圳市建筑科学研究院有限公司

授权公告日：2009年12月23日

1.专利内容简介

在一个标准水压的情况下测量一定时间内透水砖的透水系数，适用于透水砖的透水系数检测，属于建材检测领域。

2.应用及效益

适用于建筑业实验室。结构简单，运行成本低。用于深圳市建科院实验室对外检测。

(七十三)粘结强度检测平台(专利)

发明人：罗刚、张阳、王莹

专利号：ZL200820235183.5

专利权人：深圳市建筑科学研究院有限公司

授权公告日：2009年10月14日

1.专利内容简介

利用现有的拉力机加本测试夹具，可以完成胶粘剂等的拉接强度测试，适用于胶粘剂拉接强度检测。

2.应用及效益

适用于建筑业实验室。结构简单、运行成本低。用于深圳市建科院实验室对外检测。

(七十四)探头沿弧线摆动的遮阳系数检测仪(专利)

发明人：罗刚、张阳

专利号：ZL200820212319.0

专利权人：深圳市建筑科学研究院有限公司

授权公告日：2009年11月4日

1.专利内容简介

采用一个探头在百叶后按照弧线运行的方式往复扫描，用探头测试的数据和参比探头测试的数据相比较，来测试百叶的遮阳系数，用于不规则形状的外窗或者外遮阳百叶的现场遮阳系数检测。

2.应用及效益

适用于科研单位对外遮阳装置进行遮阳系数检测。结构最简单，测量准确，造价最低。用于深圳市建科院科学实验。

(七十五)探头沿螺线运动的遮阳系数检测仪(专利)

发明人：罗刚、张阳
专利号：ZL200820212322.2
专利权人：深圳市建筑科学研究院
授权公告日：2009年11月4日

1.专利内容简介

采用一个探头在百叶后以一条螺旋线轨迹往复扫描，用探头测试的数据和参比探头测试的数据相比较，来测试百叶的遮阳系数。适用于外窗或者遮阳百叶为圆形结构时，外遮阳百叶的现场遮阳系数检测。

2.应用及效益

结构简单，测量准确，造价低，可检测复杂造型外遮阳，适用于科研单位对外遮阳装置进行遮阳系数检测。用于深圳市建科院科学实验。

(七十六)用于建筑外墙的保温材料及其施工方法(专利)

发明人：罗刚
专利号：ZL 2006 1 0060483. X
专利权人：深圳市建筑科学研究院有限公司
授权公告日：2009年12月23日

1.专利内容简介

采用铝合金薄板替代“膨胀聚苯板薄抹灰外墙外保温系统”的薄抹灰层外墙保温系统，它是一种高性价比的、美观的、防水可靠的外保温系统。

2.应用及效益

已在深圳市建科院建科大楼外墙应用。

(七十七)探头沿直线扫描的遮阳系数检测仪(专利)

发明人：罗刚、张阳
专利号：ZL200820212321.8

专利权人：深圳市建筑科学研究院有限公司
授权公告日：2010年2月10日

1.专利内容简介

采用一个探头在百叶后一条直线上往复扫描，用探头测试的数据和参比探头测试的数据相比较，来测试百叶的遮阳系数，适用于一般外窗或者外遮阳百叶的现场遮阳系数检测。

2.应用及效益

适用于科研单位对外遮阳装置进行遮阳系数检测。结构简单，测量准确，造价低，安装简便。用于深圳市建科院科学实验。

第三章 给排水专业

深圳给排水科技创新30年

郑大华 蔡 倩

给水排水行业的改革不仅关系到企业和行业的发展，而且关系到广大人民群众的切身利益及经济社会的可持续发展。

深圳改革开放以来，给水排水技术在这30年中取得了不少得成果，获得了比较丰富的经验。

建设资源节约型、环境友好型社会是深圳经济特区建设的重心，大力发展节能省地型住宅、公共建筑，在工程建设中推行节能、节水、节材、节地的新技术、新设备、新材料，是设计人员都必须应对的。围绕国家的建设原则，给水排水技术在以下几方面得到了发展，并于工程中得到应用。

一、在变频调速泵的基础上，直联叠压供水技术的应用

在建筑给水系统中，采用水池、变频调速泵组供水的方式是目前的主流，它解决了水池、水泵、屋顶水箱联合供水存在的弊病：屋顶水箱在建筑立面上不好处理、建筑物最高层的供水压力不足、屋顶水箱水质二次污染等。但水池水质的二次污染仍然存在，市政水的压力得不到有效利用；水池的占地面积大。为从根本上解决水池污染的问题、节省能源，在市政供水条件良好的地方，采用从市政管网上直接吸水的供水方式，即叠压供水技术，在深圳得到了较好的应用。

二、优质饮用水工程技术

1.2004年制定《深圳市经济特区2010年生活饮用水水质发展规划》，旨在全面提高深圳市的供水水质，实现自来水直饮。2007年由深圳市建设局主持编制的深圳市工程建设标准《优质饮用水工程技术规程》已颁布实施。

2.管道直饮水技术的应用

目前国内传统净化工艺处理的自来水，可降低水源中悬浮物、胶体、微生物等，但不能有效去除原水中微量有机污染物。出厂水经管道输送和水池、高位水箱后，均存在二次污染，居民饮用此水将会对健康造成一定影响，而这部分饮水量只占供水量的2%~5%。因此在目前不可能对现有的全部市政自来水进行深度处理和对市政供水管网进行大规模改造的前提下，将饮水和生活用水分质供应，既避免了高质低用的浪费现象，又保证了饮水卫生安全。深圳管道直饮水系统已在许多建筑中投入运行。

三、新型给水排水管材在工程中的全面应用

为保证给水的水质，提高工程质量，满足居民健康用水的需求，降低输水过程中的能耗损失，高密度聚乙烯（HDPE）中空壁缠绕管、硬聚氯乙烯（PVC-U）、玻璃钢夹砂管道等新型管材在近几年的工程中得到了全面的应用；不同接口形式的薄壁不锈钢管、铜管、新型塑料管、钢塑复合管等，为工程师及业主提供了多种选择的可能。

四、节水、可再生能源、绿色的推广应用

1.节水

深圳市建设项目用水节水管理办法自2008年5月1日起施行。

水系统规划方案包括用水定额的确定、用水量估算及水量平衡计算、给排水系统设计、节水器具推荐措施、污水处理工艺比较选择、再生水利用等内容。

节水型生活用水器具的定义是“满足相同的饮用、厨房、洁厕、洗浴、洗衣等用水功能，较同类常规产品减少用水量的器件、用具。”节水器具一是要节水，二是密封不漏水，三是耐用。

住宅中采用电子远传水表（或IC卡水表），将水表设置在户内。

涉及建筑节水的设备、设施主要有加压供水设备、水箱、水加热、贮热设备，水质处理设备、循环水处理设备等，选用优质设备、器材能提高供水安全可靠性，使供水压力平稳，减少其自用水量，提高循环率。

管材、管件、阀门及连接方式等是造成管网漏水的主要原因。据统计，我国城市管网漏损率均高于10%，选用质量好的管材、管

件、阀门及合理的管道连接方式也是节水工作的重要一环。

2.深圳市绿色建筑设计导则

为贯彻执行节约资源和保护环境的国家技术经济政策，促进深圳市循环经济的发展，规范、指导深圳市绿色建筑设计，特制订了深圳市绿色建筑设计导则。

对于新建、改建、扩建的居住建筑和公共建筑中的办公建筑、商场建筑和旅馆建筑，应统筹考虑建筑全寿命周期内节水、节地、节能、节材、保护环境与满足建筑功能之间的辨证关系。

3.雨水利用工程

雨水利用包括雨水入渗系统、收集回用系统、调蓄排放系统之一或其组合。建筑区雨水利用是建筑水综合利用中的一种新系统工程，具有良好的节水效能和环境生态效益。深圳一些水厂、单位和小区已经形成了完善的中水系统和使用链条，一些企业改革生产流程、减少污水排放量。目前我国城市缺水日益严重，与此同时，健康住宅、生态住区正迅猛发展，建筑区雨水利用系统，以其良好的节水效益和环境生态效益适应了城市的现状需求，在具体工程中得到了较广泛的应用。

4.人工湿地处理污水技术不断完善

投资少，建设、运营成本低廉。污水处理系统组合具有多样性、针对性。水生植物的类型也是多种多样，一般以挺水植物为主。处理污水的高效性，独特的绿化环境功能等在深圳各区、镇都不断完善，取得可喜的效果

5.可再生能源的推广应用

加快建设资源节约型、环境友好型社会，大力发展循环经济、保护生态环境绿色、可再生能源的推广应用成为近几年政府行政主管部门的重要工作，太阳能、热泵（水源热泵、空气源热泵、地源热泵）在工程中得到了越来越多的应用。太阳能集热水器与建筑一体化的技术得到发展，为太阳能在建筑物尤其是住宅建筑中的应用提供了技术支持。热泵技术的发展与完善，使得利用地下水的水源热泵在采暖与生活热水供应，利用空调冷凝水的水源热泵在生活热水的制备，空气源热泵在游泳池池水加热与除湿等方面的应用实例不断增多。

目前深圳建科院主编的《深圳市居住建筑太阳能热水系统与建筑一体化设计标准》已在报批中。

6.LEED认证走在前沿

大梅沙•万科中心项目做了以下系统：场地径流控制、雨水回用、中水处理及回用、器具节水（节水率45%），并且LEED的设计铂金奖通过认证。

五、虹吸式屋面雨水排水技术

体育场、馆，会展中心，大剧院等公共功能的建筑，屋面的积水面积均很大，采用重力式屋面雨水排水系统，需要的雨水斗多，水平悬吊管道敷设的坡度占用建筑物空间多，管径大。采用虹吸式屋面雨水排水系统，系统设计计算精度较高，能充分利用雨水的动能，具有用料省、水平悬吊管道不需要坡度、所需安装空间小等优点，在深圳运用也较早，在大型公共建筑中得到了普遍的应用。

六、游泳池水处理技术

近年来大型国际游泳比赛越来越多地在我国举办，对游泳池水质标准的要求也在提高。为满足出水的水质要求、在运行中节约反冲洗用水、减少过滤设备的占地面积，石英砂、硅藻土过滤器在实际工程中得到了广泛的应用。深圳在2008年奥运会“国家游泳中心”和2012年世界大学生运动会中承担了游泳池的设计任务，在游泳池水质方面达到了国际水平，成为全国游泳池水处理技术的先行。

七、新型灭火设施和器材的应用

1.消火栓、自动喷淋、水幕、雨淋、水喷雾、性能化设计及各种洁净气体消防等系统在深圳广泛应用，并在实践中取得很好的防火效果。

2.消防水炮、大空间智能型主动喷水及水喷雾等灭火技术也有效应用。如:体育场、馆，会展中心，大剧院等公共功能的建筑中，根据高度的不同，采用自动控制消防水炮、大空间智能型主动喷水灭火系统替代自动喷水系统的功能，满足超大空间的消防要求。水喷雾是一种在锅炉房、柴油发电机房等取代气体消防而用水灭火的设施，目前在工程中普遍应用。

3.高压细水雾、超细干粉等新型消防系统也逐渐在地铁、隧道工程等工程中开始应用。

八、河流域水污染的综合治理

深圳市河流水质日趋恶化，污染现象严重，部分市政管网建设又不完善，污水收集率较低。为有效遏制河流域水质的急剧恶化，改善周边环境，对河流域水污染进行综合整治尤为重要。

《深圳市龙岗河、坪山河流域水污染综合治理工程规划研究》可有效治理两河流域的污染，《深圳河湾流域污水系统布局规划研究》确定了污水系统的布局规划方案，可将污水收集率、处理率达到90%左右。随着相关规划研究的不断深入和有关工程措施的持续实施，可有效地实现深圳市水资源的持续利用，维持河流和海湾水系生态系统的完整性，以建设环境友好型城市。

九、污水厂的工艺革新

1.A2/O型膜生物处理技术（MBR技术）

A2/O型MBR工艺是一种先进的污水深度处理技术，具有良好的脱氮除磷效果，同时采用膜生物反应器取代了二沉池，占地少，出水水质非常好，可直接回用做市政用水或受污染河流的生态补充水。目前，该技术已在坂雪岗污水处理厂应用。

2.BAF曝气生物滤池技术

BAF曝气生物滤池技术，改变了传统污水处理工艺须设置二沉池及大型生物处理构筑的特点，节约用地50%以上而处理效果更好、更稳定。该技术已在西丽再生水厂得到应用。

十、节能降耗实现全流程控制

节能降耗单一技术较多，但通过技术集成，利用科技、信息化手段对水厂或污水处理厂作为一个系统进行统筹考虑，以实现全流

(一)变频调速供水技术的应用

完成时间：1997年起

完成单位及主要完成人：深圳大学建筑设计研究院（晏风、谢蓉）、深圳市建筑设计研究总院有限公司（胡同、曲振军、唐玉微）、深圳机械院建筑设计有限公司（熊汉华）、深圳市筑博工程设计有限公司（杨为众、杨晋、贾筠、黄国伟等）、深圳市奥意建筑工程设计有限公司（李远膺、李龙波、张迎军）

应用与效益

本成果在万科四季花城（一至四期）、无委监测楼、百仕达三期工程、深圳华强广场、深圳市国税大厦等工程中应用，曾获得多项优秀设计奖，效益良好。

(二)太阳能集中供热水系统的应用

完成单位：深圳市建筑设计研究总院有限公司

主要完成人：黄晓林、胡同、冯志刚、陈光焱

完成时间：设计2006年3月，竣工2007年6月

所获奖项：2009年度广东省优秀工程勘察设计奖工程设计一等奖

应用及效益

本成果在深港西部通道口岸港方旅检监管区旅检大楼工程中应用，效果良好。

(三)空气源热泵与热水储罐供热的热水系统的应用

完成单位：深圳机械院建筑设计有限公司

主要完成人：谌慧

完成时间：设计2005年 10 月，工程2007年 5 月

应用与效益

本成果在深圳市第四高级中学学生宿舍楼工程中应用，效果良好。

(四)地源热泵与太阳能供热的热水系统的应用

完成单位：深圳市清华苑建筑设计有限公司

主要完成人：左振渊、蒙高玉、肖东燕、吕纯芳

完成时间：设计2005年12月～2006年9月，竣工2008年4月

应用与效益

本成果在深圳创意产业园南海意库工程中应用，效果良好。

(五)空调热回收用于生活热水预热

完成单位：中建国际深圳设计顾问有限公司

主要完成人：伍凌、郑大华、刘秉赞、李枝俊、刘树钦

完成时间：设计2005年，竣工2009年

所获奖项：全国人居经典方案竞赛综合金奖、2005~2006年度中国建筑工程总公司优秀方案设计二等奖

应用与效益

本成果在华润中心二期君悦酒店工程中应用，实现了能源效益最大化。

(六)高层建筑给水加压分区供水系统的应用

完成单位：深圳市建筑设计研究总院有限公司

主要完成人：肖敏霞、吕徽钧、贾长林

完成时间：设计1984年4月，竣工1987年

应用与效益

本成果用于红岭大厦工程，以安全的方式保障了生活用水，领先于当时国内给排水设计水平。

(七)超高层建筑分区供水技术的应用

完成单位：深圳市建筑设计研究总院有限公司

主要完成人：禤卫健、陈水法、冯华、肖敏霞

完成时间：设计1988年10月，竣工1995 年

应用与效益

本成果用于深房广场工程，保障了生活用水安全可靠，领先于当时的国内给排水设计水平。

(八)倒流防止器的应用

完成单位：深圳市宝安建筑设计院

主要完成人：陈群、黄仕球

完成时间：2004年

1.成果简介

倒流防止器是一种严格限定管道中水只能单向流动的水力控制组合装置，其功能是在任何工况下防止管道中的介质倒流，以达到避免倒流污染的目的。

2.应用与效益

在宝安高级中学工程接市政给水管处安装倒流防止器，有效防止了屋顶水箱水倒流污染市政水源，效果良好。

(九)液位控制阀的应用

完成单位：深圳市宝安建筑设计院

主要完成人：郑英伯、唐平

完成时间：1991年

1.成果简介

液位控制阀具有动作灵敏、密封可靠、零部件不易磨损、使用寿命长等优点。阀体内液体呈向流动，液体中的杂质不会卡阻阀体，阀门不易失效。

2.应用与效益

经在宝安都之都大酒店工程中地下泵房应用，效果良好。

(十)自来水过滤后管道直饮水技术的应用

完成单位：深圳奥意建筑工程设计有限公司

主要完成人：倪所能、李远膺、李龙波、周林森、曾缤

完成时间：设计1998年，竣工2001年

1.成果简介

本成果是自来水经砂滤、炭滤、精滤后进入超滤设备，采用臭氧对成品水箱水进行二次消毒，为用户循环供应直饮水。

2.应用与效益

本成果在深圳市擎天华庭工程中应用，效果良好。

(十一)全封闭式循环回流直饮水技术的应用

完成单位：深圳大学建筑设计研究院

主要完成人：武迎建、谢蓉

完成时间：设计1995～1996年，竣工1997年10月

1.成果简介

本成果在整个管网系统采用全封闭式循环回流供水系统，处理后的水从净水站通过管网供至用水点。整个系统不分区。在就近饮水点位置设置供回水立管，以使支管长度最短，确保用水点水质达到出水水质标准，并便于维护管理。横管在楼层的顶板下明装。回水管节点处设平衡阀，以方便调节回流的平衡。管网中的水间歇回流，根据管网水质情况，每天回流1～2次，回流水进入净水站后重新处理。

2.应用与效益

本成果1995年在深圳五洲宾馆工程中应用，安全可靠，经济适用，技术先进，建成以来，给水系统运行稳定。

(十二)消火栓给水系统技术的应用

完成单位：深圳市建筑设计研究总院有限公司

主要完成人：禤卫健、陈水法、冯华、肖敏霞

完成时间：1984年后

应用与效益

本成果用于深圳红岭大厦工程和深房广场工程，以最安全的方式保障大厦的生活用水和消防用水的安全可靠，领先当时国内建筑给排水设计水平。

(十三)无泵房消火栓给水系统的应用

完成单位：深圳大学建筑设计研究院

主要完成人：晏风、谢蓉、武迎建

完成时间：设计2001～2002年6月，竣工2003年

所获奖项：2004年度深圳市第十一届优秀工程建筑设计二等奖、2005年度广东省第十二次优秀工程设计一等奖、2006年度国家级科技创新大奖“詹天佑大奖优秀住宅小区金奖”

1.成果简介

在小区最高处设室外消防储水池,储存所有室内外消防用水量。高位消防水池能满足小区室外消火栓系统、室内消火栓系统、室内自动喷水灭火系统水量及水压要求。

2.应用与效益

本成果在深圳万科东海岸社区（一、二期）工程中应用，由于

无消防水泵房，减少了发电机房的装机容量，节省了投资，减少了泵房管理工作。工程设计做到了安全可靠、经济适用、技术先进，建成以来，给水系统运行稳定。

(十四)高空数控水炮灭火系统的应用

完成单位：深圳市建筑设计研究总院有限公司
主要完成人：邓小一、丁勺园、曾帮喜
完成时间：设计2000年12月，竣工2002年7月

1.成果简介

对体育馆等大空间的自动喷水保护一直以来是设计中的一个难点，由于体育馆观众厅属于人员密集场所，但传统的自动喷水喷头对于超过8.0m的大空间场所，由于空间太高而难于感应到火灾，导致不能提供有效的自动喷水保护。本成果解决了这一难题。

2.应用与效益

本成果应用于深圳市宝安体育馆工程，效果良好。

(十五)自动喷水灭火系统的应用

完成单位：深圳市建筑设计研究总院有限公司
主要完成人：柳汉英、吕徽钧、贾长林
完成时间：设计1984年4月，竣工1987年

应用与效益

本系统由供水管、水流指示器、信号阀、压力开关、报警阀等构成，1984年应用于深圳京鹏大厦，合理完善的设计实现了区域选择性保护和全自动控制。

(十六)自动灭火系统在深圳电视中心的应用

完成单位：深圳机械院建筑设计有限公司
主要完成人：丁红
完成时间：设计1999年，工程2004 年 5月

应用与效益

本成果用于深圳电视中心工程，该工程一层的演播厅和剧场，净高度分别约为20m和25m，火灾危险性高。此两处均设置了雨淋灭火系统，各处分别使用了三套雨淋阀组，阀组设计有自动、手动及远程手动三种控制方式。在剧场的舞台口处设置了水幕灭火系统，防护冷却舞台幕布。雨淋和水幕系统各自分别设置加压泵组，消防用水量均储存于地下二层的消防水池内。

(十七)深圳国际会议展览中心消防给水设计

完成单位：中国建筑东北设计研究院有限公司、德国CMP设计公司
主要完成人：朱宝峰、崔长起、孙瑞文、徐良鸥
完成时间：设计2002年，竣工2004年
所获奖项：2009年获中国勘察设计协会优秀工程设计行业奖建筑工程设计二等奖、2008年获中国勘察设计协会全国优秀工程勘察设计行业奖建筑工程二等奖、2008年中国建筑学会第一届建筑给排水优秀设计三等奖

1.成果简介

深圳会展中心在各展厅以及展厅顶端平台内共安装有消防水炮100门。消防水炮安装有双波段探测器和光截面探测器，能根据温度自动探测火源，并自动启动，迅速将信息反馈给控制中心，操控人员可根据相关信息调动消防水炮，对火点进行灭火，同时消防水炮也可以实现就地控制。成功的解决了大空间的消防难题。

2.应用与效益

由于消防设备比较完备，使深圳会展中心成为全国最安全的展览会议场所。

(十八)气体消防系统的应用

完成单位：深圳市建筑设计研究总院有限公司
主要完成人：贾长林、徐以时、邓小一
完成时间：设计1996年10月，竣工2001年11月

应用与效益

本系统在深圳市邮电信息枢纽大厦工程中应用，在大楼的交换机房、传输机房、数据机房及电气用房内设置了全充满管网式七氟丙烷组合分配系统。总共设置了21套组合分配系统，保护了75个防护区约15000 m²的电气、通信房间，为这些区域提供了清洁、可靠、环保的消防灭火系统。该工程竣工至今，系统运转正常，取得了良好的效果。

(十九)虹吸排水系统技术的应用

完成单位和主要完成人：深圳市建筑设计研究总院有限公司（曾邦喜、邓小一、许玉娟、徐以时）、中国建筑东北设计研究院有限公司（朱宝峰、崔长起、孙瑞文、徐良鸥）

应用与效益

本技术1998年用于深圳市市民中心工程、2002年用于深圳国际会议展览中心和凯宾斯基酒店工程，效果良好。

(二十)雨水和中水利用技术的应用

完成单位：深圳大学建筑设计研究院

主要完成人：晏风、谢蓉、武迎建

完成时间：设计2001～2002年6月，竣工2003年

所获奖项：2004年度深圳市第十一届优秀工程建筑设计二等奖、2005年度广东省第十二次优秀工程设计一等奖、2006年度国家级科技创新大奖“詹天佑大奖优秀住宅小区金奖”

1.成果简介

雨水利用技术：弃流初期雨水，将较洁净的雨水排至景观湖用水。中水处理应用：将生活污水处理后用于绿地浇灌、景观、道路降尘用水。湖水湿地处理技术：为保持景观湖水的洁净度，美化社区环境，在湖边做湿地，使湖水得以循环，有效地降低了湖水的浊度及有机物含量。

2.应用与效益

本技术在深圳万科东海岸社区（一、二期）工程中应用，在雨污水的综合利用及景观湖水处理方面，堪称住宅类小区的典范，是典型的绿色环保生态小区。

(二十一)中水处理及雨水回用处理技术

完成单位：中建国际（深圳）设计顾问有限公司

主要完成人：李育松、郑大华、张勇、李枝俊、张海宇

完成时间：设计2007年，竣工2009年

所获奖项：目前已经通过LEED铂金奖设计部分的认证

应用与效益

本技术用于深圳万科总部办公大楼，效果良好。

(二十二)深圳市建筑科学研究院科研办公楼

示范工程类别：国家绿色建筑设计评价三星标识；国家建筑能效测评三星标识；国家财政部、建设部可再生能源建筑应用示范项目（首个通过验收）；国家“十一五”科技支撑计划华南地区绿色办公建筑室内外综合环境改善示范工程；国家“十一五”科技支撑计划城镇人居环境改善与保障综合科技示范工程；联合国开发计划署（UNDP）低能耗和绿色建筑集成技术示范与展示平台；深圳市第一批循环经济示范项目；深圳市建筑节能和绿色建筑示范项目

完成单位：深圳市建筑科学研究院有限公司

主要完成人：彭世瑾、王莉芸、蒋兴林

完成时间：设计2006年，竣工2008年

所获奖项：第三届百年建筑优秀作品公建类绿色生态建筑设计大奖、第三届双年“好设计即好业务”中国奖及年度最佳绿色设计奖等。

成果简介

该工程污废水再生利用：收集建科大楼的所有污废水，经人工湿地处理达标后用于冲厕、二楼以上绿化浇洒及地下车库冲洗等，节约用水，改善生态环境，减少污染，达到节水减排目的，本工程中水处理规模为：55 m^3/d。该工程雨水回收与利用：收集场地内所有雨水，经人工湿地处理达标后用于一层道路冲洗、绿化浇洒、景观补水等，有效减少开发后场地外排雨量，实现雨量错峰排放，从而有效缓解市政雨水管网的雨水排放负荷，本工程雨水收集池总调储容量为354m^3。

(二十三)雨水及中水利用技术的应用

完成单位：深圳市清华苑建筑设计有限公司

主要完成人：左振渊、蒙高玉、肖东燕、吕纯芳

完成时间：2005年12月～2006年9月，竣工2008年4月

1.成果简介

采用人工湿地污水处理和雨水渗透及回收联用中水系统用于冲厕、绿化、水景补水、冷却塔补水等。

2.应用与效益

本技术用于深圳创意产业园南海意库工程，效果良好。

(二十四)雨水利用技术

完成单位：深圳市筑博工程设计有限公司

主要完成人：杨为众、叶小娟、唐代文等

完成时间：设计2007年5月～2008年2月，竣工2009年10月

1.成果简介

本技术以维护“降雨—渗透—蒸发—降雨”的自然水循环为原则。室外场地的雨水通过渗透地面、入渗井等渗透设施充分补充地下水。管网末端设置人工湿地净化处理雨水，人工湿地既作为汛期调蓄防涝设施，又作为雨水处理原水池，处理后的雨水作为道路冲洗、绿化、景观用水。

2.应用与效益

本技术用于东莞万科•松山湖二期工程，效果良好。

(二十五)湖水循环利用技术的应用

完成单位：深圳机械院建筑设计有限公司

主要完成人：潘燕

完成时间：设计2007年 7月，工程2010年 5月

1.成果简介

在有自然景观湖的工程项目中，将湖水处理和大厦空调及绿地浇洒用水结合考虑，湖水综合处理利用，有益于节水、节能、节电，又使湖水清澈，环境优美，另外还取消了空调循环冷却塔这个噪声污染源。

2.应用与效益

本成果应用于深圳高新区软件大厦工程，该工程南侧有一自然景观湖，湖面积1.74万㎡，水深2m，具备应用本技术的条件，应用本技术从整体上促进了大厦的环境保护，符合绿色建筑的标准。

(二十六)泳池水处理技术的应用

完成单位：中建国际（深圳）设计顾问有限公司

主要完成人：陈刚、郑大华、赵书义、丁丽娟

完成时间：设计2005年，竣工2007年

所获奖项：威尼斯双年展八项主题馆的特殊奖项—氛围（Atmosphere）主题特殊奖，2003~2004年度中建总公司优秀方案设计一等奖、第二届中国国际建筑艺术双年展风尚设计金奖、百年建筑特别荣誉奖等四项大奖，第四届威海国际建筑设计大奖赛金奖，中国建筑学会创作奖（第五届），第八届中国土木工程詹天佑奖

应用与效益

本成果应用于国家游泳中心（水立方）工程。国家游泳中心是依据世界上体育建筑设计的成功经验，结合中国的设计规范，并根据国际奥林匹克委员会（IOC）、国际残疾人奥林匹克委员会（IPC）、国际游泳联合会（FINA）和北京奥运会组委会（BOCOG）的要求而设计。国家游泳中心的比赛场地满足了奥运会游泳、跳水、水球、花样游泳比赛及残奥会游泳比赛的使用要求。

(二十七)可再生式硅藻土过滤器游泳池水处理技术的应用

完成单位：中建国际（深圳）设计顾问有限公司

主要完成人：陈刚、郑大华、李洪静、丁丽娟

完成时间：设计2005年，竣工2005年

所获奖项：第一届中国建筑学会建筑设备（给水排水）优秀设计奖三等奖、深圳市第十二届优秀工程勘察设计公共建筑三等奖

1.成果简介

本技术同传统的石英砂过滤器相比，具有更优的泳池池水清澈度、更小的设备空间、更小的反冲水量、更少的化学物质用量。

2.应用与效益

本技术在深圳麒麟山庄工程中应用，保证了各系统的安全性和可靠性，同时兼顾了舒适性。

(二十八)壁挂式一体化泳池处理设备的应用

完成单位：深圳市奥意建筑工程设计有限公司（原深圳市电子院设计有限公司）

主要完成人：李龙波、张迎军、周林森、郑晓彤、赵芝、赵娟

完成时间：设计2004年，竣工2006年

所获奖项：深圳市第十三届优秀工程勘察设计二等奖、2009年度广东省优秀工程勘察设计二等奖、2008年度信息产业部优秀电子工程三等奖

1.成果简介

壁挂式一体化游泳池处理设备将混凝、过滤、消毒工艺组合在一个柜式箱体内，悬挂于泳池岸边，省去了机房、管道，操作维护极其简单。

2.应用与效益

本技术用于深圳市香蜜湖一号99套别墅私家泳池。运行以

来，水质均清澈透明，细菌等水质卫生指标均达到国家泳池水质标准，而一体化泳池节地、节水、节电，几乎无人工费用，对于小型泳池来讲不失为上佳选择。

(二十九)南方地区安全饮用水保障技术

完成单位：深圳市水务（集团）有限公司、中国科学院生态环境研究中心、清华大学、天津大学、北京市政工程设计研究总院

主要完成人：张金松、杨敏、张锡辉、韩德宏、尤作亮、黄晓东、刘文君、赵新华、王东升、刘丽君、李伟光、马梅、张光明、张昱、徐洪福、陈益清、马军、陈忠林、范洁、郄燕秋、齐铁军、曲志军、汪义强、李继、卢益新、宛如意、邓汇、齐玉玲、安娜、刘茜、黄年龙、蔡倩、廖凤京、王宇峰、李三中、朱卫芳、全继萍、周令

完成时间：1998年

所获奖项：2008年荣获“中国建筑设计研究院CADG杯”华夏建设科学技术奖二等奖。

1.成果简介

“南方地区安全饮用水保障技术”研究是“十五”国家高技术研究发展计划（863计划）课题，编号2002AA601120，属于“资源环境领域”国家“水污染控制技术与治理工程”重大专项，是“饮用水安全保障技术与应用示范”专题中的三个课题之一。课题针对我国南方地区水库型水源“高藻、低浊、微污染”的水质特点，以及现有水处理工艺存在的问题，围绕示范工程的建设，针对水源水质改善、水厂处理工艺强化、安全输配的工程设计、建设及运行中的关键技术问题展开研究，通过技术集成形成了南方地区饮用水安全保障系统化技术方案，课题形成了水源改善－厂内净化－安全输配的全过程集成技术体系，示范工程出厂水达到国内外最新水质标准。

2.应用与效益

本成果实现了理论和应用技术的双重创新，用本技术建设了国内第一个集理化指标与生物毒性一体的水质预警监测系统和笔架山水厂、梅林水厂优质饮用水示范工程，创建了首个饮用水示范小区，提高了当地供水安全保障水平。本课题申请国家发明专利32项，已授权12项；出版专著3本，发表论文90余篇。

(三十)深圳市微污染水库水净水工艺集成研究

完成单位：深圳市水务（集团）有限公司、中国市政工程中南设计研究院、深圳市水务局

主要完成人：梁相钦、李树苑、姚玉珍、罗宜兵、陆坤明、张赐承、张怀宇、葛旭、段洪雷、田应芳、全继萍、张金松、孙昕、吴瑜红、张建君、朱建国、罗家浚、魏桂珍、王早文、苏彦、奉桂红、张红革、刘杰、李家就、杨宝春、李跃增、李晓强、张小平

完成时间：1998年

所获奖项：2003年荣获深圳市科学技术进步三等奖

1.成果简介

“深圳市微污染水库水净水工艺集成研究”为“九五”国家重点科技攻关计划课题“安全饮用水净化技术设备与器材”的第5个专题，专题合同号96-909-03-05。本成果采用生物预处理和各种组合工艺流程对受污染水库水进行处理，着重进行生物和臭氧预处理、常规处理、活性炭和臭氧—生物活性炭深度处理、消毒单元工艺及其组合流程的中试研究。对于与深圳水质相似的南方其他地区，考虑到经济因素，采用生物预处理+常规处理工艺为最佳，对于经济条件较优的深圳经济特区，常规处理+臭氧生物活性炭是提高水质的最佳选择。

2.应用与效益

本成果已成功应用于深圳市东湖水厂的预臭氧化工艺改造示范工程（规模30万吨/天），已取得预期效果，部分研究成果也以应用于深圳市梅林水厂的深度处理工艺工艺改造的初步设计，设计规模60万吨/天，经济社会效益显著。

(三十一)深圳河湾流域污水系统布局规划研究

完成单位：深圳市市政设计研究院有限公司（原深圳市市政工程设计院）、清华大学

主要完成人：黄鹄、陈吉宁、王玉国、贾海峰、刘天亮、陈宜言、曾思育、张一成、刘雪华、何强、邹安平、周律、张武强、刘义刚、王国宪

完成时间：2006年

所获奖项：2006年度华夏科技进步一等奖（证书编号：2006-1-0801）

1.成果简介

本成果污水收集率、处理率可达90%，回用率达74%，充分体现了循环经济理念。污水系统分散与集中相结合，遵循了深圳城市组团规划发展的格局，既避免了污水远距离调运带来的能耗增加，又极大降低了污水干管系统给城市安全带来的风险。尊重城市环境和生态的自然特征，处理后的再生水补充城市水体的景观和生态用水，符合建设生态城市的要求，保护了深圳湾红树林湿地。

2.应用与效益

比原来"世行"项目组提出的采用污水隧道将污水大集中处理后排海方案，本成果近期节省投资31.3%，远期节省投资21.3%。

(三十二)深圳市龙岗河、坪山河流域水污染综合治理工程规划研究

完成单位：深圳市环境科学研究院、深圳市市政设计研究院有限公司（原深圳市市政工程设计院）

主要完成人：黄鹄、陈卓如、张健君、朴英俊、林金海

完成时间：2004年

所获奖项：国家环境保护科学技术三等奖（证书编号：KJ2004-3-11-1302）

1.成果简介

龙岗河、坪山河流域所接纳的污染负荷远远超过其自净能力。本成果结合该项目实际情况，制定科学、合理的综合整治方案，安排水环境综合整治的工程项目，协调各组成部分的关系，体现河流的功能价值，做到技术经济和社会效益最优化。

2.应用与效益

本成果以最经济的方式治理了龙岗河、坪山河的严重污染，经济、社会效益显著。

(三十三)城市供水管网计算机图形管理系统

完成单位：深圳市水务（集团）有限公司、南京理工大学

主要完成人：李东林、韩德宏、李晓如、张建、陆建峰、孙文深、陈立新

完成时间：1994年

成果登记证号：94090（深圳市科技成果登记证号）

所获奖项：广东省科技成果三等奖和深圳市科技成果二等奖

1.成果简介

本成果开发了城市地理信息处理和管网文档资料微机管理系统，完善了配水管网水力分析计算，开发了辅助作图工具，实现了点阵汉字屏幕显示与矢量汉字的标注功能以及管网图形的拼接与比例变换，开发了管网分析计算与爆管抢修关阀决策等应用系统。

2.应用与效益

深圳市水务（集团）有限公司为国内较早建立"城市供水管网计算机图形管理系统"的供水公司之一，为供水企业的信息化管理提供了理想平台。

(三十四)深圳市罗芳污水厂深度处理及回用工程试验研究

完成单位：中国市政工程西南设计研究总院、深圳市水务建设管理中心、深圳市水务（集团）有限公司、四川大学水力学与山区河流开发保护国家重点实验室

主要完成人：周克钊、胡嘉东、黄凌军、罗万申、姚毅、邹启贤、李堂发、段余杰、曲志军、张学兵、陈庆秋、马云鹏、程鹏、彭栋、罗麟、何俊、孙理、杨长军

完成时间：2007~2010年

1.成果简介

本成果首次提出高浓度活性污泥法，具有重大的经济、社会和环境效益；首次提出限制固体通量终结点的概念、基本方程和经验公式，并讨论了终结点后的限制固体通量，分析了二沉池能够维持的系统污泥浓度；首次提出膜处理废水pH计算公式；首次分析氧转移效果与水深的关系；国内首次开展填料曝气池水动力学模型试验和数值计算研究，并首次开展滤布滤池中试。本项目创新性强，已获得1项发明专利和2项实用新型专利。

2.应用与效益

本成果具有较高理论、学术水平和创新特色，领先国内外同类研究，已应用于深圳罗芳污水厂，具有重大的经济、社会和环境效益。

(三十五)深圳市笔架山水厂扩（改）建工程综合技术成果

完成单位：深圳市利源水务设计咨询有限公司

主要完成人：廖凤京、黄年龙、冯霞、鲁彬、王睿、徐静等

完成时间：2006年6月

所获奖项：2008年度全国优秀工程勘察设计行业市政公用工程一等奖、住房和城乡建设部2009年优秀设计一等奖、国家2009年优秀设计银质奖和第九届中国土木工程詹天佑奖

1.成果简介

本成果的净水工艺根据多级安全设计屏障的现代设计理念，采用投加臭氧、助凝剂、pH调节剂、氧化剂、助氯剂等技术措施，确保供水水质安全，出水浊度稳定地小于0.1NTU，优于现行国家和行业标准，达到国际水平；在国内首次采用流程交叉方式，与

原水厂有机结合，将清水池与平流沉淀池叠合并与V型滤池紧密布置，布局紧凑，最大限度地减少占地面积，占地仅6.9公顷。

2.应用与效益

本成果通过多个创新技术的综合应用，全面提高了饮用水水质，节省了建设用地，经济社会效益显著。

(三十六)东湖水厂及扩建工程综合技术成果

完成单位：中国市政工程西南设计研究总院

主要完成人： 罗万申、林学海、薛书达、李堂发

完成时间： 1999年

所获奖项：1987年建设部优秀设计二等奖

1.成果简介

本成果采用了微絮凝直接过滤技术（1987年），简化水厂处理流程，降低投资费用，减少运行费用，而且还可延长过滤周期，提高产水量及出水水质；合理设计回转式齿耙除污机（1999年），采用人工和自动两种控制方式，通过编程可以任意设定时间自动清渣和运转，降低制水工的劳动强度。回转格栅构造较平板格栅复杂，所占面积亦大，但冲洗较方便，拦污效果好，可以拦截较细小的杂物，故适用于水中漂浮物较多，取水量较大的水厂源水格栅井；建立预臭氧系统（1999年），完善常规处理工艺和以预臭氧化取代预氯化。

2.应用与效益

本成果用于深圳东湖水厂及扩建工程，经济、社会效益显著。

(三十七)深圳市罗芳污水处理厂一期工程综合技术成果

完成单位：中国市政工程西南设计研究总院

主要完成人：张学兵、罗万申、赵忠富、付忠志、刘波

完成时间：1998年建成并投入运行

所获奖项：2000年建设部优秀设计表扬奖

1.成果简介

本成果采用AB法工艺，其中B段为除磷脱氮的A2/O工艺，属国内首次考虑除磷脱氮的污水处理厂之一，工程运行稳定，管理方便，节能效果好，出水水质已优于原设计的出水水质，接近国家《城镇污水处理厂污染物排放标准》（GB18919-2002）中的一级A标准。在国内率先采用了除砂效率高、占地面积少的钟氏沉砂池；采用了沉淀效果好、设计表面负荷高、投资省的周边进水周边出水幅流式二沉淀和节能型单级可调导叶片角度的离心式鼓风机、电动调节阀、自动控制污水提升泵等；国内较先采用了回流污泥泵、注泥泵变频调速技术和集中管理分散控制的计算机控制技术等。

2.应用与效益

本成果用于罗芳污水处理厂，对保护深圳河流域与深圳湾的水环境和生态环境起到了非常重要的作用，经济、社会效益显著。

(三十八)深圳市布吉污水处理厂工程综合技术成果

完成单位：中国市政工程西南设计研究总院

主要完成人：张学兵、陈雯、罗万申、李堂发、韩啸、胡小滨、温晓红、李亮、靳云辉、阳佳中、周建中、罗本福、付斌

完成时间：2010年7月完工

1.成果简介

本成果污水处理工艺采用改良A2/O—活性污泥工艺，后接双层沉淀池出水，深度处理工艺采用投加PAC兼有辅助化学除磷功能的快速D型滤池，消毒采用紫外线，污泥处理结合深圳特区污泥规划，采用离心浓缩脱水一体机脱水，脱水污泥暂存料仓后外运，采用地下式污水厂方案，功能分区明确，布局合理紧凑。

2.应用与效益

本成果节约用地、用水，全流程节能8%～10%，节省了工程投资。列为建设部科技示范工程项目。

(三十九)梅林一村管道直饮水技术

完成单位：深圳市利源水务设计咨询有限公司

主要完成人：刘起香、冯霞、陈丹等

完成时间：2008年1月

1.成果简介

本成果是分质供水的一种全新方式，以现行自来水为水源，在居住小区分散设置深度处理净水站，再用专管输送至各用水点，构成居住小区管道直饮水系统。

2.经济与效益

本项目是全国第一个大型住宅小区管道直饮水工程，建设周期短，见效快，1999年建成投产，实现了社会和经济的良好效益，被列为建设部重点试点项目。

(四十)深圳市西丽再生水厂工程综合技术成果

完成单位：深圳市利源水务设计咨询有限公司

主要完成人：廖凤京、黄年龙、范翊等

完成时间：2009年12月

1.成果简介

本成果采用BAF曝气生物滤池技术，改变了传统污水处理工艺需设置二沉池及大型生物处理构筑的做法，节约用地50%以上而处理效果更好、更稳定；利用构（建）物组团化布局技术，取消了构（建）筑物之间的间距，节约用地25%以上；通过构（建）物半地下布置及对上部空间利用的技术，实现了一地多用，污水厂上面可以建公园、体育场或低层建筑物，减轻了城市用地的紧张。

2.应用与效益

本成果节约了大量建设用地，把污水厂建设成了沿大沙河生态景观带的一个景观节点，有显著的经济、社会效益。

(四十一)深圳市城市污水海洋处置工程

完成单位：中国瑞林工程技术有限公司（原南昌有色冶金设计研究院）、深圳市市政工程设计院和中国船舶工业第九设计研究院

主要完成人：梅怀农、林巨源、何强、郭运标、彭书郁、姜乃峰、刘佳、罗宜宾、钟为民、王健、郭立宏、曹学新、万贵阳、易建华、杨金莲

完成时间：2002年

所获奖项：国家科技进步三等奖

1.成果简介

本成果利用珠江口海域海水的巨大稀释和自净能力，将特区中西部的城市污水经一级处理后，经海底扩散器排入珠江口海底，并迅速扩散，利用珠江口海水密度分层的特点，将所形成的蘑菇形污染云团埋藏在海水水面下，经深圳市环境监测站连续数年在排放口附近布点取样，未发现超出背景浓度的样品，达到了预期效果；在国内首先引进采用PLC控制的瑞典产FLIGHT潜污泵，在系统上保证了泵站的安全运行；国内首先采用国产卧式离心机用于污泥脱水，效果良好；海洋放流管采用大口径钢管顶管工艺，长1609m，为亚洲之最，达到国际先进水平；喷管采用垂直顶升工艺，为国内之最。

2.应用与效益

本工程一期建成投产后，几年来运行良好，保护了珠江口生态环境，达到了预期效果，具有明显的社会、环境、经济效益。

(四十二)深圳市盐田污水厂工程综合技术成果

完成单位：中国市政工程西南设计研究总院

主要完成人： 罗万申、张学兵、赵忠富、付忠志、李堂发、聂福胜、常虎

完成时间： 2001年

所获奖项：2003年四川省优秀工程设计一等奖

1.成果简介

本成果采用最新的集约化改良序排式处理工艺——MSBR工艺。将A2/O与SBR融为一体，并采用了中水回用及污泥直接离心脱水工艺。厂区地基处理设计创造性地采用了端扩锚筋碎石桩的新方法，同时解决了地基承载力、MSBR池的抗拔力及淤泥质细砂层液化问题，施工方便，节省了投资，陆域形成的取土点设计了水土保持工程，有效保护了生态。

2.应用与效益

本工程是国内建成的第一座MSBR工艺污水处理厂，是世界上已建成的最大MSBR系统，其工艺技术水平居国内领先并达同期国际先进水平，地基处理设计创造性地采用了端扩锚筋碎石桩的新方法，施工方便，节省了投资，有效保护了生态。

(四十三)深圳经济特区2010年生活饮用水水质发展规划

完成单位：深圳市利源水务设计咨询有限公司、清华大学深圳研究生院环境工程与管理研究中心

主要完成人：廖凤京、黄年龙、冯霞、刘起香、范翊等

完成时间：2004年3月

成果简介

本成果推荐在城市供水厂进行水质深度处理，对常规混凝、沉淀、过滤后的水再进行深度处理，以满足全面供应直饮水的要求，达到全面提高城市供水水质的目的，同时工程投资省，运行成本低，工程实施容易，是一套行之有效的优质供水模式。

（四十四）深圳特区给水管网（1999~2010年）规划研究

完成单位：深圳市利源水务设计咨询有限公司
主要完成人：廖凤京、黄年龙、刘起香、冯霞、范翊等
完成时间：1999年

1.成果简介

本成果是在《深圳市总体规划（1996~2010年）》的基础上编制的专业规划，通过管网水力平差计算，分析并提出现有水厂及拟建水厂的最佳规模和最佳工作扬程，分析2000年、2005年、2010年三个年份供水管网系统主要工况，并对现有管网系统提出改造意见，根据用水发展对规划拟建管网系统提出具体实施意见，同时对规划管网进行敏感性分析，从而达到供水管网压力均衡，供水系统运行经济、合理、安全、可靠的目的。

2.应用与效益

本成果已在深圳特区1999~2010年水务建设中实施，效果良好。

(四十五)宝安区雨洪利用发展规划

完成单位：深圳市市政设计研究院有限公司
主要完成人：邹安平、杨淑芳等
完成时间：2009年

1.成果简介

本成果借鉴国内外城市雨洪利用的经验，提出不同雨洪利用功能区的雨水利用具体方式，规划各功能区的雨洪利用总体布局，提出各功能区雨洪利用工程设计方案，可解决城市需水量缺口的35%；充分利用雨洪资源改善生态环境，符合深圳市建设生态城市和发展循环经济的要求；可减轻宝安区内涝灾害。

2.应用与效益

本成果实施后，不仅能增加水资源，解决城市需水量缺口的35%，还能改善城市生态环境、减轻城市内涝、控制面源污染，将为宝安区以后的发展作出重大贡献。

(四十六)臭氧技术在污水深度处理中的应用技术

完成单位：深圳市利源水务设计咨询有限公司
主要完成人：廖凤京、黄年龙、王冠平、范翊等
完成时间：2009年5月

1.成果简介

本成果采用臭氧技术对二级出水进行处理，可显著降低出水的色度，使再生水厂的出水更加洁净、透亮，与氯气消毒相比危害小得多，在应用中有可观的社会效益和生态环境效益。

2.应用与效益

本成果在深圳市罗芳污水厂深度处理及回用工程中应用，臭氧用于污水深度处理后，出水无色无味，与自来水几乎相当，一改中水有色有味的缺点，为中水的大规模回用奠定了坚实的基础。

(四十七)高效浓缩技术在净水厂排泥水处理中的应用

完成单位：深圳市利源水务设计咨询有限公司
主要完成人： 廖凤京、黄年龙、冯霞、王冠平、鲁彬等
完成时间：2010年3月

1.成果简介

本成果应用潜池理论，在浓缩池上部泥水分离区设置斜板，使浓缩池的有效浓缩面积大大增加，大大提高浓缩池的固体通量负荷和水力负荷；同时采用阳离子型高分子聚丙烯酰胺（PAM），改变金属氢氧化物的矾花结构，显著改善污泥沉降压实，增加污泥浓缩效果，减少上清液中SS浓度，有利于以水库水为水源的净水厂的排泥的后续脱水。

2.应用与效益

本技术通过在深圳市红木山水厂、南山水厂成功应用，增加污泥浓缩效果，取得了良好的效益。

(四十八)珠海市吉大水质净化厂扩建工程ZT廊道交替池

完成单位：深圳市市政设计研究院有限公司（原深圳市政工程设计院）、珠海力合环保有限公司
主要完成人：刘章富、孟凡良、张健君、杨淑芳等
完成时间：2005年
所获奖项：深圳市优秀设计三等奖

1.成果简介

本成果通过采用连通井结构，降低了因水头损失而带来的能

耗，结构简单，便于施工，造价降低；建造在池底以上的连通井便于连通井的日常维修；采用多时段控制运行方法，通过控制进水点、出水点、曝气系统和搅拌系统的交替变换，实现池区中厌氧、缺氧、好氧和沉淀工况的交替，脱氮除磷效果稳定，省电节能。采用之后，出水BOD5、CODcr、TN达到一级A标准，TP小于1.0mg/L，可节省电耗38%以上。

2.应用与效益

本成果通过5年多的运行，运行稳定，效果良好，维护方便，节能显著，有良好的社会经济效益。

(四十九)游泳池均衡水箱

完成单位：中建国际（深圳）设计顾问有限公司

主要完成人：陈刚、郑大华

完成时间：2008年

专利证号：ZL 2008 2 0004410.3

所获奖项：在国家游泳中心中应用荣获第四届中国建筑工程总公司科学技术奖一等奖

1.成果简介

对于采用逆流式或混流式水循环方式的游泳池，需要设置均衡水箱。在传统的均衡水箱设计中，没有对均衡水箱的水位进行有效的分析和控制，在系统停机时，大量的水通过均衡水箱的溢流排水管溢流排放，造成水和加热能源的浪费。

本成果的均衡水箱的有效容积的构成包括三部分，即调节容积变化的部分、调节水量变化的部分和维持系统安全运行的部分。均衡水箱水位的控制需要计算并控制水位。以达到节水节能的目的，并使循环水泵在系统动态运行的过程中，不至于由于均衡水箱水量不足而发生事故。

2.应用与效益

已在国家游泳中心（水立方）项目、麒麟山庄配套工程游泳馆、扬州游泳跳水馆、南山文体游泳馆等项目上应用，取得了良好的运行效果。

(五十)游泳池稳定分流换热技术

完成单位：中建国际（深圳）设计顾问有限公司

主要完成人：陈刚、郑大华

完成时间：2009年

专利号：ZL 2008 2 0004409.0

所获奖项：应用于国家游泳中心(水立方)项目获第八届中国土木工程詹天佑奖、第四届中国建筑工程总公司科学技术奖一等奖

1.成果简介

室内恒温游泳池，在水循环处理系统中一般采用分流量换热方式设置换热系统维持水温恒定，该方式一般在循环干管上通过调整阀门的开启程度控制进入换热单元的水量。这种控制分流量的方式，分流量无法准确控制，分流阀门和换热器存在阻力损失，需要更大扬程的循环水泵，增加电耗。

本成果在游泳池水换热系统中，在循环干管接出的分流量管道上设置分流水泵，其流量按循环流量的20%~25%选择，扬程按满足克服换热器阻力损失选择，能稳定控制分流量，减少电耗。

2.应用与效益

已应用在国家游泳中心（水立方）项目、麒麟山庄配套工程游泳馆、扬州游泳跳水馆、南山文体游泳馆等项目上，取得了良好的运行效果。

(五十一)太阳能热水供应系统

发明人：张海宇

专利号：ZL 2007 2 0194855.8

专利权人：中建国际（深圳）设计顾问有限公司

1.成果简介

本成果包括太阳能集热器和水泵，还包括至少两个水箱。每个水箱的循环出水口连接到水泵的入口，水泵的出口连接到太阳能集热器的入口，太阳能集热器的出口连接到每个水箱的循环回水口。由于设置了多个水箱，在太阳能不充裕的时候，可以利用太阳能将部分水箱的水加热到目标温度，以提供合适温度的水，节约了辅助热源。

2.应用及效益

本成果已在北京奥林匹克网球中心等项目上应用，效果良好。

(五十二)游泳池水处理循环系统

发明人：张海宇

专利号：ZL 2008 2 0004787.9

专利权人：中建国际（深圳）设计顾问有限公司

1.成果简介

本成果包括依次管道连接并组成环路的游泳池、均衡水池、循环水泵、反冲洗过滤设备，游泳池的泄水管与循环水泵的进水管连

接。本成果可减少连续反冲洗时给水系统的供水负荷。

2.应用及效益

本成果已应用在国家游泳中心（水立方）项目上，取得了良好的运行效果。

(五十三)一种地漏和地漏橡胶逆止阀

发明人：许家逢、许竣能、许竣越
专利号：ZL 2009 2 0133667.3
专利权人：深圳市天坤科技有限公司

1.成果简介

本成果是一种总体高度较小、体积小巧、排水量大的无水封地漏，可解决臭气返溢、害虫细菌进入室内的问题。本地漏在底座中嵌入的橡胶逆止阀采用了楔形过渡的一字形闭合出水口，排水量比传统的橡胶逆止阀大3倍，所用高强度材料提高了封堵的反压力，单向设计更有效地防止了臭气、细菌、爬虫等问题。

2.应用与效益

本成果2009年起应用于深圳市住宅小区工程，广获好评。

(五十四)一种城市下水道逆止阀和城市下水道口

发明人：许家逢、许竣能、许竣越
专利号：ZL 2009 2 0134158.2
专利权人：深圳市天坤科技有限公司

1.成果简介

本成果是一种结构简单、排水顺畅、能防止下水道中臭气向外散发及害虫通过下水道口飞出或爬出的下水道逆止阀，可以改善下水道口附近的环境和卫生质量。

2.应用与效益

已用于深圳市工程项目，效果良好。

(五十五)一种洁具下水防臭装置

发明人：许家逢、许竣能、许竣越
专利号：ZL 2009 2 0134159.7
专利权人：深圳市天坤科技有限公司

1.成果简介

本装置包括：连接部上端是多功能圆形高分子材料套管，套管里排水口下端是橡胶逆止阀，连接部分包括过水管和下水管接头，水管的一端为进水接头，另一端为下水管接头，形成下水道排水口里外密封排水装置器件连体，消除臭气、害虫、细菌、返溢、干涸等问题。本装置替代传统的弯存水封排水装置，可有效提高家居环境质量。

2.应用与效益

本成果应用于深圳市多个住宅小区、酒店等工程，广获好评。

(五十六)地漏和橡胶逆止阀

发明人：许家逢、许竣能、许竣越
专利号：ZL 2009 2 0134157.8
专利权人：深圳市天坤科技有限公司

1.成果简介

本专利提供一种总体高度较小、体积小巧、排水量大的无水封地漏，更简单地解决臭气返溢、害虫细菌进入室内的问题。本地漏的技术核心在于底座中嵌入的橡胶逆止阀采用了楔形过渡的一字形闭合出水口，排水量比传统的橡胶逆止阀大3倍，而且采用高强度的进口材料提高了封堵的反压力，单向设计更有效地消除臭气、细菌、爬虫等问题的困扰。

2.应用与效益

本成果已应用于深圳市多个住宅小区、商场、酒店、学校等工程，广获好评。

(五十七)一种微损耗水封地漏

发明人：许家逢、许竣能、许竣越
专利号：ZL 2009 2 0134293.7
专利权人：深圳市天坤科技有限公司

1.成果简介

本成果在专利“一种微损耗水封加强型排水器件”的基础上，做了较大改变，排水量大，封堵压力高，达到国家所规定的50mm，更好地实现了同层排水。

2.应用与效益

已用于深圳市工程项目，效果良好。

(五十八)一种微损耗直排地漏

发明人：许家逢、许竣能、许竣越

专利号：ZL 2009 2 0167157.8

专利权人：深圳市天坤科技有限公司

1.成果简介

本成果在地漏壳体内设置了一种杀菌水封杯，防止害虫滋生，有效防止堵塞，水封有效期长，有效地封闭室内与外部管网的气体，提高水封的可靠性。

2.应用与效益

已应用于深圳市多个工程项目，效果良好。

(五十九)一种微损耗水封加强型排水器件

发明人：黄以志、刘静洲

专利号：ZL 2006 2 0058048.9

专利权人：刘静洲

1.成果简介

本成果器件内可寄存较多的水，封闭室内与外部管网的气体连通，避免通过管网所造成的空气污染，防止传染疾病通过管网进行传播，其安全期可达到120天，是国际标准的5倍，是首个用于同层排水模式的地漏。

2.应用与效益

已用于深圳市工程项目，效果良好。

(六十)一种液态吸气阀

发明人：刘静洲、黄以志

专利号：ZL 2005 2 0059664.1

专利权人：刘静洲、黄以志

1.成果简介

球形吸气阀内部的挡片在多次张合后，容易老化而无法完全闭合。本成果把内部的挡片结构换为液态浮体吸气阀，通过负压抽吸产生的压力使浮标向下压产生气隙吸入大气而平衡管网内的负压，可最大化地平衡管内负压，减少负压对水封器件的破坏，并可通过安装本装置来取替平行主管，减少建筑成本。

2.应用与效益

已用于深圳的工程项目，效果良好。

(六十一)水封倍增自动保护型横排地漏

推广证号：深圳市建设局SZ-TG200313号

完成单位：深圳市天坤科技有限公司

完成时间：2003年12月12号

1.成果简介

本成果采用独特的堰斗式结构工艺减少水蒸发，设计吸气阀消除虹吸，利用水封倍增原理，经过周密的计算，体形扁薄，安全可靠。

2.应用与效益

本成果已应用于广州深圳楼盘工程，广获好评。

(六十二)灭蚊制剂的制备方法及灭蚊制剂的应用

发明人：张金松、周令、雷萍、梁明

专利号：ZL 03113555.2

专利权人：深圳市水务（集团）有限公司

1.成果简介

本成果将砂土管孢子接种到茄子瓶斜面培养基上扩大培养，培养物用无菌水制成悬浮种子液，将种子液加入发酵缸培养至芽孢囊破裂释放出芽孢和伴孢晶体，对发酵液进行后处理得到液剂、粉剂或固定剂型的制剂；此种制剂对花翅摇蚊具有特殊毒效，使用浓度内24h对3龄幼虫的杀灭率达到98%。采用此种微生物制剂对城市水源和供水设施中滋生的摇蚊污染进行治理，符合环保、低残留的要求，多种剂型适用于不同特征水域，具有高效、浓缩、缓释的优点。

2.应用与效益

本成果应用于深圳市东湖水厂和宝安朱坳水厂，有效地控制了供水设施中孳生的摇蚊。

(六十三)杀灭摇蚊幼虫的缓释生物制剂及其制备方法和应用方法

发明人：张金松、刘丽君、陈益清、尤作亮、周令、丁书江

专利号：ZL 200510035119.3

专利权人：深圳市开天源自动化工程有限公司

1.成果简介

本成果是红虫防治技术的应用，避免了供水过程中滋生的红虫对用户的感官造成的刺激，消除了对饮用水安全性的潜在危害，避免了传统杀灭方法对水质造成的“二次污染”，从而保护了生态环境和保证了市民的健康。

2.应用与效益

本成果应用于深圳市东湖水厂和宝安朱坳水厂，消除了红虫对饮用水安全性的潜在危害，保护了生态环境，同时也保证了市民的健康。

(六十四)水质污染预警方法

发明人：宛如意、罗家宏、袁益楚、刘丽君、李晓如、卢洪佳、吴江、黄凯宁

完成单位：深圳市开天源自动化工程有限公司

1.成果简介

本成果将待监测原水导入鱼缸中，并且将一定数量的小鱼放入鱼缸中；实时采集连续的图像序列帧，并且将其转换为数字图像；对所采集到的图像序列帧进行平滑处理；对平滑处理后的图像序列帧进行阈值分割处理；对阈值分割后的图像序列帧进行去噪处理；根据去噪处理后的图像序列帧计算出小鱼的运动参数；设定预定的运动参数，并且将计算出的运动参数与预定运动参数比较；判断计算出的运动参数是否大于预定运动参数，当大于预定运动参数时确定所监测的水质受到污染。本发明的优点是水质检测比较及时、准确。

2.应用与效益

本成果已成功应用于水质在线监测系统中，并在全国十余家水厂与水库成功使用推广，该方法的使用能够准确地检测出实时水质状况，为水质安全保驾护航。

(六十五)交替式生物滤池废气处理设备

发明人：邹启贤、张金松、尤作亮、张燕

专利号：ZL 200420094050.2

专利权人：深圳市水务（集团）有限公司

1.成果简介

本成果包括前处理装置、固定生物反应器和气体连通管，在前处理装置上设有出气口，在固定生物反应器上设有进气口，气体连通管分别与出气口和进气口连通，在固定生物反应器上至少设有两个进气口，还可在固定生物反应器的上部和下部分别设一个进气口。该设备由于克服了现有技术在固定生物反应器上只设置一个进气口的习惯，至少设置两个进气口，可实现多端进气，使固定生物反应器中填料的营养均匀，培养出的微生物量也均匀，从而避免在进气端的填料上生物膜较厚造成的堵塞，还能提高抗冲击负荷能力，也能充分利用填料的体积。

2.应用与效益

本成果已在多个污水泵站利用，下一步将运用于污水处理厂中。

(六十六)一种混凝投药控制设备

发明人：宛如意、吴江、罗家宏、叶德斌、辛敏力、李正国、卢洪佳

专利号：ZL 200620054363.4

专利权人：深圳市开天源自动化工程有限公司

1.成果简介

本成果包括捕捉矾花特征图像的视频摄像装置、混凝剂投加装置和处理器。视频摄像装置和混凝剂投加装置分别与处理器连接，视频摄像装置捕捉矾花特征图像，并将矾花特征图像输送给处理器；处理器计算矾花的分性维数D_f，并根据混凝剂的投加量P与矾花的分性维数 D_f之间的对应关系$P = F(D_f)$，确定混凝剂投加量P，最后将混凝剂投加量P的指令输送给混凝剂投加装置。混凝剂投加装置接收投加量P的指令，向反应池中投加混凝剂。

2.应用与效益

该设备已经成功在梅林水厂试用成功，能够准确地控制投药量，减少药耗，并能够实现对混凝工艺的定量表达和混凝剂自动投加，沉淀后水质稳定，节约效果明显。

(六十七)红外转子流量测定仪

发明人：吴江

专利号：ZL 200620056581.1

专利权人：深圳市开天源自动化工程有限公司

1.成果简介

本成果包括计算机、控制装置以及红外探测装置。控制装置包括数字输入模块、红外及接收检测电路与数字输出模块；红外探测装置上按一定间距安装若干组红外发射和接收管，并和控制装置连

线，一个转子流量计用以记录相应的氯气流量。其中，计算机通过串口驱动控制装置的红外及接收检测电路工作。通过红外接收装置的光、电、数字电路转换，获得浮子的位置数字化计数值，并最终通过计算机处理分析，从而获得加氯机的氯投加量的准确读数。

2.应用与效益

本成果已经在数家水厂试用，能够根据当前浮子位置精确计算出氯气投加量，实现了氯气投加量的远程精确自动控制，改变了传统人工手动调节的方式，提高了水厂的自动化程度。

(六十八)一种复合过滤装置

发明人：李海波、顾 坚、刘彩霞、刘建东、曲祥瑞

专利号：ZL 200620113486.0

专利权人：深圳市深水海纳水务有限公司

1.成果简介

本成果将活性炭过滤装置和紫外线杀菌装置整合为一体，使水流在整个密闭环境中除氯和杀菌，滤水效果好，设备体积大大减小，适于各种纯净水制造设备使用。

2.应用与效益

本成果目前在深水海纳水务有限公司内部使用，将逐步推向市场。

(六十九)石雕公共直饮水机

发明人：李海波、陈维东、何连生、王海媛、刘伟

专利号：ZL 03225136.X

专利权人：深圳市深水海纳水务有限公司

1.成果简介

本成果采用石材雕制而成，其结构与现有技术中的钢材制作相比，减轻了结构的重量、便于各部件的安装以及维修，并具有美观、厚重的外形。

2.应用与效益

本成果目前在深水海纳水务有限公司内部使用，将逐步推向市场。

(七十)纳滤公共直饮水机

发明人：梁相钦、李海波、张原、徐民华、唐业梅

专利号：ZL 03225134.3

专利权人：深圳市深水海纳水务有限公司

1.成果简介

本成果是自来水深度净化后直接饮用的公共饮水净化设备。在去除细菌、微生物的同时，去除对人体有害物质，使自来水得到深度净化，出水水质更加洁净，并在口感方面更加甘纯。

2.应用与效益

本成果目前在深水海纳水务有限公司内部使用，将逐步推向市场。

(七十一)超滤水处理设备

发明人：梁相钦、李海波、靳晓旸、龙再清、周梅洁

专利号：ZL 03225135.1

专利权人：深圳市深水海纳水务有限公司

1.成果简介

本成果是自来水深度净化后直接饮用的饮水净化设备。本成果在去除细菌、微生物的同时，去除对人体有害物质，使自来水得到深度净化，出水水质更加洁净，并在口感方面更加甘纯。

2.应用与效益

本成果目前在深水海纳水务有限公司内部使用，将逐步推向市场。

(七十二)水质污染预警装置

发明人：宛如意、罗家宏、袁益楚、刘丽君、李晓如、卢洪佳、吴江、黄凯宁

专利号：ZL200920053800.4

专利权人：深圳市开天源自动化工程有限公司

1.成果简介

本成果公开了一种水质污染预警装置，包括鱼缸、用于对鱼缸的内部进行活动图像采集的摄像机、与摄像机连接以便把摄像机采集到的模拟图像转换为数字图像的模数转换器、与模数转换器连接并且用于处理图像和控制摄像机及模数转换器的微处理器，以及用于存储图像数据的存储器。本成果的优点是水质检测比较及时、准确，结构简单，使用方便。

2.应用与效益

本成果已成功应用于水质在线监测系统中，并在全国十余家水厂与水库成功推广使用，能够准确检测实时水质状况，一旦出现异常水质情况能够快速反应并报警通知，实现了对水质污染的早发现、早报警、早控制。

(七十三)给水处理中絮凝效果检测装置

发明人：宛如意、李晓如、卢供佳、吴江、罗家宏、叶德斌、辛敏力、黄凯宁

专利号：200920053524.1

专利权人：深圳市开天源自动化工程有限公司

1.成果简介

本成果涉及一种给水处理中絮凝效果检测装置。所述给水处理中絮凝效果检测装置包括：入水端、原水存储腔、进水端、检测腔、摄像机、反射镜和出水端。其中，入水端与原水存储腔连通，原水存储腔通过进水端与检测腔连通，检测腔与出水端连通，反射镜与检测腔安装在同一工作面，摄像机安装在反射镜上方。本实用新型装置结构简单，通过在原水处理工艺中引入絮凝效果检测装置，可以对原水中絮凝效果的变化进行实时检测，有助于水处理中后续工艺的处理，减少反冲洗次数，进而提高混凝投药控制的准确性。

2.应用与效益

该装置已经成功在梅林水厂试用成功，能够实时观测絮凝效果的变化，通过对絮凝体分形维数、絮凝体密度、絮凝体颗粒的沉降速度的计算，对混凝投药处理中的絮凝状况进行精确的描述。并能够准确地控制投药量，减少药耗，实现对混凝工艺的定量表达和混凝剂自动投加，沉淀后水质稳定，节药效果明显。

(七十四)流体中余氯的在线监控系统

发明人：刘丽君、尤作亮、张金松、宛如意、赵建树

专利号：ZL 200920061587.1

专利权人：深圳市水务（集团）有限公司

1.成果简介

本成果是深圳水务集团技术部和开天源公司在大量理论研究基础上研制的高新技术产品。该仪器根据活体生物运动行为的异常变化，对水质的突发变化进行早期预警预报，仪器具有性能稳定、灵敏度和准确性高、操作使用方便、运行成本低等特点，对于保障供水安全具有重要作用。

2.应用与效益

目前该仪器已经形成了成熟的商业化产品，除了在集团内部的取水泵站和多个水厂得到了应用以外，还进行了市场化推广，在山东东营等地得到应用。该仪器的市场前景较广阔，目前开天源公司正努力开拓市场。

(七十五)楼宇太阳能热水装置

发明人：罗刚

专利号：ZL 2006 0 0017738.X

专利权人：深圳市建筑科学研究院

1.成果简介

将太阳能集热系统与普通的中央热水系统叠加，即将需被中央热水系统加热的自来水先经太阳能加热，再视天气情况决定是否需要经辅助加热（辅助加热设备的功率与普通中央热水系统相同，以保证阴雨天的热水供应），以达到节省能源的作用。适用于高层建筑太阳热水供给系统。运行费用低，便于管理。

2.应用与效益

已在龙岗体育新城安置区成功应用。

(七十六)便于收集雨水的屋顶绿化栽植池

发明人：罗刚、黄远洋

专利号：ZL200820094254.4

专利权人：深圳市建筑科学研究院

1.成果简介

绿化栽植池底部设置有一个软式透水管，在绿化栽植池中沿底部向上依次设置有蓄水料层、膨胀珍珠岩层和种植土层；在软式透水管的两端连接有作为进水口和出水口的PVC水管，出水口和进水口的孔口设置在距离地面50～200mm的池壁上；蓄水料层的厚度与出水口高度一致。用于采用屋顶绿化措施的建筑，其构造简单、可延长灌溉周期，显著节省灌溉用水，保证栽植池的需水量长期稳定。

2.应用与效益

已在深圳市建科院建科大楼屋顶绿化中应用。

第四章　电气专业

深圳电气科技创新30年

凌智敏

深圳经济特区飞速发展了30年，它的奇特发展速度、史无前例的丰硕成果以及社会的发展和进步是有目共睹的，也是备受世人赞扬和歌颂的。

深圳特区发展初期，在改革开放思想的影响下，在向国外先进经验及现代化学习思想的驱动下，高层建筑如雨后春笋般拔地而起。建筑师们用钢铁、混凝土、玻璃筑成的高楼大厦，成了深圳“现代化”的最有力的诠释。

如果将建筑物比作人体，那么“电”就宛如人体的“大脑”，要使“人体”聪明、智能，电的功能是最根本的。建筑电气工程人员则是设计、实施电功能的“操盘手”、“实施者”，他们功不可没。

20世纪80年代，深圳建筑以“特”展现在世人面前，最具代表性的应首推国贸大厦。

深圳国贸大厦的“特”，不仅仅在于它那“三天一层”的深圳建设速度、保持十年之久的“中国第一高楼”的美誉以及在这里留下的一代伟人邓小平的足迹，还在于这栋带有“特”字内涵的建筑设计了相当可靠的高低压配电系统，采用了当时较为先进的电气产品，运行至今，二十余载未发生过电气故障，让国贸大厦每天栩栩如生地展现在深圳及全国人民面前。可靠的供电也保证了位于国贸大厦第四十九层、直径34m、75min旋转一周、可容400人同时进餐的观光旋转餐厅正常运行，形成了从开业起到旋转餐厅就餐的人天天爆满的盛况，当年就有〝不到旋转餐厅枉到深圳〞的说法。

早在20世纪80年代，建筑电气工程人员就不忘节约能源：他们对将国贸大厦装饰得婀娜多姿的灯光实施定时控制；对大厦用电量大的空调设备实施管理节能。那时由于某些设备在材料及制造方面存在缺憾，无法对空调设备的单机进行节能控制，设备节能尚不完善。尽管如此，国贸大厦的电气工程人员对此仍是竭尽所能，多年来一直进行改造、升级，不仅做到管理节能，也使设备节能日趋完善。

1994年开始兴建的深圳特区报业大厦，它不仅外型雄伟俊美，还体现了人与自然的和谐统一，构成一幅美丽的图画，成为深南大道一景。更值得一提的是该建筑智能化设计极具特点，在2000年被建设部推荐为全国智能化建筑推广的典范。

深圳特区报业大厦堪称中国第一座智能化报业大厦。20世纪80年代，深圳报业集团“告别铅与火”，实现从铅字印刷到激光照排的历史性革命后，在全国第一个实施计算机采编管理，尔后全员实现了“告别了纸与笔”的报业历史性变革。

报业大厦智能建筑的兴建是社会信息化与经济国际化的需要。智能建筑使传统的建筑技术发生巨大变革，智能建筑以建筑为平台，兼备通信、办公、建筑设备自动化，集系统、结构、服务、管理及它们之间的最优化组合，是建筑技术与信息技术相结合的产物，提供了一个高效、舒适、便利、节能的建筑环境。

深圳报业集团在如此高效、舒适、便利、节能的智能化建筑环境里，在全国报业界率先实现了新采编、广告经营等全方位的电脑化；在国内首家采用千兆网络技术，支持多媒体信息流的高速传播，成为国内最新最全通信保障的新闻中心。

深圳报业集团除采用千兆光纤直接连接、互联网备份连接集团各报社及记者站外，还采用卫星通信系统连接集团各报社，向深圳人民乃至全国人民提供国内外各大通讯新的最新新闻；利用海事卫星电话技术，及时报道地震灾区等特殊场所情况。报业集团有目共睹的成绩引来了包括人民日报、光明日报、解放军报等数百家国家级以及省市级报社前来学习交流，不愧是中国报业信息化建设的排头兵。

随着社会经济发展，建设规模扩大，世界及我国相继建设了不少超高层建筑，这些超高层建筑成为了国家或城市的标志。2004年颁布的世界十大超高层建筑中，深圳地王大厦以其384m的高度居第七位。时至今日，一座集甲级写字楼，六星级豪华酒店，大型商业、高级公寓、住宅为一体的大型综合建筑群已雏形初露地屹立在深圳市罗湖区蔡屋围，其主体建筑高度441.8m，总层数达98层。这座形似喷泉和瀑布的、名为京基金融中心的超高层建筑，是深圳金融属性摩天楼的重要地标之一，也是连接全球性金融活动的关键节点，步行在罗湖多处均可以看到这栋正在建设，且建设高度近300m的超高层建筑。

超高层建筑不等于高能耗，各类先进的节能环保技术百花齐放、大放异彩。为提升商务效率，京基金融中心内设计了匹配智能化群控系统、时速最高可达8m/s的电梯，数量高达66部；提供可靠供配电系统及智能化系统，为全球商务24小时运营提供保障及优质服务；采用冰蓄冷技术，根据夜间电能利用处于低谷特点，通过制冰将能量保存起来，白天将其释放用于建筑内冷却，营造绿色环保商务空间。

接踵而来的位于深圳市福田中心区的深圳平安金融中心更是后浪推前浪，其建筑物高达588m，地上116层，地下5层，是深圳市中心重要的商业地标。建筑电气设计师除了采用各类先进的节能环保技术外，还特别研究在非常情况下，为保证超高层建筑内人员顺利疏散应急疏散照明的供电时间及最佳供电方式，以确保受灾人员最大限度地安全疏散。

随着时间的推移，当上述超高层落成完工时， 将有许多已实现的节能环保成果展现在深圳人面前。

电是一个奇妙而不可言喻的“东西”。电作为能源，给人类带来光明；电作为能源，引领电气化、智能化，给人类带来进步，带来幸福。

电不仅给公共建筑带来深刻的内涵，也使人类居住水平及条件发生飞跃性变化及进步。

深圳特区发展初期，建设了大量的政策性住房，如园岭小区、通心岭小区、下步庙小区、红荔村等，也有一些商品房的建设。那时住宅的设计是以“住”为主，满足基本居住需求，与内地住宅相比，可能面积稍大一些，设计合理一些，用电量大一些等。

随着社会经济发展，人民生活水平提高，深圳的住宅已由“住”为主转为以“质”为主，深圳的住房结构更多的是向香港模式学习。

为了使人们充分享受到现代文明及科技带来的安全、方便和舒适的生活，电气设计师们采用各种现代技术，赋予住宅“智能”功能。

值得一提的是梅林一村住宅小区。该小区面积大，是较全面首推智能化的住宅小区。当时智能化小区不论从其内容、产品供应、设计规范以及物业管理来说尚不成熟，梅林一村的建设者作了许多有益的尝试，建成后虽存在一些瑕疵，但给日后政策性住房及商品房住宅小区智能化的建设提供了宝贵的经验。

智能住宅与智能住宅小区均采用了自动控制技术、微处理器技术及计算机网络技术，然而两者不相同，且又相互关联。智能住宅小区重点在于信息网络，智能住宅的核心则是自动控制技术。

智能住宅的实现与建筑电气设计密切结合，并对住宅建筑电气设计提出了新的要求，为其增添了新的内容。

在深圳，智能住宅及智能住宅小区如雨后春笋般兴起，电气设备在房屋造价所占的比例明显提升。可喜的是，深圳人已逐渐去掉过往的浮躁，对住宅“智能”的要求已是以人为本，以实用、方便、安全及需用为原则进行设计及配置。

深圳未来，任重道远；深圳未来，璀璨光明。

为此，建筑电气同仁们亦是任重道远，尚需下大力气努力，去辛勤劳动。努力的方向是：

1．创新是深圳经济特区的灵魂及精神，为此应建立具有深圳特色的建筑电气科技创新机制，培养富有创新精神、国内外知名的技术专家队伍，形成创建一批具有国内外领先水平的设计科研成果。

2．在深圳今后的发展中，建筑电气要大力采用、设计建筑智能技术；选用智能技术为支撑的系统及产品，提升建筑物使用功能。

3．《深圳经济特区建筑节能条例》及《民用建筑节能条例》的颁布，为深圳市成为节能型城市以及大力推广用电分项计量奠定了法律基础。采用、推广设计各类节电技术及产品是建筑电气同仁的努力方向，为我国能源政策提供各类用电负荷能耗数据是建筑电气同仁的职责。

4．努力贯彻执行节约资源和保护环境的国家技术经济政策，促进深圳市循环经济的发展，规范及指导深圳市绿色建筑电气设计。对于新建、改建及扩建的居住建筑和各类公共建筑，应统筹考虑建筑全寿命周期内的节能、节地、节材、保护环境与建筑功能之间的辩证关系。

(一)楼宇自动化系统(BAS系统)在深房广场项目中的应用

完成单位:深圳市建筑设计研究总院有限公司

主要完成人:李忠、蒋宇翔

完成时间:设计1988年8月,竣工1995年

1.成果简介

本系统采用了当时国际最先进的"集中管理分散控制"技术,即用分布在现场被控设备处的微型计算机控制装置(DDC)完成被控设备的实时检测和控制任务,克服了因为计算机集中控制所带来的危险性高度集中的不足和常规仪表控制功能单一的局限。

2.应用与效益

本系统在深圳商业中心大厦中应用,由于建筑物规模庞大,各种设备数量众多,而这些设备分散在建筑物的各层和各个角落,如采用传统的分散管理,就地监测和操作将占用大量人力资源,难以实现有效管理。本设计采用BAS系统对下列设备进行集中管理和自动监测:空调新风机组、冷水机组、冷却水循环泵、冷冻水循环泵、冷却塔、自动补水泵、电动蝶阀等;变配电系统照明系统高压、低压、变压器、发电机设备的相关运行参数的监视,照明系统的自动开/关;给排水系统监控设备,包括给排水泵、生活水池、污水池、集水坑;电梯系统的监控:电梯监控系统是根据电梯的运行状态,合理分配电梯利用资源,客流高峰期间优化电梯的输送方式,提高服务质量。

通过计算机系统对以上设备进行控制,使建筑内的各种设备状态及利用率均达到最佳的,避免设备不必要的运行,节省系统运行能耗,提高了系统管理水平。

(二)总线制火灾自动报警系统在京鹏大厦项目中的应用

完成单位:深圳市建筑设计研究总院有限公司

主要完成人:蓝新福、林惠仁

完成时间:设计1984年4月,竣工1987年

1.成果简介

采用当时最先进的S1500火灾自动报警系统和CO_2气体灭火系统。采用普通感烟、感温探测器和地址码感烟、感温探测器相结合的方式对大厦的公共区域和酒店客房、地下车库等重要场所进行监控探测。在地下室的电气设备房和柴油发电机室,采用CO_2气体灭火系统。同时还可通过手动报警按钮、消防水专业提供的水流指示器、水力报警阀等装置报警。

火灾报警后,可联动控制,打开排烟风口,启动排烟风机,切断相关的送排风机。火灾确认后,再联动控制消防广播,启动消防水泵,切断有关部位非消防电源等。确保在最短的时间内控制和扑灭火灾,保障人身安全。

2.应用与效益

京鹏大厦采用了当时国外最先进的总线制火灾自动报警系统,属于国内首批采用此系统的建筑之一,领先国内建筑电气设计水平。

(三)闭路电视监控系统在云南大厦项目中的应用

完成单位:深圳市建筑设计研究总院有限公司

主要完成人:史丹梅、蓝新福

完成时间:设计1986年4月,竣工1989年

1.成果简介

本闭路电视监控系统由摄像、传输、控制显示三部分组成,可以完成对现场图像信号的采集、切换、控制记录等,满足控制区域覆盖严密、监视图像清晰、运行可靠、操作简单、维护便利的要求。闭路电视监控系统通过对大厦内部的主要区域和重要部位进行监视控制,在人们无法或不宜直接观察的场合,实时、形象、真实地反映被监控对象的画面,可以直观地掌握现场情况和记录事件事实,及时发现并避免可能发生的突发性事件,为大厦和酒店的安全与管理提供事实依据。

闭路电视监控系统前端摄像机采用黑白枪式摄像机、带云台摄像机等,布置在大厦的出入口、电梯、走廊及公共区域等地,统一由值班室控制。值班室设备由视频矩阵系统、多画面处理机、录像机、监视器、视频分配器等组成。

2.应用与效益

云南大厦采用闭路电视监控系统,对主要出入口、大堂、地下车库、电梯轿厢、走道等重要位置,实现24小时实时监控录像,从技术手段上保证了酒店的安全。云南大厦是当时深圳市为数不多采用闭路电视监控系统的大厦之一。

(四)带通信接口的智能低压断路器在邮电信息枢纽中心项目中的应用

完成单位:深圳市建筑设计研究总院有限公司

主要完成人:曾建国、林惠仁、陈东梅

完成时间：设计1996年11月，竣工2001年11月

1.成果简介

本成果的电力监控系统以计算机、通信设备、测控单元为基本工具，带通信接口的智能低压断路器作为电力监控系统的测控单元，为变配电系统的实时数据采集、开关状态检测及远程控制提供了基础平台，可以和检测、控制设备构成任意复杂的监控系统。

2.应用与效益

本成果在深圳邮电信息枢纽中心工程中应用，在变配电监控中发挥了核心作用，可以帮助企业消除孤岛，降低运作成本，提高生产效率，加快变配电过程中异常的反应速度。

(五)低烟无卤电缆在深圳市市民中心项目中的应用

完成单位：深圳市建筑设计研究总院有限公司

主要完成人：林惠仁、蒋征敏、罗兴

完成时间：设计1997年8月，竣工2003年10月

1.成果简介

低烟无卤电缆是由不含卤素(F、Cl、Br、I、At)、铅镉铬汞等物质的胶料制成，燃烧时不会发出有毒烟雾(如卤化氢、一氧化碳、二氧化碳等)的环保型电缆，具有抗张强度比一般PVC电线大、耐候性良好(-30~105℃)、柔软度良好(硬度为80~90)、体积电阻率较高、耐高压特性良好、弹性和黏性良好以及非移性等优点。

2.应用与效益

该产品阻燃性能优越，燃烧时烟度甚少，无腐蚀性气体逸出，应用于深圳市市民中心工程，充分体现了以人为本的设计理念。

(六)建筑智能化集成系统在邮电信息枢纽中心项目中的应用

完成单位：深圳市建筑设计研究总院有限公司

主要完成人：曾建国、林惠仁、陈东梅

完成时间：设计1996年11月，竣工2001年11月

1.成果简介

该集成系统包括如下子系统：楼宇自控系统（BAS）、火灾自动报警系（FAS）、闭路监控系统（CCTV）、防盗报警系统、门禁和IC卡系统（ACS）、保安巡逻系统、物业管理系统、计费系统、设备维护管理系统、数字式程控交换系统、综合布线系统（GCS）、会议电视系统、无线通信系统、有线电视系统（CATV）、公共广播系统（PAS）、信息发布和引导系统。本建筑集成管理系统对不同制造厂商的各种系统进行通信，包括建筑设备管理系统的多种联动应用，沟通不同厂商系统以及企业信息系统链接等，完成开放式数据交换和信息、资源的集中整合。

2.应用与效益

本智能化系统集成在深圳市邮电信息枢纽中心工程中应用，具有整体性，技术先进可行，使用灵活，可扩展，管理可靠，可容错，可维护，投资合理。

(七)停车场管理系统在邮电信息枢纽中心项目中的应用

完成单位：深圳市建筑设计研究总院有限公司

主要完成人：曾建国、林惠仁、陈东梅

完成时间：设计1996年11月，竣工2001年11月

1.成果简介

本停车场管理系统采用包括停车场控制器、远距离IC卡读感器、感应卡（有源卡和无源卡）、自动道闸、车辆感应器、地感线圈、通信适配器、摄像机、MP4NET视频数字录像机、传输设备、停车场系统管理软件等对进出停车场的车辆人员进行身份识别，车辆资料管理，车辆的出入情况、位置跟踪和收费管理等。所有出、入口都联网，实现数据通信，并采用统一的计算机管理；整个停车场采用IC卡和视频图像管理，组成多级智能监控系统，实现区域选择性保护，并具有存储和显示功能。

2.应用与效益

本停车场管理系统在深圳市邮电枢纽中心工程中应用，提高了工作效率，大大节约了人力物力，降低了物业管理公司的运营成本，并使得整个管理系统安全可靠。

(八)政府办公楼综合布线系统

完成单位：设计　深圳市建筑设计研究总院有限公司

　　　　　施工　深圳比创信息技术工程公司

完成时间：设计1995年，竣工1997年

1.成果简介

本系统采用了当时领先的技术——综合布线技术。系统主干

采用6芯多模光纤，水平导线采用当时最新导线——德国科隆4对5类无屏蔽双绞线。本综合布线系统为大楼办公自动化提供100MB的通信支持，也为楼宇管理、保安监控等智能化系统提供了一个便捷的接线平台。

2.应用与效益

本系统应用于深圳市财政大厦，是深圳市第一家应用综合布线系统的政府办公楼。效益良好。

(九)西部通道口岸（深方）安全技术防范系统

完成单位：深圳市建筑设计研究总院第三设计院

主要完成人： 庄锐敏、易庆文、邓立平

完成时间：设计2006年3月，竣工2007年7月

1.成果简介

本系统最大的创新在于将计算机视觉和图像分析技术引入了闭路电视监控系统，这在全国口岸建设中属于首创。

传统的闭路电视监控系统是一种完全依赖于人工操作的被动式系统。随着闭路电视监控系统规模的不断扩大，前端摄像机数量不断增加，但是后端监视器数量受场地、人员的限制却不能明显增加，任何一个时刻能被监控的画面的比例越来越小。由于视觉疲劳，人的反应能力会大大下降。因此，用闭路电视监控系统实时发现、处理异常状况变得越来越不现实。

引入计算机视觉和图像分析技术以后，监看工作由计算机处理，实时挑选出存在违反预定义安全规则行为的画面交给值班人员处理，值班人员可集中精力应对出现的可疑状况，令整个闭路监视电视系统的效能大大提高，从被动式系统向主动式系统演进。

本系统采用了三大关键技术 :运动目标检测技术 ；运动目标识别技术 ；运动目标跟踪技术 。

2.应用与效益

本智能视频分析系统在深圳西部通道（深方）应用，投资不大但提高了闭路电视监控系统的效能，提高了深圳湾口岸在预防打击偷渡等违法犯罪行为方面的战斗力，具有显著的社会效益和经济效益。

(十)西部通道口岸（深方）客车等候指示系统

完成单位：深圳市建筑设计研究总院第三设计院

主要完成人： 庄锐敏、邓立平

完成时间：设计2006年3月，竣工2007年7月

1.成果简介

深港西部通道工程是国家重点工程，深圳部分由口岸区、大桥、侧接线三大部分组成，在国内第一次采用深港联合的"一地两检"模式，为世界上同类口岸中最大的现代化、智能化口岸。它使旅客能迅速找到到指定停车位，快速通关，以保证口岸的有序性。本系统采用无线感应技术，管理停车位录入键盘，当司机录入完后，系统将相应车牌号及其停车位置显示在LED显示屏上，指导乘客乘车。

2.应用与效益

本系统在西部通道深港双方口岸旅检入境停车场使用，取得了良好的效益。

(十一)西部通道口岸（深方）楼宇自控系统

完成单位：深圳市建筑设计研究总院第三设计院

主要完成人： 张蕾、庄锐敏、邓立平

完成时间：设计2006年3月，竣工2007年7月

1.成果简介

本楼宇自控系统(BAS)设立的目标就是对口岸内各建筑及其场地的机电设备进行全面有效的监控和管理，保证口岸舒适、安全的环境，同时满足智能建筑运营高效、节能的要求，是在一个图形化的计算机平台上，通过简洁形象的人机界面对现场设备（传感器和执行器）进行及时、准确、方便的监控和管理，对机电设备的状态监测和远程控制，从而实现楼宇设备的管理自动化。

该系统由中央监控主机、现场DDC控制器、现场监测设备（传感器和执行器）通过千兆以太网络搭建而成。控制对象是西部通道口岸深方建筑的所有公用机电设备，包括对建筑内的空调及通风系统（包括冷热源、空调机组、新风机组、排风机、风机盘管），供电及照明系统（包括高低压配电系统、发电机系统、照明系统），给排水系统，电梯、自动梯和乘客输送带等进行集中监测和遥控管理，用来提高西部通道口岸深方建筑群内的管理水平，降低设备的能耗及设备的故障率，减少维护及营运成本，提高物业管理水平，保证设备安全稳定运行。

2.应用与效益

本系统在深圳西部通道（深方）应用，取得了良好的效益，解决了楼宇自控系统系统规模庞大、信息集成量多的技术难题，保证

了口岸运营环境和工作环境的舒适性，首次在国内实施深港联合的“一地两检”模式，实现了物业管理现代化，确保楼宇机电设备安全、高效 ，节约了能源，降低了运行费用。

(十二)电气火灾监控系统在国人大厦项目中的应用

完成单位：深圳市建筑设计研究总院有限公司

主要完成人：陈惟崧、关柏峰、徐俊

完成时间：设计2006年8月，竣工2008年4月

1.成果简介

本系统采用人性化的设计理念，把过去对电气火灾的消极防范变为主动预防，对配电回路的剩余电流、过电流、过温度进行实时检测，集检测、报警、控制和记录等多功能于一体，将传统电气技术、电子信息技术、计算机技术和现代控制技术完美地结合起来，是具有智能化分析能力的新型电气火灾监控系统。

电气火灾监控系统由集中监控设备、监控探测器，以及剩余电流探测器、温度探测器、电流探测器构成。

电气火灾监控系统采用了集散监控方案，监控探测器能够独立工作，监控单个测点，集中监控设备能够实现多个监控控测器的分级管理，构成多级智能监控系统，实现区域选择性保护，并具有存储和显示功能。

2.应用与效益

本系统用于深圳市国人大厦，有效地减少了由于电气设备和线路的老化、漏电、短路造成的电气火灾的危险。

(十三)C45N低压断路器

完成单位：深圳市宝安建筑设计院

主要完成人：施瑞华、周立芳

完成时间： 1991年

1.成果简介

20世纪80年代中期之前，过电流保护断路器多采用塑壳断路器，性能不高。C45N断路器体积小，分断能力高，限流性能好，短路分断能力达到4kA(50A及以上)和6kA(40A及以下)；且操作轻便，可以方便地在单极结构基础上组合成二极、三极、四极断路器，维修更换方便。

2.应用与效益

经在宝安都之都大酒店工程中应用，效果良好。

(十四)总线式火灾报警系统

完成单位：深圳市宝安建筑设计院

主要完成人：施瑞华、 周立芳

完成时间： 1991年

1.成果简介

总线式火灾报警系统和当时广泛应用的多线制和N+1线制火灾自动报警系统相比，具有报警的灵敏度高，报警误报率低，设备的可靠性强，设计简单、快捷，布线简洁，施工方便，维修简单方便、高效，节省投资等特点。

2.应用与效益

经在宝安都之都大酒店工程中应用，效果良好。

(十五)箱式变电站

成果编号：建设部1980—1989005

完成单位：深圳市市政设计研究院有限公司

主要完成人：杨桂才、许彪、章友俊、戴文涛

完成时间：1986~2010年

1.成果简介

箱式变电站将高压受电、变压器降压、低压配电等功能有机地组合在一起，实现机电一体化，全封闭运行，占地面积小，安装简便，运行安全可靠，移动灵活，投资少且造形美观。

2.应用及效益

1986年之后数千个工程项目几乎所有的道路照明供配电系统均采用了箱式变电站，并发展了智能环保装饰型箱式变电站、埋地式变压器箱等多种类型的箱式变电站。

(十六)太阳能、风能互补供电系统

成果编号：广东省建设行业科技成果推广项目2007020

完成单位：深圳市市政设计研究院有限公司

主要完成人：章友俊、戴文涛、朱华君

完成时间：2009年11月

应用及效益

2009年1月，深圳市西冲气象综合探测基地上山道路工程施工图设计中，全长约2km的道路照明全部应用了风光互补供电系统及LED光源，每杆路灯配置300W全永磁悬浮风力发电机1套、150W

单晶硅太阳能电池板2块、100Ah蓄电池2节、风光互补智能控制器1套，完全不使用市电供电。

(十七)城市路灯监控系统

成果编号：建设部2002054

完成单位：深圳市市政设计研究院有限公司

主要完成人：章友俊、戴文涛

完成时间：1996~2010年

1.成果简介

城市路灯监控系统由控制中心与远动终端组成。控制中心可通过有线或无线通信方式对远程道路照明系统进行控制、信息监测、信息收集。由控制中心监控的远动终端，按规约完成现场数据采集、处理、发送、接收以及输出执行等功能。

采用城市路灯监控系统后，全夜灯、半夜灯和景观灯的开/关均可实现遥控，可及时按需调整开/关灯时间。本系统具有自动报警和巡测、选测功能，调度人员可在故障发生后的数秒钟内了解故障的地点和状态，及时进行修复，减少道路交通事故和治安事件的发生。

采用城市路灯监控系统后节约了路灯维护费用，降低了运行成本和电费支出，提高了路灯系统的可靠性。

2.应用及效益

2000年在深圳市深南大道灯光景观配套工程中成功运用。目前深圳市福田、罗湖、南山三区均已建设有路灯中央控制中心，三区路灯均可由路灯中央控制中心实现遥控。龙岗区已建设有城市路灯监控系统中央控制中心，由其中央控制中心遥控。宝安区正在建设城市路灯监控系统中央控制中心。效果良好。

(十八)LED道路照明工程应用

完成单位：深圳市市政设计研究院有限公司

主要完成人：章友俊、朱欣、朱华君

完成时间：2009年11月

应用与效益

2009年1月，深圳市西冲气象综合探测基地上山道路工程施工图设计中，全长约2km的道路照明全部应用了LED，节电约60%。2009年5月，深圳市光明新区周家大道(根玉路—龙大高速)，2009年9月在深圳市石岩片区交通微循环改善工程，2009年11月在深圳市红桂路—晒布路拓宽改造工程等均采用LED灯照明，节电约45%。

(十九)C-BUS照明智能控制系统

完成单位：深圳清华苑建筑设计有限公司

主要完成人： 黄小欣、莫凡、董正保、胡明红

完成时间： 设计2006年9月，竣工2008年4月

1.成果简介

C-BUS智能照明控制系统采用二线制网络管理系统，整个系统由计算机设定，通过网络实施中央监控布阵和多处操作，利用开关地址无线编码，人性化调控管理每一个照明区域，有效节约能耗。

2.应用与效益

本成果在深圳创意产业园南海意库工程的办公及车库等场所采用，用智能开关地址无线编码，定时、分时调控每一个照明区域灯具的开闭时间和节能时段，包括对室外景观灯具和泛光照明灯具的控制及人工光源和自然光源在内的各种光源使用状态的调整，实现了对室内照明光的质和量的驾驭和操纵，是实现舒适、节能的照明环境的最有效方式，节能效果可达35%。

(二十)T5紧凑型高显色直管类荧光灯、低能耗电子镇流器

完成单位：深圳清华苑建筑设计有限公司

主要完成人：黄小欣、莫凡、董正保、胡明红

完成时间： 设计2006年9月，竣工2008年4月

1.成果简介

T5紧凑型直管类节能高效照明灯具特点：灯管直径仅为16mm，比传统标灯管缩小40%；寿命长达10000小时；灯管采用三基色荧光粉，显色性好，光效高；2000小时的光通维持系数高达85%以上，光衰慢，无频闪。 低耗电电子镇流器比电感式镇流器节能90%。

2.应用与效益

本成果2006年应用于深圳创意产业园南海意库工程，照明环境改观，灯光显色性能好，环保无频闪，接近自然光色，不易使眼睛产生疲劳感觉，灯具使用寿命提高2~3倍。低耗电电子镇流器无噪声干扰，节能效果好。综合节能效率高达35%~50%。

(二十一)深圳电视中心高低压配电系统

完成单位：深圳机械院建筑设计有限公司

主要完成人：凌智敏

完成时间：2001年

1.成果简介

本系统高压配电，采用双电源供电，两电源间带备用自投装置，采用手车式断路器柜。低压配电系统按工艺用电、非工艺用电以及用电负荷的性质及使用特点，分别设置独立的变压器。为解决工艺设备的谐波问题，设置了独立的隔离变压器；剧场的照明、空调及相关设备用电设置了独立的变压器，可根据剧场使用情况投入或切除变压器，以求变压器负荷率合理及节能。

2.应用与效益

本系统在深圳电视中心应用，取得了良好效益。

(二十二)10kV手车式断路器柜

完成单位：深圳机械院建筑设计有限公司

主要完成人：凌智敏

完成时间：设计1985年，竣工1986年

1.成果简介

深圳金融中心大厦设置ABB进口手车式断路器柜，在实施时是极为先进的配电设备，高压配电系统设计合理，安全可靠，其组成部分之一晶都酒店采用技术参数较为先进的ABB进口干式变压器。低压配电装置采用当时较为先进的抽屉式低压配电柜。

2.应用与效益

本成果在深圳金融中心大厦中应用，效益良好。

(二十三)大面积物流城火灾自动报警系统的规划及设计

完成单位：深圳机械院建筑设计有限公司

主要完成人：凌智敏、李朝辉

完成时间： 设计2003年，竣工2004年

1.成果简介

本火灾自动报警系统的设计采用了具有高技术含量的爱德华总线式火灾自动报警控制器及其智能探测器、智能信号控制模块等。为达到防火且又经济的目的，对用途不同的分区酌情设置不同功能的火灾自动报警和保护设备，如包装纸品印刷原材料展示区主要设置了自动喷淋系统而没有设置火灾自动报警系统，而对皮具皮革材料及辅料、化工塑料、五金材料、纺织服装及辅料展示区则设置了自动喷淋系统和火灾自动报警系统。

2.应用与效益

本系统在深圳华南国际工业原料城中应用，应用的设备具有安全性、可信性，对预防被保护建筑的火灾起到了重要作用。

(二十四)大面积物流城高低压变配电系统的规划及设计

完成单位：深圳机械院建筑设计有限公司

主要完成人：凌智敏

完成时间： 设计2003年，竣工2004年

1.成果简介

华南国际工业原料城建筑面积约150万m^2，共分4个区，每个区设有2个变配电所，共设有8个变配电所，总安装容量为21500kVA，变配电系统采用了下列技术：

（1）10kV高压配电系统的配电设备采用了当时较为先进的SafePlus型组合式开关柜，变压器采用SCB9型干式变压器，为本建筑的供电可靠性提供保障。

（2）低压配电系统的配电设备采用了高遮断容量的GCK型柜体及配置E系列、S系列等高分段能力的低压断路器，为配电线路的故障保护提供有力的支持，代表当时断路器应用的发展；并在中间配电箱及终端配电箱采用代表当时最好S系列的微型断路器（漏电保护器），大大提高末端线路过电流故障及接地故障的保护能力，提高了整个建筑的用电安全水平。

（3）消防设备用的电缆线路采用耐火型电力电缆，为消防设备在火灾时的持续供电提供了保障。

（4）户外道路照明、环境照明及立面照明，根据室外光线并结合日期、时间程序自动开关灯。

2.应用与效益

本系统在深圳华南国际工业原料城工程中应用，取得了良好的效益。

(二十五)应急电源方案

完成单位：深圳机械院建筑设计有限公司

主要完成人：凌智敏

完成时间： 设计2002年，竣工2004年

1.成果简介

蔚蓝海岸三期分南、北两区，总建筑面积约25万m^2。南北两

（8）智能大厦中央管理系统。

（9）冰蓄冷空调智能化系统。

2.应用与效益

本大厦作为深圳市早期的超高层建筑之一，其智能化系统设计在当时的深圳以及在国内都是领先的。在智能建筑发展初期，本大楼内的各子系统全面，规模大，控制对象多且分散，各子系统之间以及建筑物内、外信息传递速率和共享程度都达到了很高的层面，取得了良好的效益。

(三十三)HG2000型水、电、气远程自动抄表及燃气控制系统

完成单位：深圳汉光电子技术有限公司

主要完成人：郑有为、李俊红、曲桂双、盛雷、周宏、蔡晟、景志强

成果登记证号：深科成登字99080

完成时间： 1999年

所获奖项：广东省科学进步技术三等奖（证书号：2000-J-3-D01-X069），深圳市科学技术进步二等奖

1.成果简介

HG2000型水、电、气远程自动抄表及燃气控制系统主要由管理中心服务器和远程智能终端组成，是一套有针对性的综合管理平台，具有用户数据信息查询、燃气泄露报警和阀门联动、报警上报、阀门远程控制、欠费关阀、通信线路诊断、区间联网等功能。硬件方面采用了模块化的结构设计，升级改造简便，可通过以太网、电话拨号等方式联网，进而组建起一个城市的监控平台。系统的推广使用，改变了长期以来上门抄表的模式，提高了工作效率。本系统特有的燃气泄漏报警阀门自动切断及阀门远程控制功能，有效地避免了燃气事故的发生，为燃气用户的安全提供了有力保障。

2.应用与效益

已在深圳金地海景花园、金域蓝湾、碧海云天、百仕达东郡、现代城华庭、保利城花园、南国丽城、星河国际等600多个小区中投入使用，用户超过30万户，总计实现产值3.9亿元，上缴利税2400余万元。在深圳海怡东方、新世界家园、鼎太风华二期、溪山美地等100多个小区共计5万多用户实现了区域联网，提高了城市燃气与小区的科学化管理水平。

(三十四)设备设计软件 TH-Mech

完成单位：深圳市斯维尔科技有限公司

主要完成人：彭明、张金乾、袁宝兴、吴红雨、闻学坤、胡诗

完成时间： 2005年

1.成果简介

清华斯维尔设备设计软件TH-Mech是专门为建筑设备专业设计服务的辅助设计系统，软件基于AutoCAD（2002-2011）平台，内置了暖通空调、给水、排水、消防等专业的设计计算功能，采用先进的自定义对象核心技术，界面人性化，操作智能化、创建参数化，关联智能化，过程可视化，并且利用多视图技术实现了二维图形与三维模型的同步一体。

设备设计TH-Mech主要功能模块包括建筑底图、水管系统、风管系统、采暖、给排水、消防设计、专业计算、系统剖面、文表符号、系统标注、通用辅助等，支持传统的采暖和分户计量，管线之间智能联动，内置了暖通空调、给排水各专业的常用管材类型，自动判断管线之间的相互遮挡，同时软件还提供了强大的专业计算功能，包括空调采暖负荷计算、焓湿图功能、水管计算、风管计算、喷淋系统辅助计算及散热器片数计算等，提供完善专业的二维及三维图库，可快速从建立好的三维模型中准确生成剖面图及系统图。

2.应用与效益

自2005年起，本成果在全国各地推广应用，设备设计软件为设备设计的专业工程师提供了方便、快捷的设计工具。使用该软件，在得到设备专业三维模型的同时，获取了设备专业的平面图、系统图及剖面图，使设备专业的设计工作更深入，更符合国家规范，更能准确地反映工程实际。设备设计软件提高了设备专业的设计水平，促进了建筑新材料和新技术的推广应用。软件一般可提高工作效率3～5倍，可以显著减少设计错误，减少由于设计错误引起的施工阶段的工程变更带来的经济损失，促进了行业进步。该软件在全国销售，累计产生直接经济效益上百万元。

(三十五)封闭式智能型铜导体母线槽（GLMC系列）在深圳半岛城邦花园一期工程项目中的应用（新技术推广项目）

完成单位：深圳市清华苑建筑设计有限公司

主要完成人：胡明红、莫凡、黄小欣

完成时间： 2006年

应用与效益

半岛城邦花园居住小区变电所低压母线、联络母线及塔楼供电干线采用了封闭式智能型铜导体母线槽（GLMC系列），该母线槽

把带电母线固定和封闭在接到的金属外壳里，相间及对地用阻燃的绝缘材料，电气和机械性能稳定，并加设智能温控报警装置，实现智能化监控需要，运行安全，供电稳定性高；利用插接箱分路，即使在母线带电的情况下也能安全地进行插拔分合支路，施工方便，维修容易。

（1）封闭式智能型铜导体母线槽的两侧备用控制线槽，可敷设控制电缆，其具有供电和敷设控制线路的双重功能。

（2）在母线槽的各参数变化点设置MCPF-2母线槽智能检测保护控制仪，实时监控母线槽的运行状况，使母线槽在过载短路或其他引起母线槽升温超过允许范围时，能及时有效地得到反馈和保护，确保母线槽在正常负荷下运行。

（3）由于传统母线槽通过多次变容后，末级无法进行有效保护，所以传统设计不提倡采用变容节。封闭式智能型铜导体母线槽加设母线槽智能检测保护仪，可以有效保护变容后的母线段，节省母线的投资。

（4）地下室水平部分采用外壳防护等级为IP65的母线槽，有效防止地下室潮湿或因消防用水、建筑物漏水，而造成母线槽绝缘下降甚至短路。垂直井道部分采用外壳防护等级IP54的母线槽，有效减少安全事故的发生，使母线槽性能可靠，系统稳定，运行安全。

（5）每层母线槽均设置差接口，分接方便，安装快速。

(三十六)建筑智能化集成系统在深圳港大铲湾港区集装箱码头项目中的应用（新技术推广项目）

完成单位：深圳市清华苑建筑设计有限公司

主要完成人：胡明红、汤丽明、黄小欣

完成时间：2008年

应用与效益

深圳港大铲湾港区集装箱码头一期工程控制大楼是一个综合性智能化、信息化的办公大楼，集楼宇自控系统（BAS）、安防自动化系统（SAS）、通信自动化系统（CAS）、办公自动化系统（OAS）、消防自动化系统（FAS）五大子系统于一体。整个系统通过楼宇信息管理系统（IBMS），以及大楼内交通管理专业计算机网络系统接口，将所有这几个子系统有机结合为一体化智能化管理系统。用户在WINDWOS接口下简易、方便地操作就可对整个大楼的各个子系统进行管理。整个系统体现先进性、扩展性、易管理性、开放性、安全性、保密性等特点。

（1）楼宇自控系统（BAS）

对建筑内机电设备进行有效和精确的实时监视和自动控制，能够使这些机电设备的运行在更合理的状况下，更有效地发挥作用，提高机电设备功能；

可以通过操作站计算机的键盘或鼠标在中央控制室完成机电设备开关和调节控制工作，也可由计算机内部的软件按设定程序，自动控制调节各设备的参数及开关状态，做到真正的管理自动化，减少管理运行人员；

更为重要的是利用楼宇自控系统，采取一系列相应节能管理措施，有效节约能源消耗，降低运行成本。这也是投资楼宇自控系统回收效益的最主要手段。

（2）安防自动化系统（SAS）

安防自动化系统总体设计采用多媒体技术、模块结构技术、系统集成技术等技术，以多媒体计算机技术、开放式标准化的操作平台、专用安防系统软件为核心，通过标准扩展接口，将防盗报警子系统、电视监视子系统、出入口控制子系统、巡更子系统、车库管理系统等子系统集成为一个具有友好的中文操作接口，既可分别独立工作，又可统一协调管理的集散型安全保卫系统。

（3）通信自动化系统（CAS）

通信自动化系统是大楼计算机和通信系统的“中枢神经”,它包括以综合布线系统为核心，以多功能电话、传真、各类终端为主要设备的通信网，以及楼内程控交换机、计算机局域网、高速宽带的主干通信网和与通信公网互连的网络接口设备，实现一期码头集装箱的自动调度、控制、通信、传输等强大功能。

（4）办公自动化系统（OAS）

由计算机、多功能电话、传真机、各类终端及声像存贮装置等各类办公设备再加上相应软件组成，提供文字处理、文件管理、电子账务、电子邮件、电子数据交换、电子黑板、会议电视等办公应用功能。

（5）消防自动化系统（FAS）

消防控制中心设置一套火灾自动报警控制系统，火灾报警后，控制中心通过事先编制的控制程序软件，联动控制各消防设施动作，并将动作信号反馈至控制中心，实现消防报警、火灾联动控制、火警广播等，达到消防减灾之目的。

(三十七)高、低压测控装置在深圳港大铲湾港区集装箱码头项目中的应用（新技术推广项目）

完成单位：深圳市清华苑建筑设计有限公司

主要完成人：胡明红、汤丽明、黄小欣

完成时间：2008年

成果简介

深圳港大铲湾港区集装箱码头一期工程控制大楼10kV高压进出线回路装设继保、测控装置，0.4kV低压回路装设多功能测控装置，满足全电量测量、分时电度计量、断路器远程操作及冗余通信接口等功能。

多功能测控装置以工业微处理器为核心，处理速度快，具有RS-485网络通信口，通过通信管理器等相关设备与后台监控计算机实现通信，监控计算机上安装组态软件，构成一个功能完善的智能化电力监控系统。该系统对高压进出线实行自动监视、控制和测量；对低压配电系统的变压器、动力配电箱出线及照明出线回路实行自动监视、控制和测量；对各用电设备能耗情况进行分析，提供报表作为成本核算依据；对本工程电力系统的运行状态进行实时监测，及时消除故障隐患，提高电力系统正常运行的可靠性；提供电力系统设备维护报表；实时显示各种设备运行信息，并对各种信息进行分析、处理。

第五章　暖通燃气专业

深圳暖通燃气科技创新30年

吴大农　李　欣　胡定明

筚路蓝缕，以启山林。回顾深圳暖通空调业30年的发展历程，在“一穷二白”的条件之下起步，是特区30年改革开放的伟大实践和飞速发展的建设速度，给予了深圳暖通空调业发展千载难逢、得天独厚的环境条件和机遇，培养和造就了几代暖通空调技术人员，给予了他们施展才华、报效祖国的舞台和机会。

深圳经济特区的首批专业设计人员，是在1981年春节刚过，从祖国各地汇集到了这个毗邻香港的边陲小镇来的。他们来自国内近40家著名勘察设计单位，他们收起从出发地穿来的厚实的棉衣甚至皮袄，立即投入到深圳经济特区的建设工作之中。当时，这批人员都集结在市政府下面的勘察设计联合公司，公司设有5个设计室，每室约 30 人。5个设计室共有4名暖通空调人员。为更好适应特区建设蓬勃发展的需要，1982 年初，在市政府相关部门的指引下，联合公司解体，分别成立了独立的地方设计院和内地设计院深圳分院。一些海外著名设计院、测师楼也积极参与特区建设。不过，暖通空调专业设计人员仍然稀少，全市加起来不足10人。而且，这些初来乍到的暖通空调“专业人员”，从专业上讲，当时并没有设计中央空调系统的经验，并且缺少中央空调系统的设计资料。对于今天拥有大量的规范、手册、参考书籍与资料，并且可以随时上网查找资料和技术交流的专业人员来讲，是很难想像当时这些前辈在创业过程中由于缺资料、欠经验而面临的困难和付出的艰辛的。但是，这批暖通空调专业人员硬是靠坚定的事业心、勇往直前的进取精神，在饱含爱国热忱、关心祖国改革开放事业的海外同胞，特别是港澳同胞给予的真诚帮助下，从零起步，积极引进和消化吸收国外先进的建筑暖通空调设计理念、方案，借鉴和学习国外的相关设计和建设规范，大胆使用和掌握国外的先进暖通空调设备和系统，使深圳的建筑暖通空调业一开始就与当时的国际技术水平基本同步，发展趋势基本接轨，为行业的发展打下了良好的基础，为特区的发展作出了有目共睹的贡献，成为了国家建筑暖通空调设计和技术应用的试验场和示范地。

在20世纪80年代，于1985年底建成的深圳国际贸易大厦（简称深圳国贸大厦）以“深圳速度”闻名于世。该建筑总建筑面积约10万m^2，是当时国内第一座现代化超高层综合性商业建筑。该楼设计有中央空调系统，其制冷装机总容量达3000RT，空调面积8.5万m^2。随后的深圳金融中心大厦、东湖宾馆、西湖宾馆、新园宾馆、凤山宾馆（国宾大酒店）、深圳大剧院、深圳体育馆、上海宾馆等一批早期设计建设的公共建筑，基本上都参照了深圳国贸大厦的空调模式：小空间采用风机盘管加新风，大空间采用全空气低速送风系统。深圳电子科技大厦是由深圳市电子院设计有限公司1989年设计，1994年建成，是全国第一栋采用冰蓄冷中央空调的高层办公楼，总蓄冷量500m^3、8000RTH（蓄冰中央空调是一种对电网削峰填谷、节省运行费用的中央空调系统，同时有利于电网的安全运行，国家及各级地方部门大力提倡避峰用电）。其设计、施工安装和运行状况为全国后续冰蓄冷中央空调系统的建设提供了经验及数据，是冰蓄冷中央空调系统的试验场。

作为全国经济最发达、发展速度最快的地区，短短几年，在暖通空调设计和技术应用实践方面，深圳经济特区就迅速跻身于全国少数几个规模最大、水平最高、与国内外联系最紧密的城市，暖通空调人才队伍迅速成长和扩大，在1986年9月16日，成立了暖通空调业界的专业技术团体——深圳市制冷学会空调制冷专业委员会、深圳市土木建筑学会暖通空调专业委员会。作为群众性学术团体，它们成立的初衷是为深圳特区建设服务，为业界同行提供技术、信息交流的平台，为提高专业水平作出贡献。

进入20世纪90年代，特别是1992年1月改革开放总设计师小平同志第二次视察深圳，就特区建设发表了一系列重要指示之后，特区建设向前飞速推进，暖通空调业同样得到阳光雨露的滋润，步入快速发展阶段，取得了长足的进步。

这时参与深圳特区建设的设计单位再不是当年的四五十家，而是数量过百。各设计院基本上也都配备有暖通空调专业设计人员。其中有代表性的设计单位是深圳市建筑设计研究总院、华森建筑与工程设计顾问有限公司、深圳大学建筑设计研究院、机械部深圳设计研究院、深圳市电子院设计有限公司、深圳市清华苑设计有限公司等。

这个时期的空调系统，经过暖通空调专业人员的探索和努力，在系统的设计、设备的选配上不再是单一的“国贸”模式。此时的深圳暖通空调业界已经有自己的独立见解、理念以及追求创新的强烈意识。深圳与海外著名设计机构联合设计了一些标志性建筑，如招商银行大厦、地王大厦以及市民中心等，在其中央空调系统的设计、安装中，国内专家的意见都受到了广泛的尊重。

深圳地王商业大厦是深圳地标性建筑，其机电设备是香港科联顾问有限公司和深圳市建筑设计研究总院1993年设计，于1996年建成。地王大厦建筑高度360多米，是当时国内最高的超高层建筑，中央空调系统设计是国内首次将制冷机房分设于建筑物地下室和第四十二层（标高172m），实现在超高层建筑中空调系统分为低区、中区、高区独立运行，并解决高层区制冷机房的隔振、减振难题；防排烟设计在国内首次采用防烟楼梯间加压、前室不加压的防烟方式，达到当时《高层民用建筑设计防火规范》(GBJ45-82)规定的防烟正压要求。地王大厦成为国内超高层综合楼暖通专业的示范项目。

1993年11月，在深圳召开了“全国民用建筑空调设计技术交流会”。会议认为，深圳在民用建筑空调设计方面，处于全国领先的水平。1995年9月，在深圳召开了“深圳市空调制冷国际学术交流会”。与会代表220余人，香港等多家海外机构参加了这次学术会议。会上发表论文32篇，为业界走向世界、活跃特区学术气氛迈出了新的一步。

在跨入新世纪后的第一个十年，中国加入WTO进一步使得建筑暖通空调业成为开放程度最高的行业，深圳建筑暖通空调业真正成为了国际市场的一部分，在这样一种优胜劣汰机制的冲击和激励下，更多的企业、产品和技术、人才进入，加速了深圳建筑暖通空调的发展和水平提升，随着市场竞争的白热化，用户需求的多样化、个性化和环保化，建筑暖通空调业的人员开始转变观念，调整思路，重新定位，主动迎接新的挑战，最大限度地满足用户多层次需求和实现生态环保节能，这已经成为制约和推动深圳建筑暖通空调业发展的主导因素，系统的设计、设备的选配上已经出现了“百花齐放”的局面。变制冷剂流量多联机空调系统（“VRV”）、变风量空调系统（“VAV”）、多级泵系统，还有诸如直流变速技术、数码涡旋、水源热泵、地源热泵、蓄能系统、温湿度独立控制系统、高温冷水机组、干式风机盘管、各类热回收设备与系统等，都在新的设计项目中广泛采用。

深圳市民中心、西部通道口岸、深圳会展中心、卓越皇岗世纪等都是大型公共建筑，是新世纪出现的地标性建筑。特别是深圳建科大楼采用多项空调节能新技术，在提高室内热舒适性和空气品质的同时，其空调系统耗电指标远低于其他同类建筑，被评为三星级绿色建筑。深圳高新区软件大厦和万科中心（万科总部）被评为“十一五”国家科技支撑计划“现代建筑技术集成示范工程建设”项目子课题“绿色建筑技术集成平台建设绿色建筑示范工程。

在新世纪，温室效应导致全球气候变化和破坏性自然灾害频发，深圳自身土地、资源、环境的制约，使得深圳过去的发展模式难以为继，要求深圳转变发展方式，建设资源节约型、环境友好型城市，为此需要采取技术措施实现节能减排，推进空调系统低耗节能减排的任务就落到了暖通空调专业人员的头上。根据市政府的要求，深圳市土木建筑学会暖通空调专业委员会协助深圳市贸易工业局、深圳市国土资源和房产管理局、深圳市建设局编制了《深圳市中央空调系统节能运行维护管理暂行规定》，于2005年8月在全国率先实施。

古人有言：天地者，万物之逆旅；光阴者，百代之过客。深圳经济特区建设30年过去了，成绩斐然，举世瞩目。暖通空调专业人员同样作出了应有的贡献。深圳市委书记、市长王荣在2010年5月中共深圳市第五次代表大会开幕式上指出：“回顾30年（深圳）改革发展历程，我们要永远铭记：深圳经济特区的事业，是在中央和省的亲切关怀、正确领导、悉心指导下开创形成的；深圳经济特区的事业，是全国人民和四面八方倾力支持、无私帮助、共同造就的；深圳经济特区的事业，是历届市领导班子和广大特区建设者前赴后继、不断开拓、不断创造的。”这番话同样也是深圳暖通空调业30年发展道路的高度概括和基本经验的总结。

深圳特区进入了而立之年，开始了新世纪第二个十年的光荣征程。2009年国务院发布的《珠江三角洲地区改革发展规划纲要（2008~2020）》，明确了深圳国家综合配套改革试验区、全国经济中心城市、国家创新型城市、中国特色社会主义示范市和国际化城市的发展定位，深圳也是国家指定的第一个循环经济示范市和低碳生态示范市。赋予深圳这些任务和要求，一方面是基于深圳过去30年的超高速发展取得的辉煌成就，另一方面也是由于深圳同国家一样，在经济社会高速发展的同时也同样存在一些深层次的矛盾和问题，最突出的就是四个“难以为继”：地少人多，污染严重难以为继；土地、空间有限难以为继；能源、水资源短缺，难以为继；环境承载力严重透支，难以为继。这就要求深圳继续先行先试，贡献新的经验。对此，在2010年5月中共深圳市第五次代表大会通过的《工作报告》和2010年6月深圳市第五届人大一次会议通过的《政府工作报告》，提出了包括“一条主线”、“四个导向”的总体工作思路。“一条主线”就是以加快转变经济发展方式为主线，“四个导向”就是以创新发展、转型发展、低碳发展、和谐发展为导向，并且把“率先转变发展方式，走出科学发展的新路子”放在今后五年四个主要工作的首位，提出“大力调整产业结构，着力构建‘高端化、总部型、低碳化、集群化’的现代产业体系”，把发展低碳经济作为转变经济发展方式和建设现代产业体系的主要手段和主要目标。深圳的发展面临新的机遇和挑战。

低碳经济是低能耗、低污染、低排放的经济发展模式，在发展低碳经济的竞争中，暖通专业负有特殊的社会责任，这是由于在我国全部总能耗中，建筑用能占了25%左右，而其中暖通空调用能又占了20%~25%。而且随着经济和产业发展，建筑和暖通空调用能各自所占比例将会进一步提升。未来的暖通空调技术发展方向将主要集中于追求室内舒适度与最大限度降低建筑能耗这两者之间寻求最佳平衡，低碳技术同高新技术一起，都是今后主要的技术创新领域和重要的质量要素，具体来说，深圳暖通空调将重点开展以下技术的研究和推广应用：

1．蓄能技术的应用：推广含冰蓄冷、水蓄冷、动态制冰蓄能及高温蓄能技术的应用。

2．系统综合能效比：空调系统设计方案致力于提高系统综合能效比COP。

3．能量计量:精确计量设备的普及应用，提高设备性价比。

4．环保工质应用：推动新型环保冷媒应用、研发。

5．由被动节能变为主动节能：加大对节能设备和系统、节能激励政策、节能运行管理方式的宣传，提高节能意识。

6．新能源的开发、利用：充分利用可再生能源（太阳能、风能、土壤源），推进冷热电三联供系统的应用，实现能源的梯级应用。

7．自然通风与空气品质：利用CFD技术强化建筑物的自然通风设计，在过渡季节充分利用自然通风达到节能与提高室内空气品质的目的。

8．基于BIM 的绿色建筑暖通设计：BIM即建筑信息模型（Building Information Modeling）。运用BIM技术，设计师设计的过程，就是建造真实建筑的过程。这个虚拟的建筑模型，包含了大量的建筑材料和建筑构件特征等信息。利用这个真实的智能建筑信息模型，暖通工程师在设计全过程中可以较为容易地实现自然通风模拟、建筑物冷热负荷计算、建筑能耗分析、空调系统方案分析比较、室内气流组织模拟、噪声模拟分析等功能，并利用这些性能化分析的结果优化设计方案，真正设计出既节能又舒适的绿色建筑。BIM技术的应用是建筑行业的一次大变革，而BIM对于暖通行业带来的益处，将远远大于BIM对建筑行业带来的益处。应用BIM技术，暖通专业可在建筑设计全过程中充分发挥主导作用。一个项目的建设再也不能仅靠建筑师走在前面了，而可以首先是设备（或建筑）专业进行环境分析模拟，适合建什么样的建筑，然后建筑结构才参与。我们应该摒弃那种“将人类主观意志强加给自然社会的做法”，而让环境分析模拟先行，这是更加符合自然社会发展规律的做法，也是人类社会应对环境危机挑战和反省自身行为结果的重要修正和选择。

另外，低碳经济是法治经济和市场失灵导致环境恶化、资源枯竭的产物。暖通空调专业人员应为深圳的低碳经济制度和体系建设提供技术支撑，包括提出“十二五”时期深圳暖通空调低碳化的建设目标和指标体系，研究政府和公共领域强制推行和其他领域自愿激励的导向约束和优化调控途径与机制，提出配套的若干措施和主要手段。

暖通燃气专业

(一)空调通风新技术在地王商业大厦工程中的应用

完成单位：香港科联顾问有限公司、深圳市建筑设计研究总院第二设计院

主要完成人：卢定涛、梁瑞贤、吴大农

完成时间：设计1993年，竣工1996年

1.成果简介

在超高层建筑中首先采用防烟楼梯间加压、前室不加压的防烟系统；在国内首先将两台750USRT（重13.5t/台）一台250USRT（重5t/台）冷水机组设在超高层建筑第42层（高172m的楼层上）；独立设置一台250USRT冷水机组作为办公室某些特殊客户在节假日等非上班时间需要加班的备用冷源；在高125m，4.2万㎡超高层公寓采用水源热泵系统（现称为水环热泵系统）。

2.应用与效益

只对防烟楼梯间加压，其前室不加压，就可以达到《高层民用建筑设计防火规范》（GBJ45-82）规定防烟楼梯间50Pa，前室25Pa的防烟正压要求；在超高层建筑中实现低、中、高区中央空调系统独立运行；满足了某些特殊客户在节假日加班的要求；首次在超高层建筑中应用水源热泵系统。经多年运行，不仅为用户创造了舒适环境，也为用户节约了投资，减少了电耗，减少了运行费用，达到了设计预想的目的。

(二)空调通风新技术在深圳市市民中心工程中的应用

完成单位：深圳市建筑设计研究总院有限公司

主要完成人：梁瑞贤、吴大农、吴延奎

完成时间：设计1997年，竣工2005年

1.成果简介

在深圳市市民中心工程中应用的新技术为：8600USRT中央空调系统采用变频调速二次泵系统；采用50套静电空气净化器将22万m^3/h空调排风经净化杀菌除味后送至厨房进行降温及通风换气；将20万m^3/h办公室空调冷风排至汽车库进行通风换气及降温；大面积采用挡烟垂壁；采用底部送风冷却塔；采用承插接口的大型玻璃钢风管。

2.应用与效益

在8600USRT空调系统中，根据各区不同的水系统压降，分别采用压差控制的二次泵变频调速系统，达到节能目的。

将空调风排至厨房、汽车库进行通风换气及降温，达到节能的目的。

采用活动档烟垂壁，火灾时，迅速控制烟气蔓延并及时排走。与固定挡烟垂壁相比，提高了房间净高，使吊顶更为美观。

底部送风的冷却塔降低了噪声对周围环境的影响。

解决了在二边甚至三边有固定墙壁的竖井内安装4500×600风管的难题。

(三)空调通风新技术在深圳深港西部通道口岸工程中的应用

完成单位：深圳市建筑设计研究总院有限公司第三分公司

主要完成人：李欣、刘明谦

完成时间：设计2003年10月～2007年7月，竣工2007年7月

1.成果简介

本成果包括4方面的新技术：空调系统冷凝热回收系统：为保证旅检大厅内空气相对湿度处于设定值之下，其再热系统热源摒弃传统的电加热方式，采用制冷机组的冷凝热回收的部分热量，既保证了组合式风柜的出风参数，又节约了电加热系统的耗电量；空气处理机组转轮热回收系统：从排风中回收能量，夏季对新风预冷，冬季对新风预热，减少了新风负荷；自适应模式转换自控系统：一种新的控制逻辑，自控系统可以根据室外空气焓值自动调节其运行模式；冷却水综合处理系统：一种新的冷却水处理方法，全面解决冷却水水质问题，提高了制冷系统的运行效率。

2.应用与效益

本成果在深港西部通道旅检大楼中应用，效果良好。

(四)深圳赛格广场空调系统新技术

完成单位：华艺设计顾问有限公司

主要完成人：杨杰

完成时间：设计1996年1月~1999年3月，竣工1999年8月

1.成果简介

制冷主机分段布置；地下4层制冷主机选用双级压缩离心式冷水机组，环保冷媒R134a；塔楼制冷主机选用三级压缩离心式冷水机组，环保冷媒R123；空调水泵选用双吸式水泵；高区制冷机房制冷主机及空调水泵设计浮筑楼板减振；空调水系统同程式设计；新风系统深度除湿设计；赛格电子配套市场过渡季节排风设计；赛格电子配套市场空调系统内、外区分别设置；楼梯间正压送风系统

直接送风设计；地下4层制冷机房采用了酚醛保温材料。

2.应用与效益

赛格广场为超高层建筑，采用分段设置制冷机房的方案，制冷主机靠近负荷中心，降低空调水系统输送能耗。制冷主机按逐时冷负荷计算结果选择容量。空调水系统同程式设计，系统稳定运行。写字楼部分采用新风加风机盘管的空调方式，提高室内空气舒适度。

(五)节能空调新技术在建科大楼项目中的应用

完成单位：深圳市建筑设计研究总院有限公司

主要完成人：吴大农、周建戎、周俊杰

完成时间：设计2007年7月，竣工2009年1月

1.成果简介

建科大楼不同功能房间使用时间差异较大，不同功能区域采用不同的空调方式。水源热泵式空调系统利用雨水及人工湿地循环系统进行换热；水环式节能空调系统主要采用了全热回收新风系统、高温冷水机组、干式风机盘管、热泵驱动溶液除湿新风系统、辐射冷却吊顶系统、冷梁系统、置换通风系统、桌面工位送风等新技术。

2.应用与效益

建科大楼节能空调系统应用了多种节能空调新技术，系统在节能环保的同时，更结合置换通风、桌面工位送风等技术，提高了室内热舒适性和空气品质，空调运行电耗指标远低于其他同类建筑，节能效益明显。

(六)一、二次泵系统和变风量系统在华润中心一期项目中的应用

完成单位：广东省建筑设计研究院

主要完成人：王业纲、黎晓辉、甄肖霞、浦至、叶健强、张建

完成时间：设计2003年1月，竣工2004年11月

所获奖项：2006年建设部优秀工程设计二等奖、2005年广东省优秀工程设计一等奖

1.成果简介

变风量空调系统是属于全空气空调系统的一种空调方式，它是通过向空调房间输送足够数量的，经过一定处理了的空气，以消除室内的余热和余湿负荷，并且当室内负荷变化时，用改变送风量的方法维持室内所需要的温度和湿度。变风量系统是一种节能的空调方式，整个空调系统可以随着负荷的变化调节总送风量，配合自动控制可按实际负荷需要运行，可以最大限度地减少风机动力消耗而节能。

传统空调把热量排放到大气中造成城市的热污染且浪费热能，本技术利用空调排风中的余冷余热预处理新风，以减少处理新风所需的能量，同时可以加大室内的新风比，提高室内空气品质。

TA设计软件能够进行全面水力计算，为水泵、管道、控制阀和平衡方案的选型提供科学的计算依据，TA对水系统进行了全面的水力平衡调试，实现了在满负荷工况下，每一个末端设备同时达到设计流量，从而保证了水系统的生产设备（冷水机组、冷却塔）、水泵、末端设备（换热器、空气处理机、盘管等）和自控系统获得必要的工作条件（设计的流量、供水温度和压差）。水系统运行实现了冷热量的量化管理， TA 平衡调试使设计流量在系统运行中真正得到实现。TA公司的平衡调试报告是系统运行管理的量化依据，为日后运行诊断提供了数据基础，实现了生命期运行量化管理的目标。

2.应用与效益

本成果在深圳华润中心一期应用，取得如下效益：

一、二次泵系统: 中区以及北区14层以下冷冻水系统供回水温度分别为 7℃/12 ℃，经板式热交换器后另一侧的冷冻水供回水温度为7.5℃/12.5℃。

变风量系统：北区五层至二十九层：办公室均采用变风量（VAV）空调方式，同时设有排风。变风量末端装置选用压力无关型，由DDC控制器根据房间温度设定值对变风量装置中的风阀进行调节，控制对房间的送冷风量以满足用房的温湿度要求。

热回收装置：中区中庭顶部设有排风系统。为节能，在排风系统与新风系统间设置了空气热回收装置。热回收效率达70%。

本项目运行时间差不多已有6年，空调制冷系统效果非常好，运行稳定，节能效益明显。

(七)空调送风用诱导型旋流风口技术在宝安体育馆工程中的应用

完成单位：深圳市建筑设计研究总院有限公司第一分公司

主要完成人：潘京平、童章、梁瑞贤、马仁民

完成时间：动工2000年3月5日,竣工2002年6月30日

1.成果简介

在体育馆的观众固定坐席区利用固定坐席看台下土建顶棚形成静压箱，在座席下台阶侧壁上安装内部诱导型旋流风口，使送出的气流温度和风速迅速衰减，避免吹风感，送风口出风温度为23℃，

温差△t=3℃，回风20%通过屋顶排风机排至室外，另外80%则利用四层的悬挑房间下所设回风管集中通过竖井回至各空调机房与室外新风混合后进入空气处理机，在空气处理机冷却、除湿、加压后经风管送至看台下土建顶棚形成静压箱，再经诱导型旋流风口送至馆内。由于观众席采用下送风的方式，提高了空气品质，舒适感增加（诱导比1：1.5），节约了能源。

2.应用与效益

在宝安体育馆工程中应用，固定观众席的空调气流组织形式采用下送上回的方式，无明显风感，满足人体的舒适性要求。带诱导型旋流风口自身诱导部分回风，减少空气处理机送风量，使风道及风管的面积缩小，节约了能源。

(八)蓄冰空调及低温、大温差、变风量空调送风系统在深圳特区报社工程中的应用

完成单位：深圳大学建筑设计研究院

主要完成人：郑文国、温亦兵、王菲菲

完成时间：设计1994～1996年5月，竣工1997年5月

1.成果简介

冰蓄冷空调的应用，可有效平衡国家或地区电网峰谷负荷，减缓电厂和供配电设施的建设投入，减少空调系统电力增容费和供配电设施费，降低空调运行费用，实现大温差低温送风，减少空气输送系统的投资和能耗，提高室内空调品质。

2.应用与效益

本成果在深圳特区报社工程中应用，采用蓄冰方式后，本项目年节约运行费用约140万元；末端变风量空调系统年节约运行费用约50万元；因空调风管高度的减少导致在建筑高度不变的情况下增加了两层建筑面积，经济效益可观。本项目自1997年投入运行至今已有13年，空调制冷系统运行稳定，室内舒适性很好，运行费较低，节能效益非常明显。

(九)变频多联系统在江苏大厦项目中的应用

设计单位：中建国际（深圳）设计顾问有限公司

主要完成人：杨杰、李红梅

完成时间：设计1998年11月，竣工2000年12月

1.成果简介

变频多联式系统属于氟里昂直接蒸发的空调系统，其单机容量为8HP和10HP，模块化组合最大达到48HP。利用室内空调房间的不同时使用特性，使室外机能在室内机负荷大小改变的情况下压缩机变频运行，减小室外机输出功率，从而达到节能的目的。

2.应用与效益

本成果在江苏大厦工程17层以上均采用VRV变频中央空调系统，各层新风系统采用水冷空调机组；在16层和49层分别设两台100RT水螺杆式冷水机组集中供冷。裙房和6~15层酒店式公寓由设在地下3层的3台300RT螺杆式冷水机组集中供冷，空调制冷系统运行灵活，运行费用与管理成本低，节能效益明显。

(十)冰蓄冷系统在卓越皇岗世纪中心项目中的应用

完成单位：中建国际（深圳）设计顾问有限公司

主要完成人：丁瑞星、李亚姿、高玉梅、游许、刘红

完成时间：设计2007年3月，竣工2009年11月

1.成果简介

根据深圳市电价政策及蓄冰空调本身的特点，相对常规空调系统，可节省大量空调费用。

2.应用与效益

2009年在卓越皇岗世纪中心工程中应用，经计算，冰蓄冷系统设备初投资比常规制冷系统多874.8万元，扣除节省的高压配电系统投资171.49万元，采用冰蓄冷系统初投资比常规制冷系统多707.34万元，年节约运行费用约315.2万元，增加初投资回收期为3年。经济和社会效益显著。

(十一)电动多叶送风口（排烟口）在宝丰大厦工程中的应用

完成单位：深圳市建筑设计研究总院有限公司

主要完成人：李欣、梁瑞贤

完成时间：设计1987年12月，竣工1989年04月

所获奖项：1991年深圳市优秀设计一等奖、广东省优秀设计二等奖、建设部优秀设计表扬奖

1.成果简介

安装在机械排烟系统的管道吸入口（电动多叶排烟口）或机

械加压送风系统前室或合用前室的电动多叶送风口，火灾时手动或电动瞬间开启，进行排烟或对前室、合用前室加压送风。排烟口在280℃时，阀门自动重新关闭，可手动开启、手动复位，有阀门开启信号输出，可联锁控制。有24V电源控制电磁铁开启阀门。火灾产生大量的烟气和热量，如不及时排除，就不能保证人员的安全疏散和扑救工作的进行。采用更及时更可靠的排烟设施，对挽救国家财产及保证人员的生命安全有着重要的作用，电动多叶送风口向前室，合用前室加压送风保持正压，保证了疏散和扑救人员的安全。

2.应用与效益

由于采用了多项自动控制措施，性能更安全可靠。

(十二)热回收风冷冷水机组和单元式双风机空气处理机在深圳市麒麟山庄配套工程中的应用

完成单位：中建国际（深圳）设计顾问有限公司

主要完成人：杨杰、魏志东

完成时间：设计2005年1月，竣工2005年12月

1.成果简介

本成果在空调工程中，冷热源采用风冷式全热回收冷水机组和风冷式冷热水机组；游泳馆采用单元式双风机空气处理机，竖向送回风，暗藏复合风管。

2.应用与效益

本成果2005年应用于深圳市麒麟山庄配套工程，空调机组冷盘管冷凝除湿，冷凝热回收用于空气再热和维持泳池水温度。泳池水初次加热采用空气源热泵为热源。冷热综合COP为6.88～7.49。游泳馆采用单元式双风机空气处理机，过渡季节全新风运行。空气处理机竖向送回风暗藏风管。本成果满足该建筑使用的舒适性、节能性、操作便利性等设计要求。

(十三)制冷剂R134a离心式冷水机组在建艺大厦工程中的应用

完成单位：深圳市建筑设计研究总院有限公司

主要完成人：梁瑞贤、吴大农、周惠家

完成时间：设计1992年2月，竣工1995年12月

1.成果简介

R134a是代替R12的制冷剂，是对臭氧层无破坏的环境友好型制冷剂。

2.应用与效益

本工程采用了20世纪90年初出现的对臭氧层无破坏的R134a为制冷剂的离心式冷水机组，对当时采用环境友好型的制冷剂起到了推动作用。

(十四)耐高温轴流风机在设计大厦项目中的应用

完成单位：深圳市建筑设计研究总院有限公司

主要完成人：吴大农、梁瑞贤

完成时间：设计1995年2月，竣工1998年7月

1.成果简介

在过去的建筑设计防火规范中，离心风机只可作为排烟风机。本成果采用了特殊的构造和冷却方法，使高温轴流风机也能用在排烟系统中，其结构和外型特点使其可以很方便安装，具有平时通风、火灾时排烟的性能。

2.应用与效益

本成果在深圳设计大厦中应用于消防排烟系统，安装方便，耐高温，性能安全可靠。

(十五)现代化警察训练射击馆室内空调系统设计方法

完成单位：深圳大学建筑设计研究院

主要完成人：韩国园、郑文国、战恩来

完成时间：设计2004年10月，竣工2010年4月

1.成果简介

随着我国经济的发展，警察训练科目日趋多样化、复杂化、专业化，很多训练科目必须在室内进行，而我国在实弹训练场馆建设方面严重滞后，直到现在仍没有这类建筑的设计规范，也没有样板工程可以借鉴。该项目的建设可为我国提供一个高标准的警察训练基地，其中该项目室内训练馆的空调设计为警察提供了一个良好的训练环境，并有良好的节能效果。

2.应用与效益

本成果应用于深圳警察训练射击馆工程，有以下创新点：（1）在气流组织上，使射击馆内从训练员到靶机之间形成层流，

送风一次性通过室内，避免射击产生的铅粉污染被吸入人体内。（2）排除有毒物质采用全新风直流系统。本设计排风和新风间通过转轮全热回收器回收排风中的能量，既保证了安全，又节约了能源。（3）在空调机组里设置了初、中、高效三级过滤器，过滤后的空气一部分与室外新风混合，再送入房间，另一部分排出室外，铅粉过滤效率达99.99%，既保证了室内环境的安全，也保证了排出室外的排风对周边环境无污染。在节能效果方面，采用的转轮全热回收装置可回收约380kW的冷量，可节约126kw的用电量，每天按12个小时计算，每年可节约55万元，节能效果明显。

(十六)CFD技术、玻镁风管及余热回收技术在世界之窗溜冰场工程中的应用

完成单位：深圳市建筑设计研究总院有限公司

主要完成人：姜乙锋、吴大农、王志胜

完成时间：设计2006年，竣工2007年12月20日

1.成果简介

（1）采用了计算机气流仿真模拟设计（CFD技术），对冰场上空的气流流场进行了计算，并以此作为参考，确定送风口的高度、角度及尺寸，以及回风口的尺寸。

（2） 在地下管廊内的通风管采用了玻镁复合（节能型）风管。

（3）采用冷凝器热回收技术制取热水，作为空调系统再热的热源，通过再热水泵送至空调箱的再热盘管内，保证送风温度的设计值，满足室内气湿度的要求。

2.应用与效益

本成果在世界之窗溜冰场工程中应用，设计过程通过CFD技术模拟出冰面上部的气流速度，指导气流组织设计，通过对冰面风速的控制避免了雾气的产生。

冰场大部分风管埋于地下管廊内，管廊内长期不通风且湿度比较高，选择玻镁复合型（空调节能）风管，提高了风管在恶劣环境下的耐久性，延长了空调系统的使用寿命。

本设计采用冷凝器热回收技术来制取热水，用于再热，保证设计工况下的送风温度，确保了热湿比线，回收利用了机组的余热，节约了能源，同时避免了冰面起雾、顶棚滴水的问题。

(十七)温湿度独立调节空调系统在深圳创意产业园南海意库工程中的应用

完成单位：深圳市清华苑建筑设计有限公司

主要完成人：潘北川、高琼、刘大为、黄敏华

完成时间：设计2005年12月～2006年10月，竣工2008年4月

1.成果简介

本工程采用了下列新技术：溶液调湿新风系统的温湿度独立调节空调系统；地埋管+低湿度防结露送风保护的冷辐射空调系统；毛细管冷辐射空调系统；干式风机盘管的规模化应用；高温冷水机组应用。

本项目的空调设计采用与传统空调截然不同的思路，将空气的温度与湿度分别控制，达到能量分级利用的目的，使能耗大幅度降低。

本项目在建筑物的前厅采用地板内敷设冷水管道，将整个地面作为冷辐射体，并在冷辐射地面侧边设置低湿度防结露贴附送风，使人员活动区域温湿度参数保持在舒适的范围内，同时防止地板表面结露。能耗大幅度降低。

本项目在建筑物房间的顶棚及墙面内敷设毛细管席，在其中通入高温冷水（17°C/20°C），将顶棚及墙面作为冷辐射体，并向室内送处理后的干燥新风，使得人员活动区域温湿度参数保持在舒适的范围内。

本项目末端设备采用干式风机盘管，高温冷冻水供水温度为17°C，高于室内空调设计露点温度，因此盘管的表面不会产生结露，整个冷却过程为干式冷却，避免霉菌滋生，改善室内空气品质。

实现温湿度独立调节，空调显热负荷用高温冷水（17°C/20°C）消除，与传统空调系统冷冻水（7°C/12°C）相比，大幅提高了制冷机制冷系数，减少了电力消耗。

2.应用与效益

本系统将显热负荷与潜热负荷分开处理，相对于传统的空调方式，可以达到既舒适又节能的环境效果，节能率达67%。综合节能率67.93%（住建部绿色三星标识评定数据）

本项目的前厅由钢结构斜撑种植隔热屋面构成，整个前厅高大开阔，三面围护结构。根据前厅的特殊构造，经比较后决定采用冷辐射地板的空调形式。在主体一侧地面附近设置送风口，使新鲜干燥空气形成一层干空气保护层，防止地面结露并满足前厅的新风需求。

本项目采用的毛细管冷辐射空调系统，由敷设在楼板或墙面内的毛细管冷辐射体和新风系统组成。毛细管冷辐射式供冷系统供冷温度均匀，噪声低微，室内美观简洁，节能效果显著。

配合温湿度独立调节空调系统，大面积采用干式风机盘管，提高室内舒适度并防止霉菌滋生。由于没有凝结水产生，取消了各个末端的凝结水管。

采用国产新型高温冷水机组，在提高制冷效率的同时，降低能源消耗。配合溶液除湿新风机组的使用，完美实现温湿度独立调节，在相同的冷负荷条件下，既减少了能量消耗，又提高了室内环境舒适程度。

(十八)燃气空调在深圳市石油气大厦工程中的应用

完成单位：深圳市建筑设计研究总院有限公司第一分公司

主要完成人：谢沂峥、马昌

完成时间：1995年

1.成果简介

燃气空调是节能环保产品，直燃型溴化锂吸收式制冷机是以热能补偿来实现制冷的装置，以水为制冷剂，溴化锂为吸收剂，通过相变转换及浓度变化制冷。溴化锂无毒无害无污染，热力系数高，而直接使用燃气提高了能源使用效率。

2.应用与效益

本成果在深圳市石油气大厦工程中应用，系统运行多年安全可靠，具有节能环保优势，是空调制冷直接采用一次能源的成功案例，特别适合用于能源结构中气源丰富或有大量可回收热能的地区。

(十九)溴化锂冷水机组在鹏基大厦中的应用

完成单位：深圳市建筑设计研究总院有限公司第一分公司

主要完成人：贺建鑫、卢耀麟

完成时间：动工1998年，竣工2001年7月

1.成果简介

溴化锂冷水机组是利用热能为动力制取冷量的制冷机组，溴化锂冷水机组的使用配合了国家对环保的要求。由于采用直燃式，水泵、油泵和燃烧器仅需用小部分电量，对缓解电网的峰谷问题起到很好的作用。溴化锂冷水机组具有可无级调节、电脑控制、安全可靠、运转部件较少、使用故障少、维修成本低等优点。

2.经济与效益

本建筑制冷机房（单层）设于地下，客房部分需卫生热水供应，选用两台BZ150VIB型溴化锂冷水机组，为燃油型，每台耗电量26kW，相比电制冷冷水机组每台耗电量325kW，大大减小了建筑物配电容量（大约一半电负荷），相应减小了变配电设施，节省了造价。同时溴化锂机组可产生卫生热水，满足客房需求，省去锅炉系统和热交换站，减少了本大厦的运行管理难度。

(二十)热回收、变风量系统在华侨城（洲际）大酒店项目中的应用

完成单位：深圳华森建筑与工程设计顾问有限公司

主要完成人：王红朝、曹莉、庄西

完成时间：设计完成2005年9月，竣工2006年12月

1.成果简介

冷、热源系统：根据酒店的运行规律, 采用大、小主机搭配，满足酒店不同负荷区间的要求。

热回收系统：由于锅炉房、洗衣房、配电室等房间夏季散热量大，冷却通风所需风量大，因此增设了带热回收装置的热泵机组。经热回收后的冷风可作为房间冷却通风，产生的热水供应员工更衣室、员工厨房及洗衣房生活热水需求。

变风量系统：本工程风味餐厅空调系统设计为VAV系统，通过分区域温度控制，有效解决温度场不均匀的问题。

空调水系统：采用一次泵变流量四管制系统，根据使用功能及平面位置划分为四大主支路，各主支路回水管均设有静态平衡阀。客房管井立管底部设置压差平衡阀；平衡阀通过控制各支路之间的水力压差来平衡因主干管阻力引起的支路之间水力不平衡。本工程选用的平衡阀在全开状态下阻力只有0.3kPa，比设置同程管节能。

2.应用与效益

洗衣房等采用制冷热回收系统，年节省热水费用30万元，投资回收期为0.5年。

变风量系统与其他系统相比，节约电源约20%。

通过平衡阀的调节进行准确的流量、压差控制，保证了系统的正常运行并有效节能，本项目水泵节能21%。

(二十一)冰蓄冷系统在电子科技大厦项目中的应用

完成单位：深圳市奥意建筑工程设计有限公司

主要完成人：林家骏

完成时间：设计1989年4月，竣工1994年

1.成果简介

本蓄冰系统一次侧乙二醇溶液直供十六层以下末端及设置于十六层的供高区系统的板换。下区空调供回水温度5~10.5℃,上区空调供回水温度7~12℃。蓄冰系统一次侧乙二醇溶液直供末端减少板换造成的1.5℃左右的温度损失，提高了供冷效率，节约了能源。同时一次侧采用大温差供水，减少输送系统水泵能耗。

2.应用与效益

本项目年节约运行费用约万元；由于主机容量配备减小，降低电力容量，节省高压配电系统投资，配电初投资节省约万元；本项目运行时间已有两年，空调制冷系统效果好，运行稳定，节能效益明显。

(二十二)深圳赛亿法微电子（STS）超大项目后工序一期扩建工程6级(原国标千级)净化间采用上送上回气流组织

完成单位：深圳市奥意建筑工程设计有限公司（原深圳市电子院设计有限公司）

主要完成人：张利群

完成时间：设计时间1998年4月，竣工时间1999年8月

1.成果简介

该工程生产厂房车间为大跨度、无分隔厂房（80m×48m），净化间外围可利用与参观走廊间隔墙设回风夹道，采用下回风；厂房内区无法设置回风夹道，气流组织只能采用上送上回方案，而净化间由于工作区净化要求通常均采用上送下回气流组织，以保证洁净空气自上而下经过工作区、回风口、空气处理设备。上送上回气流组织在国内净化间工程中没有应用先例及测试数据，经过多次实验测试和计算在设计中采用多项措施，提高高效过滤器风口送风速度（扩散板孔口风速5m/s），降低回风速度（约为≤1.5m/s），满足洁净度及生产工艺要求，使用至今，各系统运行状况良好。

2.应用与效益

本成果丰富了较高级别净化间的气流流型图示，为净化间采用上送上回气流组织做了具体的实践和探索，积累了一些可供参考的数据，对类似工程有一定的借鉴作用。

(二十三)结合内融冰技术的区域供冷在深圳富士康宝源科技园的应用

完成单位：富士康科技集团、同方股份有限公司

主要完成人：胡干红、徐齐越、王琳、刘同宇、黄晔

完成时间：设计2005年10月 竣工2006年8月

1.成果简介

该工程的区域供冷半径不大（550米内）、建筑物比较集中、各建筑物用户类型多样、用冷时间和用冷特点各不相同后，违反常规地采用内融冰技术和普通二次泵变频输送技术的区域供冷的系统设计，再结合同方的冰蓄冷优化控制系统，使整个项目的系统设计非常简明。该设计方案丰富了区域供冷技术的理论，对今后区域供冷项目的设计有非常大的指导意义。

2.应用与效益

该项目的冰蓄冷优化系统，可以灵活自如的进行各种工况的转换，并能够根据天气预报结合项目的当前负荷状况进行负荷预测，通过水泵变频技术进行输送负荷调节，来适应科技园区内多变的空调负荷需求。本工程的蓄冰量≥8500RTH，融冰取冷温度稳定在5℃左右，供回水温度和流量完全达到了设计指标。本成果减少投资约190万元，经过实际测试，冰蓄冷系统较常规空调系统年运行费用可节省171.9万元，经济效益十分显著。

(二十四)变频多联中央空调系统（VRV）在星河世纪项目中的应用

完成单位：城脉建筑设计（深圳）有限公司

主要完成人：徐峥、顾德娴、王伟华

完成时间：设计2005年1月，竣工2006年7月

所获奖项：2009年度全国优秀工程勘察设计一等奖、2009年度广东省优秀工程勘察设计二等奖

1.成果简介

变频技术的应用使得压缩机可以根据室内机的实际需求进行能力输出，以满足空调部分负荷运转等状态下的能力需求。相对于不根据实际能力变化而改变压缩机输出的定频空调，变频空调更加节能，在此基础上舒适度也大大提高了。大金早在1986年就将变频技术应用到了VRV系统中。大金VRV系列产品目前均采用大金高腔涡旋式直流变频压缩机，融入多种先进的技术，大大提高了空调系统的节能性。本工程采用能24小时独立控制的变频多联中央空调VRV，创造节能、舒适、自由控制的商务空间。同时，通过VRV智能化控制系统，还能实现空调电量分户计量，公正合理。

2.应用与效益

本项目运行至今已有4年多， VRV空调系统使用十分便利，365天、24小时空调随时待命，空调系统制冷效果非常好，运行稳定，节能效益非常明显。

(二十五)排风系统全热回收新风换气机在南山法院办公大楼项目中的应用（新技术推广项目）

完成单位：深圳市清华苑建筑设计有限公司

主要完成人：郑文国、牛鸿梁、潘北川

完成时间： 设计2003年，竣工2009年

应用与效益

南山法院审判法庭项目位于深圳市南山区，是一座现代化的人民法院办公综合大楼，属一类综合性高层建筑。

现代办公建筑的门窗越来越密闭，玻璃幕墙也大规模地使用，导致建筑房间内气密性越来越好，因之引起空调房间的正压加大、新风补入困难、房间内的有害气体成分不能及时排除。而以往办公建筑传统的空调系统只设计有新风系统，而没有排风系统，即使设计了排风系统也是简单地将室内空气排至室外，排风系统中蕴含的大量低温能量白白浪费掉，而为了处理新风中的高温、高湿，又不得不耗费制冷系统更多的冷量，降低空调供水温度，导致制冷效率低下。全热回收新风换气机很好地解决了上述问题。全热回收新风换气机的使用，能及时排除房间内的污浊空气及有害气体成分，使得新风顺利补入房间，大大改善室内的空气品质，且实现了对新风的预冷或预热，回收了排风系统中的能量，使空调系统的能效比有显著提高。

本工程各楼层各房间的新风系统全部采用全热回收新风换气机的方式，每年可回收803MW的冷量，约合14万kWh，合人民币12.5万元。

(二十六)电子空气消毒净化机在南山法院办公大楼项目中的应用（新技术推广项目）

完成单位：深圳市清华苑建筑设计有限公司

主要完成人：郑文国、牛鸿梁、潘北川

完成时间： 设计2003年，竣工2009年

应用与效益

南山法院是一类综合性高层建筑。由于2003年前后出现了传染性非常强的SARS病毒，故对于公共环境，尤其是人员聚居较多的有集中空调的公共场合，对空气的消毒净化、防止传染病的急剧扩散传播就更显得迫在眉睫。为此，在该项目中的公共用房区，如大审判庭、小审判庭以及大会议室等房间内均加设了电子空气消毒净化机。大、小审判庭安装的是独立吊顶式净化机；大会议室安装的是空调风柜回风口式净化机。电子空气消毒净化机的应用可以大大减轻病毒经空气的传播，它不仅可以起到静电除尘、净化空气的作用，更可以杀灭空气中的病菌，起到对空气消毒的作用，一举两得。电子空气消毒净化机的应用，给人们提供了一个安全、舒适、放心的办公环境，减少了疾病的传播，提高了人们的生活质量，为人们营造了一个温馨、和谐的工作氛围。

(二十七)液化石油气小区中央气化站工程研究(龙岗区回龙埔气化站)

完成单位：深圳市燃气工程设计有限公司

主要完成人：罗菊仙、周世治、侯思慧、张琳、周琰、罗仁青、姜稳庄、黄承柯、刘涛

1.成果简介

确定城市燃气建设近期为液化石油气小区气化模式，远期向管输天然气过渡的战略方针和发展方向。通过全面规划，分期建设，逐步联网，从而实现深圳燃气供应管道化、规模化。

2.应用与效益

自1982年建设第一座液化石油气小区中央气化站起，其全面规划、分期建设、逐步联网的供气模式为特区城市基础设施建设奠定了良好的基础，为特区经济发展发挥了重要作用并在全国起到了示范作用。

至2005年，深圳市共建成液化石油气小区中央气化站13座，居民用户达48万户，年供气10.54万t，充分适应了深圳经济建设飞速发展的需要。

(二十八)深圳市天然气利用工程研究

完成单位：中国市政工程华北设计研究总院、中国市政工程西南设计研究院、深圳市燃气工程设计有限公司

主要完成人：吴洪松、黄葵、范学军、蒋皓、乔珩、徐明远、刘宝国、万云、余祖强、吕群、邱鸣、付辉、杨永忠、吴东艳、李江

完成时间：2005～2007年

所获奖项：2010年获“第九届中国土木工程詹天佑奖”

1.成果简介

本成果以提高燃气建设及安全水平为宗旨，跟踪国际燃气技术的发展趋势，积极引进国外先进的技术和设备，结合深圳的具体情况，在输配系统优化、场站流程及设备、LNG调峰技术手段、非开挖技术、用户的天然气转换等各领域广泛开展科技攻关，积极推广

应用新工艺、新技术、新设备、新材料，有较高的科技含量，具有较大的规模和一定的代表性，达到了国际同期的中等先进水平，并在国内处于领先地位。

2.应用与效益

本成果应用于深圳市安托山天然气门站、中心公园调压站、梅林LNG安全应急气化站。工程2006年6月建成，8月12日通气点火，标志着优质清洁的天然气正式进入深圳市，改变了深圳市的能源结构，减少了大气污染，提高了市民的健康水平，改善了环境条件，加速了国民经济发展。

(二十九)聚乙烯燃气管道工程

完成单位：深圳市燃气工程设计有限公司

完成时间：1990年以来

1.成果简介

聚乙烯(PE)燃气专用管材具有使用寿命长（可达50年），耐化学腐蚀性强、韧性好、施工简便可靠、管道综合成本低等优势，被大量使用到燃气工程中，已基本取代埋地钢管与铸铁管，为燃气行业带来了新的科技进步。

2.应用与效益

深圳市于1990年开始进行试点工程，至今已安装供气干管900km，庭院供气管道820km，全长1720km，为深圳燃气业的飞速发展发挥了重要作用。

第六章　勘察与岩土工程专业

深圳勘察与岩土工程科技创新30年

魏万信　　刘小敏　　张旷成

三十年回顾

1980年，深圳经济特区则刚刚成立，大面积开发首先在罗湖区的中心地带展开，罗湖大厦是最先开始工程勘察的高层建筑。随之的国贸大厦、金城大厦、湖心花园、海丰苑、振华大厦、友谊大厦、德兴大厦、翠竹楼相继进行勘察。1982年，上步的高层建筑电子大厦、统建办公楼、统建商住楼、红岭大厦也前后进行了工程勘察。随着时间的推移，罗湖、上步、南头、蛇口的高层建筑勘察不胜枚举。地标建筑如国贸大厦、鸿昌大厦、联合广场、加福大厦、地王大厦、赛格广场、招商大厦也陆续开工建设。

30年来，深圳工程勘察从业人员从几十人到几百人，到现在的2000多人，勘察单位从一家发展到数家，到现在的20多家。它们竞争与合作共存，发展与壮大同步，由国家事业单位转变成国属企业单位，又改制成股份制企业。从计划经济到市场经济，思想观念发生了深刻的变化，经历了改革开放的全过程。

30年来，随着工程建设的发展，勘察单位由单一的工程地质勘察，逐渐发展成为岩土工程勘察、地基处理设计与施工、基坑与边坡支护设计与施工、环境地质、城市与工程测量、检验与监测等领域，业务范围由深圳扩展到广州、东莞、中山等珠江三角洲城市乃至全国各地。

工程勘察行业不仅直接为城市的规划、建设服务，对环境保护也起到了重要作用。2005年，在市政府的直接领导下，深圳市勘察测绘院有限公司与市地质学会一起，组织力量，扎实工作，编制了翔实而有说服力的资料，成功申报了“七娘山国家地质公园”，使深圳的文化内涵增加了又一丰富的内容，为东部的开发和环境保护建造了一个高质量的平台。

30年来，深圳的工程建设日新月异，地铁、轻轨、泛珠江三角洲交通网，越建越高的大厦都需要勘察人员去奠基、去开拓。他们为了适应形势发展的需要不断进行科技创新，引进新技术、新方法，进行技术开发、技术革新，他们编制规范、撰写学术论文，取得了丰硕的科技成果。

一、1981～1990年

20世纪80年代初为了求生存、求发展，“工勘”、“深勘”等市属勘察单位，除在全国各地引进各类专业技术人才，接收和培养大学毕业生充实自己的专业队伍外，还与成都地质学院、武汉地质学院、铁道部第四勘察设计院、上海第二十冶金工程公司等建立技术协作关系，用借鸡下蛋的方法发展自已，提高自身的技术能力。“工勘”自筹资金，编制了“深圳地区工程地质系列图”（简称工程地质图系），获广东省和深圳市科技成果三等奖。深圳市勘察测量公司在白沙岭高层住宅施工降水中，运用地下水数字模拟逐节点反求参数及自动优选参数的新方法，结合场地工程及水文地质条件，合理布置降水井，使地下水位降到了人工挖孔桩底板以下，安全顺利地完成了基坑开挖和人工挖孔桩基础的施工任务，取得了深圳地区首次大面积、大降深工程降水的成功经验。此项目获广东省优秀工程勘察一等奖。

1981年，地质局在供水井勘察中发现了上步岭矿泉水（今益力矿泉水），1985年在罗湖断裂勘察时又发现东湖矿泉水（今梧桐山矿泉水），为深圳开发利用矿泉水打下了基础。1987年，深圳地质局配合地矿部水文地质工程地质司对深圳市区域地壳稳定性进行了研究。通过对罗湖区附近晚更新世以来断裂活动的调查研究、勘探、验证，采用地质力学的思路、观点和方法，以地应力场的研究为重点，配合介质稳定性和地面稳定性研究，对深圳市区域地壳稳定性进行了综合评价，消除了当时认为深圳有产生破坏性地震可能的疑虑，增强了国内外对深圳投资的信心。

20世纪80年代后期，各勘察单位更新仪器设备，将原来的100型、300型旧钻机和老的经纬仪，更换成金刚石自动油压高速钻机，红外测距仪、高精度电子水准仪，添置静(动)力触探仪、静动两用三轴仪、载荷试验、旁压仪、管线探测仪等先进的勘察、测试、测量仪器设备，极大地提高了工程勘察技术水平和生产能力。

1987年5月，在市建设局黎克强总工程师领导下，完成了深圳地方标准《深圳地区建筑地基基础设计试行规程》SJG 1-88 的送审稿，“工勘”、“深勘”、“长勘”均是该规程的编制成员。“工勘”编制的《深圳地区工程地质图系》中的“土体工程地质类型图”和“岩体构造及工程地质类型图”被纳入该规程。1987年12月邀请国内专家在深圳开会，审查通过本规程送审稿，1988年3月试行，1989年11月深圳市人民政府正式批准本规程。该规程是深圳第一个也是全国第一个建筑地基基础设计地方性技术标准。该规程在对花岗岩风化带的划分、花岗岩残积土的定名及野外鉴别方法、花岗岩残积土地基承载力及变形研究、桩侧阻力和端承力的确定等方面，都处于国内领先水平，以后被国家、行业以及省级相关规范引用并在全国推广。1987年全国首届优秀勘察设计评选，由航空工业部勘察院勘察的上海宾馆，由于很好利用残积土、采用天然地基，被评为金质奖；深圳长勘勘察公司勘察的国贸大厦被评为银质奖。

二、1991~2000年

根据建设部工程勘察向岩土工程转化的决策，“工勘”、“深勘”从20世纪80年代后期便相继成立了具备独立资质的“深圳市基础工程公司”、“深圳市岩土工程公司”、“深圳市环宇岩土工程公司”（后更名为深圳市工勘岩土工程公司）和“深圳市深勘基础工程有限公司”。其他勘察单位也相继开展了岩土工程施工业务。很多单位都购置插板机、强夯机、锚杆钻机、旋喷桩机、深层搅拌桩机和钻（冲）孔桩机、人工挖孔桩机等岩土工程设备，积极开展地基处理，边坡与深基坑支护、桩基础和建筑物纠偏加固等岩土工程设计与施工项目，极大地拓展了勘察单位的生存空间。深圳市重大的地基处理工程项目，如深圳机场、福田保税区、皇岗口岸、深圳湾填海、深圳盐田港、妈湾港填海、宝安新中心区、海上田园风光等地基处理工程的设计与施工都有勘察单位的参与或主持。各种建筑地基处理，特别是强夯法、搅拌桩复合地基等的设计与施工主要由勘察单位承担。创立和引进了强夯加固地基、强夯置换法、LC桩复合地基、深层搅拌支护、新型土钉墙等新技术、新工艺。

1996年6月1日和8月7日，在市建设局何家琨总工程师领导下，由深圳市勘察研究院与深圳市环宇岩土工程公司主编的《深圳地区地基处理技术规范》SJG 04-96和深圳市勘察测绘院与深圳市岩土工程公司主编的《深圳地区建筑深基坑支护技术规范》SJG 05-96，被深圳市建设局批准为强制性地方标准，分别自1996年7月1日和12月1日起实施。这两个规范对各种地基处理和深基坑支护方法的设计、施工、质量检验和监测等都作了具体规定。《深圳地区建筑深基坑支护技术规范》为全国第一部深基坑支护技术规范，规范的技术内容在总体上达到了国内领先水平，获深圳市科技进步二等奖。《深圳地区地基处理技术规范》的强夯和强夯置换法等处于国内领先水平，获深圳市科技进步三等奖。

此时，深圳各勘察单位已完全摆脱了单一的工程地质勘察，开展了岩土工程勘察、岩土工程设计、岩土工程治理、岩土工程监测、岩土工程检验和工程咨询、场地安全性评价、防震减灾等业务。深圳勘察单位在岩土工程领域的开拓与发展走在了全国的前列。

在岩土工程勘察方面，引进了“荷兰锥”三桥静力触探、MaZier“三层管”取土器和真空薄壁取土器、井中无线电波应用技术、井中声波CT系统、探地雷达和瑞雷波法等。尤其是在岩溶勘察中引进的垮孔CT彩色成像技术，能清晰显示出溶洞的空间位置。大升高科技工程公司运用探地雷达开展检测项目，获得了良好的声誉，并被作为深圳市建设局1998年度科技成果推广项目。“工勘”和“深勘”开发研制的工程勘察制图软件，在建设部山东省淄博市召开的“全国城市勘察计算机应用经验交流评比会”上，分别被评为建设部优秀科技成果二、三等奖。“工勘”开发研制的“工程勘察制图与分析系统”软件，经深圳市科技局组织、市建设局主持、邀请国内有关专家鉴定认为在国内处于领先水平，已被省内外数十家勘察单位引进应用。

在地基处理方面，针对深圳地区滨海淤泥层、开山填海和场地平整出现的大量填土地层和龙岗岩溶地区等特点，国内外许多好的岩土加固技术都在深圳得到应用与发展，如预压法、强夯法、搅拌桩、砂石桩和CFG桩等复合地基法等。强夯置换、软土地基的动、静力联合排水固结法等技术更是在深圳得到发扬光大，率先列入深圳市和广东省地基处理技术规范中，为地基处理技术的发展作出了应有的贡献，深基坑支护的复合土钉墙技术方面也走在了全国的前列。

在工程测量方面，部分勘察单位添置了TCA1800（智能机器）全站仪、NiDi12精密电子水准仪、GPS/信标合一接收机、数字测深仪、数字化仪、HP9500N彩色激光打印机等高精度仪器和设备，引进了GPS卫星定位系统。勘察研究院开发研制了具有独立版权的数字化自动采集、电脑自动成图的测绘e系统。经中国城市规划协会组织国内有关专家组成的鉴定委员会鉴定，“测绘e系统”是全中文内外业一体化数字测图系统，具有技术先进、功能齐全、使用方便等特点，社会效益和经济效益明显，在国内处于领先水平。

此时，深圳工程勘察队伍技术力量雄厚，仪器、设备先进，已达到省内领先、国内先进水平，部分技术方法处于国内领先水平。除承担深圳市建设工程勘察外，并向珠三角辐射，用先进的技术和手段、一流的服务和管理方法，完成了一批市外和省外的工程勘察项目。深圳市技术人员先后在全国性技术刊物上发表论文100余篇，仅在全国城市勘测论文选编中，就入选论文10余篇。深圳市勘察研究院、深圳市勘察测绘院分别出版了《科技论文选》和《深圳地区岩土工程的理论与实践》等专集。对岩土工程勘察、岩土工程设计与施工、边坡工程、基坑工程、地基与基础工程、城市与工程测量、软件及开发等从理论上进行了全面的分析与总结。张旷成、樊颂华、姜云龙、李荣强、邓文龙、刘小敏、丘建金、刘官熙、张文华、杨志银、李子新、蒋鹏、肖兵等技术人员多次参加国家和广东省技术标准规范的编制，如国家标准、行业标准《岩土工程勘察规范》、《地下铁道、轻轨交通岩土工程勘察规范》、《建筑基坑支护技术规程》、《高层建筑岩土工程勘察规程》，广东省标准《建筑地基基础设计规范》、《建筑地基处理技术规范》和《岩土工程手册》、岩土工程丛书《岩土工程勘察设计手册》、《岩土工程监理手册》及《实用桩基工程手册》等。

三、2001～2010年

我国经济的持续快速发展和对外开放的进一步深入，对勘察单位提出了更高的要求，迫使勘察单位加快推行科技进步和科技创新。

深圳岩土工程勘察和施工单位自主开发和引进了大批先进、适用、经济、可靠的专有技术和新技术；研制开发出一批水平较高的岩土工程勘察、设计、计算和项目管理软件。如深圳市勘察研究院开发研制的具有自主知识产权的数字化勘察信息处理软件“勘察e系统”，在建设部科技司主持召开的鉴定会上，被认为在国内处于领先水平，在复杂地层连线、地层标识、图文编辑等技术方面，达到国际先进水平。深圳市勘察测绘院开发研制的地质地理信息系统、深圳市测绘公众服务地理信息系统等经有关部门鉴定均处于国内领先水平。GPS和基于PDA测绘技术以及各种先进的物探技术也在深圳广泛开发与应用。在此期间还开展了大面积填海软基处理、海堤、岸堤工程设计方法，岩溶塌陷、海水入侵、地震活断层及地震危害性评价等研究工作。深圳勘察单位有了自己的数项专利技术。

为了确保勘察设计质量，加强行业自律，市勘察设计协会开发了深圳市勘察设计单位信息管理系统，获广东省科技成果一等奖、建设部优秀软件二等奖。

在此期间完成的典型重大工程项目有：深港西部通道填海及软基处理、深圳市后海湾填海软基处理工程、深圳市机场飞行区扩建陆域及软基处理工程、深圳平安国际金融中心勘察等。

深港西部通道填海及软基处理工程是深圳、香港两地政府共同建设的项目，西部通道由两部分组成，即跨海大桥和一线口岸，其中跨海大桥北起蛇口东角头，南到香港元朗鳌勘石，双向六车道，全长4930m，桥面宽32.5m，局部为斜拉桥；一线口岸规划占地面积101.3万㎡，填海及软基处理工程面积为150万㎡。填海区淤泥厚度为5～24m，淤泥含水率最大达127.8%，平均含水率亦达90.88%，孔隙比平均值达2.64，呈流动—流塑状。该项目的岩土工程勘察、设计由深圳市勘察研究院承担，软基处理采用先建外海堤和区内分隔堤，然后插排水板堆截预压，个别地段采用了静、动联合排水固结法。整个工程的施工、监测、监理，由深圳市土地投资开发中心组织完成。深圳市主要的岩土工程单位都参与本工程的设计、施工、检测、监测和监理工作，为按期完成本重点工程作出了贡献，并积累了经验。填海及软基处理工程结束后，2004年12月，“中心”组织编写了《深港西部通道填海及地基处理工程软基处理技术分析报告》（内部资料，近15万字），这是一份非常宝贵的技术资料。

深圳市后海湾填海软基处理工程。该项目紧靠深港西部通道，规划填海面积4.2km^2，淤泥最厚15.9m，淤泥平均含水率83.7%，平均孔隙比2.33。该工程总体设计由深圳市勘察测绘院中标，设计标准：交工面复合地基承载力≥140kPa，工后沉降≤20cm，差异沉降≤1‰，交工面回弹模量≥25MPa，设计主要特点：先采用抛石挤淤形成纵横隔堤，区内插板堆载预压。区内道路分别采用砂石桩加换填强夯，填土及残留淤泥较厚采用管桩加桩帽及土工格栅裾垫层、管桩加桩顶盖板刚性处理等处理方法。2003年开始施工，目前大部分已完成。

深圳市前海湾填海及软基处理工程，填海面积共7.5km^2，由深圳市勘察研究院和深圳市勘察测绘院共同承担软基处理工程设计，2005年开始填筑，目前大部分已经形成陆域，由于该区已确定为深港合作示范区，根据新的要求目前正在进行软基处理深化设计施工。

深圳市机场飞行区扩建陆域及软基处理工程。机场扩建项目位于深圳宝安国际机场现有第一跑道西侧，总占地面积约10km^2，其勘察工作由深圳市勘察研究院和深圳市勘察测绘院共同承担，工程设计由铁道部科学研究院深圳研究设计院和中交第二航务工程勘察设计院承担。扩建的第二跑道全部挖淤，然后分层填筑。已经建成，处理效果良好。

深圳长勘勘察设计有限公司完成的深圳平安国际金融中心勘察是深圳第一超高层建筑。该项目位于深圳市福田中心区市民中心南侧，属高端租售型办公楼、大型综合商业中心和相应的配套设施。塔楼高588m（单塔115层）。总用地面积为18931.74㎡，总建筑面积460665.0 ㎡，设5层地下室，基底埋置深度为27.94m。本项目总投资约90亿元。

2002年第八届优秀工程勘察评选，由深圳市勘察研究院和深圳市工勘岩土工程公司承担的赛格广场岩土工程勘察和深基坑支护设计获得金质奖，由深圳市勘察测绘院承担的滨海大道岩土工程勘察获得银质奖。2009年由深圳市勘察测绘院承担的深圳会展中心场地详细阶段岩土工程勘察及深圳市勘察研究院和工勘岩土工程有限公司承担的深港西部通道一线口岸区岩土工程勘察、填海及地基处理工程设计均获2008年度全国优秀工程勘察设计奖银奖。

发展与展望

深圳过去的30年，岩土工程从无到有取得了辉煌成就。随着深圳经济特区扩大到全市范围，特区的建设将阔步迈进新时期，岩土工程的发展也随之迎来新的历史机遇，将在更广阔的空间发展和提升。总结过去30年令人难忘的历史和经验，适应新的建设事业的需要，还需要在以下岩土工程领域不断地进行研究、探索、开发和提升。

1.关于强风化岩的抗剪强度的研究

目前对强风化岩的抗剪强度指标的试验与确定尚不够成熟，而该值与边坡、基坑设计中土压力计算、锚固体与围岩的粘结强度合理取值都有密切关系。按目前《港口工程地基规范JTJ250-98》附录B，强风化花岗岩抗剪断强度C'的范围值为0.20~1.94MPa，均值为0.69MPa，ϕ的范围值30.96°~46.90°，均值为39.33°；广东中山在虎门大桥东锚碇区边坡开挖工程咨询报告中，根据现场变形试验和混凝土与强风化泥质粉砂岩剪切试验，建议强风化泥质粉砂岩，C'=156kPa、ϕ=28°，强风化石英砂岩C'=200kPa、ϕ=32°；广东核力工程勘察院在深圳市埔吓污水处理厂勘察报告中，对侏罗系强风化砂质泥岩经9个试样室内直剪快剪试验，C'=20.8~47.4kPa，平均值C'=31.8kPa，ϕ=12.9°~23.5°，平均值ϕ=19.2°。深圳地铁三号线西延段勘察报告建议值：强风化花岗岩坚硬土状C'=30kPa，ϕ=28°（直剪固快）；半岩半土状。C'=0、ϕ=32°；青岛地区，强风化花岗岩亦是取C'=0、ϕ=45°。由于半岩半土的强风化岩有较强的结构性，C'不应为零。这一问题需要作进一步的研究，并建议进一步试验，尤其是原位试验。

2.继续深入对花岗岩残积土（全风化岩、强风化岩）的研究花岗岩残积土中往往存在有未风化的花岗岩体或夹层，俗称风化球或风化弧石。这一现象在花岗岩分布区非常普遍，给基础选型和施工带来了很多麻烦。虽然在实践中不断摸索解决这一难题的办法，但是至今尚无理想的措施，仍需勘察与设计、施工一起，加深这方面的探讨。

3.积极开展淤泥软土原位测试新技术、取样新技术和软基处理新技术的研究

深圳沿海地区普遍存在深厚淤泥，龙岗地区还存在深厚的含炭质淤泥质土。虽然过去已采用薄壁取土器取土，取得了各项指标的试验数据，但毕竟取土、运输和室内土工实验过程中均会引起应力解除和扰动。积极发展原位测试新技术，获取淤泥软土在原始状态下的相关性能指标，同时需要研究开发新的取样技术和工器具提高采样水平，提升淤泥土室内土工实验的准确性。

深圳在软土地基处理方面已经积累了比较丰富的工程经验及地基处理方法，但面对诸如后海填海造陆区、前海深港高端商务区、沿江高速地带、深圳机场扩建区等深厚淤泥软土区，根据不同的建设要求，科学选择淤泥软土的处理加固的技术方法，仍然是需要进一步研究和深化的课题。

4.岩溶地质

深圳龙岗地区是岩溶地质广泛分布的地区，一直困扰着工程建设的各个环节，有不少工程因为岩溶问题不得不多次修改设计、改变施工方法，甚至减少建筑物高度。岩溶上覆土层中的土洞亦是工程建设中的隐患，地下水位的下降和上覆压力的增加都会造成土洞塌陷。西坑塌陷就是典型的例子。也曾出现过搅拌桩施工完后，桩体自动下落而证明土洞存在的现象。建设场地查明岩溶的埋藏情况是勘察工作的重点。查明溶洞及土洞的分布及发育规律，需要多种勘察技术方法的综合运用，包括先进的物探方法。不但要查清楚场地的岩溶发育情况，还需要在宏观层面对岩溶的分布和发育开展深入的调查和研究，对岩溶地区进行大面积的普查，判断岩溶发育的程度，划分岩溶发育区、较发育区、不发育区，以指导工程建设的前期规划

5.关于抗浮设防（计）水位和浮力计算

目前对抗浮设防水位如何合理取值有不同的认识。广东省标准《建筑地基基础设计规范DBJ15-31-2003》条文说明中，提出"如果岩土工程报告中没有提供地下水的最高水位时，地下水设防水位可取建筑物的室外地坪标高"。北京市地方标准《北京地区建筑地基勘察设计规范DBT11-501-2009》5.3.3条规定："在有地下水位长期观测资料的地区，应根据多年观测成果提供地下水位动态规律。当无地下水位长期观测资料时，应设立地下水位观测孔，取得水位动态资料。"显然后者的规定是合适的。深圳市建市30年，没有建立全市地下水动态规律的监测系统，缺乏城市地下水变化的系统资料。因此需要对此给予重视，划拨专项经费，尽快开展该项基础性工作。对大型地下工程如地铁，应在初步勘察时就建立地下水位和孔隙水压力长期观测系统，花钱不多，对抗浮设计有很大好处。

黏性土中浮力是否可进行折减是目前有争议的问题，北京市标准《DBJ11-501-2009》比较好地归纳处理了这个问题。该规范8.8.1条规定："当基础埋置在隔水层土中，若隔水层土质在建筑使用期内可始终保持非饱和状态，且下层承压水不可能冲破隔水层，肥槽回填采用不透水材料时，基础底板不受上层水的浮力作用；若隔水层为饱和土，基础应考虑浮力作用，但宜考虑渗流作用的影响，对水浮力进行折减。"深圳平原和一级台地各种成因的黏土隔水层大都处于饱和状态，属于后者，如何根据渗流情况和孔隙水压力实测情况进行折减，需要结合深圳情况作进一步研究。

6.基坑工程中对周边环境影响的预测分析

建筑基坑和地下轨道交通工程施工过程均会引起周边环境（包括建筑、道路、管线），产生不同程度的变形，对其安全造成影响，甚至引起纠纷。如何预测和预防这些影响相当重要。上海地区的同行根据大量的工程实例数据提出了地表沉降曲线的预测方法，并验证了其合理性，然后提出了预估基坑开挖引起的建筑物附加变形的计算方法，最后给出了根据角度量来评估基坑开挖对建筑物影响程度的判定标准。这很值得深圳借鉴，应大力开展这方面的研究应用工作。

7.复合地基

深圳地区在建筑工程和市政工程中采用的复合地基形式主要有低标号素混凝土桩复合地基、管桩复合地基、搅拌桩复合地基以及砂石桩复合地基等。总体上，经过复合地基的处理，地基承载力和变形都能够满足要求。特别是在龙岗岩溶地区，充分利用上覆土层所提供的良好条件，采用刚性桩复合地基，有效解决了基础选型的难题，避免了岩溶发育的岩层对基础的不良影响。根据深圳城市工程地质的特点与建设工程的需要，可以更为广泛地推广应用复合地基，并在推广应用的过程中，研究开发新型复合地基技术。

8.基础工程

30年来，深圳在基础工程方面已经形成了具有鲜明地方特色的基础形式，包括人工挖孔桩、钻孔（冲）灌注桩、PHC桩以及桩箱、桩筏、独立、条基等多种基础类型，满足了各类建（构）筑物的需要。根据深圳地区广泛分布的花岗岩地层，如何充分利用优良的岩土条件，优化基础结构形式，特别是研究开发符合深圳岩土特点和建构筑物要求的新的桩型，及其配套的设计、施工、检验方法等是很有必要的，对提升深圳地基基础技术创新并保持在国内的先进水准具有良好的推动作用。

9.边坡工程

深圳地区山区丘陵地貌的特点，且每年都需要经历较长时间的暴雨和台风季节，产生了大量的边坡工程问题，其中最主要的问题是边坡持久稳定。经过这些年来岩土工作者的辛勤努力，在边坡工程防护及治理方面，取得了有目共睹的成绩和宝贵的经验。但是迄今为止，对边坡出现滑坡、崩塌等失稳的机理的认识，更多的是处于经验分析阶段，建立滑坡的力学模型尚处于探索之中，深圳地区每年仍有不少边坡出现滑塌失稳。因此边坡工程仍然是岩土工程领域中，需要不断研究和创新的重点。

10.环境岩土工程

环境岩土工程目前所涉及的问题有两大类：一是由自然灾害引起的，如地震灾害、洪水等；二是人类的生活、生产和工程活动引起，如城市有害废弃物处理、水土流失、滑坡、崩塌、泥石流、开山采石对植被的破坏和对人类生命财产的威胁。工程建设如打桩、强夯、基坑开挖对周边环境的影响，过量抽汲地下水引起的地面沉降、海水入侵、地下水盐化等。环境岩土问题往往表现为地质灾害现象。所以环境岩土工程不仅是保护城市环境，同时也是地质灾害预防和治理的课题，治理和保护密不可分。随着城市建设规模和范围的不断扩大，面临的环境岩土工程问题越来越多。进入21世纪以来，环境岩土工程已成为普遍关注的热点，在该领域有大量需要开展基础性研究的课题和亟待解决的现实问题。

11.城市与工程测量

信息化测绘体系是在现代测绘科学技术经多学科交叉、融合后发展形成，实现地理空间信息的实时、有效、快速获取和更新、智能化处理、一体化生产、管理以及分发服务，促进地理空间信息资源的融合、增值服务，使测绘信息技术与产品社会化，向社会各类用户提供空间基础地理信息综合服务和保障的一种新型的测绘体系，是数字化测绘体系发展的升级和跨越，是我国测绘业在实现由传统模拟测绘向数字化测绘转化和跨越之后的又一个新的发展阶段。

深圳测绘事业的发展应紧跟测绘科技发展的步伐，积极开展GPS、RS、GIS、INS、全野外数字化测图、激光成像雷达、数字摄影测量以及计算机技术、网络通信技术的集成等信息化测绘技术的研究；研究并制定与信息化测绘生产相适应的管理运行机制和管理标准，逐步建成信息化测绘生产模式；积极开展空间数据库管理系统以及空间数据自动生成实用系统的研究，逐步形成以城市空间控制基准、基础地理信息、遥感影像信息、市政管网信息、地球物理信息以及工程测量信息为基础的信息化测绘产品体系；进一步拓展测绘服务领域，建立以城市建设为重点、面向全社会的测绘服务客户网络，逐步形成以市场信息牵引、快速生产、数据准确、信息反馈渠道顺畅、服务及时、服务周到为主要内容的信息化测绘服务体系。争取用三到五年或更多一点的时间，基本建立以测绘仪器智能化，测绘技术信息化，测绘生产自动化，测绘产品信息化、多样化，测绘服务网络化及社会化为核心的信息化测绘体系。

30年来，岩土工作者在深圳这片朝气蓬勃的土地上拓荒、耕耘，为深圳经济特区建设立下了丰功伟绩，为万厦打下了坚固的基石。如今随着深圳经济特区扩大到全市，特区建设更加日新月异。高强度的城市开发建设、地铁、轻轨、泛珠江三角洲交通网，越建越高的大厦都需要岩土工作者去奠基。摆在岩土工作者面前的事业仍然是艰巨的、挑战性的，岩土工程行业更是不可或缺的。深圳广大的岩土工作者有责任、有智慧、有能力继续为深圳经济特区建设不断作出新贡献。

勘察与岩土工程专业

2001～2010年度

1981~1990年度

一、科技开发、创新和专利成果

(一)井及井群的极限降深与最大出水量的研究

完成单位：深圳市勘察测绘院有限公司(原深圳市勘察测量公司)

主要人员：周长瑚、周衍麟等

完成时间：1984~1986年

课题简介：深圳市建设初期，高层建筑多采用挖孔桩基础，挖孔作业时需进行施工降水。而深圳地区地处东南沿海，地下水丰沛，位于强透水层进行挖孔桩施工时，施工降水缺乏工程经验，技术难度大。针对井及井群极限降深与最大出水量的课题进行了研究和实践工作。

1.项目简介

建筑地基施工降水的数学模型研究；施工降水勘察及深圳地区各种地层的渗透特性研究；各种管井降水影响半径、降深及涌水量计算的研究；施工降水数学计算中优选参数方法研究，运用了地下水数学模拟逐节点反求参数及自动优选参数的新方法；合理布置降水井，实用施工降水设计、施工方法研究；施工降水工程中，工程水文地质条件监测，以及施工降水对周边环境影响评价研究等。

遵循的技术路线：通过钻探取样、室内土工试验、现场降水试验等手段，获得地层、地下水分布信息及初始降水设计计算参数；根据地层、地下水分布信息，合理布置降水井，建立施工降水计算的数学模型，进行管井降水影响半径、降深及涌水量计算；结合地下水降深监测数据，运用地下水数学模拟逐节点反求参数及自动优选参数的方法，对降水设计计算参数进行修正，计算井及井群极限降深与最大出水量，合理设置降水设备；对施工降水可能导致的周边环境影响进行预测和评价；通过不断的实践和理论完善，建立一套适合深圳地区大降深、大出水量施工降水设计施工的新方法。

2.成果评价与应用

该研究成果经深圳市人民政府基本建设办公室组织有关专家鉴定认为：“本研究成果根据井外水力坡度的特性，提出了水力坡度新的计算方法，基本原理正确，推导合理，在计算井的极限降深和最大出水量公式中，引入了一个与井径、补给半径相关的系数(λ)，并编制了一套简化图表，实用方便，从而为降水工程设计提供了较为可靠的技术理论方法。”

该项成果被深圳市科学技术委员会评为科技进步二等奖。

研究成果先后成功应用于：深圳市白沙岭住宅区1、2、3栋高层住宅基础施工降水工程(获广东省级优秀工程勘察一等奖)；深圳渣打外资银行中心大厦基础施工降水工程(获广东省级优秀工程勘察二等奖)；深圳市国际信托大厦基础施工降水工程(获广东省级优秀工程勘察三等奖)。

(二)大直径灌注桩工程的检测技术

完成单位：中国京冶工程技术有限公司深圳分公司(深圳冶建院建筑技术有限公司)

研究时间：1986~1990年

鉴定时间：1990年11月9日

主要人员：李德庆、蔡巧灵、杨晓夏、马宏、钟冬波

1. 项目简介

引进美国PDA试桩技术并经一定的改进，推广应用于我国大直径灌注桩的检测中。

2.科技成果及创新点

(1)提出了在大直径灌注桩的检测中采用波形拟合法，除考虑岩土阻力外，还兼顾桩身阻抗拟合，以保证结果的正确性。

(2)对波形拟合法的终止条件增加了单击贯入度作为拟合质量条件的限制，从而提高了分析结果的可靠性。

(3)确定承载力时，在激发能量受客观条件限制的情况下，提出了岩土阻力修正的新方法，具有一定的工程实用意义。

(4)采用强夯设备作为锤击装置，解决了特大型桩(桩径1.5~2.0m)的检测手段。

3.成果评价

“大直径灌注桩工程的检测技术”应用引进的高应变动力试桩及实测力波形拟合的方法，在有所改进发展的基础上，提出了对大直径灌注桩的成套检测技术。多年的检测实践证明，该方法试验周期短，检测数据规律性好，分析清楚合理，结论符合实际。

(三)深圳宝安机场一期软基处理工程

完成单位：中国铁道科学研究院(原铁道部科学研究院)

完成时间：1988~1989年

项目简介：

该项目是深圳地区第一个采用砂井排水固结堆载预压方法处理的大型工程项目，也是我国第一个采用该方法处理的大面积软基处理工程，处理面积22万m²。黄田机场的原始地貌为海滨滩涂和鱼

塘，超软弱的淤泥厚度7～10m，地质条件极其复杂，软基处理成为机场建设的主要难点。为了摸清深圳滨海淤泥的工程特性，中国铁道科学研究院在实地进行了原位试验和大量勘探室内试验，在充分研究淤泥工程性质的前提之下，提出了砂井排水堆载预压的处理设计方案，并在站坪和停机坪工程采用，工程取得成功。工程实践证明，深圳珠江口超软弱的淤泥经排水固结处理后，可以满足机场严格的技术要求，而且在经济上要比大换填等方法合理。深圳机场软基处理工程实践的成功为深圳市后续的类似工程提供了经验。

二、科学研究成果(专著、图集)

(一)花岗岩残积土性质的研究

研究单位：深圳市建设局、中航勘察设计研究院(原第十机械工业部勘测公司)、国家建筑科学研究院地基所、深圳市勘察测绘院有限公司、深圳市勘察研究院有限公司、深圳市长勘勘察设计有限公司等

完成时间：1981～1998年

主要人员：黄志仑、何颐华、刘明俊、姜云龙、张镇、黄聪、陈伟亨、张旷成、康镇江、邓文龙、张运标、张文华、张先亮等

1.项目简介

花岗岩在深圳市及华南地区广泛分布，并具有较厚的风化残积层，是岩土工程勘察工作者常常要面对的主要土层之一。20世纪80年代以前，对花岗岩残积土的研究和认识有限，多根据其室内试验具有较大孔隙比和较高的压缩系数等特点，认为花岗岩残积土是承载力低(一般采用150kPa左右)、压缩性高的地基土。

20世纪80年代初，当时的第十机械工业部勘测公司、国家建筑科学研究院地基所、深圳市勘察测量公司等单位，先后对花岗岩残积土的室内土工试验结果进行了统计分析，开展了平板载荷试验、标准贯入试验和工后沉降监测等测试和对比研究，在花岗岩残积土的土性特点和分类、物理力学性质和变形特性、适用勘察试验方法等方面取得了突破性进展。90年代，深圳市勘察测绘院在众多工程实践中对花岗岩残积土的物理性质、压缩特征、渗透固结性、抗剪强度与土质边坡的稳定关系等方面作了深入研究。

2.成果创新点：

将花岗岩残积土定为兼具砂土与黏性土性质的特殊性土，并按2mm颗粒含量(%)分为砾质黏性土(超过20%)、砂质黏性土(不超过20%)和黏性土(不含)对其进行分类，为从根本上研究和认识花岗岩残积土的力学特性和变形特性奠定了基础。

通过试验比对建立了花岗岩残积土标贯击数与变形模量及容许承载力之间的函数关系。

通过在花岗岩残积土中进行了平板荷载试验、标准贯入试验等一系列原位测试研究和对比，认识到花岗岩残积土是一种具低压缩性、较高承载力的特殊性土，指出常规土工试验方法(因土样易扰动)测定的多数指标值不能准确反映花岗岩残积土的本质，提出了花岗岩残积土的力学指标和变形指标应以原位试验成果为依据的观点，并在对比总结的基础上建立了标贯击数与变形模量之间的函数关系：$E_0=2.2N_{63.5}$(MPa) ($4<N_{63.5}<30$)，建立了标贯击数与地基承载力之间的对应关系。

对花岗岩残积土含水量的特殊算法残积土的天然含水量及液性指数按常规做法(即用全部土包括粗、细粒土求得天然含水量)失真，采用细粒土(粒径小于0.5mm)部分的天然含水量W_f更接近实际。

用标贯击数划分风化分带。经过研究，采用标准贯入锤击数(N)对花岗岩强风化岩以上的风化等级从上至下划分成三级：残积层(冲击钻易钻进，N小于30击)、全风化层(冲击钻可钻进，30击$<N<$50击)和强风化层(冲击钻不易钻进，$N>$50击)。

土中原(次)生结构面对花岗岩残积土边坡的稳定性有着极为重要的影响。在花岗岩残积土边坡失稳案例中，有相当一部分是沿土中原(次)生结构面产生的滑动破坏，且因花岗岩残积土中结构面常具高岭土化、泥化特点，其抗剪强度一般远低于花岗岩残积土，总结出花岗岩残积土边坡与其他土质边坡的稳定情况存在本质区别，其稳定性与是否存在结构面及其产状密切相关，这一观点对花岗岩残积土边坡的勘察和支护设计具有普遍的指导意义。

3.成果应用与评价

该研究成果自20世纪80年代初至今普遍应用于有关花岗岩残积土的岩土工程勘察、边坡勘察、地基沉降计算、地基承载力确定、基础选型与设计、基坑及边坡支护设计等领域，随后部分研究成果被《深圳地区建筑地基基础设计试行规程SJG1-88》和《岩土工程勘察规范》GB50021-94等所采用。基中上海宾馆工程地质勘察于1987年获第一届全国优秀工程勘察金质奖，上海宾馆也成为深圳地区利用花岗岩残积土作为天然基础持力层的首栋高层建筑。

研究成果对全国在花岗岩残积土这一特殊性土的重新认识和正确判断上具有突出贡献，应用十分广泛，取得了巨大的经济和社会效益。

(二)《深圳地貌》

完成单位：广州地理研究所

主要人员：黄镇国、李平日、张仲英、李孔宏、乔彭年、宗永强

完成时间：1983年

编者对深圳市进行了1/2.5万的地貌图、地面坡度图的野外调

查和制图，进行了野外钻探采样，进行了C14测年、微量元素分析、硅藻分析、孢粉分析、微体古生物分析、矿物及化学元素分析等，取得了丰富的实验分析和野外考察基础资料。

在前人研究工作的基础上，对深圳的地貌作了较全面和深入的研究，得出了一批基本的地貌数据，编制了一批全市范围的与地貌有关的图件，对深圳的一些地貌基本问题提出了较完整的或新的观点，并结合当地的经济发展规划，在农业、水利、建港、水土保持、旅游等方面进行了地貌条件的初步分析和评价。这些数据、图件、论述等，对深圳市的经济建设规划具有重要的参考价值，在深圳市地貌地质等学术研究和工程应用上作出了重要贡献。

(三)《深圳市工程地质图系》

完成单位：深圳市工程地质勘察公司、深圳市勘察测量公司

主要人员：康镇江、黄岫峰、管文义、张镇、李永娴、李述章、张凤钧、杨兹机、胡景文、田树耕等

完成时间：1985～1986年

该图系按大小不同比例尺分为两个系列，为深圳市整体规划建设提供了科学依据。其中“土体工程地质类型图”和“岩体构造和工程地质类型图”被纳入《深圳地区建筑地基基础设计规程》(SJG1-88)。该图系1988年被深圳市科委评为“深圳市优秀科技成果三等奖”，被广东省科委评为“广东省优秀科技成果三等奖”，1993年被广东省建委评为“科技进步三等奖”。

(四)深圳地区第四系地层标准的制订

完成单位：深圳市勘察测绘院有限公司(原深圳市勘察测量公司)、深圳市勘察研究院有限公司(原深圳市工程地质勘察公司)

主要人员：姜云龙、张镇、管文义、康镇江、黄岫峰、李荣娴、刘承斌

特区初期建设工程项目众多，主要位于台地及冲积阶地。为统一标准，把地貌与工程地质相结合，探讨了深圳地区地貌单元体的划分、不同地貌单元具有的工程地质特征，在此基础上基本统一了深圳第四系不同时代和成因类型的地层标准，为不同地貌单元的地层可比性奠定了基础；并将地貌单元的地层特点同建筑物地基基础选型相结合，解决了工程项目众多、标准不统一的问题。

(五)《深圳市区域稳定性评价报告》

完成单位：地质矿产部水文地质工程地质司、广东省地质矿产局、深圳地质勘探开发公司(原深圳市地质局)等

主要编写人员：杨超群、施普德、孙叶、赵娴等

五华一深圳断裂带通过深圳市的坪山、横岗、深圳水库至罗湖区高楼建筑群一带。由此，断裂带的活动性和区域稳定性是关系特区规划和发展的关键因素。

本报告于1987年12月编成，次年通过由地矿部水文司主持在深圳进行的评审。

深圳市区域稳定性评价工作，以地质观察为基础，综合运用了多种学科理论和技术方法，促进了学科之间的互相交叉渗透。构造稳定性的研究，采用地质力学的理论和方法，通过地形变、断层位移，地应力及微地震等的现场测量，断裂活动年龄测定，配合物理模拟实验和数学模拟计算等，探讨现今地应力状态和分布规律及其与构造现今活动性的关系；根据风化土体、软弱土层以及覆盖岩体等的埋藏条件和分布规律，结合岩体土体的物理、水理和力学性质的原位测试数据等，论证岩体土体介质条件的稳定性；按水土流失、崩坍和港湾淤积及海岸外移速度等外动力地质现象的发育程度，同时考虑人类活动的影响等，分析了地面稳定性。评价工作步入了半定最、定量和动态研究的范畴。

综合上述三种因素对区域稳定性进行了评价和分区，并得出了深圳市构造现今活动性较弱、地貌缓慢上升、以微震和弱震为主，现今地应力作用较弱、不会发生较大的突发性活动、稳定性较好的结论。

三、标准、规范(手册、论文集)

(一)《深圳地区钢筋混凝土高层建筑结构设计试行规程》(SJG1-84)

主编单位：深圳特区建设公司总工程师室

参编单位：中国建筑科学研究院结构所、深圳市建筑设计院等

批准单位：深圳市人民政府

试行日期：1984年4月1日

该规程是遵照我国当时实行的《工业与民用建筑结构荷载规范TJ9-74》等，结合深圳地质条件特点和地区实践经验编制而成，它是深圳市人民政府批准颁发的第一部技术标准，也是全国钢筋混凝土高层建筑结构设计的第一部地方标准。

该规程虽然是结构设计标准，但它专门设置了基础设计一章，包括：基础选型、桩基设计及桩承台的内力计算及强度验算等三节。在桩基设计一节中，除列出当时通用的预制桩外，还列出了钻孔、冲孔、沉管、挖孔等四种就地灌注桩的适用范围；对桩端的入土、入岩深度作了规定；对桩端遇断层破碎带如何处理作了较详细规定，首次将花岗岩残积土按土中大于0.1mm和2mm的颗粒含量分为砾质黏性土、砂质黏性土和黏性土。提出了花岗岩残积土的容许摩擦力和容许端承力表；提出了深圳地区常见岩土容许

端承力，这套承载力表是根据深井载荷试验和工程经验提出的，是全国以基岩和其风化带作为桩端持力层时、最早的一套承载力表，很有价值，后来纳入了《深圳地区建筑地基基础设计试行规程SJG 1-88》，一直沿用至今。

(二)《深圳地区建筑地基基础设计试行规程》(SJG 1-88)

主编单位：深圳市人民政府建设局

参编单位：中国建筑科学研究院地基所、深圳市建筑设计院、深圳市建筑工务局、深圳市建筑科学中心、深圳市工程质量监督检验站、深圳市勘察测量公司、深圳市工程地质勘察公司、航空工业部综合勘察院、中国有色金属总公司长沙勘察院、深圳工程咨询公司、广东省建筑设计研究院、中航深圳建筑设计院、深圳市建设(集团)公司、深圳机场建设领导小组办公室

主编：黎克强、何颐华、丁祖泽、刘有德、刘家明、姜云龙、郭奕才、梁炳泉、黄志仑、黄振熙

批准单位：深圳市人民政府

该规程于1984年开始成立编制组，1987年5月完成送审稿，1987年12月邀请国内专家召开审查会，通过该规程送审稿，编制组根据专家意见对送审稿加以补充修改，完成本规程报批稿，1988年3月市基本建设办公室根据市人民政府批准后颁发报批稿试行。深圳市人民政府于1990年2月13日以深府[1990]44号文正式批准SJG 1-88规程，自1990年5月1日起施行。

该规程是全国最早一批地方标准，具有鲜明的地区性特色，并具有如下主要特点：

（1）由于深圳地区花岗岩残积土分布广泛，该规程在大量勘探、原位测试和室内试验研究的基础上，首次提出花岗岩风化程度的划分标准；制定了花岗岩残积土(砾质黏性土、砂质黏性土和黏性土)的分类标准和野外鉴别方法；首次提出花岗岩残积土液性指数IL的计算方法。这些规定后来均纳入了国家标准《岩土工程勘察规范DB 50021-94》和《GB50021-2001》。

（2）该规程不仅制定了按天然含水量w和孔隙比e查求地基承载力的表，还提供了按标准贯入击数N值查求承载力的表，以及花岗岩风化带和残积土计算承载力设计值时的深、宽修正系数；建立了变形模量E_0与标贯击数N的关系，即$E_0=2.2N$。这些成果在学术上填补了国内花岗岩残积土研究的空白。

（3）该规程打破国内通常按ES值计算浅基础沉降的框框，采用按变形模量E_0计算浅基础沉降，使计算沉降值大大接近于实测结果。这种计算沉降的方法，后被列入《高层建筑箱形与筏形基础技术规程JGJ6-99》，和《高层建筑岩土工程勘察规程JGJ72-2004》，且一直沿用至今。

（4）在桩基础方面，该规程首次提出了花岗岩残积土摩擦力和桩端土承载力表，以及地区常岩石、构造岩等的桩端岩石承载力表，是全国最早将列入技术标准的承载力表。

该规程篇幅不大，简明扼要，重点突出，对深圳地区大规模建设工程起到了非常重要的作用，是一本在全国很有影响的地基基础设计标准。

四、代表性优秀工程

(一)白沙岭住宅区基础施工降水工程

完成单位：深圳市勘察测绘院有限公司（原深圳市勘察测量公司）

完成时间：1984年

主要人员：周长瑚、周衍麟等

该降水工程是深圳市第一个大面积降水工程项目。深圳白沙岭住宅区1、2、3栋和5、6、7、8栋高层住宅楼采用人工挖孔桩基础，以强风化花岗岩为持力层。强风化花岗岩之上有厚约10m的砾质黏性土（花岗岩残积土），残积土之上为厚6.5m的砾沙混卵石。砾质黏性土的砾砂含量为40%～80%，渗透系数K=10m/d；砾砂混卵石为强透水层，K=40～60m/d。深圳地区地下水埋藏较浅，水位标高12m，强风化层顶板标高为－6m，要求将地下水位降至强风化层顶板以下5m，降深达23m以上。该项降水工程运用了地下水数学模拟逐节点反求参数及自动优选参数的新方法。经过长达数月的反复研究和计算井及井群的极限降深与最大出水量，结合场地工程水文地质条件及现场24小时监测数据，合理布置降水井，使地下水位降到了人工挖孔桩底板以下，安全顺利地完成了基坑开挖及基础施工任务，取得了深圳地区首次大面积、大降深工程降水的成功经验。此项目获广东省级优秀工程勘察一等奖。

(二)上海宾馆工程地质勘察

完成单位：中航勘察设计研究院（原第十机械工业部勘测公司）

完成时间：1983年底

该勘察项目采用钻探、平板载荷试验、标准贯入试验和室内土工试验等综合勘察方法，手段先进，方案合理。通过试验对比，建立了标贯击数与变形模量的函数关系，通过变形模量计算地基的沉降变形值，通过载荷试验确定地基承载力，对花岗岩残积土的变形特性和承载能力作出了正确的分析和评价，提出并采用花岗岩残积土作为天然地基持力层。后监测表明，勘察设计采用变形模量分析计算的沉降量与实测数据基本吻合。上海宾馆是深圳地区首个采用花岗岩残积土作为天然地基持力层的高层建筑，1987年获得第一届全国优秀工程勘察金质奖（深圳地区首个工程勘察国家级金

奖）；2005年10月，上海宾馆名列深圳改革开放“十大历史性建筑”首位。

(三)深圳国际贸易中心大厦工程勘察

完成单位：深圳长勘勘察设计有限公司

工作时间：1981年

主要人员：高振奎、林杰勋等

深圳国际贸易中心大厦是深圳市第一座超高层建筑，主楼共53层，高160m，号称中国内地第一高楼。该大厦位于深圳市繁华的罗湖商业区中心地段，由中南建筑设计院设计，深圳市长勘勘察设计有限公司勘察。大厦采用箱型基础外加嵌岩桩，结构类型为筒中筒，外筒底面积为34.6×34.6㎡，内筒底面积为17.3×19.1㎡，每个方向有4片主要墙体连结成井格式筒体，内外筒采用4个L形角柱和肋形板连接成一体，以提高结构整体刚度。

深圳市长勘勘察设计有限公司对场地进行了工程地质勘察，共布置钻孔16个，按方格网布置，间距13~15m，孔深28.72~51.23m，钻孔深入微风化基岩5.87~31.03m。勘察中，部分钻孔发现挤压错动带与挤压破碎带，岩芯成压碎岩、角砾岩状；为查明此不良地质现象，补充钻孔7个，在深42.2~60.2m间，查明视厚度为0.3m的挤压错动带，该挤压错动带范围较小，岩石胶结程度尚好；另发现在场地中部斜穿而过有一条挤压破碎带，倾向NW258°~290°，倾角75°~85°，视厚度1.5~2.0m，其上下各有3~5m的节理裂隙发育的影响带，在后来的施工过程中，证实了基岩产状和挤压破碎带的存在。为设计提供了合理的场地内各岩土层物理力学参数，准确查明了场地内的不良地质现象，对场地内工程地质和水文地质条件进行了详细的阐述。1986年国贸大厦被深圳市评为全优工程，在1987年的全国优秀勘察工程评选中荣获国家优秀勘察银质奖。

深圳市国际贸易中心大厦的勘察开创了深圳地区超高层建筑勘察的先河，它的成功，为此后深圳特区高层和超高层建筑的工程地质勘察工作提供了宝贵经验。

五、获奖项目一览表

<table>
<tr><th>获奖项目名称</th><th>完成单位</th><th>颁奖单位</th><th>获奖等级</th><th>获奖时间</th></tr>
<tr><td>上海宾馆地质勘察</td><td>第十机械工业部勘测公司</td><td>全国优秀工程评审委员会</td><td>金质奖</td><td rowspan="10">1987年</td></tr>
<tr><td>深圳国际贸易中心大厦工程勘察</td><td>深圳市长勘勘察设计有限公司</td><td>全国优秀工程评审委员会</td><td>银质奖</td></tr>
<tr><td>深圳市金融中心施工图阶段工程勘察</td><td rowspan="8">深圳市勘察测量公司</td><td rowspan="9">广东省建委</td><td>一等奖</td></tr>
<tr><td>深圳河治理工程测量</td><td>一等奖</td></tr>
<tr><td>深圳市精密水准测量</td><td>一等奖</td></tr>
<tr><td>深圳市白沙岭住宅1、2、3栋高层施工降水工程</td><td>一等奖</td></tr>
<tr><td>深圳市医药大厦详细勘察</td><td>二等奖</td></tr>
<tr><td>深圳市渣打外贸银行中心大厦基础施工降水工程</td><td>二等奖</td></tr>
<tr><td>深圳市长安大厦详细勘察(补充)</td><td>三等奖</td></tr>
<tr><td>深圳市国际信托大厦基础施工降水工程</td><td>三等奖</td></tr>
<tr><td>新都大酒店详勘</td><td rowspan="2">深圳市工程地质勘察公司</td><td>三等奖</td><td>1989年</td></tr>
<tr><td>皇岗口岸软基处理工程地质勘察</td><td rowspan="5">深圳市建设局</td><td>一等奖</td><td rowspan="5">1989年12月</td></tr>
<tr><td>环宇商场工程地质勘察</td><td rowspan="2">深圳市勘察测量公司</td><td>二等奖</td></tr>
<tr><td>坪山基地三、四等平面控制及三、四等水准测量</td><td>二等奖</td></tr>
<tr><td>华联纺织工业大厦工程地质勘察</td><td>深圳市工程地质勘察公司</td><td>二等奖</td></tr>
<tr><td>南华大厦付楼工程地质勘察</td><td>深圳市勘察测量公司</td><td>三等奖</td></tr>
</table>

六、引进、推广科技成果

(一)"荷兰锥"三桥静力触探仪、Mazier"三套管"取土器和真空薄壁取土器

1987年，原深圳市工程地质勘察公司在广、深、珠高速公路(深圳段)勘察中从铁道部第四勘察设计院和香港引进"荷兰锥"静力触探仪、Mazier"三套管"取土器和真空薄壁取土器等先进仪器。按英国"BS5930：1981"规范和"BS1377：1975"规范，完成了广、深、珠高速公路(深圳段)的勘察任务，所有资料均提交了中、英文两套成果。

(二)喷锚支护技术

中国京冶工程技术有限公司深圳分公司(原深圳冶建院建筑技术有限公司)1989年将喷锚支护用于深圳卷烟厂边坡工程，1990年用于金安大厦基坑支护工程。

(三)桩基检测试验技术

中国京冶工程技术有限公司深圳分公司(原深圳冶建院建筑技术有限公司)于1982年将其用于德兴大厦桩基工程。

(四)强夯加固地基在深圳地区的推广应用

完成单位：特皓建设基础工程有限公司、冶金部建筑研究总院深圳分院、深圳市建筑科学研究院(原深圳市建筑科学中心)、深圳市岩土工程公司

随着深圳地区工程建设的发展，强夯法在深圳地区也得到了广泛的运用。20世纪80年代初，冶金部建筑研究总院在采用强夯法处理深圳华美钢厂地基；深圳市建筑科学研究院(原深圳市建筑科学中心)和深圳市特皓建设基础工程有限公司(原深圳市第一建筑公司地基处理中心、深圳市建设基础工程公司)1987年开始采用强夯法处理沙头角工业区轻型工业厂房和5~6层住宅楼地基；1990年，深圳市岩土工程公司在南山肉联厂地基加固工程中采用了强夯法。随后强夯法迅速推广运用于蛇口、妈湾、盐田等填海区及猫头山、松坪山、布吉及宝安、龙岗等填土区。二十多年来，强夯法在深圳地区得到了广泛的运用并取得了良好的社会效益和经济效益。

(五)强夯置换在深圳地区的推广应用

推广应用单位：特皓建设基础工程有限公司、冶金部建筑研究总院、深圳市工勘岩土工程有限公司、中国铁道科学研究院深圳研究设计院、深圳市深勘基础工程有限公司

1988年深圳市特皓建设基础工程有限公司承接了深圳市南头污水处理厂地基处理工程，开始将强夯置换法运用到此项目的地基处理工程中，获得了成功。

1990年深圳机场30万㎡停机坪采用强夯置换的原理，发展了"强夯置换块石墩"方法以处理淤泥、淤泥质土地基，该工程由冶金部建筑研究总院深圳分院设计，冶建院、工勘岩土和空八联合体施工。

1991~2000年度

一、科技开发、创新和专利成果

(一)岩土工程勘察制图与分析sitelab系统

完成单位：深圳市勘察研究院有限公司(原深圳市地质勘察公司)

完成时间：1993年

主要人员：徐金台、张可芒、康镇江、李述章等

该系统是自主开发的工程勘察制图软件，具有功能齐全、使用方便等特点，被省内多家勘察单位引进应用。1993年在山东省淄博市建设部召开的"全国城市勘察计算机应用经验交流会"上获二等奖，1994年被广东省建委评为科技进步二等奖、建设部评为部科技进步三等奖。

(二)全野外数字化测图系统的开发与应用

完成单位：勘察测绘院有限公司、勘察研究院有限公司

深圳从建市至今，随着测绘仪器的不断发展及计算机技术在测绘中的广泛应用，地形测量经历了常规地形测量和数字化地形测量两个阶段；常规测量主要从1980年至1990年，测量方法为"大平板(或小平板)+光学经纬仪"，测绘成果为聚酯薄膜地形图。

深圳市勘察测绘院于1991年正式组建数字化测绘研究部门，从1991年11月至1992年12月主要研制开发了控制测量全野外记录、数据自动处理系统。该套系统野外记录采用在PC-E500上开发程序进行自动记录，然后将原始记录数据在内业直接导入计算机，经程序直接处理成为平差录入数据，平差程序自动平差，并输出成果。该系统彻底避免了人为因素导致控制测量工作出错的可能，降低了作业人员的劳动强度，提高了控制测量的效率。从1992年12月至1993年12月主要对数字化地形测绘系统进行前期的研究，包括开发的目标研究、平台的选定、方案设计，并进行实验性开发，经过一年多研究和实验，最终选定在AUTOCAD平台上进行二次开发数字化测图系统；1993年12月至1995年6月为正式开发阶段，经过1994年6月至1995年6月的试用和改进，于1997年完成CGS系列数字化地形测量成图系统的开发，并开始在深圳市基础测绘工程中应用并沿至今。

深圳市勘察研究院有限公司于1994年成立了数字化测图技术研制组，研制开发具有自主知识产权的纯国产数字化测图系统，1995年该系统开发成功并参加了由深圳市规划国土局组织的全野外数字化测图试点工作，实测面积3.5km^2，从野外数据采集—内业图形编辑处理—成果输出—数据信息化处理后进入规划国土局地理信息系统等全部用该软件完成。该项目成果1996年被深圳市建设局评为优秀勘察设计一等奖，1998年又获国家建设部优秀测绘工程三等奖。

(三)基于PDA测绘技术开发与应用

完成单位：深圳市勘察研究院有限公司

由于传统测绘的原始记录较为繁琐，且工作量较大，占据了作业人员的大量工作时间，已相当不适应现代测绘。1998年，深圳市勘察研究院有限公司首先注意到PDA对测绘的作用可能会比较大，专门组织技术研究组，对传统测绘的原始记录进行改进，以适应先进的测绘技术。

因测绘的野外采集主要采用全站仪、GPS等进行，公司对PDA的传输功能进行了开发，结合公司自主研发的测绘内业数据处理系统CHE，进行了测绘仪器与PDA的直接传输。将测绘仪器直接与PDA连接，既保证了测绘数据无缝连接，加快了速度，也保证了野外电子数据的不可修改性，使PDA技术在测绘中的应用有了质的飞跃。

(四)静动联合排水固结软基加固施工工法研究

完成单位：深圳市勘察测绘院有限公司、深圳市岩土工程公司

主要人员：丘建金、张旷成、骆以道、刘小平、王志人、胡双怀、周赞良

完成时间：1992～2005年

1.研究课题简介

静动联合排水固结工法是在软黏土地基中设置竖向排水体(塑料排水板等)，表面铺设砂垫层，利用回填土作为预压基本荷载，相当于给软土施加了围压，避免后续强夯产生过大剪切破坏，再利用强夯给地基土施加循环动荷载，使土体在静动荷载联合作用下形成超孔隙水压力，并使水沿着设置在土体中的排水通道排出，引起土体快速固结，从而达到地基加固的目的。本工法是在堆载预压排水固结法和强夯法的基础上发展起来的一种新型软土地基处理方法。

2.课题主要研究内容

课题的原型试验、室内模拟试验和微观结构的研究(静动力排水条件下土结构状态的变化及其对强夯加固的影响)；静动力联合排水固结工法加固机理研究；工法的施工工艺研究(工艺流程及优化)；工法的施工参数优化研究(如排水体的设计、堆载类型及其分级、夯击参数等)；工法的信息化施工及监测检测方法研究；静动荷载下超孔隙水压力增长、消散规律研究。

3.课题研究遵循的技术路线

开展静动力联合排水固结工法的现场原型试验，通过改变各种相关试验参数获得第一手试验数据；开展室内模拟试验和微观结构的分析研究；处理及分析原型试验、室内模拟试验的相关数据，从理论上总结并分析静动力联合排水固结工法的加固机理；制定工法的初步工艺流程及较为优化的施工参数，再次现场试验，同时进行工法的信息化施工、监测检测方法研究、静动荷载下超孔隙水压力增长、消散规律研究；再次总结原型试验的经验及相关数据，制定工法的标准工艺流程及优化的施工参数等，并随工程实践不断地总结及优化。

4.研究成果及获奖情况

经多项工程施工的全程跟踪、监测、检测，直至工后沉降观测，本工法加固效果很好。除发表了数篇相关论文外，还与武汉大学、香港科技大学合作进行了该课题的原型试验、室内模拟试验和微观结构的研究，提出了研究报告。

其中深圳市宝安中心区裕安路静动联合排水固结软基加固勘察设计的获奖情况如下：2004年12月获第十一届深圳市优秀工程勘察一等奖；2005年7月获广东省第十次优秀工程勘察二等奖；2005年12月荣获全国城市勘察测量优秀工程二等奖；2006年9月，获2005年度建设部部级岩土工程奖优秀工程勘察设计二等奖。2005年该工法列入广东省标准《建筑地基处理技术规范(DBJ15-38-2005)》第6.0章节中；2009年该工法已列为深圳市市级施工工法。

(五)动力试桩法在深圳地区的研究应用

完成单位：中国京冶工程技术有限公司深圳分公司

研究时间：1992~1996年

鉴定时间：1996年12月9日

主要参加人员：蔡巧灵、周国钧、陈泽广、高泉、静恩渤、钟冬波、陈新基、马宏、杨晓夏、胥金彪

本科研课题应用于建筑工程桩基检测领域中。该课题通过静动对比试验及动测原理的研究，确定了动测法的实施方案、参数取值、技术要求、应用范围和检验标准，实现以动测法取代大部分静载荷试验。与国内外同类技术比较，该项研究成果达到了国内领先水平，其中首次提出的阻力分布修正法和触变效应法推定激发不充分时桩的极限承载力及桩端土歇后效应等技术具有国际先进水平。

1.成果性能指标

(1)动力试桩技术可靠性的研究

a.从理论和实测两方面查清两种方法的异同，找出动测法的误差来源及解决办法。

b.建立从动力试验结果推断静载试验结果的科学依据和实用方法。

c.建立正规的动静对比数据库，在大量实测数据的基础上，最终对方法的可靠性作出数理统计的结论。

(2)基础工程验收实验的成套动力检测技术

a.确定出不同土质下的预复打试试验土阻力恢复系数。

b.桩端土阻力恢复问题的研究。

c.打桩过程中土的隆起和触变效应对桩的承载力的影响及解决办法。

d.利用阻力分布修正法、单击下沉降及触变效应推定激发不充分时桩的极限承载力；支承桩和大直径桩的工程验收技术。

e.高应变动力试桩法中CAPWAPC软件分析结果可靠性的改善。

f.不同桩型、不同土质条件下的CASE阻尼系数取值范围。

2.成果的创造性、先进性

首次提出以阻力分布修正法和触变效应法推定激发不充分时的极限承载力、桩端土歇后效应，用分层土阻力歇后效应确定恢复系数、高应变试桩CAP程序可靠性的改善等技术。推广应用桩基动测技术，每年可节约试桩费用数以亿计；加强工程质量的监督和控制，防止和避免事故。

(六)新型土钉墙技术的研究与应用

开发单位：中国京冶工程技术有限公司深圳分公司(深圳冶建院建筑技术有限公司)

主要参加人员：杨志银、冯申铎、陆贻杰、蔡巧灵、陈伟华、赵亮、王宪章、张弛、钟映东、胡建林、王凯旭

研究时间：1996年1月~1999年1月

鉴定时间：1999年12月1日

1.项目简介

过去，土钉墙由于受到支护条件和施工工艺的限制，一般用在地质条件较好、深度10m以内的基坑，而且一般用于地下水位以上(常需降水)。本课题的研究成果，大大提高了土钉墙支护的技术水平，拓宽了土钉墙的应用领域，显著降低了支护费用。

新型土钉在软弱地层、砂层等松散地层中均可使用，不受地质条件限制。止水型土钉墙和新型土钉的采用，可在不降水的条件下进行垂直开挖和支护。

加强型土钉墙基本不受基坑深度和边坡高度的限制，而且在一些安全等级要求较高的工程中可取代昂贵的支护桩。

设计计算方法和计算程序的开发，使设计更加迅速简便、安全可靠。

土钉墙规范在国内外属首创，土钉墙技术的设计、施工和管理上升到了一个新水平。

研究成果技术上达到了国内领先和国际先进水平，经济效益根据已有工程统计，每年可节省工程费用1000万元以上。

2.科技成果及创新点

研究出新型土钉及其配套施工设备。

研究成功了实用性更强的新型土钉墙支护形式(包括止水型土钉墙、加强型土钉墙等)。

开发了一套土钉墙设计计算方法和计算机程序。

完善了土钉墙的现场测试和检验方法。

编制了土钉墙技术规范(包括国家标准、深圳市地方标准和院级标准)。

3.工程应用

长城盛世家园(二期)位于深圳市福田区冬瓜岭，由9幢34层高的高层住宅组成，建筑面积26万余㎡。该建筑群设4层地下室，基坑开挖轮廓167m×128m，深14.2～21.7m，基坑施工及服务时间：2001年12月～2002年12月。

(七)消除桩基负摩阻力技术的研究与应用

研发单位：深圳市建筑科学研究院(原深圳市建筑科学中心)、深圳市特浩建设基础工程公司

研究时间：1991年

深圳市福田保税区STS工程是我国大型高新技术建设项目之

一，位于深圳市福田保税区内西区，场地地貌原为海积平原，海积淤泥土层厚度大，后经人工填土整平。本工程总建筑面积接近30000㎡，建筑物层高3.1~7.8m，为现浇框架结构，其中主厂房为1000级洁净厂房，要求十分严格。本工程的主体结构基础为桩基础，而非承重墙，设备基础及地面采用天然地基。随着工程的进展，陆续发现非承重隔墙、建筑物地层地面下沉开裂，并不断发展，建成的建筑物无法投入使用。通过多方分析和论证，一致认为地基沉陷主要是在上覆填土荷载作用下淤泥软土层固结沉降变形的结果，必须对地基进行处理，建筑物才能投入使用。

通过对多种地基处理方案的分析比较，采用的加固方案是静力压入带消除负摩阻力装置的预制钢筋混凝土方桩支撑地面结构层，充分发挥了桩的有效承载力，工程获得圆满成功。消除桩基负摩阻力技术是在发生负摩阻力的桩段上装有桩基消除负摩阻力装置。桩基消除负摩阻力装置结构由设置在桩体外周的卸荷套及卸荷套与桩体之间的润滑隔离层构成。卸荷套使桩体与周围土层完全隔开并由桩体带动在打桩时与之同步下沉，而当桩周土层沉陷时，卸荷套依靠隔离层内润滑材料的作用，可随土层相对桩体自由下沉而不将下拉荷载传给桩体，从而有效地消除了负摩阻力。

经过十几年的生产使用考验，建筑物使用良好，证明该技术非常成功有效。应用该技术的本工程获得深圳市第八届优秀工程勘察设计一等奖。

二、科学研究成果(专著、图集)

(一)深圳市龙岗区岩溶塌陷灾害勘查

完成单位：深圳地质建设工程公司、深圳市地质矿产局

完成时间：1998年7月

主要完成人：赵娴、徐祥银、龚进军、甄景忠、易永森、黄锡鹏、顾益子、罗泽民、叶维国、刘大海、李沙扬

1.项目简介

龙岗区位于深圳市东北部，属覆盖型与埋藏型岩溶发育区，近年来随着经济建设发展，已发生多起岩溶地面塌陷事件，对工程建设和人民生命财产造成了直接的危害。深圳市地质局根据国家计委(计国地函[1995]30号)《关于下达地质灾害勘查项目计划的通知》，承担了《深圳市龙岗区岩溶塌陷灾害勘查》工作。

该成果获深圳市科学技术进步一等奖和广东省科学技术进步二等奖。

2.科技成果及创新点

采用地质环境调查、钻探、物探、试验、动态观测的综合勘查方法，完成了比例尺1/5万工作区地质普查(面积369k㎡)和比例尺1/1万的详查(面积169.4k㎡)。

对龙岗区岩溶塌陷形成的条件作了深入调查。圈定了隐伏可溶岩与非可溶岩的地质界线和可溶岩的分布范围，并根据可溶岩的埋藏深度将其分为浅埋区、中埋区、深埋区，按区内岩溶发育程度划分出强、中、弱三个带。

详细调查了龙岗区内已知的25处岩溶塌陷的分布及特征，在对塌陷机理及诱发因素进行研究的基础上，预测了地面塌陷的潜在危险区，指出了地下水动力条件的变化、抽水、震动和工程荷载是导致该区地面塌陷的主导因素。

进行了地面和地基稳定性分区和评价，根据稳定性程度，划分三个段，并对各段建筑适宜性进行了评价。

编制了《深圳市龙岗区岩溶发育区土地建筑适宜性分析图》和《深圳市龙岗区1/2.5万岩溶地质图例及说明书》，提高了勘查成果的实用价值，扩大了勘查成果的应用领域。

3.成果评价

勘查采用的技术路线正确，选用勘查方法先进合理，各项基础工作扎实，勘查成果可靠、实用，可作为龙岗区建设总体规划、土地开发利用、岩溶灾害防治的依据，具有重大的经济和社会效益。

(二)深圳市海域地质矿产资源开发利用与地质环境保护规划

完成单位：深圳市勘察研究院限有公司、深圳市地质矿产局、深圳市地质学会

主 编：康镇江、龚进军、杨仁明

完成时间：2000年

本规划编制采用RS遥感卫星、航空、热红外、侧视雷达等合成图像，进行地质资源与环境解译，对海岸带重要地质资源现状作了现场多媒体录像；采用GPS技术对主要地质灾害区进行定位，对地质资源开发容量进行分区评价；以GIS为导向，建立地质资源开发容量综合指数模型，利用“3S”技术进行电脑自动化成图等；透过编制六种不同功能的分析评价和规划图件，对矿产资源、地质旅游资源与重要地质遗迹、地质环境保护等现状分析，作出海域地质资源开发利用、地质环境保护以及地质灾害防治等的规划。

规划编制历时几近两年，完成规划文字部分60余万，比例尺1：5万大型彩色挂图6幅。2000年11月通过由广东省国土资源厅组织专家(院士)组评审验收，被认为“可作为城市和社会经济发展规划及沿海国土资源开发利用和保护的决策依据，为深圳治海防灾减灾提供了科学依据”，成果质量达国内领先水平，随后获深圳市规划委员会审批通过。

三、标准、规范(手册、论文集)

(一)《深圳地区地基处理技术规范》SJG04-96

主编单位：深圳市勘察研究院、深圳市环宇岩土工程公司

参编单位：深圳市勘察测绘院、深圳市岩土工程公司、深圳地质勘探开发公司、深圳市建筑设计总院、深圳市工程质量监督检验总站、中国建筑科学研究院深圳分院、铁道部科学研究院深圳分院、冶金部建筑科学研究总院深圳分院

主 编：李荣强

主要起草人：李荣强、张运标、秦宝玖、李福民、管文义、丘建金、沈孝宇、周国钧、夏 静、黄岫峰、王维廉、平涌潮、顾益子、罗坚强、陆贻杰

《深圳地区地基处理技术规范SJG04-96》是根据深圳市建设局深建字[1994]132号文的要求，由深圳市勘察研究院、深圳市环宇岩土工程公司(现深圳市工勘岩土工程有限公司)主编，共10个单位参加编制。该规范于1995年10月完成了送审稿，并通过全国知名专家的审查，修改后形成报批稿上报。经深圳市建设局以深建字[1996]173号文批准为强制性地方标准，自1996年7月1日起施行。

本规范特点

(1)经国内知名专家评审认为："是一本具有明显地方特色、技术先进、经济合理、安全适用、完整和系统的优秀地方技术标准，是地基设计、施工、质量检验标准化的重要成果，其中强夯和强夯置换法等处于国内领先水平。"

(2)根据深圳地区淤泥层厚度大、分布广的特点，首次提出将碎石、块石填于夯坑中的强夯置换法的复合地基。给出了复合地基承载力标准值、地基处理后变形和压缩模量的估算公式。

(3)该规范颁发施行以来，对地基处理的管理、施工和质量检验、环境保护等起到非常显著的效果，有明显的经济效益和社会效益，获得深圳市科学技术进步奖三等奖。

(二)《深圳地区建筑深基坑支护技术规范》SJG05-96

主编单位：深圳市勘察测绘院、深圳市岩土工程公司

参编单位：深圳市勘察研究院、深圳市环宇岩土工程公司、深圳市建筑设计总院、深圳市工程质量监督检验总站、深圳市地质局、中国建筑科学研究院深圳分院、冶金部建筑科学研究总院深圳分院、铁道部科学研究院深圳分院、中国船舶工业总公司第九设计研究院深圳分院

主 编：张旷成

主要起草人：张旷成、曾庆义、张镇、李荣强、秦宝玖、杨斌、毛柏清、杨志银、夏静、黄岫峰、冯申铎、李长霖、戴运祥、沈孝宇、顾益子、刘国楠、麦朝明

《深圳地区建筑深基坑支护技术规范SJG05-96》是根据深圳市建设局深建字[1994]132号文的要求，由深圳市勘察测绘院、深圳市岩土公司主编，共11个单位参加编制。该规范于1996年4月完成了送审稿，并通过全国知名专家的审查，随后经深圳市建设局批准为强制性地方标准，自1996年12月1日起施行。

经中国技术监督情报研究所用计算机联机检索，未查到和本规范相对应的国标(ISO)及各先进国家的标准，我国国标及部标也没有相对应的标准，因此它是我国第一本基坑工程方面的技术标准。

该规范特点

(1)国内知名专家评审认为："是一本具有明显地方特色、技术先进、经济合理、安全适用、完整和系统的优秀地方技术标准，是建筑深基坑支护技术标准化的重要成果，其中土钉墙支护技术、支护结构监控标准、邻近荷载对土压力影响的计算方法等内容都是首次列入技术标准。规范的技术内容在总体上达到了国内领先水平。"

(2)根据基坑安全等级提出了支护结构最大水平位的允许值，经十余年的工程实践验证，限值合理可靠，对保证基坑工程安全起到了非常重要的作用。

(3)首次将根据岩土特性、选择和采用合适的边坡坡率、以保证基坑稳定性的方法定名位"坡率法"列入技术标准。此定名获得以后规范的采用，如国家标准《建筑边坡工程技术规范GB50330-2002》。

(4)有关排桩、地下连续墙的支护设计，按悬臂、单支点、多支点分别提出了土、水压力，抗隆起稳定，抗渗流稳定，嵌固深度、内力计算及桩身承载力计算，锚杆及支撑设计的计算简图和计算方法，与同类规范相比最为详尽，可操作性更强。

(5)首次将"土钉墙"加固技术列入基坑支护工程，并规定了其适用范围为地下水位以上深度5～12m。

(6)该规范颁发施行以来，对建筑基坑工程的管理、质量的检验和监督、保护环境、指导基坑工程的勘察、设计和施工起到非常显著的效果，节约了建设投资，缩短了施工周期，有显著的经济效益和社会效益，在全国同类规范中是一本很有影响的技术标准。经深圳市人民政府组织评审，获得"1999年深圳市科学技术进步奖二等奖"。

(三)深圳市标准《深圳地区基桩质量检测技术规程》SJG09-99

主编单位：深圳市建设局技术管理处、深圳市勘察研究院、深圳市工程质量监督检验总站

参编单位：冶金部建筑研究总院、铁道部科学研究院、福田区工程质量监督检验站、中国有色金属工业长沙勘察设计研究院深圳院、深圳市勘察测绘院、中国建筑科学研究院深圳分院

主 编：李荣强

主要编写人员：邓文龙、谭志仁、陈少波、蔡巧灵、徐慧、刘南渊、邱平、杨瑞清、管文义

该规程由深圳市建设局技术管理处、深圳市勘察研究院、深圳市工程质量监督检验总站主编，冶金部建筑研究总院、铁道部科学研究院、福田区质检站、“长勘”深圳院、深圳市勘察测绘院、中国建筑科学研究院深圳分院参编。于1999年12月3日由建设局批准为深圳市强制性地方标准，自2000年1月1日起施行。该规程内容全面详实，可操作性强。2000年获深圳市科技进步三等奖。

(四)《深圳市勘察设计单位实施质量管理基本标准》

编制单位：深圳市建设局、深圳市勘察设计协会质量管理委员会

主要起草人： 王彦琛、李伟然、黄淑霞、郑於文、冯铭、魏万信、曹淦平、麦姜琼、伍迎添等

完成时间：1997年10月

广东省建委颁布的《广东省勘察设计单位推行全面质量管理考核验收细则》（共十一条、67款），条款太多过于全面，中小型勘察设计单位难以实施。1998年，深圳市建设局在总结推行TQC和贯彻GB/T19000-ISO9000标准经验的基础上，为了进一步加强本市勘察设计单位的质量管理，委托市勘察设计协会编制了《深圳市勘察设计单位实施质量管理基本标准》（共五条23款）。《基本标准》不仅保留了TQC的基本原则，而且加入了ISO9000标准“产品质量控制”的核心内容，对于中小型勘察设计单位具有较好的适用性和可操作性。

1998年5月，建设局在“关于印发《深圳市勘察设计单位实施质量管理基本标准》的通知”（深建技[1998]16号）中规定：“凡在深注册的甲、乙级勘察设计单位必须贯彻执行本标准，丙、丁级单位可参照执行。”

1999年8月，市建设局决定对实施《基本标准》情况进行有效性检查（深建技[1999]21号）。通过检查证明，推行《基本标准》后对深圳市勘察设计单位的质量管理起到了很大的指导和推动作用，对勘察设计质量有一定的保证作用。

(五)《深圳地区夯扩桩技术规定》SJG03-96

主编单位：深圳市建筑设计总院

参编单位：深圳市勘察研究院、深圳市勘察测绘院、深圳市地质局、中国建筑科学研究院深圳分院、深圳市建设基础工程公司

编制组人员：张咏梅、区国雄、王彦深、平涌潮、顾益子、李荣强、管文义、马烈、常 璐

《深圳地区夯扩桩技术规定》于1996年6月28日被深圳市建设局批准为深圳市强制性行业标准，自1996年7月1日起施行。该规定对统一和规范深圳地区夯扩桩的设计与施工，保证夯扩桩应用在桩基工程中的质量，起到了重要作用，使其符合技术先进、经济合理、安全可靠的基本要求。本规定适用于深圳地区二、三级建筑桩基安全等级的夯扩桩设计、施工、质量检测与验收。

(六)《科技论文集》

完成单位：深圳市勘察研究院有限公司

出版时间：1997年

《科技论文集》共收集论文30多篇，分综合研究、勘察与测量、边坡工程、基坑工程、地基与基础工程、软件及开发、数据分析与计算等七个方面，汇总了近几年来的科研成果。论文涉及的资料丰富，立论有据，可作为岩土工程勘察设计与科研人员的参考书。

(七)《深圳地区岩土工程的理论与实践》

编制单位：深圳市勘察测绘院有限公司

总策划：田玉山

主 编：张旷成、丘建金

出 版：中国建筑工业出版社

出版时间：2000年10月

本书共收集论文67篇，分为专题报告与理论研究、岩土工程勘察、岩土工程设计与施工、城市测量与工程测量四大部分，总结了深圳20多年来岩土工程勘察、设计、施工、检测、城市与工程测量等方面的经验，可供深圳及外地来深圳工作的勘察、设计、施工、教学、科研工作者参考。

四、代表性优秀工程

(一)赛格广场大厦岩土工程勘察及基坑支护设计

完成单位：深圳市勘察研究院有限公司、深圳市工勘岩土工程有限公司

完成时间：1996年

主要完成人：李清明、李荣强、黄力平、张喜珠、邓文龙、张运标、王贤能、邓金标

赛格广场地处全国闻名的华强北商业街与深南大道交汇处，项目设计为地上72层，地下4层，高358m，集商业、办公、公寓于一体的大型建筑，总建筑面积达163470㎡；采用独立的钢管混凝土及型钢组合梁框筒结构体系，是世界上采用钢管混凝土结构体系的最高建筑，其高度在世界建筑中位居第26位。赛格广场在工程实施过程中，面临的第一道技术难题就是岩土工程勘察深基坑开挖与桩基础施工。由于该项目单体面积大、基坑深达24.5m、建筑荷载大且不同部位的荷载差异大，单柱荷载在23000~250000kN之间，建筑对沉降或不均匀沉降的要求非常高；同时，该项目地处闹市区，与周边建筑的距离只有2~6m，其南侧地下室外墙距邻近的8层电子配套市场最近处仅0.2m，施工期间还必须保证该市场正常营业，对基坑支护和基础施工要求极高。“深勘研究院”承担该项目岩土工程勘察和基坑支护设计后，组织全院技术骨干投入该项目的技术大会战之中，通过实施钻探、原位测试、群孔抽水试验、地震安全性评价、室内水土岩样试验、结构与土相互作用分析、模型分析、计算、工程类比等技术手段，全面查清了场地的岩土工程条件，为施工图设计提供了系统、可靠的岩土工程勘察成果；在基坑支护设计中，针对工程设计特点和项目所在地的地质结构特征，将基坑支护设计为地下连续墙，并将地下连续墙与内衬墙组成复合墙，作为地下室的永久性外墙结构；同时，取消建筑物边桩，直接由地下连续墙分担裙楼部分荷载，采用封闭式井点降水，成功实施了“全逆作法”施工。经过严密测算，采用该施工法比“正作法”施工缩短了近一年的工期，节约直接投资达二千多万元人民币，经济效益和综合效益明显，受到业主和建筑主管部门的高度评价。

该工程荣获全国第八届“优秀工程勘察金奖”。

(二)深圳市海滨大道(海堤、道路)岩土工程勘察

完成单位：深圳市勘察测绘院有限公司

完成时间：1993年

主要完成人：张文华、刘官熙、张镇、姜云龙、聂云华、邱林等

深圳滨海大道（海堤、道路）横跨深圳湾海域，全长9.7km、宽120m，最远处离岸1.6km，是深圳市南环快速干线的重要组成部分。工程投资超过30亿元。1993年9月完成勘察，1999年建成通车。

工程沿线跨越低台地、古砂堤、海湾潮间带及海积平原，工程地质条件复杂，软土厚度大，最大厚度约12m。为此，根据淤泥层的成份、分布、工程性质等，将工程沿线地貌单元进行细分，海湾潮间带细分成四个亚区。

勘察采用钻探与原位测试相结合的综合岩土工程勘察手段，原位测试方法主要采用海上静力触探试验、十字板剪切试验。室内试验除进行常规试验外尚采用电子显微镜对淤泥微结构进行分析，得出深圳湾的淤泥沉积速度为250年/m的科学结论。提出地基处理方法抛石堤挤淤（通常有压载、振动、强夯、卸荷、爆破、射水置换等几种挤淤沉底法）、塑料板堆载预压，这些直至现在仍是软基处理的主要处理方法。

勘察报告对上述各地基处理方法进行了详细的计算、对比、论述，并对拦淤堤、海隔堤等处理分别提出了建议。详勘所提供的计算结果与施工中实测的沉降量，表明其吻合程度很高。

该项目荣获第八届国家优秀工程勘察银质奖。

(三)盐田区地籍调查和建立地籍信息管理系统

完成单位：深圳市勘察研究院有限公司

完成时间：1999年4月

主要完成人：邓作文、曾联斌、周运林、梁守宏、刘建军、李林芳、方门福、吕兵、谢伟文

1.项目简介

对盐田区72.36km²1118宗地及其附着物的权属来源、位置、面积、土地利用现状及土地管理性质等空间数据和属性数据进行全要素调查，以宗地为单位分宗建档、上图造册、录入数据库。

以调查成果为基础，研制开发盐田可视化地籍信息管理系统。

2.技术创新点

(1)深圳市首个区级地籍信息管理系统。

(2)自动生成宗地图、地籍图、地籍卡。

(3)全覆盖地籍调查。

(4)具有独立自主版权的地籍信息管理系统。

3.成果评价

项目的顺利完成，成功解决了盐田区多年来因地籍数据混乱而

无法满足管理需要的难题，为提高盐田区地籍管理水平、地籍数据的应用水平以及各部门的办事效益奠定了良好的基础和技术保障。

该项目2002年获建设部优秀勘察设计二等奖。

五、获奖项目一览表

(一)获省、部级一、二等奖项目一览表

获奖时间	获奖项目名称	完成单位	获奖等级	颁奖单位
1991年	深圳中国银行国际金融大厦地质勘察	深圳市勘察测绘院	一等奖	广东省建委
	深圳市深南路、皇岗路立交桥地质勘察	深圳市勘察测绘院有限公司	二等奖	广东省建委
1993年	福田保税区东部软基加固处理详勘	深圳市勘察研究院有限公司	一等奖	广东省建委
	深圳市邮电局邮政大厦详勘察	深圳市勘察测绘院有限公司	二等奖	广东省建委
1995年	治理深圳河一期测量	深圳市勘察测绘院有限公司	二等奖	广东省建委
	桑达大厦详勘	深圳市勘察研究院有限公司	二等奖	广东省建委
	深圳市荔都大厦场地工程勘察	深圳市勘察测绘院有限公司	二等奖	广东省建委
1997年	梅龙公路详勘工程	深圳市勘察测绘院有限公司	二等奖	广东省建委
	金田大厦详勘	深圳市勘察研究院有限公司	二等奖	广东省建委
1998年	深圳市GPS控制网改造工程	深圳市勘察测绘院有限公司	一等奖	建设部
	五洲宾馆岩土工程勘察	深圳市勘察研究院有限公司	一等奖 一等奖	广东省建委 中国城市规划协会
1999年	深圳市城市测量控制网改造工程	深圳市勘察测绘院	一等奖	中国城市规划协会
2000年	深圳市赛格广场岩土工程勘察	深圳市勘察研究院有限公司	一等奖	广东省建委
	滨海大道线路(海堤道路)详勘	深圳市勘察测绘院有限公司	一等奖	广东省建委
	深圳河治理三期工程地形测量	深圳市勘察测绘院有限公司	一等奖	广东省建委

(二)获深圳市一等奖项目一览表

获奖时间	获奖项目名称	完成单位	获奖等级	颁奖单位
1991年	市火车新客站水文地质勘察	深圳市工程地质勘察公司	一等奖	深圳市建设局
	深圳中国银行国际金融大厦勘察	深圳市勘察测量公司		
	深圳蛇口工业区控制测量	深圳市勘察测量公司		
	深圳前后海蚝田1:1000测量	长沙勘察院深圳分院		
1992年	深圳火车站新客房工程地质勘察	有色总公司长沙勘察院深圳分院	一等奖	深圳市建设局
	深圳市福田保税区东部软基加固处理工程地质勘察	深圳市工程地质勘察公司		
	深圳市邮政大厦工程地质勘察	深圳市勘察测量公司		
1993年	海丽大厦工程地质勘察	中国有色金属工业长沙勘察院深圳分院	一等奖	深圳市建设局
	深圳荔都大厦详勘	深圳市勘察测量公司		
	桑达大厦工程地质勘察	深圳市工程地质勘察公司		
1994年	笔架山加盖工程勘察	中国有色金属工业长沙勘察院深圳分院	一等奖	深圳市建设局
	福星大厦详勘	深圳市勘察研究院		
	深圳市雅园立交工程勘察	深圳市勘察测绘院		
	珠海国际赛车场测量	深圳市勘察测绘院		
1996年	福建大厦工程勘察	深圳市勘察研究院	一等奖	深圳市建设局
	治理深圳河一期测量	深圳市勘察测绘院		
	市体育馆体育场地勘察	中国有色工业总公司长沙勘察院深圳分院		
1997年	深圳市南山区西丽测区1：1000地形图测量	深圳市勘察研究院	一等奖	深圳市建设局
1998年	福田保税区STS工程(意发微电子厂)厂房地基处理施工方案	深圳市特浩建设基础工程有限公司	一等奖	深圳市建设局
	五洲宾馆岩土工程勘察	深圳市勘察研究院		
	深圳市城市测量控制网改造工程	深圳市勘察测绘院		
2000年	滨海大道线路(海堤道路)详勘	深圳市勘察测绘院	一等奖	深圳市建设局
	深圳市盐田港二期工程1#泥塘中心区雷达探测	深圳市大升高科技工程有限公司		
	深圳市赛格广场岩土工程勘察	深圳市勘察研究		
	华为龙岗机械加工中心场地强夯地基设计与施工	深圳市协鹏工程勘察有限公司		
	治理深圳河第三期工程地形测量	深圳市勘察测绘院		
	深圳市盐田地籍调查和建立地籍调查管理系统	深圳市勘察研究院		

六、引进、推广科技成果

(一)GPS在城市及工程控制测量中的应用研究

推广应用单位：深圳市勘察测绘院有限公司、深圳市勘察研究院有限公司

(1)深圳市勘察测绘院有限公司1992年与同济大学合作，采用GPS技术施测了龙岗区中心城四等GPS控制网，共利用四个二等点，新布14个四等GPS点，控制面积25 km²。整个工期仅为6天，无论是精度还是工作效率都比常规测量有大幅提高。

1995年该院和武汉测绘科技大学共同完成了深圳市GPS B级框架网的测量工程，共测量B级GPS点5个，连续测量时间近70小时，迈出了深圳市高精度控制网改造最基础的一步。主要研究成果有：高精度B级GPS点坐标；解算了深圳范围内WGS-84坐标系、北京54坐标系、深圳独立坐标系之间的换算关系。

1996～1997年，勘察测绘院和武汉测绘科技大学完成了全市二等GPS网的测量工作，共测量二等GPS点82个，基本实现了原二等三角点的改造工作。

1998～1999年，勘察测绘院完成了深圳市四等GPS测量工程，共利用二等GPS点38个，测量四等GPS点304个，其规模之大当时在全国也属前列。至此，深圳市的高等级控制网改造工作基本完成，实现了全市范围内各高等级控制点在起算数据、分布密度、点位精度等方面的统一。

1999年，该院在深圳市1：1000基本图一级点测量中首次采用GPS技术施测，在福田区全区范围内共布设一级GPS点210个，解决了在繁华都市中施测导线通视条件较困难的难题。在以后各年的深圳市1：1000地形图动态修补测的工程中，GPS技术都作为其首级控制网的主要测量手段得以应用。

2003年，在深圳河定期治理工程中，勘察测绘院在深、港两地采用GPS方法施测首级和次级控制网，分别测量四、五等GPS点14个和31个。

(2)深圳市勘察研究院有限公司于1997年开始积极应用GPS完成等级控制点测量、施工放样测量、数字测图土地调查等测绘项目。

1998年，采用GPS技术施测了南山蛇口测区四等GSP网，共布设GPS点14个。GPS网的顺利实施，解决了蛇口地区控制点严重破坏而无法满足地形图修测的问题，开始对GPS技术的全面推广应用研究。

2001年底，与香港有关部门合作用GPS技术为深圳湾西部通道大桥建立了包括9个GPS点的首个跨境高精度GPS网，并首次建立深圳坐标系和香港坐标系的转换关系，为西部通道大桥设计提供了精密的测绘成果。

目前深圳市勘察研究院已经将GPS技术广泛应用于控制测量、数字测图、工程测量、地籍测量、地下管线探测等众多领域，实现了传统的大地测量向GPS卫星定位现代测量技术的转换，全面SZCORS系统以及常规GPSRTK完成图根控制测量、地形地籍碎部点测量、施工放线、水下地形图测绘等。

(二)基坑支护新技术的研究与应用

技术依托单位：深圳市勘察测绘院有限公司、深圳市勘察研究院有限公司、深圳市岩土工程有限公司、深圳市基础工程有限公司

20世纪90年代初期，随着深圳市大量高层建筑的兴建，基坑支护技术的引进和研究空前活跃，出现了多种基坑支护技术，在下列工程中采用了喷锚支护技术、复合土钉墙、搅拌桩等技术。

(1)在中银花园基坑支护工程中，采用了将随机锚杆运用于岩层、土层的喷锚支护技术，为土岩结合的地层中实施基坑开挖提供了成功的经验。

(2)国际文化大厦支护工程基坑开挖深12m，开挖范围内存在人工填土(2.5m)、淤泥质土(1.5m)、中粗砂(3m)等不良地层，工程采用复合土钉墙结合井点降水方案，探索出一套处理局部淤泥质软土和松散砂层的方法和经验，对喷锚支护技术在复杂土层中的应用具有指导意义。

(3)在福源花园基坑、新洲河治理、京隆苑基坑支护等项目中引进了格栅状搅拌桩重力式挡墙技术取得了成功，为软土地层中基坑支护技术提供了成功的实例。

(三)土钉墙支护技术

技术依托单位：中国京冶工程技术有限公司深圳分公司(深圳冶建院建筑技术有限公司)

土钉墙是一种原位加固土基坑支护技术，它是由被加固土体、设置于原位土体中的土钉和附着于坡面的喷射混凝土面层组成。该技术具有施工方便、迅速，造价低的优点，在基坑深度不大、地质条件较好、地下水不丰富、场地较宽阔的地方该技术具有较大的优势。

1991年施工的位于文锦路金安大厦基坑是土钉墙技术在深圳地区基坑工程中的第一次应用，该基坑深度约6m，周长约200m。

(四)复合土钉墙支护技术

技术依托单位：中国京冶工程技术有限公司深圳分公司(深圳冶建院建筑技术有限公司)

复合土钉墙是将普通土钉墙与一种或几种单项支护技术或截水技术有机组合形成的复合支护/截水体系，它的构成要素主要有土钉(钢筋土钉或钢管土钉)、预应力锚杆(索)、截水帷幕、微型桩(树根桩)、挂网喷射混凝土面层、原位土体等。

复合土钉墙的受力机理可归纳为截水作用与支护作用的结合、浅部土体加固与深部锚拉作用的结合、挖后支挡与超前支护的结合、局部稳定与整体稳定的结合。

复合土钉墙支护具有轻型、复合、机动灵活、针对性强、适用范围广、支护能力强、可作超前支护，并兼备支护、截水等特点。复合土钉墙技术研发成功之前，一些大中型基坑过去多采用桩[人工挖孔桩、钻(冲)孔桩等]、墙(地下连续墙)、高吨位预应力锚杆或支撑系统等重型支护技术。而复合土钉墙较之以上支挡技术，不管机械、工艺及支护结构规格都要轻便得多，也容易实施。在实际工程中，组成复合土钉墙的各项技术可根据工程需要进行灵活机动的有机结合，形式多样。

根据深圳地区基坑支护工程的实践经验，复合土钉墙在很多情况下可以代替排桩、桩锚和地下连续墙支挡结构，在深度12m以下(2~3层地下室)的一般土层基坑中取代排桩和桩锚支护已积累了较丰富的工程经验。由于其经济效益显著，往往成为工程技术人员确定基坑支护方案的首选。另外，在深度8m以内的厚层淤泥、淤泥质土及砂层中也得到了成功的应用。

1996年施工的位于东门北路的兴华广场基坑是复合土钉墙技术在深圳地区基坑工程中的第一次应用。该基坑深度约5m，周长约220m。2001年施工的长城盛世家园(二期)是深圳地区采用复合土钉墙支护技术最深的基坑，该基坑最深处为21.7m。

(五)预应力锚杆技术

技术依托单位：中国京冶工程技术有限公司深圳分公司(深圳冶建院建筑技术有限公司)

预应力锚杆是将拉力传递到稳定岩层或土体的锚固体系。它的一端与岩土体或结构物相连，另一端锚固在岩土体内，并对其施加预应力，以承受岩土压力、水压力、抗浮、抗倾覆等所产生的结构拉力，用以维护岩土体或结构物的稳定。

1964年我国安徽梅山水库采用设计承载力为2400~3000kN的预应力锚杆加固坝基，20世纪80年代在北京王府饭店、京城大厦，上海太平洋饭店等大型基坑支护工程中采用预应力土层锚杆，从此预应力锚杆在我国获得了广泛的应用，锚杆由应用于深基坑开挖的临时性锚杆发展到适用于边坡加固、结构抗浮、抗倾覆等的永久性锚固工程。90年代以来，国内外预应力锚杆技术无论在创新或工程应用方面均取得了长足的进步。

预应力锚杆主要特点

(1)能在地层开挖后，立即提供支护能力，有利于保护地层的固有强度，阻止地层的进一步扰动，控制地层变形的发展，提高施工过程的安全性。

(2)提高地层软弱结构面、潜在滑移面的抗剪强度，改善地层的其他力学性能。

(3)改善岩土体的应力状态，使其向有利于稳定的方向转化。

(4)锚杆的作用部位、方向、结构参数、密度和施作时机可以根据需要方便地设定和调整，能以最小的支护抗力，获得最佳的稳定效果。

(5)将结构物—地层紧密地连锁在一起，形成共同工作的体系。

(6)伴随着结构物体积的减小，能显著节约工程材料，有效地提高土体的利用率，经济效益十分显著。

(7)对预防、整治滑坡，加固、抢修出现病害的岩土体结构物具有独特的功效，有利于保障人民生命财产。

预应力锚杆广泛应用于各类岩土体支护及加固工程。以深基坑支护工程为例，采用预应力锚杆技术后，可大大减小悬臂结构或支撑结构的尺寸和规模，不仅减小了支护结构的工程量，还能有效地缩短工期，降低成本。

1991年施工的位于深南东路的贤成大厦基坑是预应力锚杆在深圳地区基坑工程中的第一次应用，该基坑最大深度约16m，周长约300m。

(六)全套管钻孔灌注桩在深圳地区的推广应用

推广应用单位：特皓建设基础工程有限公司

全套管钻孔灌注桩又称贝诺特灌注桩，是由法国贝诺特公司于20世纪50年代初开发和研制而成的桩型，随后日、德、英、意等国引进和研制，机种和施工方法均有很大发展。我国于20世纪70年代开始引进此项技术，并在一些工程项目中有所实践和应用，但在深圳地区应用极少。该桩型为钢套管沿桩孔全长护壁，利用摇动装置的摇动(或回转装置的回转)，使钢套管与土层间的摩阻力大大减小，边摇动(或边回转)边压入，同时利用冲抓斗挖掘取土，直至套管下到桩端持力层为止。全套管钻孔实质上是冲抓斗跟管钻进法。该桩型具有施工速度快、施工安全、施工质量易保证以及环保效果好等特点，在发达国家和地区广泛应用。

(七)边坡支护技术的推广和应用

20世纪80年代后期，特别是进入90年代后，深圳城市开发逐渐向地形坡度较大的高台地和低丘陵边缘地区发展，建筑边坡的数量迅速增加，边坡规模不断加大，沿用以前单一的重力式挡墙支挡结构不能满足高陡边坡稳定的要求，边坡支护技术也因此得以迅速发展。

1993年，中国铁道科学研究院深圳研究设计院在深圳松泉石化滑坡治理中首次成功应用了抗滑桩支护技术。1994年，中国铁道科学研究院深圳研究设计院率先在深圳市罗沙公路西岭下边坡支护中使用了预应力锚索框架结构支护技术，相继出现了坡率法、扶壁式挡墙、加筋陡坡和加筋挡墙、喷锚支护、锚杆(索)挡墙、锚杆(索)框架梁、主(被)动柔性防护网、抗滑桩、系统(截)排水、预应力锚杆(索)抗滑桩等支护结构，边坡支护技术得到了迅速丰富和发展。

冶金部建筑研究总院深圳分院承担了深圳市下洞油库高边坡支护设计。该边坡位于深圳市葵涌街道，边坡长343m，高40～70m，坡度约60°，边坡面积2万㎡多。边坡体由残积土层和强、中、微风化花岗岩组成。支护设计根据Sarma法、Bishop法和有限单元法对边坡稳定性的验算结果，确定边坡处于不稳定状态，可能发生切层旋转滑动，最大滑动厚度约11～12m。经方案选择，采用预应力锚杆和喷锚结构联合加固的支护方案(这是深圳地区首次采用预应力锚杆支护技术)，针对性强，既有效地阻止了边坡的切层滑动，又解决了坡面岩石掉块和局部岩体崩塌问题。该边坡支护施工自1994年完工以来，未出现变形破坏，稳定性良好。实践证明，锚杆支护技术在解决高陡岩质边坡稳定问题上具有突出的优势，取得了很好的技术示范效果和显著的经济效益。

(八)探地雷达的推广和应用

推广应用单位：深圳市大升高科技工程有限公司、深圳地质建设工程公司(深圳地质局)、深圳市勘察测绘院有限公司、深圳市勘察研究院有限公司等

深圳改革开放的30年正好是我国工程物探迅速发展的时期。现代工程物探的新方法新技术很多，几乎所有的新方法在深圳都有应用或试验。

主要应用于：山体土石方检测，路基检测，不同回填物界面检测，填海回填物、岩溶检测，桩基无损检测，地下管道探测及隐蔽物探测，斜坡滑体探测等。由于深圳市不仅西海岸海积淤泥类软土层发育，填海造地工程规模也大，强夯法和强夯置换法等地基处理方法应用较多，因此，探地雷达在强夯地基或强夯置换法的效果检测应用最为广泛。

深圳市应用该技术的主要工程项目有：深圳市盐田港填海工程、深港西部通道东西海堤及内隔堤填石勘测、深圳湾填海工程、宝安新城大道、龙岗文化体育中心、深圳龙口水库坝基、深圳地铁福华段地下障碍物、深圳地铁竹子林车辆段排污干管、深圳机荷高速公路、深圳会展中心周边管线等。其中深圳市大升高科技工程有限公司完成的“深圳市盐田港二期工程1＃泥塘中心区探地雷达探测”和“深圳地铁天岗区间建筑物基础结构轮廓无损探测”项目分别获得深圳市第九届优秀工程勘察项目一等奖和深圳市优秀工程勘察三等奖。

(九)基桩小应变检测技术

完成单位：中国铁道科学研究院深圳研究设计院(原铁道部科学研究院深圳研究设计院)

基桩小应变检测技术是中国铁道科学研究院自主研发的一种基桩检测方法，并由中国铁道科学研究院深圳研究设计院(原铁道部科学研究院深圳研究设计院)于20世纪80年代最先引入深圳，之后在深圳地区大量应用，并编入深圳地区基桩检测规范。在国家及行业规范未列入该法之前，称为“瞬态激振时域频域分析法”、“效应变法”，后来统一称为“小应变法”。自20纪80年代引进以来，应用小应变检测的代表性工程有：深圳市人民桥钻孔桩、深圳市福田立交桥钻孔桩、滨海大道上全部市政桥梁桩、沙河西路市政改造工程等。

(十)其他引进推广科技项目

项目名称	项目来源	引进单位	评审单位	评审意见
井中无线电波应用技术	地矿部地球物理化学研究所	深圳市勘察研究院有限公司	深圳市建设局、市土木建筑学会岩土专业委员会	同意于1998年5月29日起在深圳推广应用
WDC瞬变电磁系统	地矿部地球物理化学研究所	圳地质建设工程公司		
井中声波CT系统	地矿部地球物理、化学勘查研究所	深圳市勘察研究院有限公司		
大直径锤击沉管灌注桩	珠海建安集团	珠海建安集团深圳分公司		
建筑垃圾夯扩桩	河北工专新兴科技服务总公司	深圳市建筑设计研究总院新技术推广站		
真空井点降水技术	山东工业大学	深圳市勘察研究院有限公司	市土木建筑学会岩土专业委员会	同意于1999年11月起在深圳推广应用

2001~2010年度

一、科技开发、创新和专利成果

(一)"勘察e"数字化勘察信息处理软件

开发研究单位：深圳市勘察研究院有限公司

主要完成人：蒋鹏、刘小敏、袁新、程宏威、曾菁、罗芳、陈刚、王慧桢

鉴定时间：2004年9月8日

鉴定单位：建设部科技司

主要用途：工程勘察内业处理，勘察数据管理。软件以满足工程勘察日常性内业处理为主要目的，同时兼顾勘察数据管理及发展GIS应用的需要

软件主要创新点

(1)完全国产自主开发，自主图形环境，不依赖任何CAD平台。

(2)绘图编辑功能强大，易学易用，绘图与编辑操作方式完全符合AutoCAD习惯，图形文件完全与AutoCAD兼容。

(3)拖拽、点选方式布置勘探点和剖面线，数据标准化程度高，最大限度节省数据录入工作量。

(4)强大的专题图模板、符号库、数据字典及填充花纹管理功能，所见即所得的编辑方式，可快速完成企业内部格式定制和标准化数据管理。

(5)提供多版本数据存储方式，网络版、单机版之间完全数据兼容。

(6)符合最新标准规范，可以方便实现与GIS应用的接口。

(7)自动生成报告，自动完成土工试验、水质分析、原位测试的统计与分析，能够处理地层重复出现的剖面自动连线。

(8)自带等值线图、云图功能。

(9)自带三维透视图功能，三维地层动态显示。

(10)提供虚拟钻孔功能，可以查询出场区内任意点的地层结构。

2004年9月8日由建设部科技司组织专家鉴定，建议在工程勘察行业推广应用。

(二)“测绘e系统”(数字化测绘软件和掌上电脑电子平板软件)

开发研究单位：深圳市勘察研究院有限公司

主要完成人：曾联斌、周运林、方门福、邓作文、胡朝辉、李林芳

鉴定时间：2002年8月

鉴定单位：中国城市规划委员会

测绘e系统是勘察研究院研制的一个具有自主知识产权的全中文内外业一体化数字测绘系统，主要为测绘生产单位提供数字化测图、断面测量、土方计算、地下管线成图、专题图制作、野外实时图形编辑以及与GIS系统数据交换等服务。该系统功能齐全（无编码可视化输入、内部自动添加编码技术、等高线自动断开技术、全图索引技术、编码与线型同步技术等），设计了结构合理、适于地形图的图形交换文件，易于实现与各种GIS系统双向数据转换。“CHeCE”采用了掌上电脑，具有与各种全站仪无线遥控通信的功能，实现了“即测即现”的测图模式(移屏和刷屏时间小于2S)；系统实现了无图纸测图，减少了数据精度损失，解决了外业测绘与内业数据处理的瓶颈问题，减少了外业测图的人力投入，提高了劳动主产率。

2002年8月，中国城市规划委员会组织专家鉴定，一致认为：深圳市勘察研究院自主开发研制的“测绘e系统”，是全中文内外业一体化数字测图系统，具有技术先进、功能齐全、使用方便等特点，社会效益和经济效益明显，在国内处于领先水平，建议推广应用。2004年获国家测绘科技进步三等奖。

(三)深圳市地质地理信息系统开发与应用

开发研究单位：深圳市勘察测绘院有限公司

主要完成人：王双龙、纪晓东、沈颖、南凌、丘建金、张文华、孙慧荣、陈朝晖、朱干章、李爱国

鉴定时间：2008年9月23日

鉴定单位：深圳市科技局

1.项目简介

深圳市地质地理信息系统是将先进的地理信息系统技术与传统的地质勘察科学有机结合，以深圳地区为开发原型，面向城市地质勘察领域，为城市规划、建设和管理服务。本系统以“3S”技术、网络技术、空间数据库技术、数据挖掘技术、地质科学技术等为技术支撑，以地质地理信息库、管线管道信息库、勘察工程成果库为基础，结合工程地质勘察领域的特色，设计并开发实现全方位工程地质勘察生产信息管理与生产辅助。

2.成果创新点

首次研发了工程勘察地质地理信息系统。提出了系统需求角色活动集和动、静两态需求模型概念，建立了地质地理信息系统数学模型。具有多源、异构的特点，改变了传统的工作模式，实现了大尺度、多时态的城市地质地理信息的整合。

研发了无缝数据提取融合技术。以“3S”技术、网络技术、空间数据库技术为基础，通过基于拓扑关系的GIS空间分析方法，实现了精确、高效的数据量化查找定位及一体化。

首次建立了深圳地区标准化地层。采用国际先进的技术开发平台，应用数据趋势性分析方法，提供地层分布与走向的准确判断，并获得了广泛的工程应用。

3.成果评价

于2008年9月23日，由深圳市科技局主持，深圳大学软件学院副院长明仲教授等国内知名专家组成的科技成果鉴定委员会对该项系统进行了鉴定。该项目荣获中国地理信息系统协会颁发的中国GIS优秀工程银奖，广东省优秀工程勘察设计计算机二等奖，深圳市优秀工程勘察设计计算机一等奖，建设部华夏科学技术奖三等奖。

(四)《深圳市城市地质勘察信息化工程》

研发研究单位：深圳市勘察研究院有限公司

主要完成人：蒋鹏、邓文龙、程宏威、曾 菁、罗 芳

鉴定时间：2006年3月31日

任务来源：2003年深圳市信息化重点工程(深圳市信息化办公室)、2003年建设科研项目

1.主要创新点

该项信息化工程综合应用了GIS技术、组件技术、数据库技术、WEBGIS技术等多种技术手段，以深圳市地质勘察综合数据为基础，针对各类城市建设部门对基础地理数据、基础地质数据和工程勘察专题数据应用的需求，充分结合现有岩土工程勘察、道路桥梁勘察、水工勘察和市政工程勘察、城市地理信息系统建设、计算机应用系统开发等标准和依据，设计了一套简单实用的数据标准，不但解决了工程标准化的难题，而且还被建设部《城市基础地理信息系统技术规范》录用。

2.经济与社会效益

本系统的的开发及推广应用，大大提高了勘察数据的服务能力和效率，拓宽了勘察信息的受益面，加快了勘察数据共享与交流的速度，减少了外数据服务的工作量，大幅度提高了勘察数据经营的经济效益。该系统2006年获中国地理信息系统协会“地理信息系统优秀工程铜奖”。

(五)深圳市测绘公众服务地理信息系统

研发研究单位：深圳市勘察测绘院有限公司

主要完成人：晏晓红、杜清运、王双龙、张天纪、贺军政、郝埃俊、朱干章、张燕、王明军、焦利民

1.项目简介

深圳市测绘公众服务地理信息系统是采用全球著名的GIS公司系列产品ArcIMS二次开发，实现了电子地图网络发布。该系统以社会需求为导向，采用了地理信息技术、网络、面向对象图像处理、多媒体等现代信息技术，将现有测绘资料，集成优化为面向本行业和社会公众的、适应社会进步的网络数字化产品。

2.成果创新点

地貌晕渲图叠加矢量图图形网上发布。

兴趣点定位精确，属性数据准确，信息全面，查询的内容更加精确。

用户无需等待下载数据和插件的时间，技术先进。

地图配色简洁明快美观。

数据更新方便。

系统数据采用image server发布，为栅格图片，由矢量图形随机生成，客户端无法大量下载图片数据。

3.成果评价

该系统通过网络电子地图的的形式，在Internet上，以地图、文字、照片、声音、动画和视频等多种信息手段全方位反映城市的各个方面，内容丰富，容量巨大，是对外宣传城市形象的理想手段与平台，是展示深圳、宣传深圳的一个窗口，为深圳市地理信息提供面向公众服务的增值产品和应用系统奠定了基础。该系统获中国城市规划协会城市勘测委员会优秀城市勘测工程二等奖及国家测绘局2008年测绘科技进步奖三等奖。

(六)深圳市特区内地质灾害防治信息管理系统

开发研究单位：深圳市勘察测绘院有限公司

完成时间：2006年4月~2008年3月

主要完成人：王韩波、熊金安、潘效鸿、王理军、杨琴、严凯峰、周巍、黄孝刚

1.成果简介

《深圳市特区内地质灾害防治信息管理系统》由公众传播网、内部管理网和后台数据维护网等三个子系统构成。该系统利用ARCIMS技术，以卫星影像资料为背景，以法律法规和相关政策为依据，以地质灾害防治工作各阶段的工作结果为基础，紧密结合政府主管部门地质灾害防治工作流程，研究开发满足宣传互动、日常管理、应急抢险等涵盖整个地质灾害防治工作所需的管理平台。

2.成果创新点

应用当前国际上信息系统建设领域的最新主流技术，采用三层体系网络数据库结构，能够对庞大的数据信息进行高效管理，技术含量在目前国内同行业中处于领先水平。

该系统不仅考虑实现方法与手段，还考虑了海量数据的存储、维护和更新，同时系统的结构、功能、数据、应用领域和软硬件配置也具有可扩充性和适用性。

紧密结合深圳市地质灾害防治工作流程进行原型开发，管理人员能够根据工作流程有条不紊地开展各项地质灾害防治工作。

系统的建设为政府、专业技术单位和社会公众之间架起沟通桥梁和双向互动平台，很好地体现了“领导决策、职能部门重视、专业单位配合、全民参与”的思想，保障防治工作的顺利开展和抢险救灾的快速反应。

3.成果评价

2008年8月，深圳市国土和房产管理局直属分局组织7名国内外专家对该系统进行了评审，认为“该系统在总结深圳市特区内地质灾害治理的有关流程的基础上，创新性地设计了完善的地质灾害防治管理工作流程，并使之信息化、科学化、电子化。该流程实用性强，考虑全面，对深圳市地质灾害防治工作的开展和管理有着重要的意义”。

(七)LC桩复合地基在龙岗岩溶地区的应用技术研究

开发研究单位：深圳市工勘岩土工程有限公司、深圳市龙岗区土木建筑学会

完成时间：2008年7月

鉴定时间：2009年5月27日

鉴定单位：深圳市土木建筑学会

“LC桩复合地基在龙岗岩溶地区的应用技术研究”课题，经深圳市龙岗区科学技术局批准，列入2002年度龙岗区科技计划项目。

1.主要研究内容

通过室内配合比试验，研究石屑代用材料对素混凝土的拌制、工作性能和强度的影响，确定桩体材料组成及配合比。

通过现场静载试验，研究在不同桩长、不同土层、不同置换率

组合情况下，桩土应力分布和荷载分配比例。

在工程施工和使用过程中，进行桩土应力测试和沉降监测，以及承载力和变形检测。

理论研究：通过建立桩土地基模型，利用数值分析和解析法计算地基变形，以及在不同桩长、不同土层、不同置换率和不同褥垫层厚度下的应力应变特性。

应用技术研究：在覆盖型岩溶区、超(欠)固结土、软弱土、非均匀土层等地基条件下的应用问题。

优化设计研究：充分发挥桩土协同作用，节约工程造价，逐步采用以沉降量作为控制指标的设计方法。

2.鉴定意见

针对龙岗地区复杂的岩溶地质条件，通过室内试验、理论分析和现场试验，将LC桩复合地基技术成功应用于覆盖型岩溶地区，具有创新性。

通过大量的现场静载试验和测试，对LC桩复合地基的工作机理、桩土应力比、承载力、变形等进行了深入分析，对LC桩复合地基设计具有指导作用。

工程应用证明，该技术具有承载力高、变形小、造价低、工期短、选材和施工方便、对周围环境影响小和避开深部岩溶对建筑基础影响等特点，经济效益和社会效益显著，具有较高的推广应用价值。成果总体上处于国内同类技术领先水平。

(八)振动沉管LC桩复合地基施工技术研究

开发研究单位：深圳市工勘岩土工程有限公司

完成时间：2009年

鉴定时间：2009年12月

鉴定单位：广东省住房和城乡建设厅

“振动沉管LC桩复合地基施工技术研究”是深圳市工勘岩土工程有限公司自主完成的科研项目。自2000年至2005年，该公司在大亚湾粤安油库、深圳沙头角保税区员工配餐中心、华侨城栖湖花园、龙华汤姆逊光学主件科技园、龙岗文化中心等十多项工程中，对振动沉管LC桩施工技术展开了一系列的现场试验研究。从工艺原理、施工流程、操作要点、设备选型、材料配置、质量控制、安全环保措施等方面进行了深入的分析和对比研究，于2009年完成了课题研究报告，并通过广东省住房和城乡建设厅组织的施工技术成果鉴定，形成了振动沉管LC桩复合地基施工工法。该工法通过了广东省建筑业协会组织的专家评审，成为2009年度广东省省级工法。

(九)钻孔(扩底)灌注桩承载性能的研究

完成单位：中国京冶工程技术有限公司深圳分公司(深圳冶建院建筑技术有限公司

完成时间：2007年11月

主要完成人：耿培、蔡巧灵、张俊、于会来、江金海、冯立、仲双龙、方方

鉴定时间：2007年12月

组织鉴定单位：中国冶金科工集团公司

1.项目简介

本课题以深圳地区和其他沿海地区钻孔灌注桩动测和静测数据为基础，结合深圳地区的实际工程测试数据，对钻孔灌注桩的承载力静载荷测试和动力测试的方法和结果以及判定静载荷试验未达到极限的工程桩极限承载力的方法进行分析研究；对灌注桩的荷载传递机理进行分析研究，对钻孔扩底灌注桩在强风化花岗岩中的受力特征进行研究。

2.科技成果及创新点

提出了用双曲线法判定静载荷试验未达到极限荷载灌注桩的极限承载力的方法，并给出了估值精度，可以用于工程实践。

通过分析不同桩端土层钻孔灌注桩的动测静测数据，提出了深圳地区桩基动测静测对比关系的地区经验公式，并经过实际工程中的测试数据，验证了该公式应用于工程实践中的可行性和可靠性。

通过对桩身内力的测试结果分析，研究了在竖向受压荷载作用下，桩的受力特点和桩土体系荷载的传递过程，研究表明桩的承载力大小主要由桩侧土和桩端土的物理力学性质决定，其他因素也会影响桩的承载力发挥。

通过对3根钻孔扩底灌注桩的单桩竖向抗压静载荷试验、桩身应力测试、桩底土压力测试和低应变法试验，研究了钻孔扩底灌注桩在强风化花岗岩中的受力特征，研究表明，钻孔扩底灌注桩在强风化花岗岩中采用以现行地区规范所得的地质勘察报告中建议的对冲、挖、钻孔灌注桩桩端土承载力特征值偏高。

3.成果的鉴定意见

通过对灌注桩的动测静载数据研究，提出了深圳地区桩基动测静载对比关系的经验公式，具有良好的应用价值。

通过对静载条件下单桩受力特点的分析，对强风化花岗岩桩端阻力提出了修正值，已被深圳市最新的地基基础勘察设计规范所采用。

通过对以强风化花岗岩作为持力层的钻孔扩底灌注桩的试验研究，建立了桩底压力分布曲线及特征，该研究工作在国内具有开创性。

通过对62组钻孔灌注桩承载力检测的研究，提出了基于

双曲线拟合法判定单桩极限承载力的估值精度方法，具有创新性。

课题研究路线正确，方法合理，有所创新，对深圳地区桩基工程技术的发展起到了一定的推动作用。研究成果总体上达到国内领先水平。

(十)土体物性变异力学效应与复合型土钉墙技术研究

完成单位：中国京冶工程技术有限公司深圳分公司(深圳冶建院建筑技术有限公司

完成时间：2005年12月

鉴定时间：2007年4月18日

组织鉴定单位：广东省科技厅、中国冶金科工集团公司

主要完成人：汤连生、吴忠诚、杨志银、廖化荣、张庆华、廖志强、李榴芬、张鹏程、凌造、颜波

1.项目简介

本课题主要分析了省内土钉墙支护典型工程资料，通过室内物性变异力学效应试验及实际监测，研究了地下水系统及化学场变异对土—土钉耦合体力学性能影响规律及测试技术研究，研究了复合土钉墙技术工作机理，提出了土钉墙支护稳定性分析模式、方法及工艺参数，开发了一套完善实用的复合型土钉墙技术优化设计方法及软件。

2.科技成果及创新点

研究成果的创造性主要表现在以下两个方面：

关于土体物性变异力学效应的研究。对水土作用和水土化学作用对土体力学效应的影响进行了量化研究，阐明了土体物性变异力学行为的特性以及基坑工程中水化学场变异的基本特点。把水土化学作用对控制钉土耦合体力学性能的物质成分的影响作一定的评估，同时结合实测数据进行分析，更全面地阐述和把握土钉墙存在状况和工作机理。

关于复合型土钉墙技术的研究。总结提出了省内土钉墙支护参数合理取值范围；阐明了基坑工程中地下水流动系统与水化学场变异的基本特点，及其对土体、土—土钉耦合体力学性能的影响规律，土体物性力学的行为特征；在试验、理论和实测资料的基础上，对现行规范中土压力计算方法进行了修正，提出了基于耦合体力学性能的土压力计算新思路和新方法；利用土拱效应原理，提出了土钉墙支护局部稳定性和整体稳定性的分析方法，建立了土钉墙边坡稳定性定量分析模型，开发了一套较完善、较实用的土钉墙支护优化设计方法。

(十一)疏排桩—土钉墙复合支护技术研究与应用

完成单位：中国京冶工程技术有限公司深圳分公司(深圳冶建院建筑技术有限公司

研究时间：2006年7月～2009年5月

鉴定时间：2009年6月13日

组织鉴定单位：中国冶金科工集团公司

主要完成人：吴忠诚、杨志银、张俊、罗小满、王宪章、廖化荣、李春光、刘斌、宋明建、廖志强、凌造、刘晓刚、衣惠辉、吕晶、姜晓光、汪新平

1.项目简介

疏排桩—土钉墙组合支护结构主要利用土拱效应和桩土作用原理解决边坡支护问题，弥补了复合土钉墙中超前刚度不足的缺点，具有适应性强、安全度高、施工方便等多种优点。相对于目前使用较多的常规的桩锚支护，疏排桩—土钉墙支护结构可使基坑支护工程费用减少30%～40%，工期缩短20%～30%，具有明显的经济效益和社会效益。

2.科技成果及创新点

本课题对新型支护技术—疏排桩—土钉墙组合支护，进行了全面而又深入的研究。分析了疏排桩—土钉墙组合支护技术的作用机理，讨论了对疏排桩—土钉墙组合支护效果的影响因素，以及这些影响因素在疏排桩—土钉墙组合支护时的演变规律；对疏排桩—土钉墙组合支护时的土压力特性进行了分析，建立了考虑土拱效应的疏排桩—土钉墙组合支护土压力分布模型，并推导出了相应的土压力计算方法；分析了疏排桩—土钉墙组合支护作用时的稳定性和变形特征，以此为基础，给出了疏排桩—土钉墙组合支护作用的稳定性和变形计算公式。通过疏排桩—土钉墙支护的深大基坑的现场实测和有限元数值模拟，对疏排桩—土钉墙组合支护技术在实际工况下的作用效果给予了肯定；通过实测、模拟和理论计算的分析对比，对理论分析及推导过程给予了验证，为疏排桩—土钉墙组合支护的设计和应用提供了宝贵的依据。最后，在理论分析、现场实测和数值模拟的基础上，提出并形成了一套从设计、施工到检测监测的完整支护新工法。

3.成果的鉴定意见

疏排桩—土钉墙是从土钉墙、复合土钉墙在实际应用中发展而来的一种新型支护结构，本研究课题深入地研究了疏排桩—土钉墙的结构形式和设计理论，取得了以下成果：

提出了疏排桩—土钉墙支护结构形式，主要由疏排桩、预应力锚索、土钉和面层等组成。

通过对上述结构形式受力特征的理论分析和数值模拟，提出了

专利号：ZL2009 Z 0058383.5

发明人：邱秉达、严友明、陈守辉、满毅、李伟刚、孙旭敏、马天洲、廖胤楚、宋立峰、庄兴

授权公告日：2010年4月14日

该项专利成功应用于“国家工商行政管理局行政学院（深圳）边坡治理”。该边坡治理工程2010年获广东省“詹天佑故乡杯”奖。

(二十二)一种强夯地基中的疏排水构造（专利）

专利类型：实用新型

专利权人：广东省第一建筑工程有限公司、深圳市勘察研究院有限公司

专利号：ZL2009 Z 0058386.6

发明人：邱秉达、陈守辉、孙旭敏、满毅、李伟刚、严友明、马天洲、宋立峰、廖胤楚、庄兴

授权公告日：2010年4月7日

二、科学研究成果(专著、图集)

(一)深圳区域构造与断裂活动性研究

完成单位：深圳市勘察研究院有限公司

完成时间：2003～2004年

主要完成人：康镇江、陈加红、余成华、张可芒

本项目是通过区域调查，以地质力学分析方法为主划分褶皱及断裂等构造形迹，并按构造方向和力学性质等论证构造变形特征，进一步将构造变形历史划分成褶皱基底变形阶段、盖层变形阶段和大陆边缘活动带变形阶段。简述了区内新构造运动，并恢复区内地质发展历史，提出了罗湖断裂等组成的莲花山断裂带是由深层次的韧性变形向浅层次的脆性变形的双层构造演化的新观点。

深圳罗湖断裂带活动性研究方面，先后进行了“深圳市区域稳定性评价”、“深圳市地震危险性分析和地震烈度评定”、“深圳市罗湖断裂带活动性评价和主要建筑物与地面变形监测及变化趋势预测”、“深圳水库溢洪道两侧断裂活动性及地面裂缝稳定性与建筑适宜性评价”、“深圳市黄贝岭F8断层微量位移监测研究”、“深圳市罗湖建成区断裂带现今活动性与地应力监测研究”、“深圳市地震或断层探测”等。围绕着深圳市地壳稳定性和断裂活动性监测研究项目，为深圳城市地震预报、工程场地稳定性评价，提供了重要的基础资料。

(二)地质环境及地质灾害调查

完成单位：深圳市勘察测绘院有限公司、深圳市勘察研究院有限公司、深圳地质建设工程公司

主要人员：南凌、陈加红、易顺民、雷呈斌、王玉梅、龚淑云、熊金安、邓文龙、杨宗富、金先意、余成华、张桂香、赵海权、王新武、佘巍、周祥鹏、樊炼、王禹、王明龙等

完成时间：2007年7月

1.成果简介

深圳市地质环境及地质灾害调查是深圳市首份地质环境和地质灾害方面的全面系统的基础性科技成果，工作范围涵盖全市1953k㎡，文字报告约30余万字，并附有全面的各类基础性和分析评价图系。

2.科技成果及创新点

在全面搜集资料，充分进行二次开发的基础上，充分应用现代测试分析技术、现代信息技术，开展多学科、多专业、多种技术手段的全面、综合、系统的三维立体地质调查。

利用浅地震方法、各类电(磁)法和地质雷达方法(GPR)、浅层(5～50m)三维反射地震等无损勘查技术开展准确定位、多参数高精度地球化学地质测量。

应用数据库技术、计算机可视化技术、互联网技术对地质成果进行综合管理表达。

采用基于Pocket PC/DGPS的地质灾害调查野外数字自动采集系统先进技术，将野外定位结果利用地理信息系统技术反映到储存于掌上电脑的地形图和遥感图像上，实现野外调查的自动化，有效保证了野外复杂图文信息记录的及时性与准确性，大大提高了调查精度和效率。

以MapGis、arcGis、MORPAS等信息技术平台，对调查获取的地图、图像、数据表格、声音、照片、视频、文字材料等数据和信息进行储存、综合查询、检索和快速分析处理，输出各种基础图件和统计数据。

利用区域化探、痕量超痕量等综合手段，调查评价深圳市环境地质现状及质量等。

采用美国TM图像(30m分辨率)、法国SPOT卫星图像(10m分辨率)和 Quick Bird高分辨率的遥感影像，配合20世纪80年代、90年代的深圳航片，进行全区地质环境和地质灾害分布研究资料，及时调查和更新地质灾害状况。

利用GPS技术对动态边坡进行地形校正和地形定位，精确测定信息点的三维坐标(经度、纬度、高程)以及载体运动的方向、速度等。Wingis已与GPS结为一体，能够有效地读取GPS的接收信息并

进行处理。

从香港引进钻孔过程数字监测仪(DPM)，首次在岩溶地区实施钻探全过程自动化和数字化监测。

3.成果评价

深圳市地质环境及地质灾害调查方法正确，技术手段先进，成果丰富，真实可靠，分析评价依据充分，科学合理，其工作方法、技术手段和科技成果质量均达到国内领先水平，填补了深圳市基础地质科学多项空白，为城市规划和地质灾害防治提供了基础地质资料和科学依据，具有很高的科学研究和长期利用价值。

(三)大面积填海及软基处理设计方法研究

完成单位：深圳市勘察测绘院有限公司、深圳市勘察研究院有限公司

主要人员：李荣强、丘建金等人

研究时间：2003年至今

深圳地区大面积的填海场坪处理主要采用排水固结法，以在软土中打设塑料排水板堆载预压为主，如深港西部通道工程口岸区场坪区、后海填海区、前海填海区、深圳机场扩建工程以及盐田港三期工程等大型填海项目，主要工序为先抛填形成隔堤，然后抽排海水、铺砂垫层、插塑料排水板再堆载预压。铜鼓航道工程航道清淤吹填造陆地采用真空预压法进行软基处理，前海填海区北区深厚隆起淤泥区采用薄砂垫层真空预压处理。实践证明，采用排水固结法加固大面积软土地基具有加固效果好，施工方法简便，费用低廉等优点，缺点是工期较长、超载预压需大量土石方。

目前深圳地区滨海软土路基工程主要采用复合地基法，有搅拌桩复合地基、挤密砂石桩复合地基和强夯置换等。如后海填海区沙河西路路基采用了砂石桩加换填强夯处理，后海滨路、科苑路等道路填土较厚的区域路基处理均采用砂石桩复合地基方法，淤泥较厚的区域采用搅拌桩复合地基处理，在填土和淤泥均比较厚的区域采用了管桩复合地基处理，经检验采用复合地基处理加固效果良好。

(四)海堤、岸堤工程设计方法研究

完成单位：深圳市勘察测绘院有限公司、深圳市水利规划设计院

主要人员：何其诚、丘建金、王志人、李爱国、骆以道、文建鹏、赵辉

研究时间：2004年至今

填海工程的发展，必然带来大量的海堤、岸堤工程，海堤工程常用的断面形式有斜坡式、直立陡墙式、混合式等，海堤堤身形成方式有抛石挤淤、爆破挤淤、挖淤抛石以及沉箱、沉井、桩板等方法，目前深圳市各海堤工程用得最多的是抛石或爆破挤淤斜坡堤形式。

宝安中心区海堤工程设计范围为宝安中心区规划临海路南侧红线以南、西侧未定边界临时海堤以东，海堤设计总长3.27km。海堤后侧规划将建成具有海上风光的绿化休闲观光带和具有海洋特点的旅游、游乐功能的主题公园，故海堤工程既需满足宝安中心区的防潮防浪功能，又得满足整个中心区的海岸景观。

主要设计方案：本工程海堤采用允许越浪设计，考虑游艇码头等景观要求，设计采用以直立堤为主、斜坡海堤为辅的总体方案。直立堤结构形式采用挖淤抛填块石形成基床，然后安放直立沉箱结构形成海堤；斜坡堤采用抛石挤淤强夯堤身，堤身坡面修整设置防冲刷栅栏板，并设置亲水平台和防浪胸墙结构。

本工程将沉箱码头技术应用到景观岸堤工程中，采用挖淤抛堤基床，效果很好，既满足景观又满足结构稳定要求，在深圳市的岸堤景观工程中属于第一次。

本工程自2006年开始实施，现已经大部分完成，预计2010年8月全部竣工。

(五)深圳地震活断层及地震危害性评价

完成单位：深圳市勘察研究院限有公司

开竣工时间：2006年7月～2008年10月

主要完成人：肖兵、陈加红、邓文龙、徐俊、蒋方媛、余成华、王玉梅、葛帆、余巍、罗松、王晓东、樊炼、王谊、张桂香

1.项目简介

工作区北至龙华、横岗，东至小梅沙，南至深港边界，西至塘朗，东西长38km，南北宽20km，面积约760k㎡。

评价的主要目的是查明工作区内的横岗—罗湖断裂(F2)、莲塘断裂(F3)、温塘—观澜断裂(F5)共3条断层的准确位置、几何结构、晚第四纪活动性及其活动习性，甄别出地震活动断层和非地震活动断层；对地震活动断层未来有限时段的地震危险程度和地震危害程度作出定量评价。

2.工作方法

针对城区探测环境，购置了美国NZXP型24道地震仪、国土资源部物化探研究所生产的JW-5Q型地下电磁波仪和中国地震局地质研究所V5-2000系统大地电磁仪器等，并尽量避开人口稠密、车流密集地段布设测线，采取针对性强的探测方法及相应的技术措施，提高了信噪比，保证了野外数据采集工作的质量。

3.主要成果

分析了工作区区域地震构造环境和第四纪地质环境，对区内主要断层进行了综合定位与活动性鉴定，并对深部地震构造环境进行了探测和研究，在此基础上对深圳市主要断层地震危险性及危害性

作出评价，得出了工作区内的横岗—罗湖断裂、莲塘断裂、温塘—观澜断裂均为中更新世以前的活动断裂，其最大发震震级取构造类比的结果分别为Ms 6.5级、Ms 6.5级和Ms 6.0级，以及主要断裂发生上述设定地震时的震源区附近，一定的周期频带范围内，地震动水平可能超过现行设防标准中对于一般建设工程的设防水准，大于年超越概率0.02%的大震的设防水准，有可能造成部分建设工程发生破坏的结论。

4.工程效益

本项目属于《深圳市防震减灾"十五"计划》的重点项目，项目成果有助于在深圳市主城区开展震害预测工作，为城市建设抗震设计、土地规划利用和防灾减灾规划制定提供科学依据。项目顺利完成并通过专家验收。

(六)龙岗中心城区岩溶塌陷监测研究

完成单位：深圳市勘察研究院有限公司

研究时间：2009年开始

本项目是深圳市典型地质灾害点监测与示范研究项目之一，主要利用传感技术、GPS技术、高精度物探勘测技术等，对深圳龙岗中心城区岩溶塌陷灾害开展监测，揭示岩溶塌陷发灾机理，开展岩溶塌陷预报模型研究，并提出预防措施建议。

项目监测采用世界上最先进的分布式温度、应变监测仪DSTS(加拿大OZ公司产品)，通过采用BOTDA技术，建立一套自动化的在线光纤监测系统，在国内首次把光纤传感技术投入岩溶塌陷监测中，通过对光纤变形的监测、水气压力传感器监测、地质雷达和高密度电法物探监测，实时监测龙岗区岩溶塌陷发展过程。

(七)海水入侵地质灾害综合研究技术

完成时间：2007年5月～2009年12月

主要完成单位及人员：深圳市勘察测绘院有限公司(南凌、雷呈斌、孙树基、汪磊、熊金安、赵海权、汪文富等)、北京大学(邬伦、田原、贾贵云)、香港大学(焦纠纠等)、中国地质环境监测院(王瑞久、殷秀兰等)、广东省地质环境监测站(刘卫平等)

1.成果简介

海水入侵地质灾害综合研究技术是集水文地质勘察与测试，地下水长期监测，数据库建设及信息管理系统研究，地下水开采、填海工程和入海河流水位变化对海水入侵影响研究，海水入侵地质灾害防治对策研究等综合研究技术于一身，涉及多学科、多专业的大跨度理论研究与实用工程技术有机结合的研究体系。该技术用于深圳市海水入侵地质灾害调查与防治对策研究项目，涉及海岸线总长257.3km，工作面积675km²。

2.科技成果及创新点

采用平面工程地质、水文地质、海水入侵灾害调查与钻探，多种物探、抽水试验等综合方法，查明深圳海岸带地下水系统结构。

采用国际先进技术建立海水水质自动实时监测系统，监测项目包括水位、水温、电导率等参数。

除对水质进行常规项目测试和试验外，对Na^+、K^+进行分别测定，采用化学方法对Br^-等离子进行分析测定，对水样进行H、O同位素测定。

采用高密度电法、联合电剖面法、视电阻率测井等多种物探方法相结合的地球物理综合探测技术，对各种物探方法的探测数据进行海水入侵数学模型的模拟、电性特征和电性参数分析，建立相应的判定海水入侵的标准，结合地下水水质监测与化验结果，综合确定海水入侵范围和海水入侵程度。

根据深圳海岸地形地貌特点，选择典型地段建立在地下水开采、填海工程和入海河流水位变化等影响下的海水入侵地质模型，开展上述因素对海水入侵的影响研究，揭示深圳海水入侵的发生机理。

在各项调查和研究的基础上，利用GIS技术实现海水入侵空间数据与属性数据的一体化管理，建立海水入侵地质灾害信息管理系统、灾害趋势预测系统和灾情评估系统，为海水入侵地质灾害防治和城市发展规划提供依据和研究平台。

3.成果评价

海水入侵地质灾害综合研究技术达到国内领先水平，在深圳市海水入侵地质灾害调查与防治对策研究项目应用中取得了显著的社会和经济效益，为城市建设总体规划、地质灾害防治和建立地质灾害信息系统，提供了丰富的基础地质资料和科学依据，具有很高的科学研究和应用推广价值。

(八)深圳市宝安区海岸带地质灾害调查与研究

完成单位：深圳市勘察研究院有限公司、中国地质大学(武汉)

完成时间：2007年11月

主要完成人：陈加红、王焰新(地大)、成建梅(地大)、王玉梅、张可芒、余成华、蒋方媛、刘军(地大)、黄玲玲(地大)、杨秀丽(地大)、王言振(地大)、王谊、王禹、张晓宇(地大)、丁建(地大)、周水贵、樊炼、李秀丽(地大)

1.特色与创新点

以MAPGIS为平台首次建立深圳市宝安区海岸带各类地质灾害的基础信息和评价管理系统。基于ODBC数据库访问技术和

MAPGIS地理信息系统二次开发平台，开发了海岸带地质灾害信息管理系统，实现了地质灾害监测数据的信息化和地质灾害危险性评价的可视化管理。

综合运用地下水系统分析理论和同位素与微量元素地球化学示踪、高分辨率现场和室内测试以及卫星遥感等先进的技术方法与手段，系统研究深圳市海岸带地质灾害(特别是海水入侵灾害)的现状和形成机制。

首次建立了深圳市海岸带地质灾害的评估体系；较为创新性地提出将基于GIS的模糊层次综合评判法引入海岸带地质灾害危险性评价；探索了基于GIS技术的海水入侵、海岸线变迁、海平面上升危险性评价方法及过程。

运用高分辨遥感信息进行解译，首次进行了深圳西海岸自1986至今的岸线变迁和红树林生长变化的研究，并进行了研究区由海平面上升的风暴潮灾害损失评估的探索研究，为深圳市西海岸海岸规划与防灾减灾提供了科学依据。

建立了一套仿真度高的适合于深圳滨海地区海水入侵定量评价、预测和水资源管理的地下水三维水量—水质耦合数值模型，为预报海水入侵发展趋势提供技术支撑。

2.取得的成果

查明了目前宝安区海岸带存在的主要地质灾害类型有海平面上升、海水入侵、地下水咸化、海湾海港淤积等；指出了浅层第四系地下水有逐步淡化的趋向，而深层基岩裂隙水有逐步咸化的趋势；总结出引发海水入侵的因素有：古海水的封存、海水沿河流(河渠)的倒灌以及地下水开采等；阐明了在人工填海及天然淤积影响下海岸线正以25m/a的推移速率向外推移；建立了宝安区海岸带地质灾害数据库和信息库管理系统，进行了宝安区海岸带地质灾害危险性评价。研究成果为今后类似海水入侵的研究积累了宝贵的经验，并具有借鉴意义。

(九)深圳市基本生态控制区信息化监测与研究

完成单位：深圳市勘察研究院有限公司

主要完成人：卢永华、周运林、方门福、陈远鸿、陈永辉、罗芳、银霞、刘建军、胡朝辉

完成时间：2006年8月15日

工程验收部门：深圳市规划局

1.项目简介

本项目监测研究对象为我国第一个基本生态控制区，涵盖面积974k㎡的土地，目的是准确掌握基本生态控制区的土地利用现状、土地权属、建筑物、公共设施等土地和建设信息等，构建成对基本生态控制区违法建设行为依法行政的信息基础，并为制定管理措施提供重要依据。

2.工作方法及创新点

本项目综合3S技术对生态控制区进行了信息化监测，对基本生态控制区现状建设问题进行了深入的分析和研究，结合建设用地的经济效益和对生态环境影响建立了基础地理空间数据库，研究开发了深圳市基本生态控制线信息管理系统，提供了从数据采集、数据处理、数据库建设、信息管理系统建设到数据分析研究等内容的测绘综合服务。

3.经济效益、环境效益、社会效益

3S技术充分应用取得了良好的经济效益，研究成果为深圳市基本生态区的管理、保护和发展规划编制工作提供了科学依据，为提高监督管理水平、依法行政和生态区的有效保护作出了贡献。本项目获全国测绘科技进步三等奖。

(十)地铁三号线房屋拆迁信息管理系统

完成单位：深圳市勘察研究院有限公司

主要完成人：卢永华、梁守宏、方门福、吕兵、周运林、潘文俊

完成时间：2007～2009年

地铁三号线房屋拆迁信息管理系统以地铁三号线沿线的正射影像数据、数字高程模型(DEM)、地籍数据、房屋现状测绘数据和房产评估等数据为基础，充分利用地理信息系统(GIS)强大的空间分析功能和数据库管理系统(DBMS)动态存储管理数据的功能，使地铁三号线沿线拆迁房屋图形信息和属性信息有机结合，实现了房屋拆迁相关信息的三维浏览、查询、更新、统计分析和输出报表等功能。系统从框架上可分为3个子系统，即三维演示汇报、平面管理应用和档案管理三部分。

该系统的使用大大提高了地铁三号线拆迁办工作人员的工作效率，为拆迁工作的管理决策提供了科学准确的数据平台，并保存了整个拆迁过程完整的资料信息，为地铁三号线的拆迁工作赢得了良好的社会效益。

(十一)斜坡类地质灾害监测与机理研究技术

完成单位：深圳市勘察测绘院有限公司、中科院地质与地球物理研究所、中科院武汉岩土力学研究所、香港大学

主要完成人：戴福初、闵宏、陈帝酒、熊金安、王明龙、周军要、雷呈斌、冯书才、李维朝、田伟、许领、廖彬秀

研究时间：2008年1月至今

1.成果简介

该技术是在综合研究灾害点的地质条件和全面系统监测的基础上，研究斜坡灾害在降雨等因素作用下的变形破坏规律，揭示斜坡类地质灾害发育特征、成灾机理、致灾因素及各因素之间的关系，建立分析评价指标，确定灾害发生的临界数值，总结斜坡类地质灾害的适宜监测方法，它是集岩土勘察与测试、三维数值模拟、灾害监测、数据传输与分析总结于一体的综合研究技术。

2.科技成果及创新点

(1)该技术突出了“现场监测、试验研究与数值反馈分析有机结合”的研究特色，其中监测是关键，试验是基础，数值反馈分析是升华。

(2)制定了以地质条件为基础、重点突出、因果并重、监测和试验仪器设备性能稳定可靠、监测结果互补和印证、监测信息高效反馈、监测和分析研究技术先进而成熟的科学合理的监测方案。

(3)引进了技术先进、性能成熟、稳定耐用、高精度的监测设备，如意大利SISGEO公司的振弦式固定式测斜仪、Geokon公司的振弦式单向测缝计、加拿大Casella公司的翻斗式自动雨量计、美国Soil moisture公司的Jetfill型张力计等，确保监测数据的连续、真实和可靠。

(4)采用澳大利亚DataTaker数字式自动采集仪和新一代MCU及SDH/MSTP网络传输技术，实现了自动化监测和监测数据无线即时传输与接收。

(5)运用作图法、特征值统计法、比较法、测值影响因素法及数学模型法对监测成果进行分析，保证监测分析的可靠和准确。对同一项目多个测点值、同一部位多种监测项目、同一斜坡各部位测值等进行综合分析，解释监测量的变化规律，全面认识和评估斜坡的稳定性，揭示原因量与效应量之间的关系，从而判断斜坡可能发生失稳破坏的空间位置、类型、规模和可能造成的损失。

(6)开展对监测斜坡的三维结构特征研究、填土斜坡物理力学性质及变形破坏机制的试验研究，建立饱和—非饱和松散填土的本构模型，进行岩质斜坡的变形破坏参数研究及其稳定性分析；进行降雨与斜坡地下水位、斜坡变形的监测分析及其过程模拟，进行斜坡变形破坏的雨强—持时组合条件分析。

3.科技成果评价

该技术在国内处于领先水平，在深圳地区首次应用成功，为类似监测研究树立了成功的典范，为建立区域斜坡类地质灾害点的监测网络积累了宝贵的经验，为斜坡类地质灾害预警预报、防灾减灾预案的编制和实施提供了技术支撑，对提高斜坡类地质灾害研究和防治水平具有积极的意义，具有很高的科研价值。

(十二)深圳市土地利用更新调查

完成单位：深圳市勘察研究院有限公司

主要完成人: 郭仁忠、张兴飞、傅晓珊、银霞、方门福、吕兵、卢永华、胡朝辉、汪国宏、梁守宏、王玉兰、叶亚林、陈远鸿、刘光德、吴凯彬

工程实施时间: 2005年6月～2007年6月

验收时间和部门： 2008年1月通过国土资源部验收

1.项目简介

项目目标是全面清查本市行政区域内土地的类型、面积、分布、利用和权属情况，完成土地利用现状更新调查和图斑统计，建立土地利用数据库，为国土资源管理工作的信息化、规范化和社会化打好基础。项目工作范围为深圳市行政区域范围，总面积约2913997.31亩，涉及1：2000深圳标准图幅共2184幅。

2.技术创新点

(1)采用大比例尺地形图配合航测正射影像图及地籍数据开展土地调查，在广东省乃至全国尚属首次，具有技术先进、工作效率高、成果精度高等特点。

(2)本项目独创土地资源内外业一体化调查新技术，为土地资源动态监测特别是城市建设用地变化监测提供了新的途径和方法。

(3)本项目主要利用2004年底飞行的航空正射影图判读土地利用类别和土地变化信息，结合1：2000地形图实现对土地利用现状的快速调查和新增地物的及时发现。

(4)应用GPS技术提高调查的精度和速度。

(5)综合应用GPS、RS、GIS技术，使之构成系统完整、实时和动态的“3S”集成技术，形成数据采集、处理、分析、输出以及更新的完整技术系统。实现数据采集和数据管理的自动化和现代化。

(6)在土地更新调查中按照试行的土地分类标准，实行调查区域全覆盖的三级地类细化调查，在全国尚属首次。

3.成果评价

全面查清了土地的类型、面积、分布、利用现状及权属情况，并以此为基础建立土地利用数据库，对实现国土资源管理工作信息化、规范化及社会化有十分重要的作用，创造了较好的经济效益和良好的社会效益。该项目2009年被中国测绘学会评为优秀测绘工程奖金奖。

(十三)广东深圳大鹏半岛七娘山地质公园调查与规划

完成单位：深圳市勘察测绘院有限公司、深圳市地质学会

完成时间：2005年6月

主要完成人：康定江、南凌、熊金安、杨兹机、李杰、冯书才等

1.成果简介

广东深圳大鹏半岛七娘山地质公园面积150.0k㎡，保护区53.6k㎡。项目材料包括深圳大鹏半岛国家地质公园申报书、综合考察报告、总体规划、建设实施方案、门区与地质博物馆布展方案、碑牌设计图案和导游手册。

2.科技成果及创新点

(1)对大鹏半岛地质遗迹景观、自然旅游资源和人文旅游资源进行了全面系统的调查，对各类景观的形成条件、成因类型、发展演化过程、科学研究价值、观赏价值等进行了系统的分析和评价，对地质遗迹景观资源进行了科学的景观区划分、定性评价、定量评价和分级。

(2)在分析公园的自然地理条件、社会经济概况、历史沿革和公园建设与旅游现状的基础上，对地质遗迹景观资源进行了开发建设条件评价，以严格保护、统一管理、合理开发、永续利用为指导思想进行了公园全面系统的总体规划(包括景观区规划：划为5个地质遗迹、1个人文景观区、1个综合配套服务区和生态环境控制区)、景观游赏体系规划(规划了风格各异的游赏线24条及岭南名山观光、地质公园观光和珠三角猛驴游等区域性游线)，分别对景观资源、历史人文资源和生态环境的保护规划，安全卫生和防灾减灾规划，旅游服务设施、基础设施工程、公园管理体制、组织机构、人员编制等进行了规划。

(3)对环境容量和游客规模进行了分析和预测，对近、中、远期开发建设顺序作了详细安排，对开发建设投资规模进行了估算，对经济效益、生态效益和社会效益进行了预测。

3.成果评价

调查工作方法正确，基础资料可靠，分析评价科学合理。公园总体规划指导思想明确，规划依据充分、遵循原则合理、总体布局和功能分区有据。发掘了具有重要科学价值的以火山地质遗迹和海岸地貌为主体，兼有溪流、瀑布跌水、峡谷景观，化石理藏地、崩塌地质遗迹景观，断层、褶皱地质构造遗迹景观和国家二、三级保护植物、稀有濒危植物以及国家一、二级保护动物、数十种海生经济鱼、虾等丰富宝藏，掀开了大鹏半岛集秀丽奇特的自然景观、良好的生态环境、优美的山海相依地质景观于一体的风格独特、特色鲜明的神秘面纱，极具科普教育和科学考察价值，为游客提供了开展旅游观光、探险露营、徒步登山、休闲度假等户外活动的理想场所。

项目于2005年6月通过广东省国土资源厅组织的专家初评，2005年底以高分获得国家地质遗迹(地质公园)评审委员会评审通过，并成功获国土资源部批准。大鹏半岛国家地质公园的建成，有力地提升了深圳的文化内涵，将为严格保护和充分利用园内各种资源，有效地促进深圳经济、社会和生态环境的协调发展起到重要的作用。

(十四)地铁一期工程第三方监测信息管理系统

完成单位：深圳市勘察研究院有限公司、中科院武汉岩土力学研究所

完成时间：2003年12月

主要研制人员：葛修润、丰定祥、王光、覃卫民、方门福、邱垂潮、孙祖正

该系统针对第三方监测的特点自行研发了“监测信息管理系统”，使测量数据从记录、传输、计算、入库、E-mail通信完成向甲方及用户的监测成果传递，使甲方及施工单位能实时掌握地面设施的影响程度并能在第一时间作出正确的判断和采取相应的措施。

1.技术创新点

(1)深圳市首次开展对地铁施工进行第三方安全独立监测。

(2)研究并建立了深圳地区地铁第三方安全监测的技术方法、工艺流程、监测标准及预警预报制度。

(3)研制开发了“第三方监测信息管理系统”，率先实现监测数据处理及信息管理、反馈的自动化、实时化。

(4)实现预警预报的自动实时处理。

2.成果评价

“第三方监测信息管理系统”的开发和使用，在深圳地区首次实现地铁第三方安全监测数据处理的自动化及智能化，信息管理及传递、反馈的网络化、实时化，预警预报的及时、准确化，极大地提高了监测成果的快速处理和分析能力以及监测信息传递速度，实现了地铁第三方安全监测的实时化、自动化、网络化。

通过综合分析引起地面设施变形的原因及机理，推算出变形将要出现或继续发展的量的关系，为甲方提供及时可靠的信息以评估地铁施工对环境的影响，并对可能发生的危及环境安全的隐患或事故提供及时、准确的预报，让有关各方有时间作出反应，避免事故的发生，为地铁施工安全提供了强有力的技术支撑。

该系统获中国测绘学会优秀测绘工程银奖。

(十五)深圳地铁一期工程桩基托换技术课题研究

完成单位：深圳市地铁公司、中国铁通科学研究院、铁通第二勘察设计院、中铁隧道有限公司

完成时间：2000年

研究成果

深圳地铁百货广场桩基托换科研课题在深圳地铁百货广场桩基托换项目中，提出了新桩的桩型和设计及双液注浆帷幕方案，通过试验总结了施工参数和工艺，在实际施工中取得了良好效果，为托换施工成功起到了关键性作用。该项目2003年获深圳市科技进步一等奖。

(十六)饱和、动态含水砂层注浆加固浅埋隧道施工配套技术

完成单位：铁道部隧道工程局、广州地下铁道总公司、铁道部科学研究院西南分院、中国铁道科学研究院深圳研究设计院(原铁道部科学研究院深圳研究设计院)，浙江金华华夏注浆材料厂

完成时间：2002年

研究成果

主要是针对隧道与地下工程，利用跟管钻孔设备(或顶管技术)将袖阀式注浆管(或TSS型注浆管)置入地层;利用配套的注浆设备，采取洞内袖阀管分段注浆技术、地表垂直袖阀管分段注浆技术、TSS型注浆管注浆技术，将超细水泥—水玻璃双液浆均匀注入饱和、动态含水砂层，达到均匀渗透固砂堵水的目的，安全优质地完成深圳市向西路人行地道工程饱和、动态含水砂层的施工。该配套技术主要适用于饱和、动态含水砂层条件下隧道及地下工程的施工，亦可拓宽应用于其他地下工程的施工。

(十七)真空预压处理软土地基的作用机理研究

完成单位：中国铁道科学研究院深圳研究设计院(原铁道部科学研究院深圳研究设计院)

完成时间：2004年

研究内容

本项目为宝安区土地储备开发中心项目，主要分析真空预压施工过程中的软土物理力学性质变化、地基变形及对周边环境的影响，研究真空预压中的真空度与堆载预压中的等效土柱关系，研究真空预压中卸载标准等设计参数，研究真空预压处理软土地基的工期、造价、质量等工程效果。

(十八)加筋土生态边坡在高填方边坡中的应用

完成单位：深圳地质建设工程公司

完成时间：2008年3月~2010年3月

主要参与人员：金亚兵、赵行立、孔官瑞、刘大海、陈西安、刘吉波

1.成果简介

随着城市建设用地越来越紧张，山地建筑越来越多，高填方边坡工程亦越来越多，而且由于人们对环境的日趋重视，生态边坡的建设成为大势所趋。加筋土生态边坡技术是人们追求与自然之间和谐美的结果。生态边坡由两部分构成，主要受力部分为加筋材料，加筋材料为高强土工格栅；第二部分为坡面保护部分，采用生态袋，生态袋内装种植土并配合适宜当地或人们喜爱的观赏植物种子。该技术无论是环境效益还是经济效益均非常明显，可节约工程造价30%以上。目前该技术成果在深圳初步得到了应用，深圳市十二橡树庄园生态边坡高达17m，边坡坡度70°，是深圳市目前采用生态边坡技术建造的最高边坡。

2.科技成果及创新点

(1)加筋土生态边坡更多地体现了人与自然的和谐统一，边坡建成之后，绿意盎然，环境效益显著。

(2)运用加筋土生态边坡技术建造高填方边坡经济效益非常明显，与传统边坡支护技术相比，可节约工程造价30%以上。

(3)该技术在计算方法、构造连接、设计质量保证、边坡监测等方面注入了新的内容，为工程设计运用该技术提供了可靠的保证。

3.成果评价

加筋土生态边坡技术适应了人们对环境越来越高的要求，在保护环境方面发挥了重要的作用，该技术也将在以后的高填方边坡中得到广泛应用。该技术在深圳市十二橡树庄园高填方边坡中成功应用，建造了深圳市目前最高的加筋土生态边坡，根据监测成果，边坡变形均在规范容许的范围内，效果良好，为今后建造生态边坡提供了实践数据和宝贵经验，具有推广应用价值。

(十九)《深圳地质》专著

主 编：康镇江

成 员：王玉梅、王贤能、韦亚芬、邓文龙、丘建金、齐明柱、刘洪文、刘都义、杨小红、杨世平、杨忠远、何广海、余成华、张旷成、张运标、张 镇、周洪涛、龚淑云、蒋 鹏、雷呈斌、管福贞

本书是对深圳经济特区成立近30年来各类地质工作成果的总结，共分三篇。第一篇基础地质与矿产，内容包括自然和经济交通概况、地貌、地层、第四纪地质、火山岩及火山作用、侵入岩及侵入作用、变质岩及变质作用、地质构造及地质发展简史、矿产；第二篇水文、工程(岩土工程)、环境地质，内容包括水文地质、工程地质、岩土工程、地质灾害防治、地质遗迹保护。第三篇物化探及数字化地质、测绘，内容包括地球物理化学探测与遥感图像地质解译、城市三维地质调查与地下空间开发利用分析、城市地质信息化及数字化测绘系统的建设。本书可为深圳城市新一轮建设、规划、科普、科研教学等方面提供基础地质资料及地质科学依据，可供从事国土资源调查的科研、生产人员，管理工作者，以及有关专业大专院校师生阅读参考。

三、标准、规范(手册、论文集)

(一)《深圳市地基基础勘察设计规范》(SJG01-2010)

参加编制单位：深圳市勘察研究院有限公司、深圳市建筑设计研究总院有限公司、深圳市勘察测绘院有限公司、深圳市建筑科学研究院、深圳市市政工程设计研究院、中国铁道科学研究院深圳研究设计院、中国建筑科学研究院深圳分院、深圳冶建院建筑技术有限公司、深圳市电子院设计有限公司、深圳市建设工程质量检测中心、中国瑞林工程技术有限公司深圳分公司

主要起草人：刘小敏、张旷成、王启文、邓文龙、丘建金、左人宇、刘国楠、刘南渊、江辉煌、陈泽广、陈志强、杨志银、杨斌、欧阳仲春、曾春鸣、张龙海

本规范是对《深圳地区建筑地基基础设计试行规程》SJG 01-88的修编。共14章和15个附录。主要在基本概念、设计原则、计算方法、强制性条文等方面与相关国家标准、行业标准保持一致，保留了原标准的深圳特点，且为多年来工程实践证明是正确的设计参数和计算公式，采纳了深圳地区地基基础领域技术进步的成果和成熟的工程经验。本次修编的主要内容是：明确了建筑与市政工程地基勘察工作部署和要求、勘察技术方法和标准、代表性地层层序、细化岩土分类、地下水抗浮设计水位，分析评价场地岩土工程，明确了地基基础设计中承载力极限状态和正常使用极限状态的使用范围和技术方法，强调按变形控制设计的原则，满足建(构)筑物的使用功能的要求，修订了地基承载力特征值和桩基承载力特征值表。

(二)《深圳地区建筑深基坑支护技术规范》(修订)

参加编制单位：深圳市勘察测绘院有限公司、深圳市岩土工程有限公司、深圳市勘察研究院有限公司、深圳市工勘岩土工程有限公司、深圳市建筑设计研究总院有限公司、深圳市地质局、深圳市建筑科学研究院、中国建筑科学研究院深圳分院、深圳冶建院建筑技术有限公司、中国铁道科学研究院深圳研究设计院、深圳市建设工程质量监督总站、深圳市建设工程安全监督总站、深圳市建设工程质量检测中心、中国中铁南方投资有限公司、深圳市市政工程总公司

主要起草人：丘建金、张旷成、杨斌、杨志银、温科伟、刘国楠、周洪涛、金亚兵、王启文、王贤能、黄圭峰、陈泽广、李爱国、刘小敏、刘南渊、孟祥臣、高俊合、刘建国

本次修订增加了复合土钉墙、基坑开挖与检测、内支撑等内容，将原规范适用深度由5～20m修改为5～25m，将基坑工程安全等级的划分作了偏严的修改，对支护结构的最大水平位移允许值作了修正，对抗隆起稳定等计算方法作了修订；将排桩列为计算的重点，计算方法修改为主要按杆系有限元弹性支点法；对土钉和锚杆与土层的极限粘结强度标准值进行了修订。共13章和7个附录。

(三)深圳市技术人员主编和参编的国家、行业、地方等标准、规范、手册

标准、规范名称	参编人员	备注
《岩土工程勘察规范》GB50021-94	张旷成、姜云龙、樊颂华	主要起草人之一
《地下铁道、轻轨交通岩土工程勘察规范》GB50307-1999	刘官熙	参编人员
国家标准《岩土工程勘察规范》GB50021-2001	张旷成、樊颂华	主要起草人之一
《建筑工程勘察文件编制深度的规定》	刘小敏	主要起草人之一
《工程测量规范》GB50026-2007	王双龙、郝埃俊	主要起草人之一
国家标准《工程建设勘察企业质量管理规范》GB/T 50379-2006	邓文龙	主要起草人之一
国家标准《工程建设设计企业质量管理规范》GB/T 50380-2006	王彦深、魏万信	主要起草人之一
《城市轨道交通工程测量规范》GB50308-2008	王双龙	主要起草人之一
行业标准《建筑岩土工程基本术语标准》JGJ84-92	樊颂华	主要起草人之一
《高层建筑岩土工程勘察规程》JGJ72-2004	张旷成、丘建金、张文华	主要起草人之一
行业标准《软土地区岩土工程勘察规程》JGJ 83-？(修订)	邓文龙	主要起草人之一
行业标准《城市基础地理信息系统技术规范》CJJ100-2004	李荣强、蒋 鹏	主要起草人之一
行业标准《建筑变形测量规范》JGJ8-2007	王双龙	主要起草人之一
广东省标准《建筑地基基础设计规范》DBJ15-31-2003	李荣强	主要起草人之一
广东省标准《建筑地基基础设计规范》DBJ15-31-2003	刘小敏	规范审查委员会委员
广东省标准《建筑地基处理技术规范》DBJ15-38-2005	丘建金	主要起草人之一
广东省标准《建筑地基处理技术规范》DBJ15-38-2005	刘小敏	规范审查委员会委员
广东省标准《建筑地基基础检测规范》DBJ 15-60-2008	肖 兵	主要起草人之一
广州市标准《广州市基坑工程技术规范》	刘小敏	规范审查委员会委员
广东省标准《建筑地基基础检测规范》DBJ 15-60-2008	肖 兵	主要起草人之一
岩土工程丛书《岩土工程勘察设计手册》	李荣强、张旷成	编委、编审人员
《岩土工程手册》	张旷成	主要编写人之一
《岩土工程试验监测手册》	丘建金	编写人员
《实用桩基工程手册》	张旷成	主要编写人之一
岩土工程丛书《岩土工程监理手册》	李荣强、魏万信	副主编和编委
《实用桩基工程手册》中国建筑工业出版社出版，1999	刘小敏	主要编写人之一
《简明岩土工程勘察设计手册》	李荣强，邓文龙	副主编，主要编写人
《岩土工程治理手手册》	周洪涛	副主编，主要编写人
《简明岩土工程监理手册》	丘建金	主要编写人之一
《建筑岩土工程基本术语标准》	樊颂华	主要起草人之一
《市政工程勘察规范》	张文华、张先亮	主要起草人之一
行业标准《建筑基坑支护技术规范》JCJ 120-99	李荣强、刘小敏、杨志银、李子新	主要起草人之一
行业标准《建筑桩基技术规范》JGJ94-2008	杨志银	主要起草人之一
行业标准《建筑桩基技术规范》JGJ94-2008	刘小敏	规范审查委员会委员
行业标准《建筑施工土石方工程安全技术规范》JGJ180-2009	杨志银	主要起草人之一
《复合土钉墙基坑支护技术规范》(国标)2010	杨志银、付文光	主要起草人之一
《建筑地基检测技术规范》行业标准2010	杨志银	主要起草人之一
《基坑工程手册》(第二版)中国建筑工业出版社出版，2009	杨志银、付文光	主要编写人之一
《地基处理工程实例应用手册》中国建筑工业出版社出版，1998	杨志银	主要编写人之一
行业标准《建筑工程地质钻探与取样技术标准》JGJ87-201（修改）	邓文龙、陈加红	主要编写人之一

四、代表性优秀工程

(一)深港西部通道一线口岸区岩土工程勘察、填海及地基处理工程设计

勘察设计单位：深圳市勘察研究院有限公司、深圳市工勘岩土工程有限公司

工程规模：勘察面积4.5k㎡ ,填海及软基处理1.44k㎡

工程竣工时间：2005年5月

主要完成人：沈孝宇、周洪涛、王贤能、李荣强、张欣海、邓文龙、丁国贵、张喜珠、于芳、张动标、高健康、白李研、李清明、胡景文、袁新

1.项目概况

深港西部通道工程是深圳市重点工程，由深圳、香港两地政府共同建设。该工程由跨海大桥和一线口岸两部分组成，其中一线口岸场坪在深圳市南山区后海湾蛇口东角头北侧，规划主要设施为停车场、海关大楼、联检大楼及口岸管理、生活服务设施等；属浅海区或蚝田，原始地面都低于平均海面，而且场地遍布深厚淤泥和淤泥质土，须先筑堤围海、场区填土并地基处理之后才能进行后续的口岸建设工程。

西部通道一线口岸区填海造地面积1.44k㎡，由于需设航道、港池，勘察范围在规划区向东、向南各扩延1km，整个勘察面积约4.51k㎡。填海及地基处理工程分海堤、隔堤和场区三部分实施，其中海堤采用爆破排淤法填筑，隔堤采用抛石挤淤填筑和强夯挤密法进行加固，场区软基处理采用插塑料排水板堆载预压排水固结法处理。该工程计划投资18.6亿元，实际投资约11.3亿元。

2.项目主要特点

(1)岩土工程勘察主要特点

本项目勘察结合场地特点和工程性质，针对工程的主要难点，在分析、收集有关资料的基础上，根据设计要求合理布置了勘察工作量。采用了适合海上作业和钻穿大块填石的多种勘察、测试手段，采用了钻探、物探（探地雷达、海上浅剖面法）、原位测试、室内土工试验、水质分析、C14年龄测定及矿物分析等多种方法，以较少的工作量，查明了一线口岸区第四系松散地层、基岩各风化带的起伏变化以及海水深度、潮汐涨落情况，特别是淤泥软弱层的分布和发育规律，为一线口岸区填海及软基加固处理工程设计提供了可靠的岩土工程勘察资料。

(2)填海及软基处理工程设计的特点：

在深圳大面积填海地基处理工程设计中首次运用了新技术和施工方法，如复合土工隔水膜、经编复合土工布、高密度塑料排水板。设计采用纵横内隔堤的填海方法及过渡带特殊处理方法。

信息化设计，由于海域地形、地质条件复杂，淤泥土厚度大、变化大及性质极差，填海地基处理的设计只有依据不断变化的施工场地条件，及现场的各种变化的数据（如位移、沉降、水压力等），调整及补充工程设计，使之与现场实际工作条件相符，使工程施工避免盲目性。

根据监测数据，插板区最大主固结沉降为5138mm，最小为342mm，平均为2860mm，实测沉降比（实际沉降量与淤泥厚度之比）为21%~36.3%，出现如此大的沉降在深圳乃至珠江三角洲地区罕见，文献资料亦未见报道。软土地基平均固结度92.9%~99%，平均为98.7%，即各点平均固结度大于95%；经地基处理后，工后剩余沉降量均≤200mm，工后沉降差＜1.0‰，均控制在目标范围以内。

3.社会效益和经济效益

深港西部通道场坪的填筑与地基处理工程完全位于深圳湾内海，与香港之间只有2.3km的海域之隔，用跨海大桥联通，而填海地基处理后的场坪则是“一地两检”的口岸区。本设计是在海域中造出一块1.44k㎡的土地，根据目前的平均地价，本场地造成后的土地价值为72亿元（人民币）；而本场坪填筑及地基处理的总造价（含海堤）只有11.3亿元，其直接造地效益约为60.7亿元。该项目获全国工程勘察设计行业一等奖、全国优秀工程勘察银质奖。

(二)深圳会展中心场地详细阶段岩土工程勘察

完成单位：深圳市勘察测绘院有限公司

工程规模：建筑面积28×104㎡

勘察时间：2001年8月~2002年1月

工程竣工时间：2005年9月

主要完成人：张旷成、张先亮、熊金安、张文华、刘官熙、丘建金、吴建斌、徐国希、邱林 、蔺宏、付素蓉、易宙子、李克亮、劳作优、陈安平等

1.工程概况

深圳会展中心总投资30.7亿元，占地面积22×104㎡，建筑总面积达28×104㎡，建筑物总高度为60m，展厅面积达l0.5×104㎡，展厅跨度过为126m，净高13~27m，可同时举办6000个国际标准展位的超大型展览，是深圳市最大的单体建筑。该建筑物于2003年9月开工，历时3年建设，2005年10月通过整体竣工验收。

2.主要特点

勘察布置原则：在地下车库部分钻孔间距按30×30m，其余

50m×50m布置，共计162个勘探孔。该项目具有以下特点：

(1)该单体建筑东西纵向长540m，南北向宽282m，展厅内无柱子支撑，跨度大，单柱最大竖向轴力100000kN，水平最大轴力10000 kN，对沉降变形敏感；中部地段设地下室1层，深约7.0m。整个勘察工作量布置合理，针对性强，采用多种原位测试手段，方法得当，所求取数据真实可靠，提供设计参数依据充分，结论与建议可行。

(2)场地工程地质和水文地质条件复杂。整个场地原始地貌为皇岗河冲积阶地(东部)、皇岗岗丘(西部)等两个地貌单元，地面高程变化大(2.95～21.16m)，场地东区堆填整平后建有工业厂房，西区保持为原始岗丘地貌；基岩为燕山期侵入花岗岩，受区域莲花断裂地质构造影响，场地基岩风化沟槽发育，基岩起伏变化大，风化球较发育；场地东区原皇岗河冲洪积阶地，砂卵石含水地层，地下水丰富。

(3)勘察手段多样：①采用工程地质钻探、水文地质钻探、工程物探等综合勘察手段，并进行重型动力触探试验、标贯试验、旁压试验、扁铲侧胀试验等原位测试；②对场地钻孔进行波速测试、剪切波与卓越周期测试、地脉动测试等工程物探，并对场地进行地震安全性评价；③进行水文地质勘察抽水试验；④室内岩土工试验资料丰富，各种特殊试等参数可靠。

(4)提供岩土设计参数针对性强、数据可靠。本工程竖向荷载特大，以微风化基岩为持力层，为此专门进行岩体和岩块压缩波速测试，按“整性指数”定量判定本场地岩体完整程度为“较完整”一挡；本工程水平荷载特大，为计算水平承载力需要，特进行了旁压和偏铲试验，根据这些实测数据和经验提供了水平系数的比例系数为25MN / m4；本场地地下水丰富，为挖孔桩和基坑工程降水需要，分别对第四系含水层和基岩裂隙含水进行了水文地质抽水试验，提供了可靠的渗透系数、影响半径等参数。

(5)抓住主要矛盾，对单桩竖向承载力和水平承载力按多本规范作了较详细的核算，提供了较合理的竖向承载力(9000kPa)值，当桩底直径取3.8m、hr / d=1.8 / 3.8-0.47时，可以满足120000kN的要求；水平承载力按桩顶允许位移为0.006m、桩径为2.0m、桩长30m计，水平承载力仅为1660kN，远小于1000~2000kN的要求，建议采取结构调整措施或群桩与其他处理措施。

该项目荣获建设部优秀工程勘察一等奖、国家优秀工程勘察银质奖。

(三)深圳湾公路大桥首级控制网测量工程

完成单位：深圳市深圳勘察测绘院有限公司

完成时间：2004年

主要完成人：王双龙、吴光标、郝埃俊、周贻港、张东升、黄国强、汪其志

该项工程采用GPS技术测量大桥首级控制点12个，均为基岩桩，等级为B级，连续观测时间达56小时，最弱点中误差为4.7mm，该工程成功地解决了深港GPS技术标准对接问题。

2005年获中国测绘学会优秀测绘工程金奖。

(四)深圳轨道交通四号线二期工程控制测量

完成单位：深圳市勘察研究院有限公司

完成时间：2005年12月

主要完成人：梁守宏、方门福、胡朝辉、陈远鸿、潘文俊、卢永华、林娟、雷远建

1.项目简介

采用先进的GPS技术、紧密导线测量技术及精密水准测量技术为深圳轨道交通四号线二期工程建立专用的平面控制网和高程控制网，主要完成GPS测量24点、三等导线测量21.1km计39点、二等水准测量49.5km计29点，埋设基岩水准点标石13座。

各种闭合差、中误差及较差较精度指标有90%以上小于允许限差的一半。

2.技术创新点

(1)建立高于地铁工程测量规范要求的轨道交通地面控制网。

(2)率先在轨道交通地面控制网中埋设基岩标石13座，并以大理石作为标石整饰面。

(3)项目管理严格按照香港工程管理模式进行。

(4)成果精度高，GPS网最弱点点位中误差mp = ±4.2mm，最弱点点位中误差为±6.4mm，精密水准网的最弱点高程中误差为±1.0mm。

3.成果评价

控制点布设合理，埋设牢固，基岩点全部钻探至微风化基岩下1~2m，采用大理石作标石面，既美观、大方，又便于寻找并长期保存。使用高精度的自动化仪器观测，确保了观测数据质量。

2008～2009年，业主先后两次组织对该控制网进行了检测，检测结果表明各控制点的点位保存完好，精度可靠。

2007年荣获广东省优秀工程勘察测量一等奖。

五、获奖项目一览表

(一)获深圳市一等奖项目一览表

	获奖项目名称	完成单位	获奖等级	颁奖单位
2003年	赛格群星广场岩土工程勘察	深圳市勘察研究院	一等奖	深圳市规划国土局
	广业大厦岩土工程勘察	深圳市岩土工程公司		
	深圳市天健集团香蜜三村5栋深基坑支护工程设计	深圳地质建设工程公司		
	深圳市皇岗路改造及过境货运通道工程梅观路改造工程测量	深圳市勘察测绘院		
2004年	深圳水库流域污水截排工程勘察	深圳市勘察测绘院	一等奖	深圳市规划国土局
	深圳市彩田小区岩土工程勘察	深圳市勘察研究院		
	深圳市宝安新中心区裕安路动力排水固结软基加固设计	深圳市勘察测绘院、深圳市岩土工程公司		
	深圳湾公路大桥工程首级控制网测量	深圳市勘察测绘院		
2007年	深圳会展中心岩土工程勘察	深圳市勘察测绘院有限公司	一等奖	深圳市规划局
	深圳市龙岗文化中心岩土工程勘察和地基处理工程设计	深圳市工勘岩土工程有限公司 深圳市勘察研究院有限公司		
	长城盛世家园二期超深基坑支护工程设计	中国京冶建设工程承包公司深圳分公司		
	西部通道一线口岸区岩土工程勘察、填海及地基处理工程设计	深圳市勘察研究院有限公司 深圳市工勘岩土工程有限公司		
	深圳市数字化城市管理信息系统信息普查	深圳市勘察测绘院有限公司		
	深圳地铁交通四号线二期工程控制测量	深圳市勘察测绘院有限公司		
2009年	深圳港铜鼓航道、西部港区公共航道工程及大铲湾区(一期)工程	深圳市勘察测绘院有限公司	一等奖	深圳市建设局
	深圳市供水网络干线工程	深圳市水务规划设计院 中铁隧道勘测设计院有限公司		
	深港西部通道口岸场地及单体建筑工程(港方)岩土工程详细勘察	深圳市勘察研究院有限公司		
	深圳市福龙路市政工程岩土工程地质勘察	深圳市勘察测绘院有限公司		
	华润中心二期深基坑支护设计	中国京冶工程反术有限公司	一等奖	深圳市建设局
	世纪假日广场深基坑支护工程设计	深圳地质建设工程公司		
	深圳宝安大道北二段软基处理施工监测	深圳长勘勘察设计有限公司	一等奖	深圳市建设局
	深圳市丹平快速路一期工程地形与地下管线测量	深圳市勘察测绘院有限公司	一等奖	深圳市建设局
	深圳市基本生态控制区信息化监测和研究	深圳市勘察研究院有限公司		

(二)获国家及省、部级一、二等奖项目一览表

获奖时间	获奖项目名称	完成单位	获奖等级	颁奖单位
2001年	深圳市赛格广场大厦岩土工程勘察及基坑支护设计	深圳市勘察研究院 深圳市工勘岩土工程有限公司	一等奖	建设部
	深圳市滨海大道线路(海堤、道路)详细阶段岩土工程勘察	深圳市勘察测绘院有限公司	银奖	全国优秀工程评审委员会
	治理深圳河第三期工程地形测量	深圳市勘察测绘院有限公司	一等奖	广东省
2002年	国际会议中心一期工程详勘	深圳市勘察测绘院有限公司	二等奖	中国规划协会
	深圳市观澜、龙华地区隐伏岩溶及富水断裂水文地质勘察	深圳市勘察测绘院有限公司		
2003年	深圳市盐田地籍调查和建立地籍信息管理系统	深圳市勘察研究院有限公司	二等奖	建设部
	深圳游泳跳水信息中心馆工程	深圳市勘察研究院有限公司	银奖	国家工程建设质量奖审定委员会
	深圳市赛格群星广场岩土工程勘察	深圳市勘察研究院有限公司	一等奖	广东省
	深圳市皇岗路改造及过境货运通道工程、梅观路改造工程测量	深圳市勘察测绘院有限公司		
2003年	2001年深圳市南山区1：1000数字化地形图动态修测	深圳市勘察研究院有限公司	二等奖	广东省
	广业大厦岩土工程勘察	深圳市岩土工程公司		
	深圳市华为技术有限公司坂田电气中心岩土工程勘察	深圳市协鹏工程勘察有限公司		
	深圳市华侨城锦绣苑会所地下室抗浮锚固工程设计	深圳市工勘岩土工程有限公司		
2005年	深圳市住宅局彩田小区岩土工程勘察	深圳市勘察研究院有限公司	一等奖 二等奖	广东省 建设部
	深圳湾公路大桥工程首级控制网测量	深圳市勘察测绘院有限公司	金奖	国家测绘局
	深圳地铁一期工程土建施工第三方监测	深圳市勘察研究院有限公司	银奖	国家测绘局
	深圳侨城花园一期A.B.C.D.E栋勘察	深圳市勘察测绘院有限公司	银质奖	国家工程建设质量奖审定委员会
	深圳水库流域污水截排工程勘察	深圳市勘察测绘院有限公司	一等奖 二等奖	广东省 建设部
2005年	深圳市宝安新中心区裕安路动力排水固结软基加固设计	深圳市勘察测绘院有限公司	二等奖	建设部
	园博会边坡整治工程勘察	深圳市勘察测绘院	二等奖	广东省
	海月花园二期工程2号地块详细岩土工程勘察	深圳蛇口华力工程有限公司		
	深圳新银座深基坑支护工程	深圳市工勘岩土工程有限公司		
	江门文昌沙水质净化厂长堤集污渠探地雷达检测	深圳市大升高科技工程有限公司		
	深圳市沙河世纪村三期深基坑支护工程	深圳地质建设工程公司		
2007年	深港西部通道一线口岸区岩土工程勘察、填海及地基处理工程设计	深圳市勘察研究院有限公司 深圳市工勘岩土工程有限公司	一等奖	广东省
	深圳轨道交通四号线二期工程控制测量	深圳市勘察研究院有限公司		
	深圳市福田香格里拉酒店及办公楼发展项目勘察及基坑支护设计	深圳市勘察测绘院有限公司	一等奖	中国城市规划协会
	深圳市数字化城市管理信息系统信息普查	深圳市勘察测绘院有限公司	金奖	中国测绘学会
	深圳市宝安区松白公路改造工程测量	深圳市地质建设工程公司	银奖	中国测绘学会
2007年	深圳会展中心场地详细阶段岩土工程勘察	深圳市勘察测绘院有限公司	二等奖	广东省
	深圳市数字化城市管理信息系统信息普查工程	深圳市勘察测绘院有限公司		

获奖时间	获奖项目名称	完成单位	获奖等级	颁奖单位
2007年	深圳市龙岗文化中心岩土工程勘察和地基处理工程设计	深圳市工勘岩土工程有限公司、深圳市勘察研究院有限公司	二等奖	广东省
	深圳实验学校高中部边坡工程岩土工程勘察	深圳市勘察测绘院有限公司		
	深圳市怡景中心城基坑支护工程	深圳市勘察测绘院有限公司、铁道部科学研究院深圳研究设计院		
2009年	深圳港铜鼓航道、西部港区公共航道工程及大铲湾港区(一期)工程	深圳市勘察测绘院有限公司	一等奖	广东省工程勘察设计行业协会
	新世纪假日广场深基坑支护工程	深圳地质建设工程公司		
	深圳市丹平快速路一期工程地形与地下管线测量	深圳市勘察测绘院有限公司		
2009年	深圳市基本生态控制区信息化监测和研究	深圳市勘察研究院有限公司	二等奖	广东省工程勘察设计行业协会
	深圳市东涌水库施工图阶段工程测量	深圳市水务规划设计院		
	广东LNG接收站边坡、罐体及场地岩土工程勘察及边坡支护设计	深圳市工勘岩土工程有限公司		
	深圳市福龙路市政工程岩土工程地质勘察	深圳市勘察测绘院有限公司		
	深港西部通道口岸场地及单体建筑工程(港方)岩土工程详细勘察	深圳市勘察研究院有限公司		
	深港西部通道口岸场地及单体建筑工程(深方部分)详勘	深圳市勘察测绘院有限公司		
	深圳市供水网络干线工程	深圳市水务规划设计院		
2009年	《深圳市土地利用更新调查》	深圳市勘察研究院有限公司	金奖	中国测绘学会
	《深圳市宝安区数字化城管信息普查及空间数据库建设》	深圳市勘察研究院有限公司	银奖	
2009年	深圳港铜鼓航道、西部港区公共航道工程及大铲湾港区(一期)工程	深圳市勘察测绘院有限公司	一等奖	中国勘察设计协会
	深圳会展中心场地详细阶段岩土工程勘察	深圳市勘察测绘院有限公司	一等奖	
	深圳实验学校高中部边坡工程岩土工程勘察	深圳市勘察测绘院有限公司	二等奖	
	深港西部通道口岸及单体建筑岩土工程详细勘察	深圳市勘察研究院有限公司 深圳市勘察测绘院有限公司	二等奖	
	深圳市测绘公众服务地理信息系统	深圳市勘察测绘院有限公司	二等奖	中国城市规划协会
2009年	深圳市地质地理信息系统	深圳市勘察测绘院有限公司	银奖	中国地理信息系统协会
	深圳市宝安区数字化城管信息普查系统	深圳市勘察测绘院有限公司	银奖	
	《2007年深圳市1:1000数字化地形图动态修补测工程(01测区)》	深圳市勘察测绘院有限公司	金奖	中国测绘学会
2010年	深港西部通道一线口岸区岩土工程勘察、填海及地基处理工程设计	深圳市勘察研究院有限公司 深圳市工勘岩土工程有限公司	银质奖	全国优秀工程评审委员会
	深圳会展中心场地详细阶段岩土工程勘察(原名为深圳会议展览中心)	深圳市勘察测绘院有限公司		

六、引进、推广科技成果

(一)锚杆静压桩在深圳地区的推广应用

应用单位：特皓建设基础工程有限公司

应用项目：蔡屋围C块旧村改造3#住宅锚杆静压桩工程

工程地点位于深圳罗湖区红围坊，地处闹市及居民区，拟建住宅为8层框架结构，层高2.8m，高约33.3m，东西长43.6m，南北宽15.9m。

工程基础原设计预采用ф480沉管灌注桩，由于沉管灌注桩施工时的噪声和振动对周围环境影响大，受到场地周边居民的阻挠，无法施工。经过多方案比较，改为锚杆静压桩，由深圳市特皓建设基础工程有限公司修改设计并施工，工程共布置锚杆静压桩318根，设计单桩承载力标准值为300kN。修改后的基础工程造价(包括桩基和承台)与原设计相同。

基础中预留桩孔，并预先埋设锚杆，结构达到五层后开始压桩(这时场地天然地基的承载力在满足上部结构要求情况下，上部结构重量又可以满足足够的压桩反力)，压桩力为600kN，相当于2倍单桩承载力标准值。

为保证工程顺利进行和建筑物的安全，布置沉降观测点并对整个施工过程进行观测，从第一层楼板施工结束开始进行观测直至建筑物全部施工完成后半年，基础总沉降25~40mm，其中封桩后的沉降仅为2~13mm，从沉降观察数据中可看出基础的沉降过程较均匀，本工程各项检验和工序质量控制等均能满足设计及规范要求，整个工程的设计和施工都十分成功。到目前为止，该建筑使用情况正常。

(二)抗浮锚杆

完成单位：深圳市工勘岩土工程有限公司

1.项目简介

2000年7月，基于抗浮锚杆设计、施工、检测中存在的问题，深圳市工勘岩土工程有限公司向深圳市建设局申报了《抗浮锚杆设计和施工工法》课题，列为深圳市建筑行业2000年科研开发项目，编号为第13号(深建技[2000]16号文件)。2003年4月，深圳市工勘岩土工程有限公司向中华人民共和国建设部申报了《建筑抗浮锚固技术的应用研究》课题，列为建设部2003年技术开发项目(建筑工程技术与材料类)，项目编号03-3-001(建科函[2003]92号文件)。

2.取得的科研成果

(1)“抗浮锚杆的设计和施工工法”荣获深圳市建设投资控股公司2001年度新技术推广应用一等奖。

(2)深圳市华侨城锦绣苑会所地下室抗浮锚固工程设计”获得深圳市第十届优秀工程勘察设计二等奖，2003年度广东省第九次优秀工程勘察二等奖，2005年度建设部优秀勘察设计二等奖。

(3)“深圳新世界四季山水花园抗浮锚杆设计与试验”论文在第十七次全国岩土锚固工程学术研讨会上被评为优秀论文，王贤能同志荣获中国岩土锚固工程专业委员会颁发的岩土锚固技术创新与应用突出贡献奖。

(4)论文“土层抗浮锚杆试验破坏标准选取的建议”提出的锚杆破坏试验标准之一“后一级荷载产生的锚头位移增量达到或超过前一级荷载产生的位移增量的5倍”，被中华人民共和国行业标准《高层建筑岩土工程勘察规程》(JGJ72-2004)附录B“抗拔桩和抗浮锚杆抗拔静载荷试验要点”采纳。

(5)编制的企业标准《抗浮锚杆的施工工法》通过专家评审，被评为2009年度深圳市市级工法。

(三)钻孔咬合桩支护技术在轨道交通深圳机场枢纽工程中的应用

完成单位：深圳市工勘岩土工程有限公司中建一局

1.项目简介

本工程围护结构周长为1837.7m，围护结构采用咬合桩+锚索或支撑的支护方案，具体如下：

(1)护坡桩按密排咬合布置，桩间距按咬合尺寸不小于200mm控制。

(2)基坑的开挖深度12.8~16.9m。

(3)护坡桩：采用1000mm直径的套管成孔灌注桩。

(4)桩的施工要求：定位误差20mm，垂直度误差小于1%。

(5)桩的配筋：间一配一(一荤一素)，局部逐桩配筋。

(6)桩顶设冠梁，锁口梁高1000mm，宽1200mm。

(7)桩顶冠梁设置一排支撑或锚碇板，桩中部设置2~4道锚索。

(8)桩的嵌固深度7.5~11.6m。

2.应用效果评价

(1)本工程场地地质条件较为复杂，上部为5.0~6.0m的密实中粗砂层，在场地以下形成了与海水连通的强透水层。采用钻孔咬合桩，利用其良好的截水性能，不需要普通钻孔排桩的辅助截水及桩间挡土措施。

(2)与地下连续墙相比，功能基本相似，且有几个优点：配筋率较低，节省了钢筋用量；抗渗能力较强；施工灵活，可以根据需要转折变线，利于本工程呈弧形部分的基坑维护施工。

(3)无需泥浆护壁，近于干法施工，节省了泥浆制作、使用及废浆处理的费用，同时施工机械设备噪声低，振动小，利于文明施工。

(4)成孔过程中由于有钢套管护壁，扩孔(充盈)系数较少，减少了混凝土灌注量。

(5)所需的工作面小，且施工灵活，能够紧邻相近的建筑物和地下管线施工，不受施工场地的限制。

(6)施工速度有保障，工艺本身要求24小时连续施工，且受天气等外界因素干扰小。

(四)移动测绘系统在数字城市中的应用

1.深圳市龙岗区道路交通设施完善工程勘察与调研

完成单位：深圳市勘察测绘院有限公司

实施时间：2007年5月～2007年12月

主要完成人：晏晓红、郝埃俊、胡庆伍、王双龙、汪其志、刘守军、周贻港

(1)项目简介

深圳市勘察测绘院有限公司采用MMS移动测绘技术，快速对龙岗区的道路及道路两旁的交通安全设施进行了地理空间位置和属性的采集并进行内业处理，建立了龙岗区道路及交通安全设施标志、标线、交通安全隔离设施、交通信控设施数据库。本次龙岗区安全设施调查范围涉及龙岗全境13个街道办约940.9k㎡的面积，总计1284.26km道路。

(2)成果创新点

a.设计了融合3S集成移动道路测量的交通GIS专题信息采集生产流程。

b.提出了CORS和移动道路测量相结合的差分模式，创新性解决了移动道路测量技术在城市作业中的精度和效率问题。

c.高效率

能以120km/h的速度完成外业测图工作，通过友好的数据处理软件可方便地对所采集的数据进行编辑处理。相比传统导航图测成图方式，可将整个测成图效率提高10倍乃至数十倍以上，完全满足道路GIS数据的快速测制与更新需要。

d.现势性强

MMS系统可以满足快速更新数据的需求。如果采用传统的测绘作业模式，即在测绘部门提供的基本测绘资料的基础之上，通过大量的人工调绘来采集交通地理信息，然后将这些数据信息进行加工处理并入库管理，则存在许多弊端。

e.成果多元化

交通安全设施数据包含各种交通部门关注的信息，如道路路面、桥梁、通道及管涵、交通标志、道路照明、道路标线、道路隔离带及护栏、道路绿化带、道路管网、里程碑、监控设备、收费站及服务区、广告牌，其他设施如护网、开口带、防眩板等。

f.首次建立了城市交通设施可量测实景影像库(5D)

本项目在建设城市交通设施专题数据的同时，首次将交通设施的可量测实景影像作为一项成果纳入城市交通设施专题数据成果，直接对智能交通管理的设施进行实景化可视管理，丰富了数据成果，并为后续的拓展应用奠定了基础。

该项目获得2009年国家测绘局测绘科技进步三等奖。

2.深圳市数字化城市管理信息普查

完成单位：深圳市勘察测绘院有限公司

实施时间：2005年10月～2006年10月

主要完成人：王双龙、朱干章、王维林、郝埃俊、周贻港、汪其志、贺军政

(1)项目简介

深圳市是建设部首批数字化城市管理10个试点城市(城区)之一。项目普查内容包括：城市部件的平面位置及位置描述、所属专业部门、责任单位、使用性质、目前状况、附加属性等。普查最终建立深圳市城市部件数据库；同时，对与部件相关的建筑物、道路等进行地址普查，建立深圳市城市管理标准地理编码数据库。

(2)成果创新点

a.对部件名称和类别进行调整和扩充；

b.自主开发了功能齐全的软件；

c.充分利用3S技术；

d.每一部件配数码相片；

e.地址普查完整全面。

(3)成果评价

同传统测绘技术相比，无论是采集速度、采集方式、数据的丰富程度、后期数据处理都有一个质的飞跃，在获取部件的地理位置坐标的同时，对每一类部件的属性信息如数量、具体位置、产权单位、管理单位、养护单位、规格大小等适时进行采集，进行资料整理，最后建立数字城管数据库。除了获得城市基础部件的空间数据和属性数据以外还能获得部件高分辨率立体影像数据，建立城市基础部件的影像数据库，这样可以很方便地进行电子地图、部件普查数据和实物的比对，形成一个闭环的城市基础普查数据质量检查体系，并且这些部件影像库具有坐标信息，可以广泛地应用于城市万米网格系统，提供管理员、协管员、事件处理者在现场的部件影像资料的查询。

该项目获得2007年全国优秀测绘工程金奖。

(五)管线探测技术

引进应用单位：深圳市勘察测绘院有限公司、深圳市勘察研究院有限公司

1.地下管线软件技术的创新

(1)数据录入

掌上电脑PDA全野外数字化采集管线数据，自动导入mdb格式的数据库中，无需人工干预即可完成数据导入工作，导入后的数据便于检查、修改、成图、导出成果和信息入库等工作。减少手工作业，提高工作效率。

(2)查错功能

该软件查错功能强，可以查出与“规范”不符、逻辑上存在矛盾或者不符合地下管线基本规定的一些常识性错误等。

(3)成图及图形编辑功能

管线成图及图形编辑是在AutoCad2004版本（或以上版本）基础上，利用VBA进行的二次开发软件。该软件除了能够完成管线成图功能以外，还可以实现自动生成管线横、纵断面，管线属性扯旗，点号标注，点号自动移位，人机半自动化生成放大图，快速插入图框等。

(4)入库数据检查

可以对所要提交的数据库文件（mdb格式）和图形文件进行批量检查，检查数据库结构、数据字段属性、图形文件分层、颜色以及线型等内容，确保所提交的入库数据均能符合“实施细则”和深圳市国土信息中心的数据标准。

2.充分运用测绘高新技术（3S技术和4D技术）

(1)利用卫星遥感（RS）技术进行管线外业调查

地下管线调查工作进行前，利用深圳地区的卫星遥感（RS）正射影像资料（DOM）和市规划国土房产信息中心深圳市最新1：1000数字化地形图资料进行叠加，划分变化图斑，让外业管线调查时做到有的放矢，不仅使外业管线调查更加全面细致，还可提高外业调查作业速度。

(2) 充分运用测量GPS技术

GPS技术拥有高精度、全天候、操作简便等特点，地下管线数字化探测过程中应用GPS技术，可以提高工作效率，提高管线测量的精度。

应用车载GPS定位系统。外业巡视调查中使用车载GPS，可以自动记录巡查线路，确定管线变化的位置，提高外业调查效率。

应用静态GPS技术。地下管线测量中使用静态GPS技术，可以在等级控制点稀少或不足的地方完成等级控制点的加密。

图根控制测量中运用“深圳市连续运行卫星定位（GPS）服务系统（SZCORS系统）” GPS RTK测量技术，大大提高地下管线点的测量效率。

(3)PDA地下管线成图系统应用

掌上电脑PDA成图系统可进行全野外数字化作业，该系统通过掌上智能电脑（PDA）与全站仪、野外管线探测仪等仪器设备配套使用，实现全野外地下管线数字化补测作业，现场实现外业成图、管线资料及测量控制点查询、导线平差等功能，提高工作效率。

3.典型工程

(1)广东LNG站线项目输气干线工程测量

完成单位：深圳市勘察测绘院有限公司

主要完成人：王维林、赖东杰、郝埃俊、李育东、钟清祥、周贻港、李培根

①项目简介

本工程包含西丽分输阀室—前湾电厂末站和西丽分输阀室—美视电厂末站两条路线。本工程共完成综合地下管图63幅，探测管线总长度158.93km，盲探面积150482.29㎡，E级GPS点11个，固定桩35个，中线桩464个(包含改线前后)，点之记图纸45个，麒麟立交桥桥墩和立柱边界测量点13个，完成纵断面图63幅，1：1000地形测量0.38k㎡。

②科技成果及创新点

a.工程技术设计创新，使用RD4000多种响应模式、地质雷达等先进管线探测仪器；

b.自主开发了功能齐全的软件，包括数据录入简便、查错功能完善；

c.管理科学；

d.质量水平高。

③成果评价：

工程进行中，使用地质雷达等先进管线探测仪器，采用先进的作业方法，作业中充分运用测绘高新技术(3S技术和4D技术)，取得了良好的社会效益和经济效益。

该项目获得2007年度中国测绘学会优秀测绘工程奖铜奖。

(2)深圳地铁三号线地下管线探测工程

完成单位：深圳市勘察测绘院有限公司

主要完成人：钟清祥、王双龙、汪其志、朱千章、付崇兵、何志磊、郭旭

①项目简介

深圳市地铁三号线工程地下管线探测区起自福强路站，止于深惠公路，全长16.836km。地下车站16座。地下车站按80m宽、地下线区间按35m宽计算。主要途经福强路、福民路、滨河大道、深南大道、彩田路、华强北路、上步中路、东门中路、文锦中路、田贝路、水贝路至布吉联检站。地下管线探测340.4 km。

②科技成果及创新点

a.自主开发功能齐全的软件，在地铁线路建设中采用全野外电子输入系统(PDA)，图库联动实现图形与成果一体化；

b.提高了单位在深圳地铁建设中的影响力；

c.作业中充分运用测绘高新技术(3S技术和4D技术)。

③成果评价

项目运行以来，取得了良好的社会效益和经济效益。2007年8月25日，中铁二院总工程师卢健康任验收组组长的国家铁道部专家组对该项目进行验收并一致通过。铁道部专家组验收意见认为：“深圳地铁三号线地下管线探测工程提交的验收资料齐全、规范，

符合要求；取得了显著的社会和经济效益，一致同意通过验收；专家组建议有关部门总结深圳地铁三号线地下管线探测工程的建设经验，使其在深圳地铁管理模式推广工作中发挥更大的示范作用”。

该项目2009年12月获中国测绘学会优秀测绘工程奖铜奖。

(六)水下地形测量的原理方法研究与应用

应用项目：治理深圳河地形测量

完成单位：深圳市勘察测绘院有限公司

主要完成人：黄祝林、郝埃俊、路武生、宋军、汪其志

1.项目简介

深圳河是深圳和香港的界河。深圳河未治理前，河道曲折，落马洲和罗湖料坣有两个回肠大湾，河水宣泄不畅，河床狭窄，上游河宽平均仅为15m，中游河宽也平均只有40～45m，河道排洪能力仅为2～5年一遇，加上海潮顶托，一遇洪水便泛滥成灾，给两岸人民的生命财产安全造成威胁。

为了改善深圳河排泄洪涝的能力，深港双方政府联合对深圳河进行大规模的整治。本工程建设地点位于深圳河罗湖桥往东至平原河口，主要工作内容包括：全野外1：500数字化水下地形测量，面积2.72km^2；在1：500数字化地形图基础上编制1：1000数字化地形图；河道纵横断面全野外数字化测量，纵断面4.05km，横断面19.80km；三维数字化地形图制作。

2.成果创新点

①采用GPS无验潮模式测深定位。

②采用全数字化测量水下地形图。

3.成果评价

三期治理深圳河工程测量，为深圳河的后期施工建设提供了强大的基础数据，保证了深圳河治理的顺利进行。自1995年5月一期工程开工建设以来至2007年4月，深港双方携手，历经12年多，经过前后三期工程的拓宽、挖深、裁弯取直等综合治理，共治理深圳河河段长约18km，完成投资约20亿港元，目前，治理后的深圳河防洪标准已提高到50年一遇，河面宽度也由原来的25～80m扩展到了80～210m，排洪能力由600m^3 / s提高到2100m^3 / s，航运条件和水环境也得到了一定程度的改善。深圳河再也不是原来那条动辄就给两岸带来洪灾的河流了，而成了一条福泽深港两地、保护两岸人民生命财产安全的河流。

(七)岩溶地区多种物探综合勘察技术应用

应用单位：深圳市勘察测绘院有限公司

完成时间：2007年6月

主要完成人：熊金安、雷呈斌、李杰、冯书才、吴志斌等

1.成果简介

龙岗区盛龙花园二期工程为高层建筑区，占地面积4.57万㎡，采用以大理岩、灰岩、白云质灰岩为桩端持力层的预应力管桩基础，虽然对建设场地进行了前期勘察和超前钻探，但在桩基施工时仍因基岩面起伏异常，施工时常出现断桩、桩身位移或偏斜、桩顶高程无法控制等现象，严重影响桩基质量和工程进度。

多种物探的综合勘察技术准确地查明场地基岩面的起伏情况，有效地指导了桩基设计和施工。

2.成果创新点

多种物探的综合勘察技术的关键是在勘察前以物探方法和探测参数进行试验、比对分析和优化选择，对各种方法的资料进行综合分析，对出现较大的差异或异常的地段，再选择进行其他物探方法或少量钻探进行验证。

①分别采用多种物探方法等在场地内进行适宜性试验，并将各种试验方法的测试结果分别与前期钻探资料进行比对分析，以确定适宜场地的探测方法。如盛龙花园二期工程选择了以瑞雷面波法为主、高密度电法等为辅的综合勘察方法。

②在此基础上，再分别采用不同的探测点距、探测电极距等参数进行探测试验，同样结合钻探资料进行各种探测参数下测试效果的比对分析，选择确定最佳的探测点距、探测电极距等物探参数。如盛龙花园二期工程瑞雷面波法选择了2m的点距，高密度电法选择了3m的电极距。

③以优化确定的物探方法和物探参数进行正式勘察，并对各种勘察方法的结果进行综合分析，对结果出现异常的局部地段增加少量钻孔进行验证。

3.成果评价

该技术在盛龙花园二期工程基岩面高程勘察应用中，达到了误差小于0.5m的设计要求，有效地指导了桩基设计和施工，对保证桩基质量、加快工程进度、降低工程造价起到了显著作用，具有推广应用价值。

(八)浅层地震勘探的推广应用

浅层地震勘探是近几年来应用于城市工程建设中的新方法新技术。它被广泛应用于路基、坝基、地基基础，隧道工程、海底、湖底等地质勘探与检测工程中。地震勘探能详细划分地层，高精度地确定沉积地层的倾角，能够准确探明岩体构造（褶皱、断层、破碎带、裂隙带）；对于回填工程（路基、坝基），地震勘探可以检测其回填处理效果；对于隧道工程，可以探测隧道洞体的围岩分类及洞口地质情况；利用面波勘探所得到的瑞雷波速度，可以准确推算地基的承载力、动弹模量等力学参数。深圳市完成的主要工程项目有：

(1)深圳机场选址海上地震勘探

(2)深圳市污水排海顶管工程海上地震勘探

(3)深圳市盐坝高速公路地震勘探

(4)大南山滑坡勘察浅层地震勘探

(5)布吉二水厂输水隧道浅层地震勘探

(6)深圳龙口—茜坑输水隧道浅层地震勘探

(7)龙岗区岩溶地质调查浅层地震勘探及孔中CT成像

(8)大沙河桥址浅层地震勘探

(9)深港西部通道海上浅层地震勘探及浅地层剖面扫描

(10)深圳湾公路大桥海上浅层地震勘探等

浅层地震典型工程应用：

1.深圳水库溢洪道两侧场地断裂探测

完成单位：深圳市勘察研究院有限公司

完成时间：2001年9月

深圳水库于1961年建成，位于深圳市东北隅之沙湾河下游，是东江—深圳供水工程之调节水库。深圳市规划与国土资源局委托深圳市勘察研究院承担深圳水库溢洪道（右坡）活动断裂构造及地面裂缝稳定性与建筑适宜性评价工作任务。通过查明断层破碎带、裂缝形态、规模、形成机理、发展规律，评价水库溢洪道右边坡的危险性，预测其变化趋势并提出初步防治对策建议，为确保深圳水库供水工程的安全提供科学依据。采用浅层地震反射波法、电法勘测、探地雷达等综合工程物探方法。采用浅层地震反射波法了解勘测路线的覆盖层的变化情况以及断裂、裂缝的发育情况。针对不同地形的场地，充分利用RS24仪器高精度及动态范围宽的优势，进行多次重锤激发叠加，尽可能压抑干扰和获取较深部的信息，有效地提高地震记录质量。资料解释使用美国EAVES DROPPRE处理系统。电法勘测使用多用途、多功能、全数字化的仪器国产DWD-2A微机电测仪(为最新一代电法仪器)，以对称四极法为主开展工作。探地雷达探测仪器采用加拿大SSI公司生产的Pulse EKKO IV型探地雷达，鉴于精度及深度的要求，通过现场试验，选用中心频率为50Hz的天线，点距为1m。为了尽可能探测深部界面，提高信噪比，采用了类似地震的多次覆盖技术，以增大所记录地下介质的分辨能力。

综合工程物探的运用取得了良好的效果。本次工作发现了F102断裂，断裂北端穿过溢洪道边坡，往南从边坡后缘通过，分布于水库溢洪道东坡，长450m，宽3～5m，走向10°～20°，倾向北西，倾角50°～75°。浅层地震Z4剖面、电法勘测D2剖面、探地雷达R4剖面等，均在相应位置发现异常。

经过本次综合工程物探，查明了场地内断层破碎带、裂缝形态、规模、产状。通过对断裂形成机理、发展规律的研究，评价了水库溢洪道右边坡的危险性、预测其变化趋势并提出了初步防治对策建议。深圳水库溢洪道两侧场地断裂活动性及地面裂缝稳定性与建筑适宜性评价为确保深圳水库供水工程的安全提供了科学依据，创造了良好的经济效益和社会效益。

（2）深港西部通道深圳湾公路大桥工程地球物理勘探

完成单位：深圳市大升高科技工程有限公司

完成时间：2002年4月

深圳湾公路大桥是一座连接深港的跨海大桥，位于深圳东角头至香港之间的深圳湾海域，全长5.1km，其中深圳侧1.9km，为钢筋混凝土斜拉桥，双向6车道。深圳市大升高科技工程有限公司进行了该大桥初步设计阶段的工程地球物理勘探工作。工程物探沿桥轴线布线，查明线路覆盖层厚度、地层岩性、地质构造、不良地质现象等问题；对桥轴线附近及其两侧地段（海域）发育的断裂，拟查明断裂的具体位置、规模、产状、破碎带宽度，第四系地层是否被错断等。评价断裂的活动性以及对桥位稳定性的影响程度；查明桥址基岩风化程度分界线，验证钻探工作及指导钻探工作量的布置； 要求探测深度要达到100m以上，为此采用了利用炸药作为震源，采用12道水上检波器进行数据采集，GPS系统和水深测深系统联测技术测量海底地形的起伏情况，选用了长春科技大学生产的GEOPEN－SE2404型24道浅层地震仪和美国生产的12道10-2000Hz水上漂浮电缆，采用12道双边放炮4次覆盖观测系统进行地震反射采集，在数据处理方面采用了由中国地质大学物探系研制开发的浅层反射波法处理解释软件。准确地探明了场地内断裂的具体位置、规模、产状、破碎带宽度以及第四系地层是否被错断等问题，为场地稳定性评价提供了充足的地球物理依据。该项目经交通部组织评审通过。

(九)瑞雷波法的推广应用

瑞雷波法是近年来发展起来的一种工程物探新技术。瑞雷波沿地面表层传播，表层的厚度约为一个波长，因此，同一波长的瑞雷波的传播特性反映了地质条件在水平方向的变化情况，不同波长的瑞雷波的传播特性反映着不同深度的地质情况。通过检测强夯地基的瑞雷波传播速度，就可计算出地基的承载力特征值、压缩模量、变形模量，从而反映地基处理的效果。

瑞雷波法在深圳地区的强夯地基处理工程中推广应用，具有轻便、经济、快速、大范围检测的特点，不仅能检测出强夯地基加固深度、影响深度，而且可以推测出地基承载力。

近年来在不少大型项目的地质勘察、地基处理效果检测、水库大坝现状的勘测中均有推广应用。代表性的项目有：

（1）岭澳核电站等多个电厂强夯地基检测

（2）深圳港（盐田、蛇口、赤湾、码湾等）强夯地基检测

（3）深港西部通道填海隔堤检测

（4）深圳前湾填海地基处理检测

（5）深圳某大型物流基地地基处理检测

（6）深圳某大型污水处理厂地基检测

（7）深圳某采石场土石方量测

（8）深圳三州田、西丽等水库大坝瑞雷波勘测

（9）深圳宝安某花园地下孤石探测

（10）深圳龙岗某小区地下溶洞探测等

(十)全自动系统土工试验仪

深圳市勘察研究院有限公司2004年引进了北京华勘科技有限公司研制的全自动系统土工试验仪器，包括全自动固结仪、全自动三轴仪和物理性质数据采集卡。这套系统在全国土工试验界属一流先进仪器。使用该系统可自动完成固结和三轴试验的数据采集，还可自动采集含水率、液限、塑限、比重、密度等物性试验的称量数据，经过处理可输出土工试验各种图形曲线。该套系统稳定性好，准确率高，自动化处理效率高，克服了传统土工仪器的薄弱环节和人为影响的因素，能快速准确地进行大批量的土工试验，特别是固结和静三轴等特殊试验。

(十一)美国ROCTEST公司生产的MENARD G-Am型旁压仪

深圳市长勘勘察设计有限公司于1982年6月引进美国ROCTEST公司生产的MENARD G-Am型旁压仪，并用于深圳敦信大厦(包括之后的上海大厦)的勘察工作，对该大厦的岩层凝灰质砂岩进行了详细的测试，为多方面掌握该岩层力学性状提供了科学依据。

(十二)SCM-200a杂散电流仪和CMS-140A多功能土壤腐蚀速度测量仪

深圳市长勘勘察设计有限公司于2004年3月引入中国科学院金属研究所国家金属腐蚀控制工程技术研究中心生产的SCM-200a杂散电流仪和CMS-140A多功能土壤腐蚀速度测量仪，并首次在39km的特区内次高压管线(燃气)沿线进行了杂散电流、土壤腐蚀速度等土壤腐蚀性参数的测量。

(十三)地下工程仿真分析主要成果和工程

随着深圳轨道建设的快速发展，在市区尤其是在地面建筑密集、地下管线复杂的城市中心区，修筑城市轨道交通工程引起地层变形可能会危及周围道路、管线、桥涵、建(构)筑物的安全，造成城市环境损坏。同时，在建成地铁设施附近进行工程施工可能对现有地铁设施造成直接破坏，直接影响地铁设施安全和市民的出行安全。为合理、有效评估轨道交通工程(包括其他地下工程)和周围环境的相互影响，中国铁道科学研究院深圳研究设计院承担了大量此类咨询评估工作，主要采用地下工程数值模拟技术(有限元法、有限差分法等)并结合传统方法评估地铁设施和周边环境的相互影响，为地铁及周边工程设计施工提供依据。

第七章　市政专业

深圳市政科技创新30年

陈宜言

当今世界，科技发展日新月异，已成为支撑和引领经济发展和人类文明进步的主要动力，谁掌握了先进的科学技术，谁就掌握了经济社会发展的主动权。科技对于一个国家的经济建设是如此重要，对于一座城市的快速发展更有着毋庸置疑的重要作用。科技，让城市更便捷；城市，让生活更美好！

30年前，成立之初的深圳经济特区还只是一个拥有几条羊肠小道、城区人口不过三万的边陲小镇；30年后，已成为一座人口超过千万，经济繁荣，高楼林立，环境优美，交通四通八达，不仅拥有粗具规模的路网体系，还拥有机场、码头、港口以及地下轨道交通，功能齐全完善、综合实力位居全国前列的现代化国际大都市。先后获得了“国际花园城市”，联合国环境保护“全球500佳”，首批“全国文明城市”等荣誉。这些成就的取得凝聚着深圳各行各业建设者们的辛勤劳动，而广大市政工程的科研人员和建设者就是缔造这一传奇的排头兵。

市政建设是践行科学发展观、发展循环经济和建设节约型社会的重要体现。众所周知，深圳是座资源紧缺的城市，必须在循环经济的指导思想下，发展城市基础设施建设，通过节能措施、地下空间利用、废弃物处置、水资源的循环利用等一系列行之有效的方式，为深圳积蓄发展动力。在城市建设中，必须坚持以人为本，把精力放在改善人居环境、促进城市可持续发展上来，实现由资源消耗型向资源节约型的转变，实现工程建设的安全、经济、美观、环保，实现人与环境的和谐发展。这些目标的实现离不开城市建设过程中的科技进步和科研创新。

特区成立30年，深圳的工程建设经历了创业（1980~1992年）、中间发展（1992~1999年）和深化发展（1999年至今）三大阶段，每个阶段的形成与划分均与国家的大政策和经济发展走向相连接，在每个阶段均涌现出了深圳市政建设的特征工程，深圳的基础设施建设也从一片空白发展到现在拥有道路交通、水利、防排洪、地铁、给排水、供配电、通信、垃圾处理、燃气等日趋完善的各项基础设施，给城市功能和城市面貌带来了深刻变化。

30年来，特区的市政工程建设无论是在数量、类型、规模方面在国内都堪称一流。在这种背景下，市政工程领域为推动特区各种高新科技的发展应用提供了一个无比广阔的发展空间。深圳市政工程技术人员通过加强各专业领域的技术研究，发展专业施工技术和专项工艺专利，创立科研基地，参与编制市政工程技术规范型文件，推广应用新技术、新工艺、新材料等一系列措施，使深圳市的市政工程科技得到了长足的进步。

这里摄取了特区成立30年来特别是进入发展成熟理性阶段的后十年，深圳市政工程建设各专业领域所取得的科研成果及其应用情况，包括设计、施工方面采用的新设备、新工艺、新材料、关键技术、成套技术及取得的专利等，也将详细介绍科研基地的建设情况，涵盖市政工程领域的各个方面，包括桥梁工程、道路工程、隧道工程、地下工程、废弃物处理等，尽量全方位和客观地记录深圳特区市政工程建设领域的一系列科研成就。

桥梁方面，深圳经过30年的快速发展，经济达到前所未有的繁荣。国盛则桥盛，在这经济快速发展的30年期间，深圳桥梁建设也进入一个飞速发展时期。这一时期，新建的名、优、特、新各式桥梁多达数十座，桥式新颖，特色各异，其设计建造水平达到当代国际先进水平。

1987年10月建成通车的深圳市铁路高架桥，是我国首次提出应用部分预应力混凝土梁的新构想付诸实践的桥梁。这在我国铁路桥梁中尚无先例。该桥在设计中解决了预应力体系的选择、施工方法的确定、开裂后截面压应力计算等一系列难题，如此大规模运用以新的设计理论为基础的部分预应力混凝土梁，不仅在国内是创举，在国际上也不多见。该桥分别获得国家优秀工程银质奖和国家优秀标准设计金奖。

2000年3月建成通车的深圳市彩虹（北站）大桥为单跨150m下承式钢管混凝土系杆拱桥。该桥为世界首座钢—混全组合结构大型桥梁，设计中进行了多项技术创新，其中“钢—混凝土组合桥梁设计与研究”科研成果，获2002年广东省科技进步二等奖，与其相关的组合结构关键技术研究与应用，荣获2004年度国家科技进步二等奖。

2007年7月建成通车的深圳湾公路大桥是西部通道两大主体工程之一，是当时国内桥面最宽、标准最高的公路大桥，也是目前国内施工难度最大的桥之一。施工中通过科学管理和目标控制，改善了钢箱梁整体焊接吊装技术，攻克了国内最厚钢板的焊接难题，解决了高性能混凝土的施工技术，并解决了浅海滩深厚淤泥区高支架桥梁施工的技术难题。同时，攻克了长线短制法的箱梁生产安装技术及短线法预制箱梁的施工安装技术。该大桥的建设在我国桥梁建设史上具有里程碑意义，该桥顺利竣工标志着深圳市桥梁建设水平又上了一个新台阶。

当前深圳南坪快速路二期，在建的平铁和南山两座大桥，主跨达130m，是目前国内在建最大跨径的波形钢腹板预应力混凝土桥。目前在我国还没有此类桥型的设计和施工规范可用，设计人员在参照日本设计规范，借鉴日本波形钢腹板PC组合梁成功建设的经验基础上，攻克了各项技术难关，顺利地完成了平铁大桥和南山大桥两座桥的设计并开始建造。同时还编写出《波形钢腹板PC箱梁桥设计施工指南》，填补了我国大跨径波形钢腹板PC箱梁桥的设计与施工规范的空白，也为我国今后此类形桥型的设计及相关规范的颁布提供了宝贵的经验及技术支持。

道路方面，经过三十多年的建设已形成了粗具规模的路网体系；目前，全市道路网总里程达6000多km。其中高速公路约400多km、快速路约800多km，路网密度达7km/km^2，居全国大中城市前列。在新技术、新材料的研发和应用上也卓有成效，其中20世纪80年代末研发的水泥稳定石粉渣基层的应用，解决了当年基层材料紧缺问题，也很好地利用了当年石料加工厂废弃的石粉；90年代末沥青玛琋脂（SMA）的应用很好地解决了南方城市沥青路面容易泛油、拥包、出现车辙等问题，同时也增强了路面的抗滑性能，降低噪声，提高了使用寿命；1999~2002年“刚性路面改造—柔性罩面技术开发研究“成功解决了复合路面抗反射裂缝、车辙和抗推移等世界难题。

隧道和地下空间利用方面，深圳的隧道建设与特区的建设同步，而且走在了全国的前列。全国最早、最长的公路隧道是在深圳建成的，它就是1988年建成通车的梧桐山隧道；1993年建成的广深高速公路虎背山隧道，则是当时全国高速公路隧道建设的楷模；全国跨度最大、埋藏最浅的城市地下过街通道—宝安南路地下过街通道在1999年建成。全国首座双向8车道公路隧道—南坪一期的雅宝隧道在2005年建成通车，它为深圳同行提供了典范。2007年建成通车的福龙路横龙山隧道，全长2330m，采用在隧道内分岔设匝道方式，形成左右线各一个“Y”形喇叭口，最大开挖断面达304m^2，最大跨度为29.17m，是亚洲公路隧道之最，这种连接方式的隧道在亚洲也是首例。实例表明，深圳的隧道建设走在了全国隧道行业的前列，科技方面也取得了巨大的成就。目前许多新型隧道如过海管廊隧道、共同沟隧道、电力隧道、排水隧道正在建设中，深圳地下工程领域正面临大好的发展机遇。

废弃物处置方面，深圳市非常重视环境卫生的规划工作，目前已建成科学合理的垃圾清运处理体系，配备了先进的工程设施和技术装备，使环境卫生公共设施达到了国际先进水平；实现垃圾收集分类化，垃圾运输密闭化，垃圾处理无害化，粪便排放管道化，环卫作业机械化，环卫管理科学化，环卫科技现代化，垃圾清运率和处理率均达100%。完成了特区内清水河环境园、宝安区松岗老虎坑环境园和龙岗区坪山田心蕉窝环境园三个环境园规划。

深圳市下坪固体废弃物填埋场工程，是我国第一座采用20世纪90年代国际通用卫生填埋技术标准和规范的卫生填埋场工程，该工程被建设部确定为“城市生活垃圾卫生填埋示范工程”，其科研成果获得国家科学技术进步奖，该科研成果填补了国内垃圾处理填埋领域多项技术空白。1999年建设的深圳市工业废物处理站预处理基地项目开创了国内工业危险废弃物处理处置技术的先河，为我国后续“九五“至“十一五”期间大规模、跨区域建设大型危险废物处理处置中心提供了可靠的技术支持和成功典范。

市环卫综合处理厂为垃圾焚烧厂，是我国最早建设的一座高标准垃圾焚烧厂，一期工程1988年投产，日处理垃圾300t。二期工程1996年投产，日处理垃圾量可达400t。该焚烧厂的建成和使用为我国推广垃圾焚烧处理先进技术提供了有益的尝试和经验，为深圳市垃圾处理无害化、减量化、资源化迈出了可喜的一步。

燃气工程建设方面，深圳市城市燃气的发展，从创建特区之初的煤气可行性研究，到液化石油气管道供应的实施，从20世纪80年代中期的南海天然气利用论证，到修筑铁路专用线运气，从90年代初期的冷冻库立项，到90年代中期开始筹建LNG接受基地，从实行单独小区供气，到建设环网的大面积管道供气，最终实现天然气管道供气，到目前为止，深圳市已经建成了下洞LPG接收基地和秤头角LNG接受基地，新建遍布全市的高、中压管道1000多km，形成了以天然气管道供应为主，液化石油气瓶装供应为辅的燃气供应局面。深圳市在采用燃气工程新技术、新材料、新设备，在天然气转换方面都具有较高的水平，走在了全国的前列。

发明专利方面，深圳30年来市政工程建设领域的专利申请量与授权量也随着特区的基本建设规模扩大、时间延续而不断地增加。其中有技术含量较高的发明专利，如“采用内导管定位的钢管对接装置”。特别是“十一五”期间，深圳的市政工程建设领域的实用新型专利申请层出不穷，“一种改型沥青混合料”、“一种组合式预应力混凝土箱梁”、“植筋现场抗拔试验夹具”、“复合止水帷幕结构”等一批专利先后获得了授权。专利拥有量是创新能力和水平的重要指标，而拥有专利数量和质量的提升，足以说明深圳科技创新能力质的飞跃。

为了不断增强企业的创新体系建设，进一步提高自主创新能力，深圳市自1999年始至今相继成立了深圳市天健集团股份有限公司博士后工作站、深圳市海川实业股份有限公司博士后研究工作站、深圳市市政设计研究院有限公司博士后创新基地。这些科研基地分别在博士后人才培养，道路绿色与低碳排放铺装关键技术等多项产业化科研课题研究，桥梁新技术研发、推广、应用方面为深圳市的市政科技发展作出了重大的贡献。

回顾过去，深圳特区市政工程科技得到了迅猛发展，为深圳市的飞速发展立下了汗马功劳，展望未来，我们有信心，百尺竿头，更进一步。深圳的市政建设者们将会致力于更新城市道路建设理念，引入以城市生活为本体的服务评价体系，在设计、施工、运营管理方面，把交通功能和对城市的服务功能并重，使城市道路更好地服务城市；大力推进绿色道路的建设，在城市道路节能、降噪、阻燃、水土保持、污染防治、环境美化等方面不断取得新的突破；进行智能交通的研发利用、道路测设过程中的3S(GPS全球定位系统、GIS地理信息、DS航测遥感)和地面数模的研发和应用、遥感技术的研发和利用；不断开发和利用新工艺、新材料、新技术，推广运用温拌沥青、再生沥青、排水降噪等低能耗、低污染工艺和技术，开发和研究提高道路结构性能、延长道路使用寿命的新材料，最终发展路用性能、经济、施工均优于沥青的环保型替代材料。在桥梁材料方面，将致力于大量应用高强度混凝土及高强度钢材，如C60以上的高强度混凝土在预应力结构体系中的应用，将使得截面尺寸适当减小，结构更为轻盈；使用各种新型高性能混凝土添加剂，极大改善混凝土性能，使得混凝土更环保、更耐久；针对深圳滨海环境特点，开展混凝土及钢筋的耐腐蚀研究，使得结构更耐久、可靠。在桥梁结构形式方面，针对深圳地区及城市桥梁的特点，大力促进钢混组合结构的使用，包括波形钢腹板等新技术的推广；重视建筑师在桥梁方案设计阶段的作用，促进建筑师和桥梁工程师的互动，强调城市桥梁的景观效果；针对深圳地区气候特点，重视隔声屏、遮阳篷等桥梁附属设施的建设，使得桥梁设计更具人性化；充分开发利用地下空间，建设市政公共交通枢纽，四通八达的地下交通网络，便于交通接驳，市民换乘；环卫工程方面，深圳的固体废弃物处理今后将逐步提高焚烧比例，减少填埋比例，逐步实现垃圾分类的规划目标。

深圳市政科技发展的一个基本点就是要同深圳市的市政工程发展战略规划相协调统一，深圳的市政科技必将在实现这一战略规划的奋斗历程中起到基础性的重要作用，作出关键性的贡献，必将为特区的发展再立新功。

2.应用与效益

本研究的主要成果已经成功地应用于湛江市霞山污水管网工程A标和B标长达7.4km的玻璃钢夹砂顶管项目，产生了明显的社会和经济效益。根据该成果编写的工法3项被评为省级工法，1项被评为国家级工法。

(四十一)SMA在高温多雨地区的工程应用研究

完成单位：深圳市市政工程总公司、同济大学、深圳市天健沥青道路工程有限公司

主要完成人：高俊合、尹剑辉、张南鹭、刘声向、葛折圣、林江、王文清、苏军、李春雷、陈汉学

完成时间：2006年

成果登记号：深科成登字20060077号

所获奖项：2006年度广东省科学技术三等奖（证书号B11-3-07-D01粤府证[2007]2509号）、深圳市科技创新奖（证书号2006-创（引）DW001）

推广证号：深圳市建设局2004年2号

1.成果简介

SMA（Stone Mastic Asphalt）即沥青玛琋脂碎石混合料，是近年来国际上新出现的一种新型沥青路面材料。SMA混合料的采用，提高了路面的耐久性，降低了养护费用，避免了早期破坏现象的发生；提高了路面的抗滑性能，行车更加舒适安全；降低了车辆行驶噪声，环境更加友好。本研究在国外已有研究成果的基础上，对SMA的材料选择、配合比设计、沥青混合料拌制、摊铺和碾压等施工技术进行研究和探讨，总结出在深圳市以及我国南方沿海地区修筑SMA路面时的益经验。

2.应用与效益

1999年与同济大学合作，通过深入的技术研究，在深圳市滨海大道全路段9.8km成功地铺筑了SMA路面。至今已使用10年，经受了高温、暴雨考验，没有出现任何车辙、泛油等早期破坏现象，其抗滑、耐久等优越性得到了充分的体现。该工程先后被评为广东省优质样板工程、中国市政工程金杯奖、全国用户满意工程，被誉为“深圳第一路”、“广东第一路”。此后，对该技术又不断进行改进和完善，成功地应用于广东地区的四十多项道路工程。应用该研究成果铺筑的沥青路面面积已达500多万m^2，产生了巨大的社会经济效益。

(四十二)沥青路面再生混合料利用

项目类型：深圳市循环经济示范项目

完成单位：深圳市道桥管理处、长安大学

主要完成人：杨党旗、郑南翔、陈淑、谢宇辉、耿军、纪小平、李信琮、丛卓红、江磊、李炜、吴宁、张文生、谭学章、谢俊伟、高燕娥、周斌、李兵、陈望生

完成时间：2009年11月20日

示范技术内容

在深圳市笋岗路铺筑了100m再生沥青混合料试验路，试验路路面面层结构为5cmSMA-13+5cmAC-20(基质沥青，30%RAP)+7cmAC-20(基质沥青，30%RAP)，生产路的路面结构为5cmSMA-13+5cmAC-20(改性沥青)+7cmAC-20（改性沥青）。采用回收沥青混合料进行沥青路面铺筑，可节约30%的集料及沥青，路面造价降低约25%，使用效果与新沥青混合料相当或接近。

(四十三)C80高性能混凝土成套技术研究

完成单位：深圳市市政工程总公司

主要完成人：林江、唐华、秦华东、孟伟峰、古晓明、李清玉

完成时间：1999年8月

所获奖项：2000年广东省建设科技进步三等奖(粤建科字[2000]40号）

1.成果简介

高性能混凝土是在大幅度提高常规混凝土性能的基础上采用现代混凝土技术，选用优质原材料，掺加足够数量的活性细掺料和高效外加剂制成的一种新型高技术混凝土。采用低水胶比（并保证必要的水灰比）、高效减水剂和高掺量活性微矿粉配置的C80泵送混凝土，经抗碳化、抗硫酸盐、冻融循环、抗钢筋锈蚀和抗渗性研究，与微观测试结果相一致。

2.应用与效益

该高性能混凝土经实际工程试点应用，质量优良，能节约水泥和混凝土用量，降低生产与运输的能耗和原材料消耗，还以良好的施工性，减少了施工能耗，加快了施工进度，保证了施工质量，减少了施工时的环境噪声。

(四十四)HF-30复合高效水泥混凝土抗折强度增强剂

完成单位：深圳市市政工程总公司

主要完成人：林江、刘延冬

完成时间：1996年10月

所获奖项： 1997年广东省科技进步三等奖(城-3-001-01）、广东省建设科技进步二等奖

1.成果简介

HF-30复合高效水泥混凝土抗折强度增强剂研制的技术路线是根据硅酸盐水泥矿物组成和水化特点掺加特殊组分的外加剂，通过改善水泥混凝土细观和微观两个层次的结构，形成类似“纤维水泥混凝土结构模型”，来改善和提高水泥混凝土的抗折强度，并且降低了水泥混凝土的脆性。

2.应用与效益

现场应用表明，掺入HF-30复合高效水泥混凝土抗折强度增强剂后，水泥混凝土拌合料和易性良好，施工操作方便，并可减少真空吸水工序。掺入该外加剂后每立方m混凝土平均节约50kg水泥，混凝土的各项力学指标满足设计要求，并且抗折强度平均高于设计强度15%以上。抗折强度增强剂的掺入，可大大节省水泥用量，降低工程造价，并减少能源的浪费，具有较大的社会效益和经济效益。

(四十五)公路隧道耐火性沥青铺装技术研究

完成单位：深圳市市政工程总公司、深圳市建筑工务署、深圳市建设工程质量监督总站、中国铁道科学研究院深圳研究设计院、深圳市天健沥青道路工程有限公司

主要完成人：刘声向、冯永乾、汪全信、张佐汉、龚颖、尹剑辉、高俊合、葛折圣、白龙威、申小满、范璐璐、张新国、廖文祥、姚洪波、苏军

完成时间：2007年6月

1.成果简介

通过大量试验筛选了适用于SBS改性沥青的复合型阻燃剂，提出了阻燃沥青混合料阻燃剂最佳掺量值。采用热重分析、差热分析、示差扫描量等技术手段，对阻燃改性沥青的燃烧过程进行了试验研究，提出了沥青路面的阻燃机理。对阻燃沥青SMA混合料路用性能进行研究，提出了SMA阻燃沥青路面的设计方法、施工工艺。

2.应用与效益

该成果在深港西部通道项目中得到应用，取得了明显的社会经济效益。

(四十六)降噪排水沥青路面成套技术研究

完成单位：深圳市市政工程总公司、深圳市建筑工务署、深圳市建设工程质量监督总站、中国铁道科学研究院深圳研究设计院、深圳市天健沥青道路工程有限公司

主要完成人：刘声向、汪全信、尹剑辉、张佐汉、高俊合、冯永乾、张佐汉、龚颖、葛折圣、高俊合、范璐璐、申小满、白龙威、刘劲飞、张新国、廖文祥、苏军

完成时间：2007年6月

1.成果简介

在沥青混合料设计过程中，改进了粗集料骨架填充的方法，使其更适用于OGFC型沥青混合料配合比设计。研发了以透水路缘石为代表的排水系统，可适用于城市道路降噪排水路面。提出了适用于当地环境与交通条件的降噪排水沥青路面结构，形成了降噪排水沥青路面设计、施工的成套技术。项目依托工程降噪排水,效果显著，达到国际同类型路面相关标准。

2.应用与效益

该成果在深港西部通道项目中得到应用，取得了明显的社会经济效益。

(四十七)沥青玛瑞脂碎石混合料(SMA)路面面层施工工法

完成单位：深圳市市政工程总公司路桥集团第二公路工程局

主要完成人：高俊合、尹剑辉、刘声向、严晓生、张景禄、李晓华

完成时间：2006年1月

工法编号：YJGF38-2004

所获奖项：使用本工法关键技术修筑的滨海大道工程被评为2000年度省优质样板工程及2001年度中国市政金杯示范工程

1.成果简介

本工法适用于广东等沿海高温多雨地区高等级公路沥青路面工程。 SMA形成机理和路面性能：SMA是由沥青、纤维稳定剂、矿粉及少量的细集料组成的沥青玛瑞脂结合料填充间断级配的粗集料骨架间隙而成的沥青混合料，其三多一少的组成（粗集料多、矿粉

多、沥青结合料多、细集料少）使其具有较强的高温抗车辙能力、较高的整体强度和稳定性。

2.应用与效益

1999年，该工法在深圳滨海大道首次成功应用，该工程全长9.8km，被评为深圳市优质样板工程、省优质样板工程、中国市政工程金杯奖。此后先后应用于107国道宝城段改造工程（2000年9月），该工程获省优质样板工程；深圳市深圳湾填海区区间道路面层，2002年10月；深圳市盐田港明珠立交面层，2003年3月；深圳市锦龙大道路面面层，2003年6月；深圳市大工业区创景路路面面层，2003年9月；深圳机场1号候机楼改扩建陆侧桥梁工程面层，2003年10月等。

(四十八)薄壁带孔、壁根铰接及分阶段张拉无粘结预应力圆形池体施工工法

完成单位：深圳市市政工程总公司、广东省建筑工程集团有限公司

主要完成人：高俊合、李劲松、黄锐文、黄治国、赖小江

完成时间：2009年10月

工法编号：GJYJGF019-2008

1.成果简介

本工法是通过对底板、池壁、壁根使用完全不同的结构、构造材料及施工措施，实现技术先进、质量可靠、造价降低的新型薄壁池体技术。

2.应用与效益

该工法先后在佛山市第三污水处理厂工程4座沉淀池、深圳市龙岗横岭污水处理厂一期工程4座沉淀池等工程中得到成功应用，取得了显著的经济效益、社会效益。

(四十九)多联体筒仓快速滑模施工工法

完成单位：深圳市市政工程总公司、广州市建筑机械施工有限公司

主要完成人：高俊合、范继明、刘风华、杨一鸣、何炳泉

完成时间：2009年10月

工法编号：GJYJGF094-2008

1.成果简介

多联体筒仓快速滑模具有重量轻、装拆速度快、滑升速度快、空滑高度大等优点，适用于多联体筒仓滑模施工。研制的“泵送+快速分料”混凝土运输体系，大大提高了混凝土运输速度，进而提高了混凝土浇筑速度和滑升速度。研制的钢筋保护层厚度及仓壁纵向钢筋间距的控制装置，解决了普通滑模施工中钢筋保护层不足和钢筋间距很难保证的难题。研制的滑模喷淋养护装置，使滑模施工混凝土养护难的问题得到了很好的解决。

2.应用与效益

2007年1月至2008年10月，应用于深圳市国家粮食储备库浅筒仓工程，采用多联体滑模施工，施工质量、速度效果显著。

(五十)复合止水帷幕沉井施工工法

完成单位：深圳市市政工程总公司

完成时间：2009年10月

工法编号：GJYJGF182-2008

主要完成人：高俊合、洪鼎、苏军、郭伟、邓彬

1.成果简介

该工法适用于对井周边地面下沉要求严格的地区（如城区），且地下水位高、土质软弱、流砂层深厚，有硬夹层的地质条件，顶管工作（接收）井或其他市政工程的竖井施工。

2.应用与效益

该工法先后在湛江市霞山污水管网等工程中成功应用，取得了显著的经济效益、社会效益和环保效益。

(五十一)玻璃钢夹砂管

发明人：高俊合、洪鼎、邓彬、芮维勇

专利号：ZL 2009 2 0130657.4

专利权人：深圳市市政工程总公司

1.成果简介

本实用新型专利公开了一种玻璃钢夹砂管，要解决的技术问题在于提供一种成本低且能有效利用管身强度的玻璃钢夹砂管。为解决上述问题，本实用新型专利采用以下技术方案：一种玻璃钢夹砂管，管首和管尾部分设置有管壁加厚结构。

2.应用及效益

本实用新型专利与现有技术相比，在管首及管尾处加强壁厚，具有结构简单、制造容易、成本低廉的优点，非常适用于长距离玻璃钢夹砂管顶管工程。

(五十二)玻璃钢夹砂管的顶管纠偏结构

发明人：高俊合、洪鼎、邓彬、李春雷
专利号：ZL 2009 2 0130656.X
专利权人：深圳市市政工程总公司

1.成果简介

本实用新型专利公开了一种玻璃钢夹砂管的顶管纠偏结构，要解决的技术问题在于提供一种能够准确纠偏且适用于不同管径的玻璃钢夹砂管的顶管纠偏结构。为解决上述问题，本实用新型专利采用以下技术方案：一种玻璃钢夹砂管的顶管纠偏结构，包括玻璃钢管体，钢管体之间设置有楔形的缓冲夹板，缓冲夹板外设置有钢套环。

2.应用与效益

本实用新型专利与现有技术相比，结构简单，安装方便，既能满足玻璃钢夹砂管顶管的纠偏要求，又能满足玻璃钢夹砂管自身的强度要求。

(五十三)复合止水帷幕结构

发明人：高俊合、邓彬、洪鼎、李春雷
专利号：ZL 2009 2 0130655.5
专利权人：深圳市市政工程总公司

1.专利简介

本实用新型专利采用以下技术方案：一种复合止水帷幕结构由两排外层水泥搅拌桩以及中间一排双管高压旋喷桩搭接构成并围绕基坑结构设置。

2.应用与效益

本实用新型专利与现有技术相比，施工简单，经济优势明显，非常适用于填海地层上的小型深基坑支护结构工程。

(五十四)滑模施工筒仓泵送混凝土分料漏斗

发明人：范继明、高俊合、庞聪、苏军
专利号：ZL 2009 2 0130654.0
专利权人：深圳市市政工程总公司

1.成果简介

本实用新型专利公开了一种滑模施工筒仓泵送混凝土分料漏斗，要解决的技术问题在于提供一种出料速度快、浇注进程短的滑模施工筒仓泵送混凝土分料漏斗。为解决上述问题，本实用新型专利采用以下技术方案：一种滑模施工筒仓泵送混凝土分料漏斗，包括分料仓和连接在分料仓下部的分料漏斗，分料漏斗有两个，对称设置在分料仓的下部。

2.应用与效益

本实用新型专利与现有技术相比，具有结构简单、使用方便的优点，而且能缩短工期、提高施工效率，具有较高的实用价值。

(五十五)滑模施工筒仓混凝土保护层定位件

发明人：高俊合、范继明、庞聪、芮维勇
专利号：ZL 2009 2 0130653.6
专利权人：深圳市市政工程总公司

1.成果简介

本实用新型专利提供一种强度高、防透水、不易松脱且制作简便的滑模施工筒仓混凝土保护层定位件。为解决上述问题，本实用新型专利采用以下技术方案：一种滑模施工筒仓混凝土保护层定位件，筒仓内置钢筋和钢模板，钢筋架和钢模板之间设有定位件，定位件为n形钢筋结构，定位件的一侧固定在钢筋架上，另一侧顶住钢模板。

2.应用与效益

本实用新型专利具有结构简单、固定牢固、使用方便的优点，能缩短工期、节约人力物力、提高施工效率、大大降低施工成本，具有较高的应用价值，有利于推广应用。

(五十六)可调节式的承力垫块

发明人：林小涛、苏军、刘俊驹、张忠岩
专利号：ZL 2009 2 0130093.4
专利权人：深圳市市政工程总公司

1.成果简介

本实用新型专利提供一种可调节式承力垫块，要解决的技术问题是提供一种能使钢管锚杆、双钢筋锚杆试验时装卸方便、迅速的可调节式承力垫块。为解决上述问题，本实用新型采用以下技术方案：承力垫块有两块，两块承力垫块之间设有调节螺杆。

2.应用与效益

本实用新型专利结构简单、装卸方便，能使钢管锚杆、双钢筋锚杆的试验省时省力，有利于进行大批量的检测，且两块承力垫块之间的距离可通过螺杆进行调节，适用多种尺寸规格的钢管和钢筋，具有良好的实用价值。

(五十七)在普通试验机上进行单根钢绞线组装件试验的装置

发明人：林小涛、苏军、刘俊驹、张忠岩

专利号：ZL 2009 2 0130092.X

专利权人：深圳市市政工程总公司

1.成果简介

本实用新型专利提供一种在普通试验机上进行单根钢绞线组装件试验的装置，要解决的技术问题是使其既能满足试验机精度的要求，又能满足规范对试验装置支承条件的要求。为解决上述问题，本实用新型专利采用以下技术方案：一种在普通试验机上进行单根钢绞线组装件试验的装置，包括上钳口座和下钳口座内分别设有中空的框架结构的上支承块和下支承块。

2.应用与效益

本实用新型专利与现有技术相比，装置结构简单，试件安装方便，既能满足组装件试验精度的要求，又能满足规范对试验装置支承条件的要求。只需几千元的加工费就可使试验室节省投资专用设备30万元左右，目前，全国有上万家检测试验室，如果都能采用此项试验检测技术，不仅能够充分发挥普通试验机在这些试验室中的作用，而且全国能节省30多亿元的投资，经济效益可观。

(五十八)植筋现场抗拔试验夹具

发明人：林小涛、苏军、刘俊驹、张忠岩

专利号：ZL 2009 2 0130094.9

专利权人：深圳市市政工程总公司

1.成果简介

本实用新型专利提供一种植筋现场抗拔试验夹具，要解决的技术问题是提供一种可以适用于不同尺寸的钢筋试件，而且能有效避免夹具爆裂和锚死的植筋现场抗拔试验夹具。为解决上述技术问题，本实用新型专利采用以下技术方案：一种植筋现场抗拔试验夹具，包括锚板和夹片，所述锚板为带梯形内孔的长方形，夹片为至少两块厚度不同且与梯形内孔相适配的梯形体，夹片每两块为一组活动设置在锚板的梯形内孔中。

2.应用与效益

本实用新型专利结构简单，装卸方便，一个夹具能适用所有尺寸规格的试件，整合多套不同尺寸夹具为一套共用夹具，降低了成本，提高了工作效率，并且能避免现有夹具锚环与夹片锚死现象，具有较高的推广使用价值。

(五十九)深圳市天健集团股份有限公司博士后工作站

完成单位：深圳市市政工程总公司

成立日期：1999年12月

批准文号：深企博办[1999]2号

1.成果简介

本站是全国建筑行业第一家企业博士后科研工作站。

2.应用与效益

建站以来先后与中国铁道科学研究院、华南理工大学等国内知名院校合作，培养了高俊合、葛折圣和张海波三名博士后。完成了大轴力桩基托换技术，复杂地质条件下盾构施工技术总结及对桥梁桩基影响和控制的研究，富沥青混合料设计、性能与应用研究等科研课题10余项。其中荣获省部级科技奖3项次，国家级工法4项，实用新型专利5项。在国家核心期刊发表论文20余篇，其中EI收录2篇。

第八章 轨道交通专业

深圳轨道交通科技创新30年

刘建国

一、发展历程

深圳经济特区成立后，深圳市政府进行交通规划时就开始筹划综合交通体系。深圳的地铁规划真正列入议程是在20世纪90年代初。1992年12月，地铁一号线勘察设计总承包公开招标，铁道部第三勘测设计院中标。同月开始进行地铁工程可行性研究。1993年，成立了以陈锡贤同志为办公室主任的“深圳市城市铁路客运系统（地铁）建设领导小组办公室”，挂靠市运输局。1996年，开展“深港罗湖、皇岗/落马洲口岸旅客过境轨道接驳工程”项目建议书工作，并于1997年5月向国家计委上报该项目建议书。1998年5月，成立“深圳市地铁工程建设办公室”，在市重大项目协调领导小组的领导下开展工作，负责协调处理地铁建设过程中的问题。同月，国家计委批准“深港罗湖、皇岗／落马洲口岸旅客过境轨道接驳工程”项目建议书，工程获得立项，并更名为“深圳地铁一期工程”。1998年7月，经市政府批准，深圳市地铁有限公司经工商注册正式成立，同时撤销“深圳市城市铁路客运系统（地铁）建设领导小组办公室”，2009年更名为深圳市地铁集团有限公司，注册资本29.9亿元人民币，经营范围为城市轨道交通项目的建设运营、地铁资源和地铁物业的综合开发。地铁集团作为深圳市国有资产监督管理委员会授权经营的国有独资大型企业，是承担深圳市城市轨道交通投融资、建设、运营和国有资产保值增值的独立法人实体。深圳市政府和龙岗区政府于2006年底，合资成立了“深圳地铁三号线建设有限公司”，负责深圳地铁三号线的建设和运营管理。在2007年，采用BOT方式引进港铁公司，建设和运营深圳地铁四号线。采取多元化管理方式的改革探索，促进了深圳市的地铁建设和发展。深圳的地铁建设开始进入了大规模的建设时期。深圳市城市快速轨道交通近期（2005~2010年）建设目标，近期建设5条城市轨道交通项目，并将一号线西延段（世界之窗站—深圳机场）列为第一建设时序。在地铁二期建设中，五号线采用BT建设模式，总投资近200亿元，是目前国内规模最大的地铁BT项目。

深圳经济特区成立后，铁路建设也取得了长足的发展。由当初唯一一條广深铁路发展到如今的广深准高速四线铁路，建成了平湖—蛇口港的平南地方铁路。目前深圳正在进行的铁路建设有广深港高速铁路、厦门-深圳高速铁路，同时正在同步建设规模宏大的福田铁路枢纽、深圳北站等枢纽。珠三角城际铁路—穗莞深一期、深惠城际铁路也已经开工建设。

二、建设成果

2004年12月28日，深圳地铁一期工程按期通车试运营。与地铁一期工程同步建成的罗湖口岸综合改造工程启用，成为深圳市目前规模最大的立体化交通枢纽。罗湖口岸日均过境旅客高达26万人次，是名副其实的“天下第一关”，对及时疏解出入境客流、对保持通关顺畅十分重要。深圳地铁一期工程庞大复杂，工程技术要求高，施工难度大，深圳在建设过程中克服了这些困难，为地铁提供了借鉴。地铁集团成立以来，在工程建设、经营管理和精神文明建设方面取得一系列好成绩。地铁集团连续多年超额完成市政府下达的工程建设计划，投资控制良好，工程质量优良，没有发生重大安全责任事故。2008全年日均客运量37万人次，列车正点率99.96%，运行图兑现率为100%，安全行车4900万车公里，顺利实现了安全运营1099天，责任乘客投诉率仅为0.077次/百万人次，各项服务指标创历史最好水平，创造了佳绩。2009年，在地铁线路工程建设方面，规划期内将建成线路99.20km，完成工程总投资716.9亿元，其中罗宝线续建工程121亿元，蛇口线首期工程70亿元，蛇口线东延段工程113亿元，环中线工程200.5亿元，七号线工程86.3亿元，九号线工程59.1亿元，十一号线工程67亿元。其中，七、九、十一号线目前在做前期策划和研究工作，相关投资额需根据政府下达新线建设任务后再正式确定。在枢纽站工程建设方面，将建成两个综合交通枢纽站，总投资84.9亿元，其中深圳北站43.6亿元，前海湾站41.3亿元。在铁路及城际线投资方面，深圳市积极投资建设部分广东省境内的大铁及城际线路，合计投资108亿元，其中广深港客运专线参股27%投入32亿元，厦深铁路广东段参股16%投入27亿元，穗莞深城际一期参股11%投入13亿元，深惠城际铁路投入36亿元。深圳轨道交通将迎来新一轮的建设高潮，将对深圳的经济发展产生重大影响。

三、科技成就

地铁一期工程开展了技术创新活动，各建设主体都取得了大量科技成果。本书汇集的34个成果项目，只是取得的成果的一部分。这些成果为深圳市的轨道交通建设作出了巨大的贡献，影响深远并且取得了良好的经济效益和社会效益。例如：“地铁重叠隧道设计与施工关键技术研究”成果集地铁公司、设计、监理、施工、科研单位参研科技人员的智慧和汗水，取得了巨大成就，创造了多项新纪录，成果最终获得2007年度国家科技进步二等奖。2008年4月，深圳地铁罗湖枢纽工程、深圳地铁一期工程国贸至老街区间隧道及桩基托换工程两项工程，同时获得“第七届中国土木工程詹天佑奖”，这是深圳地铁建设工程乃至市土木工程界首次获得该项殊荣。地铁一期工程攻克技术难关，创造了“百货广场截桩”技术创新等国家级企业新记录28项。在地铁二期的建设中，地铁集团、三号线建设公司和参建单位共同研究完成的科技成果更是硕果累累，目前正进入收获的季节。

在地铁管理创新方面，地铁建设者也取得了不俗的成绩。如深圳地铁集团自主创新研发的拥有全部自主知识产权的综合设备运行监控系统及智能收费管理系统就为国家节约资金超过4亿元；深圳地铁一期工程的信息化极大地促进了工业产品价值的跨越式提升，提高和促进了社会资源的利用效率。地铁集团的轨道交通企业集成盈利模式，获得广东省企业管理现代化创新成果一等奖，确立的地铁建设、运营、资源及物业开发“三位一体”的可持续发展战略获“改革开放30年中国管理科学优秀成果”一等奖。开通运营后，客运量、客运收入、开行列次、平均满载率、运行图兑现率、正点率均达到或超过国内同行同期水平。

四、前景展望

随着深圳经济特区的建设步伐加快，深圳市的轨道交通建设会越来越快。深圳市的轨道交通一、二期的建设目标即将完成，到2011年世界大学生运动会召开之时，深圳市的轨道交通网就会形成5条线约180km的运营网络，到时深圳城市交通组织会更加畅顺，来往会更加便捷。深圳地铁一期工程已于2004年12月28日建成通车，二期工程线路（一、二、三、四、五号）计划将于2011年6月全部建成通车。

在一、二期工程基础上，轨道近期（2011～2020年）建设方案，共8条轨道线路，总长约245.4km。一、二、三期地铁全部建成以后，地铁将成为深圳最主要的居民出行方式，深圳除南澳与大鹏两个街道外，其他所有的街道都将有地铁线路，深圳交通方式因此进入泛地铁时代，地铁的稀缺程度也将因此降低。当前，深圳市轨道交通三期规划的六、七、八、九、十一、十二号线已经进入实施阶段。轨道远期（2021～2030年）建设方案，共有16条线路，总长585.3km，设站357座。其中组团快线4条、干线6条、局域线6条，另外还规划了城际线6条。这些规划会依时逐步落实。

在铁路及城际线建设方面，深圳市积极参与部分广东省境内的铁路及城际铁路建设，2011年广深高速铁路将通车、2012年底厦深高速铁路也将建成，深圳还将建设到中山的深江通道以形成广东西部沿海铁路，到时深圳与外地的联系将更加紧密，深圳将由铁路末梢转变为铁路枢纽。

深圳市的轨道交通科技进步必将与建设同步，按照深圳市的建设科技发展规划要求，大力开发轨道交通科技、地下空间利用技术和铁路发展技术，为深圳经济特区下个30年的发展作出自己的贡献。相信在轨道交通建设者的共同努力下，深圳市的轨道交通建设的明天会更好！

(一)地铁重叠隧道设计与施工关键技术

完成单位：中铁二院工程集团有限公司、中铁隧道集团有限公司、深圳市地铁集团有限公司、西南交通大学

主要完成人：扈森、李德才、刘建国、李平、仇文革、朱颖、潘明亮、陈湘生、王明年、罗世培等

完成时间：2003年

工法编号：YJGF02-2004(批准文号：建质[2006]16号)

所获奖项：2007年度国家科技进步二等奖

推广证号：建设部2007URT09

1.成果简介

本课题采用数值计算和模型试验方法研究了双层隧道施工方案；运用数值计算方法研究了邻近建筑物桩基与隧道的相互影响，根据施工量测结果研究了双层隧道在施工过程中支护及围岩的受力和变形的特点与规律，研究提出了环境控制指标及控制方法。

本成果运用四台阶法开挖、微震爆破，大轴力桩基托换，地表垂直注浆加固地层，小导管TSS管超前预注浆止水和加固围岩，管棚、喷、锚、网、格栅钢支撑支护体系，结构防排水及二次衬砌技术，监测量控及信息反馈技术等综合配套技术。在下穿高层建筑、隧道浅埋、环境要求严格、地质条件复杂、地下水位高且不允许洞内和地表降水的困难条件下，成功地建成重叠隧道，并保证了周边环境的安全和隧道施工及结构安全。

本成果填补了我国在繁华城区、下穿高层建筑、浅埋矿山法单洞双层重叠隧道修建技术的空白，主要取得了以下成果：（1）浅埋暗挖法重叠隧道线路设计方法；（2）重叠隧道断面形式（洞型）及分界点确定；（3）单洞双层隧道设计与施工技术；（4）运营列车振动对单洞双层隧道中板疲劳强度以及环境影响问题；（5）双洞重叠隧道近接影响分区标准及设计技术；（6）双洞重叠隧道施工技术；（7）不同洞型隧道结构及施工转换技术；（8）单洞双层隧道近接既有建构筑物影响分区标准及设计技术；（9）单洞双层隧道近接既有建构筑物施工技术；（10）特大吨位桩基主动托换梁 - 柱接头抗滑移技术；（11）特大吨位桩基主动托换荷载及变形双控制基准及实时监控技术。

2.应用与效益

成果应用于深圳地铁一期工程，重叠隧道实现了尽可能少地截断楼房桩基和尽可能小地影响周边环境和建筑物，桩基托换技术在地铁一期工程穿越广深铁路桥和二期工程穿越深圳多处桥梁中应用，经济效益、社会效益和环境效益明显。

(二)钻孔咬合桩施工技术

完成单位：中铁隧道集团有限公司

主要完成人：王安龙、于明华、张辉、潘明亮、刘建国、肖龙鸽、马宏建、余建恩、李志成等

完成时间：2001年

工法编号：TLEJGF-01-02-45（批准文号：建协[2002]19号）

1.成果简介

本技术采用钻孔咬合桩作基坑围护结构，标准段钢筋混凝土桩与素混凝土桩间隔布置，桩心间距800mm，桩身相割，相交厚度200mm；桩的嵌固深度为7.0m。钢筋混凝土桩桩长约21m，素混凝土桩伸入基坑下4m，桩长约18m。钻孔咬合桩施工及其相关的的主要技术成果：（1）钻孔咬合桩的施工机械和特殊材料；（2）钻孔咬合桩的精确定位；（3）钻孔咬合桩的垂直度控制；（4）对不良地质的施工处理；（5）通过施工监控量测指导施工。从施工引起的变形监测反馈，影响小。

2.应用与效益

本成果应用于深圳地铁一期工程10标段会议展览中心站—购物公园站区间隧道，钻孔咬合桩垂直度高、外型标准、防渗能力强、无需泥浆护壁、扩孔系数小、配筋率低、在穿过软弱富水地层时无需增加其他辅助措施、施工速度快、造价低、震动与噪声小、施工安全性好，具有良好的社会经济效益。

(三)超小净距穿越构筑物地下商业街修建技术

完成单位：深圳市市政设计研究院有限公司

主要完成人：王建新、林青、陈宜言、刘建国、陈寿根、吴永照、林位玉、王文通、邓永双等

完成时间：2009年

1.成果简介

本成果通过综合采用超长大管棚和小导管联合注浆、分导洞上下短台阶预留核心土、环形开挖等一系列工程措施，成功地控制了地表沉降，满足了设计要求，保障了路面交通和地铁的正常运营，保护了地下管线和渠涵的安全，实现了浅埋大跨平拱隧道的安全施工，形成了一套有效的浅埋大跨超小净距下穿构筑物的施工技术。

2.应用与效益

本成果应用于深圳市丰盛町地下阳光街工程，其B、C区连接段结构为单层单跨箱形钢筋混凝土结构，隧道下穿凤塘河渠涵，隧道顶部离凤塘河渠涵底仅0.9m；D区暗挖结构为单层两跨箱形钢筋混凝土结构，隧道同一断面下穿埋有大量地下管线的深南大道，上跨两孔地铁区间隧道，隧道顶离地面约4m，隧道底离地铁区间

隧道的顶部的净距仅为0.33m。在很困难的条件下顺利完成工程施工，对周围环境没有影响，社会经济效益显著。

(四)城市轨道交通“建设+物业+运营”一体化设计与实施

完成单位：深圳市地铁集团有限公司

主要完成人：张晓莉、林茂德、张泓、刘勇、苏年清、夏昌琼、程建刚、柳敏

完成时间：2009年

所获奖项：第十六届全国企业管理现代化创新成果一等奖

1.成果简介

统筹考虑地铁可持续发展的问题，尽量做到地铁和沿线物业同步设计、同步建设和同步开发，实现地铁运营和沿线物业统一经营管理，实现地铁客流、物业住户、商业客流的互相喂给和资源共享。项目的意义在于：(1)建立地铁外部效益内部化的长效机制，为可持续发展奠定基础；(2)建立企业内部增收节支的协同机制，为实现综合效益最大化创造条件；(3)从根本上解决建设、物业、运营“三张皮”的问题，为提供优质高效服务奠定机制基础。

2.应用与效益

研究成果已经在深圳市地铁集团有限公司的企业战略中得以体现，在经营管理中得到应用。目前正在开发两百多平方米的车辆段或地铁车站上盖物业，代政府在车辆段上部建设两万多套保障性用房，地铁建设、物业、运营三位一体的局面即将形成。研究成果经济效益、社会效益明显。

(五)面向可持续发展的城市轨道交通集成盈利模式

完成单位：深圳市地铁集团有限公司

主要完成人：张晓莉、林茂德、张泓、刘勇、邹卫、董三喜、苏年清、王承斌、卢曙光

完成时间：2008年

所获奖项：广东省企业管理现代化创新成果一等奖

1.成果简介

创新性地提出了将地铁投资和运营的外部效益内部化的“地铁经营+效益返还”理论盈利模式，通过地铁建设与物业的一体化规划和开发，直接创造地铁上盖平台价值，节约和集约化利用了土地资源，通过地铁运营和商业物业的一体化经营，提高市民生活和出行质量，同时实现地铁客流资源的商业价值。项目的意义在于：(1)促成了经营观念的转变；(2)促成了经营机制的转变；(3)促成了经营理念的转变；(4)促成了发展战略的明晰。以此应用模式为指导，改善企业的外部政策环境和优化企业内部经营管理，从经营机制和管理体制上促进企业创造更大经济效益和社会效益，实现企业的可持续发展。

2.应用与效益

地铁集团的核心竞争力提高和发展空间拓宽；直接经济效益和社会效益显著，已实现土地开发总社会效益44亿元，企业经济效益17.4亿元，已实现地铁经营增收节支效益共2.6亿元，预期可保持较高的和可持续的盈利水平；间接社会效益明显。

(六)基于“三位一体”战略的地铁企业全面预算集成管理系统

完成单位：深圳市地铁集团有限公司

主要完成人：张晓莉、林茂德、黄一格、王承斌、黄少群、田杨、柳敏、刘宇峰、杨惠杰、侯震宇、戈书广、周大治

完成时间：2009年

所获奖项：第十九届广东省企业信息化建设创新成果一等奖

1.成果简介

创新性地提出了将地铁投资和运营的外部效益内部化的“地铁经营+效益返还”理论盈利模式，通过地铁建设与物业的一体化规划和开发，直接创造地铁上盖平台价值，节约和集约化利用了土地资源，通过地铁运营和商业物业的一体化经营，提高市民生活和出行质量，同时实现地铁客流资源的商业价值。该项目是深圳地铁集团落实科学发展观、自主创新的结果，对解决地铁行业的可持续发展问题，企业实施全面预算管理，利用现代信息、管理技术提升企业管理功能具有很好的借鉴作用。

2.应用与效益

优化预算流程，减轻预算人员工作量，提高预算效率；促进企业管理规范化、程序化、信息化；消除信息孤岛，工作质量大大提高；经营信息实时展现，决策更加科学高效；促进预算的有效实施，保障战略的实现。

(七)机电设备信息化集成应用

完成单位：深圳市地铁集团有限公司

完成时间：2006年

主要完成人：简炼、陈玉明、李平、李筱毅、李新文、龙育

才、申香梅、张健保、刘力、高军章、李高潮、陈湘生、张宁、胡晖辉

所获奖项：2006年深圳市科技创新奖

1.成果简介

深圳地铁一期工程是深圳市第一个国家重点工程，是我国首个地铁设备国产化示范工程。机电设备信息化集成的应用，使深圳地铁一期工程成为我国第一个用信息化为手段进行集成创新的地铁。深圳地铁在综合监控系统、智能收费系统、地铁车辆、信号系统以及通信系统等机电设备系统中，通过集成创新应用计算机、网络、软件、控制、通信、多媒体等信息技术，实现了地铁运营智能化管理，全面提升了运营安全水平，提高了运营效率，降低了能耗，节省了投资，国产化率超过70%，达到了21世纪初信息化水平，改善了出行环境，提升了深圳市的整体实力。

2.应用与效益

应用于深圳乃至全国的地铁后期工程建设，具有示范带头作用。

(八)国产现代化的深圳新地铁

完成单位：深圳市地铁集团有限公司

完成时间：2007年

主要完成人：赵鹏、简炼、陈玉明、李平、李筱毅、李新文、龙育才、申香梅、张健保、刘力、高军章、李高潮、陈湘生、张宁、胡晖辉

所获奖项：2007年广东省科学进步二等奖

1.成果简介

深圳地铁国产化创新装备和应用，大幅降低了地铁设备的造价，同时也降低了运营维护和使用成本，提升了我国地铁装备的信息化水平、本质化安全水平和大幅节能，实现了地铁成套装备和产品从零到世界先进或领先水平的飞跃。深圳地铁一期工程作为地铁大产品在五个方面站上了世界的前列：装备造价最低；信息化水平最高；安全控制水平最高；节能最多；维护费用最低。

2.应用与效益

应用于深圳乃至全国的地铁后期工程建设，具有示范带头作用。

(九)地铁信息化深度集成信息监控系统

完成单位：深圳市地铁集团有限公司

完成时间：2007年

所获奖项：广东省科学进步三等奖

1.成果简介

深度集成综合监控系统是将电力自动监控、机电设备监控和防灾报警三大系统集成于一体（EMCS/FAS/SCADA），并与信号、AFC等若干系统互联，实现设备自动联动的综合监控系统（CMS），防灾报警系统配以光纤感温火灾检测系统，实现了自动报警的全覆盖、报警和救灾的联动，从而保证在地铁发生火灾报警后，可以在6s内自动启动火源部位的排风排烟系统，实现自动预防火灾和控制蔓延效果，大大减少地铁发生灾害时的人员伤亡问题。

2.应用与效益

应用于深圳乃至全国的地铁后期工程建设，具有示范带头作用。该项智能化管理系统在替代进口的同时也极大地节约了投资和维护费用，并获得四项发明和两项实用新型专利。目前已在我国7个城市采用，实现的合同额已超过7亿元。

(十)广深准高速铁路高架桥桩基托换技术研究

完成单位：深圳广铁土木工程有限公司

完成时间：2005年

1.成果简介

本技术可在不中断行车的准高速铁路桥上采用主动托换，拆除原有桥墩基础；对施工期间的结构安全与行车安全分别采取针对措施，将托换技术运用到承受活载的结构中；首次近距离在承受荷载的既有桩底进行控制爆破；部署周密的测试，以监测数据信息化指导现场作业施工。

2.应用与效益

本技术在深圳地铁一号线穿越广深准高速铁路（Ⅰ、Ⅱ、Ⅲ线）高架的桥20号墩，对高架桥桥桩进行托换，这是在承受准高速铁路大型动荷载桥梁结构中的首次应用。根据工程的实际情况，制定桥墩沉降监测方案和基础托换技术规程，最大限度地减少了广深铁路高架桥基础托换时对行车安全和广深铁路运营的影响，使地铁一号线建设顺利进行。

(十一)深圳罗湖地铁枢纽工程

完成单位：深圳市地铁集团有限公司

完成时间：2007年12月

所获奖项：第七届中国土木工程詹天佑大奖

1.成果简介

深圳罗湖地铁枢纽工程位于深圳罗湖口岸/火车站广场，总建筑面积为53000㎡。枢纽工程由地铁罗湖站工程、地铁罗湖站上部的地下人行工程、交通场站和市政道桥改造及管线迁改工程、环境景观工程四个建设内容构成。通过研究，提出了以地下交通层作为纽带，使罗湖口岸、火车站、地铁三大交通设施构建为一体的综合空间体的概念，实现了先进的综合规划设计。

2.应用与效益

成果应用于深圳地铁一期工程，使地铁罗湖口岸、火车站、地铁三大交通设施构建于一体，结构分层科学，建筑功能协调，建筑布局美观，景观自然，具有明显地方特色。经济效益、社会效益和环境效益明显。

(十二)深圳铁路双线高架桥工程

完成单位：深圳广铁土木工程有限公司

完成时间：1987年

所获奖项：1988年度国家质量银质奖章

1.成果简介

铁路双线高架桥在深圳首次采用预应力混凝土管桩基础，桥墩墩台采用标准化整体定型模板，在深圳首次成功应用部分预应力混凝土低高度梁。

2.应用与效益

1987年在深圳铁路双线高架线工程中应用，使工程顺利完成，推动了预应力混凝土管桩和部分预应力混凝土低高度梁在深圳的广泛应用。

(十三)地铁超长余辉蓄光自发光安全疏散标志系统

成果编号：建设部2007URT04

完成单位：深圳市地铁集团有限公司、四川新立实业有限公司

完成时间：2007年

1.成果简介

导向标志安全疏散系统采用稀土超长余辉蓄光发光材料，代替传统灯箱，具有显著节能效果。

2. 应用与效益

深圳地铁一期工程在国内首次大规模将超长余辉蓄光发光材料这一高新技术基础材料应用于地铁工程，取得了良好的节能效益。

(十四)地铁车站集成应急控制系统

成果编号：建设部2007URT06

完成单位：深圳市地铁集团有限公司、北京和利时系统工程股份有限公司

完成时间：2006年

应用与效益

深圳地铁一号线应用该控制系统共设监控点4500个，全面监控和管理车站大系统正常通风模式控制系统、大系统和小系统及隧道区建防排烟模式控制系统、扶梯紧急控制、照明模式控制、AFC闸机紧急控制、信号系统连锁站紧急控制系统等，国产化率100%。

(十五)城市轨道交通自动售检票（AFC）系统

成果编号：建设部2007URT18-3

完成单位：深圳市地铁集团有限公司

完成时间：2004年

1.成果简介

本技术由信息技术、自动控制技术和光机电一体化等多项高新技术集成而成，可实现全自动、自助式、智能化方式售检票，全路网统一基本票价和多变量统一计费，全路网统一清算和结算，全路网售检票设备统一监控，全路网数据自动采集和分发，全路网车票自动分配，全路网收益管理自动化和信息化，无障碍换乘的自动费率计算和结算。

2.应用与效益

本成果在深圳地铁一号线中应用，效果良好。

(十六)地铁扶梯变频调速和信息化节能技术

成果编号：建设部2007URT20

完成单位：深圳市地铁集团有限公司、上海三菱电梯有限公

司、天津奥梯斯电梯有限公司

完成时间：2006年

应用与效益

在深圳地铁一号线工程中，通过对扶梯的调速系统的安全设计、噪声和谐波的处理、再生能源的利用、功率因素的提高、变频器控制方式的比选和节能运行设计、系统可靠性设计、分时段运行设计、远程监控设计，实现节能30%以上，电磁辐射和电磁干扰达到欧洲标准。

(十七)地铁七氟丙烷气体全自动灭火系统

成果编号：建设部2007URT21

完成单位：深圳市地铁集团有限公司、天津盛达安全科技实业公司

完成时间：2006年

1.成果简介

七氟丙烷气体全自动灭火系统灭火效率高、清洁环保、可靠性强、占地面积小，性价比优良、安全储存性好。通过改变容器阀结构和优化喷头设计，使得灭火喷放时间缩短20%，提高了喷射过程的三维均化效果，有效减少灭火剂热分解腐蚀性产物的生成量。

2.应用与效益

本成果在深圳地铁一号线工程应用，灭火探测报警控制设备能够自适应环境、自诊断故障、自优化报警，抗强电磁干扰能力强，误报率低，使火灾报警控制智能化和一体化，实现了动态在线实时监控和预防性维修，大幅度提升了气体灭火控制的技术水平和安全可靠性，降低了运营成本。

(十八)地铁隧道光纤感温火灾预警监测系统

成果编号：建设部2007URT22

完成单位：深圳市地铁集团有限公司、广州市科思通技术有限公司

完成时间：2006年

应用与效益

在深圳地铁一号线工程中根据本工程隧道的特点，用本技术完成了一套完整的运行稳定可靠的地铁隧道感温光纤火灾预警监测系统，实现了连续空间温度监测、分区报警和火情分析、火势蔓延分析、烟雾漂流分析等功能。实现了多级多形式的预告报警设置和温度变化率报警，实现了火灾趋势的准确预报。

(十九)机电设备自动化集成综合监控技术

成果编号：建设部2007URT24

完成单位：深圳市地铁集团有限公司、北京和利时系统工程股份有限公司

完成时间：2006年

1.成果简介

该系统成功研发了为地铁线路构筑数字信息共享平台的方法，成功开发大型分层分布式计算机综合加浓系统中的接口与接口管理规范，对ISO15745国际标准的接口开发的规范化方法AIP的研究取得初步实用成果，成功开发国内第一套地铁综合监控系统软件系Macs-Scada v2.0。

2.应用与效益

在深圳地铁一号线工程中，利用本技术实现了变频电扶梯智能控制系统和变频自动变风量控制系统，节能效果显著；地铁信息化深度集成系统提高了地铁运行安全保障水平，实现了火灾工况下自动与智能防灾救灾，在阻塞工况下疏散乘客，保证乘客安全和运营安全。

(二十)新型智能化环控通风空调系统

成果编号：建设部2007URT27

完成单位：深圳市地铁集团有限公司、北京和利时系统工程股份有限公司

完成时间：2006年

1.成果简介

采用闭负环反馈的控制原理对车站公共区的温度、湿度进行自动调整与控制。按照环境控制工艺要求，在站厅、站台不同部位安装多套温湿度探测器，采集的数据加权平均后，与设计给定值比较，运算的结果输出到变频器，动态调整电动二通阀的开度和风机电动机的输入电源功率，实现对车站公共区的环境温度、湿度的自动控制。

2.应用与效益

在深圳地铁一号线工程中，应用本技术提高了设备运行效率，减少了电能消耗，降低了地铁运营成本。

(二十一)首次把航拍技术运用于选线和站位的确定

完成单位：深圳市地铁三号线投资有限公司、中铁二院工程集团有限责任公司

技术总负责人：刘卡丁

主要完成人：杨少林、扈森、方昌福、徐向明、肖世雄、张波、张中安、柴家远、周明亮、陈馨超、文德一、高爽、苟明中、徐光强、林慧中、袁珏、周运斌、徐正宣、王刚、张宏、向骏、沈建东、叶冲、胡京涛、熊建、江安、曾臻

完成时间：2005年6月10日

1.成果简介

传统的地形图是城市轨道交通工程各专业设计的基础，再辅以卫星图片，以确定线路走向及站位、场站的设置。由于各个城市建设速度快和建设的不规范性，地形图的修测周期往往与城市的变化速度不适应，基础的地形图与现状会存在较大的差异或错误。为准保地形图的准确性，在全线控制网已完全建立的基础上，各设计单位均安排测量队伍进行补测或重新修测。当线位出现重大调整时，一个完整地形图的建立至少在半年到10个月左右，无法满足地铁建设要求。如何高效、准确、直观地为地铁线、站位稳定提供基础的平面数据成为地铁选线中的一大难题。采用航测、航拍、数码成像技术辅助选线和确定站位，对工程设计及实施有以下特点：

(1)实事性：由于地形图及卫星图片存在修测的周期性，它们无法准确地表现出现场实际情况，采用航测、航拍技术能清晰反映地铁沿线最近两到三个月的地形、地物。

(2)可视性： 航拍影像弥补了地形图的二维性及卫片中的模糊性、时差性等缺点，直观反映工程周边的地理环境。

在后期车站、区间方案公示时，群众能更真观地了解地铁与其周边房物的布设关系，提前感受地铁给生活带来的变化，取得群众对地铁建设的支持。

(3)准确性：航拍影像所具有的实时性、可视性等优点提高了地铁布线、设站的准确性。尤其是多方案、多线(站)位比较时，能在高楼林立中找到一条更适合实际的地铁线路。

(4)可实施性：设计准确性，为工程的可施性提供可靠的依据，尤其是在前期的房屋拆迁过程中。

(5)局限性：航测技术的采用，提高了选线的效率及方案准确性，但其仍是选线的辅助手段，无法完全替代地形图，对较为关键的控制物还需进行补测工作。

2.应用与效益

本成果在深圳市地铁龙岗线的线路设计中采用，极大地提高了选线的正确性、准确性、可实施性，对站、线位方案的稳定起到了重要作用。

(二十二)地下车站结构采用“混凝土自防水叠合结构”

完成单位：深圳市地铁三号线投资有限公司、中铁二院工程集团有限责任公司

技术总负责人：刘卡丁

主要完成人：杨少林、扈森、方昌福、徐向明、肖世雄、张波、张中安、周明亮、苟明中、周运斌、张培胜、刘兴国、邹晋华、喻涛、姚长春、柴家远、陈馨超、高爽、徐光强、林慧中、袁珏、徐正宣、王刚、张宏、向骏、沈建东、叶冲、胡京涛、熊建、江安、刘兴国

完成时间：2011年6月

1.成果简介

叠合墙结构是将地铁车站基坑围护结构作为主体结构侧墙的一部分，与内衬墙组成叠合式结构，通过结构和施工措施，保证叠合面的剪力传递，叠合后两者视为整体。由于基坑围护结构与内衬墙共同受力，且围护结构为主要受力结构，可以减少内衬墙的厚度和配筋量；充分发挥了混凝土结构的自防水能力，减少了防水材料的用量。

2.应用与效益

本成果首次在地铁三号线结构中采用，不仅可节省资源、降低成本、提高效率、简化施工工艺，而且使结构更加安全。仅此一项，使地铁三号线工程节省投资7000万元。

(二十三)预留、预埋新技术

完成单位：深圳市地铁三号线投资有限公司、中铁二院工程集团有限责任公司

技术总负责人：刘卡丁

主要完成人：杨少林、扈森、方昌福、徐向明、肖世雄、张波、张中安、柴家远、周明亮、陈馨超、高爽、苟明中、徐光强、林慧中、袁珏、周运斌、徐正宣、王刚、张宏、向骏、沈建东、叶冲、胡京涛、熊建、江安、王明飞

完成时间：2011年6月

1.成果简介

在地铁接触轨系统安装使用预埋尼龙套管来取代传统的预埋螺栓，充分利用尼龙套管不会锈蚀、绝缘性好、防腐性优良等特点，有效地解决了道床内钢筋网与金属螺栓之间的绝缘问题，减小了杂散电流的不利影响。

本技术用专用的模具将尼龙套管在钢轨外侧准确定位，当整体

道床进行混凝土浇筑时，尼龙套管随之固定在整体道床内。当进行接触轨绝缘支架底座安装时，不需要进行现场打孔，可直接用螺栓把绝缘支架底座固定在尼龙套管上，节省了现场打孔所带来的钻头损耗费用，减少了接触轨工程的投资，有利于轨旁设备的整体景观协调性，加快了接触轨系统整体的施工进度，提高了施工效率，有利于通车后的运营现场维护。

2.应用与效益

本成果已在深圳地铁龙岗线全面维护应用，使工程建设质量大幅提高。

(二十四)DC1500V接触轨牵引供电系统

完成单位：深圳市地铁三号线投资有限公司、中铁二院工程集团有限责任公司

技术总负责人：刘卡丁

主要完成人：杨少林、扈森、方昌福、徐向明、肖世雄、张波、张中安、柴家远、周明亮、陈馨超、高爽、苟明中、徐光强、林慧中、袁珏、周运斌、徐正宣、王刚、张宏、向骏、沈建东、叶冲、胡京涛、熊建、江安、王明飞

完成时间：20111年6月

1.成果简介

本成果和传统的DC750V接触轨牵引供电系统相比较，可减小三分之一的牵引变电所数量，大幅度节省变电所的土建费用和牵引变电所的设备投资，有利于列车再生制动能量的吸收，减小牵引整流机组损耗和牵引网损耗。

本成果中所采用的钢铝复合接触轨具有电阻率低、耐磨、防腐性能好等优点，与架空接触网系统相比较，具有结构简单，各接触部件均刚性固定，稳定性好，不存在断线、钻弓等事故隐患的优点，在列车运行的过程中，发生故障的几率小，可靠性高。减少了运营的维护工作量；接触轨作业面低，事故影响范围小，可局部更换、安装、调整和事故抢修方面，需要的检修设备和维护人员较少；由于接触轨系统大修时间间隔长，零部件种类少，故所需的相应备品备件数量少，维护费用低，能有效减少运营的维修、维护成本。

在采用DC1500V接触轨系统时，人身安全防护非常重要。本系统主要采取了以下防护措施：(1)接触轨下部授流方式，全线（包括车辆段和停车场）范围内设置接触轨防护罩，从三面对接触轨进行防护，有效防止轨旁作业人员无意中碰触到接触轨。(2)在车辆段和停车场内检修人员活动频繁的检查线上设置滑触线，保证车辆检修维护工作人员的人身安全。(3)在车辆段和停车场中的停车股道旁设置接触轨带电显示装置，有效地对接触轨带电状态进行警示；同时，在车站、车辆段和停车场内均设置了紧急停电按钮（EPB），在紧急情况下可以迅速切断接触轨电源。

2.应用与效益

本成果已在深圳地铁龙岗线全面采用，在全寿命周期内每年为国家节省运营维护费500万元。

(二十五)UPS后备电源集中供电

完成单位：深圳市地铁三号线投资有限公司、中铁二院工程集团有限责任公司

技术总负责人：刘卡丁

主要完成人：杨少林、扈森、方昌福、徐向明、肖世雄、张波、张中安、柴家远、周明亮、陈馨超、高爽、苟明中、徐光强、林惠中、袁珏、周运斌、徐正宣、王刚、张宏、向骏、沈建东、叶冲、胡京涛、熊建、江安、钟建国

完成时间：2011年6月

1.成果简介

在确保为弱电各系统可靠供电的前提下，采用弱电各系统UPS电源集成化设计，对弱电各系统实现UPS电源设备集中设置并统一供电的方式，具有以下优点：(1)UPS电源和蓄电池冗余容量得到合理的控制；(2)UPS电源设备房面积得到合理的控制和有效的使用，减少了电源设备用房面积，节省土建投资；(3)有助于统一UPS电源、蓄电池、备品备件的设备型号，便于维护管理和使用；(4)有利于实现资源共享，减少工程和运营维护费用。

2.应用与效益

本成果已在深圳地铁龙岗线首次采用，节省了376万元土建投资和约600万元的设备投资。

(二十六)自动化集成系统采用轴心站和卫星站运管模式

完成单位：深圳市地铁三号线投资有限公司、中铁二院工程集团有限责任公司

技术总负责人：刘卡丁

主要完成人：刘卡丁、杨少林、扈森、方昌福、徐向明、肖世雄、张波、张中安、柴家远、周明亮、陈馨超、高爽、苟明中、徐光强、林惠中、袁珏、周运斌、徐正宣、王刚、张宏、向骏、沈建东、叶冲、胡京涛、熊建、江安、肖珊、李海博、戴睿、舒军、郝勇、徐起万

完成时间：2011年6月

1.成果简介

自动化集成系统由位于控制中心的中央级AIS、位于各车站

的车站AIS、位于车辆段的D-AIS以及连接这几部分的主干网络（MBN）组成。自动化集成系统（AIS）是一个综合的自动化监控系统，集成了火灾自动报警系统、环境与设备监控系统、门禁系统、电力监控系统、办公自动化系统，互联了自动售检票系统、信号系统、通信系统、屏蔽门与安全门系统等系统。通过对相关子系统的集成和互连，实现资源共享和信息互通，建立一个统一的运营指挥和管理服务的综合自动化信息平台，以提高地铁的运营和管理服务的水平和效率。AIS分中央级和车站级两级功能。AIS具有维修维护作用和联动作用，其中AIS的联动功能，按正常、灾害、故障、阻塞等四种工况模式考虑，灾害、故障、阻塞三种模式采用事件触发方式自动或人工强制进入。AIS实行构架与站群管理统一的工作形态。

2.应用与效益

本成果已在深圳地铁龙岗线应用，提高了地铁运营监管的自动化水平。

(二十七)单活塞风井作为地下站技术标准

完成单位：深圳市地铁三号线投资有限公司、中铁二院工程集团有限责任公司

技术总负责人：刘卡丁

主要完成人：刘卡丁、杨少林、扈森、方昌福、徐向明、肖世雄、张波、张中安、柴家远、周明亮、陈馨超、高爽、苟明中、徐光强、林惠中、袁珏、周运斌、徐正宣、王刚、张宏、向骏、沈建东、叶冲、胡京涛、熊建、江安、曾臻

完成时间：2011年6月

1.成果简介

地铁正常运行时，利用隧道内行驶的列车的活塞效应，通过活塞风井对整个隧道进行换气，排除隧道内由列车产生的余热余湿，吸入地面的新鲜空气。活塞风保证了隧道内乘客和地铁工作人员的新风需求，为乘客和地铁工作人员提供较为舒适的乘车环境。

常规系统典型车站每端对应于上下行线各设置1座机械/活塞风井、1座排风井（TEF系统与车站大、小系统合用）、1座新风井（大、小系统合用），即车站每端共设置4座风井，简称为“四风井系统”，采用“同送或同排”和“一送一排”的运行方式。

“单活塞风井”系统形式的隧道通风系统在车站每端设置1座活塞/机械风井、1座排风井（与大、小系统合用）、2台TVF风机（兼U/O风机），也就是说TVF风机与U/O风机合用，2台TVF风机完全互为备用；2台TVF风机能实现“同送或同排”和“一送一排”的运行方式。

本成果可减少地铁的活塞风亭和风道，节省机房、风道面积，减少地面绿地占用面积，减少噪声源，节省投资。

2.应用与效益

本成果已在深圳地铁龙岗线应用，共减少活塞风亭28座，节省机房、风道面积4200㎡，减少绿地占用面积560㎡，减少噪声源28处，节省投资3692万元。

(二十八)盾构隧道管片通用环拼装工艺

完成单位：深圳市地铁三号线投资有限公司、中铁二院工程集团有限责任公司

技术总负责人：刘卡丁

主要完成人：刘卡丁、杨少林、扈森、方昌福、徐向明、肖世雄、张波、张中安、周明亮、苟明中、余军、谢立广、柴家远、罗富彬、陈馨超、高爽、徐光强、林慧中、袁珏、周运斌、徐正宣、王刚、张宏、向骏、沈建东、叶冲、胡京涛、熊建、江安

完成时间：2011年6月

1.成果简介

盾构隧道管片通用环拼装工艺采用双面楔形通用环管片，管片类型仅有一种衬砌环，衬砌环拼装时通过封顶块不同角度的旋转来调整衬砌环楔形量，以拟合线路的平曲线、竖曲线以及施工纠偏之需，满足线路设计线形要求。

采用通用环盾构管片，全隧道只采用一种管片形式，不需要设计直线环或专用的转弯环，减少了钢模种类，便于管片的储存、运输及施工管理。采用通用环盾构管片，可通过计算机软件辅助管片拼装，实现管片拼装的自动化，精确定位管片，提高管片的拼装质量；可通过管片不同的旋转角度实现曲线拟合，最大程度地减小曲线拟合误差的积累，满足隧道轴线拟合误差的要求；避免选错管片和方便替换管片，减少管片管理员。

2.应用与效益

本成果在深圳地铁龙岗线作为技术标准全面采用，取得了良好的效益。

(二十九)综合管线三维透视图模拟安装设计技术

完成单位：深圳市地铁三号线投资有限公司、中铁二院工程集团有限责任公司

技术总负责人：刘卡丁

主要完成人：刘卡丁、杨少林、扈森、方昌福、徐向明、肖世

雄、张波、张中安、柴家远、周明亮、陈馨超、高爽、苟明中、徐光强、林惠中、袁珏、周运斌、徐正宣、王刚、张宏、向骏、沈建东、叶冲、胡京涛、熊建、江安、曾臻

完成时间：2011年6月

1.成果简介

地铁安装施工是一个多工种、周期短、空间有限、同步施工的复杂工程。地铁综合管线包括通风空调、给排水、消防、气体灭火、高压电缆桥架、低压配电电缆桥架、通信、信号、综合监控、AFC电缆桥架、屏蔽门电缆桥架等十几个专业的管线。地铁层高有限，工期紧张，各专业管线几乎同时施工。因此，地铁综合管线设计决定着地铁安装的质量。

综合管线三维透视图模拟安装设计技术优点是：精准的三维模型能够显著减少设计中的差、漏、错、碰等问题；全信息的三维模型能够自动统计工程量，自动生成工程数量表，自动生成平面图；模型变更时，能够迅速更新工程数量和相关图纸，方便设计修改、变更，容易实现高质量的地铁车站模块化设计和安装，缩短建造周期；在车站投入运营初期，可以利用三维模型模拟车站的人员培训（尤其对于车站运行时人员无法进入的区域），利用三维模型模拟设备更新及设备维修，增强人员的业务熟练度，缩短维修时间，提高车站的利用率；在车站改建、维护阶段可利用三维模型模拟设备的拆卸。

2.应用与效益

本成果在深圳地铁龙岗线作为技术标准全面采用，取得了良好的效益。

(三十)双层车辆段技术

完成单位：深圳市地铁三号线投资有限公司、中铁二院工程集团有限责任公司

技术总负责人：刘卡丁

主要完成人：刘卡丁、杨少林、扈森、方昌福、徐向明、肖世雄、张波、张中安、柴家远、周明亮、陈馨超、高爽、张雄、徐光强、林慧中、袁珏、周运斌、徐正宣、王刚、张宏、向骏、沈建东、叶冲、胡京涛、熊建、徐久勇、江安、汪晓江、陈汉谋、吴林

完成时间：2011年6月

1.成果简介

本成果把地铁车辆段的检查库、停车库常规平面布置改为重叠布置，可节约用地60%。

2.应用与效益

本成果应用于深圳地铁龙岗线横岗双层车辆段，为国内首创，用地面积由28.28hm^{2}减少为18.34hm^2，节约用地9.94hm^2，经济效益显著。

(三十一)地铁全线设计文件的制图和文档管理标准化技术

完成单位：深圳市地铁三号线投资有限公司、中铁二院工程集团有限责任公司

技术总负责人：刘卡丁

主要完成人：刘卡丁、杨少林、扈森、方昌福、徐向明、肖世雄、张波、张中安、柴家远、周明亮、陈馨超、高爽、苟明中、徐光强、林惠中、袁珏、周运斌、徐正宣、王刚、张宏、向骏、沈建东、叶冲、胡京涛、熊建、江安、张丹

完成时间：2011年6月

1.成果简介

地铁全线的设计文件的标准化制图，使用标准化图幅及文档管理，竣工图以防伪印刷白图替代传统的蓝图，全线工程以标准化实现了流水作业，降低了设计成本，提高了文档管理效率和质量，使全线档案管理与建设达到同步。

2.应用与效益

本成果已应用于深圳地铁龙岗线，全线设计文件均统一进行编制，制定了《文件编制统一规定》、《项目文件编码系统》。根据市档案馆要求，对电子文件归档进行可编辑及不可编辑的分类归档，对纸质文件进行统一要求，从可行性研究报告到初步设计招标文件，均采用A3白图，施工图均采用A2白图，有效地实现了标准化制图、标准化图幅。在竣工图方面全面完成《深圳市轨道交通二期三号线工程竣工验收技术资料统一用表及归档目录》的编制，并创新性地使用防伪白图为竣工图。在图档管理工作中效益显著。

(三十二)地铁全线高架车站统一造型标准装修技术

完成单位：深圳市地铁三号线投资有限公司、中铁二院工程集团有限责任公司

技术总负责人：刘卡丁

主要完成人：刘卡丁、杨少林、扈森、方昌福、徐向明、肖世雄、张波、张中安、柴家远、周明亮、陈馨超、高爽、苟明中、徐光强、林惠中、袁珏、周运斌、徐正宣、王刚、张宏、向骏、沈建东、叶冲、胡京涛、熊建、江安、包晗、吴向峰

完成时间：2011年6月

1.成果简介

地铁全线高架系统统一造型装修实现了装修工程标准化、模块化，节省了工程造价，缩短了施工工期，降低了运营维护成本，有利于景观协调和周边物业的衔接。

2.应用与效益

本成果在深圳地铁龙岗线全线采用，使高架车站美观、艺术性强、与周边景观协调，绿化良好，节约了大量资金，效益良好。

(三十三)地铁公路建设一体化技术

完成单位：深圳市地铁三号线投资有限公司、中铁二院工程集团有限责任公司

技术总负责人：刘卞丁

主要完成人：刘卞丁、杨少林、扈森、方昌福、徐向明、张建华、张波、张中安、柴家远、周明亮、陈罄超、文德一、高爽、苟明中、徐光强、林惠中、袁珏、周运斌、徐正宣、王刚、张宏、向骏、沈建东、叶冲、胡京涛、熊建、江安

完成时间：2011年6月

1.成果简介

地铁线路既有高架线，也有地下线和地面线，形式多，位置多变，与公路线形技术标准不同。本成果通过优化平面布置，合理调整不同位置横断面构成，优化平交口设计等，解决了地铁与公路一体化设计的诸多困难。

2.应用与效益

本成果已在深圳地铁龙岗线采用，使龙岗线与G205国道相互协调，效果良好。

(三十四)城市轨道交通系统安全保障体系研究开发

完成单位：深圳市地铁三号线投资有限公司、住房和城乡建设部地铁与轻轨研究中心、上海志励轨道交通科技有限公司、中铁二院工程集团有限责任公司

主要完成人：王敏、刘卞丁、秦国栋、杜心言、杨少林、扈森、苗彦英、张素燕、方昌福、徐向明、严礼奎、张波、张建华、肖世雄、马程光、叶冲、张中安、李兰青、刘璐、陈罄超、向骏、林惠中、熊建、张西林、叶峰、庄祝明、陆定中、王三明、张正全、柏瑞棋(Sukhy Barhey)、李仁轩、黄亚昭、孙鹏

完成时间：2009年9月1日

验收证书号：建科验字[2009]第040号

1.成果简介

课题研究采用理论联系实际的方法，以国内外城市轨道交通安全调查研究为基础，结合国内城市轨道交通建设项目，并以深圳市地铁三号线工程作为实例，运用国外风险分析的原理，通过对工程建设阶段的各项系统安全控制工作实施全过程管理、跟踪和指导，首次提出“我国的城市轨道交通系统安全保障体制，应建立在城市轨道交通生命周期各阶段系统安全过程控制与阶段安全评价相结合的基础上”的基本方针，并拟订了实施方案；首次建立了我国城市轨道交通全寿命周期系统安全保障体系；首次建立了过程安全控制与阶段安全评价相结合的有效手段；开发了国内首创，并具有自主知识产权的城市轨道交通系统风险管理软件，为推广城市轨道交通系统安全过程控制工作的现代化提供有效手段。

2.应用与效益

本成果通过在深圳市地铁三号线工程中的应用，全面检查和审核深圳市地铁三号线工程中系统安全保障的各项有关工作，不仅为该项目建成后开展安全保障工作打下了坚实的技术基础，而且有效提高了轨道交通系统的安全性和可靠性，大大降低由于系统安全性和可靠性差所带来的经济损失和社会影响，其经济和社会效益巨大。

第九章　施工专业

深圳施工科技创新30年

肖 营

三十年回顾

短短30年间，深圳从一个只有几万人口、镇区面积仅3km^2、房屋建筑面积109万m^2、住宅建筑面积29万m^{2}的贫穷落后的边陲小镇，发展成一座拥有超千万人口、充满生机和活力的现代化花园式城市。深圳以其整洁优美的城市环境、丰富多彩的城市建筑、壮观发达的立体交通、错落有致的人文景观、迅猛腾飞的发展速度征服了世人，获得了国家园林城市、全国优秀旅游城市、国际花园城市和最具可持续发展潜力的城市等一系列美誉。30年间无数建设者在这片热土上洒下了他们辛勤的汗水。深圳建筑施工行业的发展大致经历了三个阶段。

（一）初创期（1980～1989年）

深圳经济特区初创时期，施工技术薄弱，技术人员、施工机械设备非常缺乏。为了建设好特区，按照国务院、中央军委的命令，两万基建工程兵集体转业来到深圳，组建成为深圳市属施工企业——深圳建设集团，和来自中央、各省市的施工企业一起投入深圳经济特区建设的大潮中。深圳建设集团克服了种种困难承建了深圳市委办公大楼和深圳第一座高楼—20层高的电子大厦，并逐步积累施工技术。20世纪80年代，来自全国各省市的建筑施工企业建造了一批以深圳国贸大厦、深圳体育馆、广东大亚湾核电站为代表的杰出工程，奠定了深圳建筑施工技术的基础。

深圳国贸大厦建筑面积约10万m^2，53层，高160m，是当时国内最高建筑，对我国建筑行业来说是一个前所未有的挑战。该工程主体结构施工采用滑模工艺，创造了三天一层的“深圳速度”。1987年，该工程荣获首届鲁班奖、国家科技进步三等奖，次年又荣获国家银质奖。深圳国贸大厦的落成，标志着中国建筑业完成了从高层到超高层的历史性跨越。

深圳体育馆由深圳市政府于1985年投资兴建，建筑面积21200m^2。该建筑呈正方形，造形宏伟、坚实，特别是四根拔地而起的立柱，支撑着巨大的棚顶，颇具顶天立地之气度。深圳体育馆90m×90m钢网架及1500t屋盖用8台液压千斤顶同步整体顶升到+19.350m的4根柱子的支承顶部，并应用自制光电装置控制同步，利用附加横向千斤顶及其他措施综合进行纠偏。该工艺属国内首创，国外也少见，顶升过程一次成功，解决了同步纠偏及施工操作系统控制等方面的问题。曾轰动一时，先后共有英、法、美、丹麦、香港地区以及国内200多家单位1800多人参观访问学习，该工艺获1985年四川省科技进步二等奖。

广东大亚湾核电站是我国第一座大型商用核电站，装机容量为2×900MW，年发电量可达100亿kWh，设计寿命40年，采用国际上最常用的压水式反应堆。2×900MW汽轮发电机组是当时国内最大的汽轮发电机组，工程技术复杂，施工难度大。在常规岛工程建设中按照国际标准，结合国情，克服各种困难，开发应用了以质保/质控体系为中心的六级计划管理模式和成本控制等先进科学管理方法。工程实践证明这套管理方法对保证质量、控制工期和成本是富有成效的和可靠的，它使我国工程建设质量管理工作进入到第三阶段，是一项具有开创性的科技成果。该成果于1995年获国家科学技术委员会颁发的“国家科技成果证书”。

大亚湾核电站工程在混凝土施工工艺、轻型屋面和墙体结构施工工艺、通风空调设备安装工艺以及新材料和先进机具等方面，应用了33项国内外先进技术，并有所创新，达到国际同类技术先进水平。该项目于1993年获国际电站组织颁发的“国际电站组织大奖证书”。

（二）发展期（1990～1999年）

20世纪90年代，得益于良好的市场经济体制和80年代的雄厚积累，深圳市施工企业飞速发展。施工企业积极引进高校毕业生和各类技术人才，不断增强技术实力，深圳市市政工程总公司等企业多年名列全国百强施工企业的前茅。同时，根据建设部下发的《关于建筑业1994年、1995年和“九五”期间重点推广应用10项新技术的通知》的要求，深圳施工企业积极应用“建设部10项新技术”，促进了建筑施工技术的发展。深圳市施工企业施工实力不断加强，华明楼工程、邮政高层住宅等工程获得鲁班奖。这一时期涌现出一批以深圳地王商业大厦、赛格广场等为代表的工程。

深圳地王商业大厦高69层，总高度383.95m，结构形式为钢框架—钢骨核心筒，建成时为亚洲第一高楼，也是全国第一个钢结构超高层建筑，位居目前世界十大建筑之列。深圳地王商业大厦的建造，把中国建筑业的水平推向了建造摩天大楼的时代。

该工程的技术难点在于：超大型、大厚度“A”形斜柱和“V”形斜支撑的焊接，超高层钢结构的吊装，超高空及悬空施工平台的设置和拆除，大型M440D内爬式塔吊的爬升与拆除。

该工程采用了大量新技术、新工艺：地下室工程大面积采用半逆作法施工技术；大t位、大行程液压千斤顶整体爬升模板施工技术；超高层混凝土泵送技术（一次泵送高度310m）等。

该工程创造了结构施工两天半一层的“新深圳速度”，成为改

(一)深圳体育馆工程施工综合技术成果

完成单位：中国华西企业有限公司

完成时间：1984~1985年

所获奖项：鲁班奖

成果简介

深圳体育馆90m×90m钢网架及1500t屋盖用8台液压千斤顶同步整体顶升到+19.350m的4根柱子的支承顶部，并应用自制光电装置控制同步利用附加横向千斤顶及其他措施综合进行纠偏。

该工艺属国内首创，国外也少见，顶升一次成功，解决了同步纠偏及施工操作系统控制等方面的问题。曾轰动一时，英、法、美、丹麦、香港地区，国内200多家单位1800多人参观访问学习、该工艺获1985年四川省科技进步二等奖。

本工程较早应用了高性能混凝土技术。

(二)深圳国贸中心大厦工程施工综合技术成果

完成单位：中建三局第一建设工程有限责任公司深圳分公司

完成时间：1982~1985年

所获奖项：1988年国家科技进步三等奖（证书号：施-3-004-4）、1987年鲁班奖

成果简介

深圳国贸中心大厦是一座由中国人自己设计、施工和实施物业管理的综合性多功能超高层建筑，素有"中华第一高楼"的美称。本工程地下3层，地上53层，总建筑面积10万㎡，建筑总高度160m，结构形式采用钢筋混凝土筒中筒结构体系。

本工程在国内首次采用了内外筒整体液压滑动模板施工工艺，并在国内首次引进了先进施工机械，采用了超高泵送混凝土技术，加快了结构施工速度，创造了三天一个结构层的“深圳速度”，成为改革开放的象征。

(三)深圳发展中心大厦综合施工技术

完成单位：中国建筑第三工程局钢结构安装工程公司（现中建钢构有限公司前身）、中建三局第一建设工程有限责任公司深圳分公司

主要完成人：鲍广鑑、郭万全、张德像

完成日期：1989年

所获奖项：国家科学技术进步奖三等奖（施-3-002-03）

1.成果简介

深圳发展中心大厦综合施工技术获国家科技进步三等奖，其中130mm厚钢板现场焊接技术填补了我国超厚钢板焊接的空白，被评为国家级工法。经专家鉴定，其施工综合技术达到国际先进水平。

2.应用与效益

同发达国家相比，超高层钢结构建筑在我国起步较晚，改革开放以来，许多“高、大、新、尖”的现代化建筑如雨后春笋般耸立，成为国民经济高速发展的重要标志。高165.3m的深圳发展中心大厦是当时全同第一座超高层钢结构的建筑，该工程施工的成功为中建总公司及我国钢结构建筑确立了高起点，《人民日报》在头版显著位置称它的建成使我国现代钢结构建筑实现了零的突破。该工程成套施工技术的成功应用，使在我国起步较晚的超高层钢结构安装施工技术向前跨进了一大步。

(四)沙角电厂B厂工程施工综合技术成果

完成单位：中国建筑第二工程局第一建筑工程公司（现中建保华建筑有限责任公司深圳分公司）

完成时间：1985~1988年

所获奖项：1988年英联邦土木工程大奖

成果简介

深圳经济特区初创时期，电力短缺的问题非常突出，深圳市没有发电厂，全靠省的大电网供电。全省电力也非常紧张，尽管省里对深圳给予了特殊照顾，每天供给深圳的电力将近100万kWh左右，但是只能满足深圳用电的70%，深圳用电量每年还在以50%到60%的速度增长，这个缺口就越来越大了。

由于电力不足，有时候工厂每周只能“开五停二”。问题很明显，如果电力不能解决，不但不能大量引进外资，已经进来的外资也很难获得应有的经济效益，这便成了投资环境的一个大问题。1984年深圳经济特区正在和香港合和实业有限公司（以下简称“合和”）洽谈合作建立火力发电厂的问题，后来根据国务院领导的意见，场址就改在了沙角火力发电厂原来预留的场地上。因此，原来省建立起来的电厂定名为沙角A厂，深圳和外商合作兴建的这座电厂就定名为沙角火力发电厂B厂（以下简称“沙角B电厂”），这就是这座电厂名字的由来。

电厂由深圳市政府控股，香港合和实业有限公司参股，但深圳方面只负责提供土地和运营的燃料，电厂的建设资金则由港方负责筹集。电厂实行英国式的管理制度。这是我国第一个BOT基础设施项目，1988年获英联邦土木工程大奖。

(五)广东大亚湾核电站常规岛工程综合技术成果

完成单位：中建二局有限公司深圳分公司

完成时间：1987~1993年

所获奖项：该项目获国际电站组织颁发的“国际电站组织大奖证书”，“广东大亚湾核电站常规岛土建施工技术与管理”获国家科学技术委员会颁发的“国家科技成果证书”

成果简介

广东大亚湾核电站是我国第一座大型商用核电站，装机容量为2x900MW，年发电量可达100亿kWh，设计寿命40年，采用的是国际上最常用的压水式反应堆。该项目是我国高科技国家重点建设项目之一，要求采用国际工程技术标准，建设工程质量要求达到国内最佳水平，还要得到国际上的承认。

广东大亚湾核电站常规岛工程中2x900MW汽轮发电机组是当时国内最大的汽轮发电机组，工程技术复杂，施工难度大。中建二局在常规岛工程建设中按照国际标准，结合国情，克服各种困难，开发应用了质保/质控体系为中心的六级计划管理模式和成本控制等先进科学管理方法。工程实践证明这套管理方法对保证质量、控制工期和成本是富有成效的和可靠的，它使我国工程建设质量管理工作进入到第三阶段，是一项具有开创性的科技成果。该成果于1995年获得国家科学技术委员会颁发的“国家科技成果证书”。

中建二局在大亚湾核电站工程建设中，在混凝土施工工艺、轻型屋面和墙体结构施工工艺、通风空调设备安装工艺、新材料和先进机具等方面，广泛采用了国内国外先进技术33项，并在某些方面有所创新，已达到国际同类技术先进水平。

(六)深圳地王商业中心工程施工综合技术成果

完成单位：中建二局有限公司深圳分公司、中建三局第一建设工程有限责任公司深圳分公司、中国建筑第三工程局钢结构建筑安装工程有限公司(现中建钢构有限公司)

主要完成人：鲍广鑑、王宏、李国荣、厉雄、程宝坪、张明

完成时间： 1996年

所获奖项：1996年深圳市优质样板工程、国家科技进步三等奖（证书号：12-3-002-02）

成果简介

深圳地王商业大厦位于深圳市深南大道、解放路及宝安路所围成的三角形地块内，由办公楼、商场、公寓楼以及地下室组成，总建筑面积26.97万㎡，地下室为3层，公寓楼地上部分33层，屋面高114m，办公楼地上部分结构层为69层，屋面高度325m，塔尖高度383.95m，为当时亚洲第一高楼。该工程办公楼结构形式为钢—混凝土混合结构，其他建筑为钢筋混凝土框架—剪力墙结构。

该工程采用了大量施工新技术、新工艺，如超大型、大厚度“A”形斜柱和“V”形斜支撑的焊接技术，超高层钢结构吊装技术，超高空及悬空施工平台设置和拆除一级大型M440D内爬式塔吊爬升与拆除技术，地下室工程大面积采用半逆作法施工技术，大吨位、大行程液压千斤顶整体爬升模板施工技术，超高层混凝土泵送技术（一次泵送高度310m）。在国内首次开发了钢结构CAD绘图系统并投入应用、15m高钢柱内混凝土压送技术等。主楼主体垂直偏差为20mm，仅为高度的1/15000。

(七)深圳赛格广场工程施工综合技术成果

完成单位：中建二局有限公司深圳分公司、中建保华建筑有限公司深圳分公司

完成时间：1996~2000年

所获奖项：2001年深圳市优质工程

成果简介

赛格广场地下4层为停车场，地上72层为商业裙房及办公楼，总高292.6m，总建筑面积17万㎡。赛格广场是亚洲最大的电子交易市场，是传统电脑配件市场、IT产品集散地。

赛格广场塔楼为43.2m×43.2m的正方形切角的八边形平面。目前为采用钢管混凝土结构的最高的超高层建筑。国内当时尚无钢管混凝土结构的施工技术标准，许多做法都是边研究边施工。

该项目采用了多项新技术：逆作法施工技术成功应用于4层地下室结构工程；高抛免振自密实钢管混凝土技术获1999年度广东省建设系统科学技术进步二等奖；超高层钢管混凝土施工技术获2000年国家科学技术进步奖二等奖；M440D动臂塔吊的应用，解决了大t位钢结构的吊装问题。

(八)深圳世贸中心大厦（招商银行大厦）工程施工综合技术成果

完成单位：江苏省华建建设股份有限公司深圳分公司

完成时间：1998~2000年

所获奖项：2000年江苏省建筑业新技术应用示范工程、深圳市优质工程金牛奖（市优第一名）、2002年江苏省外优质工程奖（扬子杯）、广东省优良样板工程、全国建筑业新技术应用金牌示范工程、2003年鲁班奖

成果简介

深圳世贸中心大厦位于福田区农科中心，是一栋超高层商业金融建筑。该工程建筑面积114335㎡，地下3层，地上53层，裙楼5层，建筑高度237.2m，是当时深圳市第三高度建筑。

大厦立面设计独特，由塔楼6层正四边形平面四边四角逐渐向内收缩至四十九层为八边形平面，立面四边倾斜角度为1.498°，呈梯形，四拐角倾斜角度为4.666°，呈倒三角形，五十一层向上又从八边形平面至顶部恢复成与六层平面相同的正四边形，屋面是直升飞机停机坪，其外形类似“博士帽”。六层以上外墙为单元式全玻璃幕墙，裙楼外墙为干挂花岗岩幕墙，裙楼中间屋面和塔楼顶部外挑部分为网架结构。

结构设计为钢—钢骨混凝土框架—筒体结构，塔楼四周边、角柱均为劲性柱（钢骨混凝土柱），塔楼钢骨混凝土柱钢骨截面为方管型，裙楼钢骨混凝土柱钢骨截面有方管型和十字型两种，钢骨混凝土型钢暗梁，型钢暗柱和剪力墙构成核心筒，六层是钢结构桁架转换层，二十二层和三十八层是钢结构桁架刚性层，钢构件中方管型构件最大截面尺寸1200mm×1200mm，壁厚50mm，桁架节点最大重量46.45t，整个工程钢结构含量8800t。裙楼由钢骨混凝土梁、柱形成底层25.8m跨度的大厅，四角分布四个钢筋混凝土剪力墙形成的角筒。混凝土最高强度等级为C60，钢筋最大直径为Φ36，钢板最大厚度60mm，楼面板配筋采用冷轧带肋钢筋焊接网。

由于立面形状独特，从六层向上，塔楼的每层平面都在变化，四周边柱均为倾斜柱，四角柱除倾斜角度更大外，十五层以下截面尺寸和开头都在变化，从十五层起每一角柱变为两根角柱。这在国内超高层建筑中也是很少见的。

(九)深圳市市民中心工程施工综合技术成果

完成单位：中铁建工集团有限公司深圳分公、深圳市第一建筑工程有限公司、深圳市建工集团股份有限公司、中建工局深圳分公司

完成时间：1999~2005年

所获奖项：深圳市优质样板工程，广东省优良板工程，铁道部火车头优质工程，2007年鲁班奖，2001、2005年度建设部新技术示范工程

成果简介

深圳市民中心工程位于深圳市中轴线上，北倚莲花山，南临市民广场绿地，是深圳市行政文化中心及市民休憩的场所。该工程总占地面积10.8054万m^2，建筑面积20.954万m^2，东西长486m，南北宽154m，最大高度84.7m，工程由西、中、东区三段和覆盖其上的大屋顶组合相连，其中西区地下1层、地上5层，为市政府办公场所；中区由地下2层和方、圆塔组成，设有行政办公大厅、大会专场、多功能厅、贵宾接待厅等使用功能；东区地上5层，为市人大办公区。大屋顶网架结构上分为东、中、西三部分连为一体，整个建筑外形如同大鹏展翅，气魄宏大，象征深圳市在建设现代化国际城市中的腾飞和发展，是深圳新世纪的标志性建筑。

工程主要采用的技术：狭小空间260t钢桁架整体自动同步提升技术，21m高抛免振捣自密实混凝土施工技术，长486m、宽154m的钢结构大屋顶超大牛腿焊接技术，超大屋面虹吸式排水施工技术，钢结构薄型防火涂料施工技术，圆塔楼的测量放线及外螺旋楼梯施工技术，MMS智能变频变零剂量空调系统应用技术，恒温恒湿洁净空调系统综合调试技术，柔性不锈钢卡箍式铸铁管材安装技术，承插式不燃型保温复合无机玻璃钢风管安装技术，空调隔震施工技术，结构综合化布线施工技术，点支撑玻璃幕墙施工技术等。

(十)深圳会议展览中心工程施工综合技术

完成单位：江苏省华建建设股份有限公司深圳分公司、中建钢构有限公司、广东省工业设备安装公司深圳分公司

完成时间： 2002~2004年

所获奖项：2004年深圳市优质结构、2007年度深圳市优质工程、建设部科技示范工程

成果简介

采用的高强度预应力锚栓高精度预埋、张拉以及灌浆技术；复杂空间钢结构测量技术；大吨位、大体积构件吊装技术；大量的高强度钢材和厚钢板焊接技术；国内首次采用大直径（D150）高强度实心钢棒新材料，其张拉技术应用填补了国内空白。工程实例证明在大跨度、复杂空间等大型场馆钢结构工程方面具有先进性、创新性和实用性，先进可靠，经济合理，既保证施工质量又节约成本，对钢结构工程施工技术起到了较大的推动作用，具有广泛的应用前景。

深圳会展中心地上建筑由两部分组成，一个是在东西纵向544m，在南北横向280m的和方形平面，作为展览中心的一个拱形建筑体；另一个是“悬浮”于展览中心之上、纵向364m、横向60m作为会议中心的建筑体。

在地下-5.2米层设有地下停车库，在-7.5米层，有两条南北向地下隧道。在-9.7和-12米层，沿纵轴全长，在建筑物中部设有地下箱型设备用房。

立面为框格分件式幕墙，共10.1万m^2，采用了大面积的玻璃来达到通透、明亮的效果，使其无论在白天还是在晚上都是一个璀璨夺目的发光体。幕墙内侧设计有带幕层的玻璃纤维织品防眩光装置，遮挡阳光节约能耗。南、北两侧辅助用房的立面采用外挂金属

板进行装饰，板材的规格与玻璃幕墙的分格相一致，使整个立面统一而又有变化。

屋面由铝合金屋面板，中空玻璃屋面两部分组成，共13.6万m^2，就其单体建筑屋面面积来说位居亚洲第二。为了减少能耗和防止眩光产生，玻璃屋面上设有金属遮阳百页板，遮阳百页单件尺寸6mx1.3m堪称世界第一。

中心部位为钢筋混凝土结构，纵、横向柱距30m，术截面4x4m；框架梁为双T型截面，梁宽一米，高度分别有2750、3000、3300和4350，其中45m标高的鱼腹转换梁，两侧各悬挑长度15m，梁高5200~6300；30m跨的主、次梁以及标高45.0m的悬挑梁均采用预应力混凝土结构。混凝土总用量52万m^3，钢筋总用量63.5万吨。

(十一)创维数字研究中心工程施工综合技术成果

完成单位：中建三局第二建设工程有限责任公司深圳分公司

完成时间：2004年

所获奖项：广东省优良样板工程、国家优质工程银质奖

成果简介

创维数字研究中心位于深圳市高新技术园深南大道南侧，是集办公、研究开发及产品展示等功能于一体的现代化高科技智能楼宇。

本工程地下1层，地上为18层，其中1~3层为裙房数码广场，作为创维数字中心展览厅，4~17层为塔楼办公空间，东西各1栋，作为管理及研究中心，18层为观光餐饮空间。两塔楼在17层处由一个钢桁架连接为一个整体。其结构形式为双塔楼钢筋混凝土框架剪力墙结构，工程占地面积11992.3m^2，总建筑面积60399.21m^2，高度75.60m。

本工程十八层45m大跨度钢桁架吊装，重量超过80t，高度超过60m，为当时深圳难度最大的钢结构吊装工程。

(十二)万科中心工程施工综合技术成果

完成单位：中建三局第一建设工程有限责任公司深圳分公司

完成时间：2007~2009年

所获奖项：2009年度深圳市优质结构工程

成果简介

万科中心是集办公、会议、展览、酒店于一体的综合性工程，建筑面积为12万㎡，结构长度600余m，被誉为“漂浮的地平线”。工程结构形式采用钢筋混凝土结构+钢结构+拉索结构形式，工程运用桥梁斜拉索技术，上部梁板结构通过预应力斜拉索悬挂在竖向结构上，结构形式新颖独特，施工技术难度大。

本工程技术难点：采用世界上直径最大的预应力斜拉索，核心筒剪力墙超厚，要求达到清水混凝土效果，并采用地上结构“逆作法”施工技术。

万科中心工程的实施，顺利克服了斜拉索吊装和张拉，空间钢结构定位及吊装，达到清水混凝土实施效果，并取得了多项科技成果，分别达到国内及国际先进水平，提升了企业品牌，为建筑业的发展作出了贡献。

(十三)深圳妈湾电厂2×300MW机组主厂房工程施工综合技术成果

完成单位：中建二局有限公司深圳分公司

所获奖项：1995年鲁班奖

“四新”技术的应用规模和应用效果：循环水泵房下部结构采用半潜驳浮箱法施工工艺，抢回一年的工期，该项技术获1995年度国家发明奖三等奖；厚层中粗砂振冲挤密技术成功应用于电厂填砂区，应用面积5.3万㎡，振冲挤密深度达到16m，该项技术获1993年度广东省建设系统科技进步三等奖；多排深孔微差挤压爆破技术，成功应用于电厂开山填海工程中，开山量820万m^3；电子程控混凝土搅拌站，现场搅拌13.8万m^3混凝土。

(十四)深圳体育场工程施工综合技术成果

完成单位：中国华西企业有限公司

所获奖项：1993年深圳市样板工程、1994年四川天府杯、1994年鲁班奖

采用的“四新”技术和应用效果：高空大跨度钢网架地面拼装高空吊装技术，高性能混凝土技术应用，大型锚栓的安装定位技术（720根Φ64mm锚栓）。

(十五)南油愉康大厦工程施工综合技术成果

完成单位：中国华西企业有限公司

所获奖项：1993年深圳市样板工程、1994年四川天府杯、1995年鲁班奖

采用“四新”的技术：高性能混凝土技术应用、爬升脚手架技术。

(十六)金田大厦工程施工综合技术成果

完成单位：中国华西企业有限公司

所获奖项： 1995年深圳市优质工程、1995年四川省天府杯、1996年鲁班奖

采用"四新"技术：高性能混凝土技术应用、悬挑式型钢脚手架、大体积混凝土施工。

(十七)深圳华明楼工程工程施工综合技术成果

完成单位：深圳市建工集团股份有限公司

所获奖项：1994年广东省优良样板工程、1996年鲁班奖

采用"四新"技术和应用效果：采用自升式外爬架，分段整体爬模技术，保证了外剪力墙截面尺寸符合要求；碗扣式脚手架和"北新"模板早拆体系，使工期加快、费用低。

(十八)邮政高层住宅工程施工综合技术成果

完成单位：深圳市第一建筑工程有限公司

所获奖项：1997年度鲁班奖

采用的"四新"技术和应用效果：新型组合筒模安装技术；早拆模板技术；预拌混凝土技术；混凝土裂缝防治技术；新型墙体材料施工技术；提升式脚手架技术；施工控制网建立技术；施工放样技术；大体积混凝土温度监测和控制技术；新型防水材料应用技术等。通过运用以上多项新技术，共节省工期60天，并因新型材料的使用及周转材料的节约等获得经济效益约130万元。

(十九)百汇大厦工程施工综合技术成果

完成单位：深圳市第一建筑工程有限公司

所获奖项：1998年度鲁班奖

采用的"四新"技术和应用效果：新型组合筒模安装技术；早拆模板技术；高性能钢筋应用技术；预拌混凝土技术；混凝土耐久性技术；混凝土裂缝防治技术；新型墙体材料施工技术；悬挑式脚手架技术；环保内墙漆涂装应用技术；施工控制网建立技术；施工放样技术；大体积混凝土温度监测和控制技术；新型防水材料应用技术等。通过运用以上多项新技术，共节省工期45天，并因新型材料的使用及周转材料的节约获得经济效益约170万元。

(二十)深圳书城工程施工综合技术成果

完成单位：深圳市建筑工程股份有限公司

所获奖项：1996年度深圳市优质样板工程、1997年度广东省优质样板工程、1999年度国家工程建设质量银质奖

采用的"四新"技术：采用了预应力锚杆及复合土钉墙支护、高强高性能混凝土技术、混凝土裂缝防治技术、粗直径钢筋套筒直螺纹连接技术、管线布置综合平衡技术、智能化系统调试技术、大型设备整体安装技术、新型墙体材料应用技术及施工技术、建筑防水新技术、深基坑工程监测和控制、大体积混凝土温度监测和控制、建筑企业管理信息化技术、档案归档资料全部计算机化及绿色施工等多项新技术。

(二十一)长泰花园A座、B座工程施工综合技术成果

完成单位：深圳市第一建筑工程有限公司、深圳市越众（集团）股份有限公司

所获奖项：1999年度鲁班奖

采用的"四新"技术和应用效果：新型组合筒模安装技术、早拆模板技术、高性能钢筋应用技术、预拌混凝土技术、混凝土耐久性技术、混凝土裂缝防治技术、新型墙体材料施工技术、悬挑式脚手架技术、环保内墙漆涂装应用技术、施工控制网建立技术、施工放样技术、大体积混凝土温度监测和控制技术、新型防水材料应用技术等。通过运用以上多项新技术，共节省工期90天，获得经济效益约150万元，采用多种新型环保材料在保证工程质量优良和使用功能良好的基础上更加环保，同时因为采用新技术使工程质量得到保证，最终荣获中国建筑工程最高奖——鲁班奖。

(二十二)深圳电影大厦工程施工综合技术成果

完成单位：深圳市建工集团股份有限公司

所获奖项：1999年国家优质工程银质奖

采用的"四新"技术和应用效果：竖向大直径钢筋电渣压力焊技术，工效高，成本低，质量易控制，易操作；电梯井内采用自升式内筒模技术加快施工进度，保证施工质量，降低劳动强度；提升式外爬架节约材料，加快了施工进度；采用自行研制的WJ-1型提升架微机控制系统，在运行中限位准确，线制少，成本低，安全可靠。

(二十三)深圳市笔架山水厂扩(改)建第一标段工程工程施工综合技术成果

完成单位：中建三局第二建设工程有限责任公司深圳分公司

所获奖项：第九届中国土木工程詹天佑奖

采用的“四新”技术：混凝土裂缝防治技术、粗直径钢筋直螺纹机械连接技术、新型墙体材料应用技术及施工技术、节能型门窗应用技术、建筑防水涂料、刚性防水砂浆、管理信息化技术、新型钢筋塑料垫块、档案归档资料全部计算机化。

(二十四)宝安体育馆工程施工综合技术成果

完成单位：中铁建工集团有限公司

所获奖项：2002深圳市优质工程、2003中国铁路总公司优质工程、2003年鲁班奖

采用的“四新”技术：混凝土真空吸水技术、激光测量放线技术、滚轧直螺纹套筒连接接头、无剔凿混凝土施工技术、无粘结预应力施工技术、商品混凝土泵送技术、钢网架屋盖施工技术、外墙防渗漏技术、玻璃幕墙施工技术。

(二十五)邮电信息枢纽大厦工程施工综合技术成果

完成单位：深圳市第一建筑工程有限公司

所获奖项：2003年度全国建筑业新技术应用银牌示范工程、2003广东省优良样板工程

采用的“四新”技术和应用效果：预应力锚杆施工技术，混凝土裂缝防治技术，混凝土耐久性技术，超高泵送混凝土技术，HRB400级钢筋的应用技术，粗直径钢筋直螺纹机械连接技术，悬挑式脚手架应用技术，钢结构CAD设计与CAM制造技术，厚钢板焊接技术，钢结构安装施工仿真技术，钢与混凝土组合结构技术，金属矩形风管薄钢板法兰连接技术，给水管道卡压连接技术，管线布置综合平衡技术，电缆敷设与冷缩、热缩电缆头制作技术，建筑智能化系统调试技术，新型墙体材料应用技术及施工技术，节能型门窗应用技术，新型防水卷材应用技术，建筑防水涂料，施工过程测量技术，深基坑工程监测和控制，大体积混凝土温度监测和控制，建筑企业管理信息化技术等。该工程应用新技术规模较广，曾荣获全国新技术应用示范工程，通过应用以上新技术，共取得经济效益约270万元，节省工期90天，同时通过多项新技术的应用更好地保证了工程质量，攻克了多个施工难题，工程先后荣获市优和省优工程称号。

(二十六)福建兴业银行工程施工综合技术成果

完成单位：中国华西企业有限公司

所获奖项：2005年詹天佑奖

采用的“四新”技术：悬挑式型钢脚手架、大体积混凝土施工、地下室垂直基坑壁方外墙模板支设(单侧支模)、直螺纹套筒连接技术。

(二十七)万科东海岸社区(一、二期)工程工程施工综合技术成果

完成单位：深圳市建筑工程股份有限公司

所获奖项：2006年度詹天佑大奖优秀住宅小区金奖

采用的“四新”技术：除应用建设部推广应用的“10项新技术”外，还采取了以下新技术，节能环保技术：冷热桥阻断系统设计、阻断式门窗型材、雨水处理及回用系统、屋面节能系统、利用地源热泵等新能源等；循环再利用技术：雨水通过回收处理，用于灌溉小区的绿化和补充景观用水，小区中水处理后用于浇灌绿地、景观、道路降尘、洗车用水。针对舒适生活，采用了多项新技术：中央吸尘系统、小区配置无线网络、新风系统、噪声系统、卫生间后排水成套技术、智能信报箱、高性能电梯、垃圾处理系统等。

(二十八)深圳电视中心工程施工综合技术成果

完成单位：中建二局有限公司深圳分公司

所获奖项：2005年深圳市优质工程、2005年建设部科技示范工程、2006年国家优质工程银奖

采用的“四新”技术：新Ⅲ级钢筋的应用，钢筋等强度滚轧直螺纹连接技术，混凝土中掺加PP纤维应用技术，混凝土中掺加KY-FS复合防水剂应用技术，APP塑性体改性沥青防水卷材的应用，“贴必定”自粘性防水卷材的应用，导轨式电动整体提升爬架的应用、拉索点支撑双层敞开式通风幕墙、钢骨混凝土结构施工技术。

(二十九)星河国际花城工程施工综合技术成果

完成单位：中建保华建筑有限责任公司深圳分公司

所获奖项：2004年中建总公司金奖、2005年广东省优良样板工程、2006年中建总公司中建杯奖、2006年中国建筑业协会“工程项目管理优秀成果奖”、2007年国家优质工程

采用的“四新”技术和应用效果：预应力锚索支护技术、深层搅拌桩技术缩短工期，保证施工质量；高强高性能混凝土技术，节约水泥用量；新型墙体材料应用，节能环保。

(三十)深圳航天大厦工程工程施工综合技术成果

完成单位：深圳市建工集团股份有限公司

所获奖项：2007年度国家优质工程银质奖

采用的“四新”技术和应用效果：通过采用钢筋直螺纹连接技术，大跨板“五点六线”支模技术，应用冷轧扭板筋、PPR给水管、构造柱梁底预留钢板及楼板预留穿楼板等，节约了材料，缩短了工期，减少了人工，有效提高了工程质量。

(三十一)深圳国际商会中心工程施工综合技术成果

完成单位：江苏省华建建设股份有限公司深圳分公司

所获奖项： 2005年度深圳市样板工程（金牛奖）、2005年度广东省优质工程（金匠奖）、2005年度江苏省“扬子杯”、2006年度鲁班奖

采用的“四新”技术和应用效果：在该工程施工中，建设部推广应用的建筑业10项新技术项目基本全部涵盖，并已完成，达到了预期应用新技术的目标，取得了理想的经济和社会效益。本工程塔楼为外框内筒结构，地下一层至地上十九层柱墙为钢骨混凝土结构，钢结构总用量约2500t。混凝土最高设计值为C60，最低为C35。地下室混凝土一次最大浇筑量为6200m^3。填充墙采用加气混凝土砌块。

(三十二)福岸新洲名苑工程施工综合技术成果

完成单位：深圳市鹏城建筑集团有限公司

所获奖项：2006年深圳市“优质结构”工程、2006年深圳市装饰“金鹏奖”、2007年深圳市优质工程“金牛奖”、2007年广东省优良样板工程、2008年鲁班奖

采用的“四新”技术和应用效果：早拆模板成套技术，缩短工期，节约大量模板及支撑架管用量；清水混凝土及模板技术，楼面及顶棚达到找平层要求，达到取消找平层效果，外墙采用定型大模板，达到清水混凝土效果；粗直径钢筋直螺纹连接技术，质量可靠，节约人工，节省钢筋量；新型钢筋塑料垫块应用技术，钢筋保护层厚度控制准确，节约人工；门窗洞口定型钢模板施工应用技术，质量好，施工快，节省人工，周转效率高，节约模板；新型墙体材料应用及施工技术，采用蒸压加气混凝土砌块，保护耕地，节能环保。

(三十三)红树西岸福岸新洲名苑工程施工综合技术成果

完成单位：江苏省华建建设股份有限公司深圳分公司

所获奖项： 2007年度深圳市样板工程（金牛奖）、2007年度广东省优质工程（金匠奖）、2007年度江苏省“扬子杯”、2008年度鲁班奖

采用的“四新”技术和应用效果：本工程积极应用建设部“10项新技术”。该工程应用了“建筑业新技术”中的高性能混凝土、高效钢筋与预应力技术、新型模板及脚手架应用技术、钢结构技术、安装工程应用技术、建筑节能与环保应用技术、建筑防水新技术、施工过程监测和控制技术、建筑企业管理信息化技术等十项新技术，并采用Windows—wall窗墙系统、隔音楼板等其他创新技术。应用数量大、技术含量高，其中新技术应用突出的有：建筑智能化、窗墙系统。2006年9月被住房与城乡建设部授予“全国建筑业新技术应用示范工程”称号。

(三十四)特美思广场工程施工综合技术成果

完成单位：深圳市第一建筑工程有限公司

所获奖项：2009年度鲁班奖

采用的“四新”技术和应用效果：应用了建设部推广的10项新技术中的10大项38小项，其他新技术18项，创新技术4项，主要有：预应力锚杆施工技术；混凝土裂缝防治技术；混凝土耐久性技术；超高泵送混凝土技术；HRB400级钢筋的应用技术；粗直径钢筋直螺纹机械连接技术；爬升脚手架应用技术；钢结构CAD设计与CAM制造技术；厚钢板焊接技术；钢结构安装施工仿真技术；钢与混凝土组合结构技术；金属矩形风管薄钢板法兰连接技术；给水管道卡压连接技术；管线布置综合平衡技术；电缆敷设与冷缩、

热缩电缆头制作技术；建筑智能化系统调试技术；超高空斜承索吊运设备技术；集群液压千斤顶整体提升（滑移）大型设备与构件技术；新型墙体材料应用技术及施工技术；节能型门窗应用技术；新型防水卷材应用技术；建筑防水涂料；施工过程测量技术；深基坑工程监测和控制；大体积混凝土温度监测和控制；建筑企业管理信息化技术；非金属耐磨地坪漆施工技术；地下室混凝土地坪一次成型技术；混凝土无水养护技术；地下室外墙后浇带超前止水施工技术；钢骨梁下翼缘混凝土无气泡控制技术；三维调节蝶形背卡小单元石材幕墙及石材吊顶安装技术；柔性不锈钢卡箍式铸铁管材及管件应用等技术。作为一座高度现代化的酒店和办公综合大楼，其新技术应用规模之广泛，在深圳建筑史上屈指可数，而取得的经济效益亦相当可观，共计300余万元，工程质量优良、安全可靠、节能与环保方面尤其突出，曾多次举办大中型会议或活动，获得中外宾客的一致好评和社会各界的一致认可。工程先后荣获市优、省优和鲁班奖工程，已成为福田中心区的标志性工程。

(三十五)滨海地区高性能清水混凝土研究与应用

完成单位：中建三局第一建设工程有限责任公司深圳分公司

主要完成人：戴岭、冯乃谦、何景洪、梁清淼、刘洪海、刘献伟、岳进、寇广辉、李强、杨建中、张重伟、王卫仑、浦正锷、彭兴宇、朱明

完成时间：2008年

成果登记号： 鄂建科鉴[2009]02号

所获奖项：2008年度中建三局科技进步一等奖

1.成果简介

本课题对滨海地区氯离子环境及其他环境作用下清水混凝土结构耐久性进行了研究，总结了以钢筋锈蚀初始为极限状态钢筋保护层厚度、氯离子扩散系数及临界浓度和其他环境因素共同作下结构混凝土使用寿命的评估、结构耐久性再设计的方法；通过环境检测、原材料检验、混凝土配比实验及高性能清水混凝土样板试验和样板实体检测等方法进行了滨海地区高性能清水混凝土的研制；经过研究分析，总结了符合清水混凝土效果和结构耐久性要求的施工方法及施工技术。

2.应用与效益

新技术的应用及技术创新带来了显著的经济效益，在模板方面节省投入58万元，并省去表面精装需投入的大量费用，同时保证结构耐久性，省去因结构使用安全而提前进行维修的大量无形费用。

(三十六)产业化住宅整体装配式框架结构施工研究与应用

完成单位：中建三局第一建设工程有限责任公司深圳分公司

主要完成人：戴岭、何景洪、梁清淼、刘洪海、李 强、寇广辉、刘献伟、李文龙、岳进、蒋亚东、许炬文、程曹轶

完成时间：2009年

成果登记号：中建科鉴定[2009]第251号

所获奖项：2009年度中建三局科技进步一等奖

1.成果简介

产业化住宅的施工深化设计使构件的加工计划、运输计划和每辆车构件的装车顺序紧密地与现场施工计划和吊装计划相结合，确保每个构件严格按实际吊装时间进场，保证了安装的连续性；其构件的拆分和节点构造的深化设计保证了安装的标准性和规范性，大大提高了工人的工作效率和机械利用率。在支撑架体、外脚手架、钢模板等施工工具的应用上进行了新的研发；在构件安装的校正、钢筋的连接、构件的构造节点等方面创出了新的工艺，保证了施工的进度、质量和安全，施工效果非常良好。

2.应用与效益

2007～2008年在深圳万科第五园五期工程中应用，外墙板的外墙面砖、窗框等已在工厂里完成，局部打胶、涂料等工序仅用吊篮就可以进行，外装修不占用总工期，就一座20层左右的楼而言，仅此一点就可节约工期3～4个月；由于新技术的应用及技术上的创新给项目带来了显著的经济效益，在机械租金、材料投入、人工费支出方面共计节省投入322.5万元。

(三十七)预应力斜拉索房建结构施工研究与应用

完成单位：中建三局第一建设工程有限责任公司深圳分公司

主要完成人：戴岭、何景洪、梁清淼、刘洪海、李强、浦正锷、刘献伟、岳进、王霓、杨建中、彭兴宇、肖禾、蒋科仪、张雪峰、朱志荣

完成时间：2009年

成果登记号：中建科 鉴字[2009]第252号

所获奖项：2009年度中建三局科技进步特等奖

1.成果简介

根据超长连体斜拉转换的结构特点，拉索张拉过程中，需要监测拉索的索力、关键部位钢结构应变、结构变形。工程应用了信

息化的施工监测系统，为设计、施工各方提供实时监测数据。控制预应斜拉索结构施工过程中的结构形状、结构变形，保证混凝土结构梁、柱在施工过程中主要承受自重，由于变形产生的弯矩效应较小，避免开裂。动态信号采集系统硬件采用PXI系统，采用基于LabVIEW平台的设计应用程序作为数据采集软件，DataSocket通信方式保证远程传输。

2.应用与效益

2007年在深圳万科中心钢结构+预应力拉索结构体系中应用，该工程采用7x499超高强高耐久性索，索体直径为196mm，为目前世界上工程应用的直径最大、强度最高的拉索。与常规钢结构相比，节约钢材约8000t，减少投资约6000万元。

(三十八)JTS型附着升降脚手架

完成单位：中建二局一公司深圳分公司（现中建保华深圳分公司）

主要完成人：陈志新、袁鑫、蒋革、钟志英、陈德昌、张仲华、林书仁、林坚军

完成时间：2001年

成果登记号：建科鉴字[2001]第26号

1.成果简介

JTS型附着式升降脚手架是自行研制的适用于高层建筑的结构及装修施工的外用脚手架。JTS型附着式升降脚手架全高14.4m，主要由架体、附着支撑结构、安全装置、动力及控制系统等四部分组成。

2.应用与效益

JTS型附着式升降脚手架是一种经济、安全、实用的外墙脚手架工具。并且可重复使用，节约人工，与满堂脚手架比可节约近50%的成本，经济效益明显。具有多点防坠、防倾装置，以及同步升差控制等功能，加提一次搭设好可提升到顶，大大减少加工作业量。JTS型附着式升降脚手架提升或下降一层仅需35min，具有很高实用性。自1998年起，本成果在深圳金丽广场、锦天大厦等工程中使用，创造了良好的经济和社会效益，累计节省了施工成本400万元。

(三十九)超高层钢管混凝土结构综合施工技术

完成单位：中建二局一公司深圳分公司(现中建保华深圳分公司)

主要完成人：胡家琴、李裕生、任斌、张仲华、庄镇利、马国麟

完成时间：1998年

所获奖项：超高层钢管混凝土结构综合施工技术获“深圳市科学进步一等奖”，立式高抛钢管混凝土攻关小组获1998年“全国工程建设优秀质量管理小组”

1.成果简介

赛格广场地上70层，高278.8m，地下4层，深19.95m，总建筑面积160160㎡。在国内率先采用半逆作法和钢管高抛免振混凝土等综合新技术，填补我国空白，是深圳乃至全国真正的全逆作法施工的第一楼。赛格广场地下连续墙已接近工地边界，施工场地极其狭窄，采用逆作法施工，有利于提高场地利用率，解决了施工场地狭小的难题，使后续的各项施工项目得以顺利进行。赛格广场采用逆作法施工方案，使上部工程提前110天开始施工，缩短了总工期。

2.应用与效益

自1998年起，本技术成果在赛格广场、城市天地广场、空中华西村等工程中应用，累计产生经济效益1200万元。不但降低了造价，缩短了建设工期，而且保证了工程质量，创造了良好的经济效益和社会效益。

(四十)圆柱无支撑柔性玻璃钢模板施工技术

完成单位：中国华西企业有效公司

主要完成人：唐在权、邱云胜、甘宇生

完成时间：2005年7月

所获奖项：深圳市级工法、四川省级工法、国家级工法

1.成果简介

本工艺操作简单，省工、省时、省料（周转材料），经济效益显著，工程质量有可靠保证。

2.应用与效益

2003年用于深圳市万鑫五洲风情MALL工程，模板施工费用合计节约52.9万元，获深圳市优质结构工程。2004年用于深圳市香域中央花园（南），获2006年广东省金匠奖。

(四十一)建筑用脚手架短钢管光电控制自动焊接技术

完成单位：中国华西企业有效公司

主要完成人：张洪、刘新玉、戚岷、邱云胜、龙绍章

完成时间：2009年1月

成果登记号：粤建鉴字（2009）2号

所获奖项：技术成果获深圳市质量协会2008年度QC成果优秀奖；2009年深圳市质量奖、深圳市级工法，广东省级工法；中施协科技成果创新二等奖。

1.成果简介

适用于建筑工程外脚手架和模板支撑架搭设用钢管（Φ48×3.5）对接焊接。将公司大量积压的短钢管接长后投入使用，减少了钢管报废，节约了钢材，具有良好的社会效益。

2.应用与效益

2007～2009年，共完成短钢管焊接1239t，成功运用于卓越时代广场二期、圣莫丽斯C区等多个工程，创造直接经济效益约300万元。

(四十二)南方地区外墙外保温砂浆抗裂与防渗施工技术

完成单位：中国华西企业有效公司

主要完成人：廖军、周继福、龙绍章、潘华松、章伟

完成时间：2009年1月

成果登记号：粤建鉴字（2009）1号

所获奖项：技术成果获四川省工程建设优秀QC小组一等奖、全国建设优秀QC小组二等奖，四川省级工法

1.成果简介

适用外墙外保温砂浆施工。

2.应用与效益

2007年应用于东莞御花苑2~4区，获东莞市优质样板工程、广东省优质样板工程称号。

(四十三)夹胶玻璃阳台围栏的拼装施工技术

完成单位：中国华西企业有效公司

主要完成人：黎规梅、王晓波、李晨阳、吕超斌、曹玉晓

完成时间：2009年1月

成果登记号：粤建鉴字（2009）4号

所获奖项：技术成果获深圳市质量协会2006年度QC成果优秀奖、深圳市级工法、广东省级工法

1.成果简介

适用于建筑阳台、走道等部位的夹胶玻璃围栏施工。

2.应用与效益

2003年应用于水榭花都二期工程，获深圳市优良样板工程、四川省天府杯。2005年应用于水榭花都三期工程，获广东省优质样板工程。

(四十四)建筑设备及管线等电位联结集成施工技术

完成单位：中国华西企业有效公司

主要完成人：陈斌、韩和平、张军、尹全仁、袁荣森

完成时间：2009年1月

成果登记号：粤建鉴字（2009）3号

所获奖项：深圳市级工法、广东省级工法

1.成果简介

适用于一般工业与民用建筑设备及管线等电位联结安装施工及质量验收。

2.应用与效益

2002~2006年成功应用于华为机加中心、华为培训中心、华为总部项目的等电位联结，该分项工程均一次验收合格。使用至今该项目等电位联结装置完好，使用功能正常，未出现一例质量问题及维修保养投诉，各方评价良好。其中华为总部项目荣获2006年度深圳市金牛奖、2006年度广东省优良样板工程奖。

(四十五)引流法控制预应力孔道灌浆施工技术

完成单位：中国华西企业有效公司

主要完成人：刘新玉、王晓波、崔苗、唐杰、史晓强

完成时间：2010年1月

成果登记号：粤建鉴字（2009）21号

所获奖项：深圳会展中心预应力孔道灌浆环保降耗QC小组荣获“全国工程建设优秀质量管理小组”称号，“全国玉柴杯QC小组成果发表会二等奖”，深圳会展中心预应力工程荣获“全国预应力优秀工程奖”、广东省级工法

1.成果简介

适用于后张法有粘结预应力孔道灌浆施工。

2.应用与效益

成功应用在深圳会议展览中心、深圳皇岗联检楼等多项工程中，减少了灌浆过程施工现场的环境污染。

(四十六)油库码头1000m超长距离泵送混凝土技术

完成单位：中国华西企业有效公司

主要完成人：鲁勇、张洪、龙绍章、黎规梅、刘晓

完成时间：2010年1月

成果登记号：粤建鉴字（2009）20号

所获奖项：深圳市级工法、广东省级工法

1.成果简介

适用于1000m以内超长距离泵送混凝土。

2.应用与效益

2008～2009年成功应用于深圳光汇油库码头四号泊位多个锚桩台混凝土施工。

(四十七)超高层建筑钢管混凝土叠合柱施工关键技术

完成单位：深圳市第一建筑工程有限公司

主要完成人：王旭峰、杨程、金陵、李正勇、冯清川、曾晓达、赖信坤

完成时间：2009年

成果登记号：粤建鉴字[2010]28号

所获奖项：广东省省级工法（编号：GDGF046-2009 ）

1.成果简介

针对超高层建筑钢管混凝土叠合柱施工技术进行调研分析、实践研发，整合形成钢管混凝土叠合柱预埋锚栓施工技术、制作吊装技术、竖向连接技术、梁与钢管柱连接技术、RC环梁节点施工技术等一整套钢管混凝土叠合柱综合施工技术，成功地解决了超高层建筑钢管混凝土叠合柱结构的钢结构深化、制作、定位、安装、连接、各种节点构造、框架柱模板、柱管内与管外混凝土等施工中需解决的特殊技术课题，为高层与超高层建筑钢管混凝土叠合柱施工提供了成套的、成熟的施工工艺，可作为《钢管混凝土叠合柱技术规程》（CECS188：2005）的有效补充和施工工艺参考，对今后类似工程施工具有示范作用。

2.应用与效益

于2007年11月至2008年5月应用于东海商务中心一期工程，通过应用钢管混凝土叠合柱结构，有效地减少了混凝土用量，直接降低成本139.5万元，后期因装饰面的减少等而取得的经济效益亦相当可观。

(四十八)长螺旋钻孔压灌混凝土桩、CFG桩复合地基施工技术

完成单位：深圳市建筑工程股份有限公司

主要完成人：李学健、罗斯、梁洪枢、黄树林、颜驹

完成时间：2008年

成果登记号：SZJXJD01-2008

所获奖项：省级工法

1.成果简介

长螺旋钻孔压灌混凝土桩、CFG桩成孔与灌注混凝土（或CFG桩混合料）同时完成，混凝土连续性强，桩身完整性好，钻孔可入强风化岩，桩底无沉碴，桩身混凝土与嵌固土层结合紧密，混凝土泵入时因桩端预压装置使混凝土（或CFG桩混合料）充盈好，易形成扩径桩。长螺旋钻孔时形成“土桩”，在回转离心力和输土挤密作用下把部分土挤向钻孔壁，挤密了桩间土，提高了原土的摩阻值。施工无震动，噪声低，成桩速度快，单桩承载力高。长螺旋钻孔压灌混凝土桩、CFG桩复合地基施工技术采用的桩机是近几年发展和推广起来的国家级环保型新产品，长螺旋钻孔机及桩端预压装置应用技术，已取得发明专利，可施工混凝土灌注桩和CFG桩两种桩。

长螺旋钻孔压灌混凝土桩、CFG桩复合地基由于可以掺入工业废料粉煤灰、不配钢筋以及可以充分发挥桩间土的承载能力，具有地基承载力高、变形小、稳定快、施工简单易行、工程质量易保证等优点，可节约工程造价约1/3~1/2，经济、环保、节能、社会效益显著。

2.应用与效益

自2006年起，本成果在深圳市中医院住院楼工程、龙岗区中心医院工程、深圳港大铲湾港区集装箱码头一期工程控制大楼桩基础及5号变电所土建工程、宝源路市政工程、深圳市龙岗区人民医院住院大楼等工程中应用，累计产生经济效益1180万元。

(四十九)组合式铝合金封闭母线槽安装施工技术

完成单位：深圳市建筑工程股份有限公司、深圳市西部城建工程有限公司

主要完成人：夏可大、张星荣、张伟华、邹雪芹、吕怀兴

完成时间：2006年6月6日

成果登记号：SZJXJD03-2008

所获奖项： 省级工法

1.成果简介

组合式铝合金封闭母线槽安装施工技术是集新技术、新材料及新施工方法于一身的新技术产物。它对竖向主电源安装的传统工艺进行了革新。组合式铝合金封闭母线槽具有结构紧凑、抗腐蚀性好、散热性好、传输电流大、使用寿命长等特点。母线槽长度现场智能测量，工厂定制，现场安装，技术先进，安装简单、方便，解决了在高层建筑大截面电缆垂直敷设时，其超重滑脱及电缆截面变形而引起的质量、结构安全问题，解决了使用电缆在安装中产生的大量尾料、废料的问题，缩短了施工工期，保证了工程质量，降低了人工成本，可节省综合成本60%以上，经济、环保、节能，社会效益显著。

2.应用及效益

组合式铝合金封闭母线槽安装施工工法应用于深航综合办公楼、中国经贸大厦、精量电子集团全球研发生产基地等工程中应用，累计产生经济效益230万元。组合式铝合金封闭母线槽安装施工技术质量可靠，节能环保，具备很高的推广价值。

(五十)薄壁芯管现浇混凝土空心楼盖施工技术

完成单位：中铁建工集团有限公司深圳分公司、深圳市建筑工程股份有限公司

主要完成人：韩昆、王晓杰、饶小春、李茂辉、李国松、林峰、岳自龙、张伟华、赖茹清

完成时间：2006年

成果登记号：SZJZJD01-2006

所获奖项：省、市级工法

1.成果简介

薄壁芯管现浇混凝土空心楼盖是采用与混凝土紧密结合的薄壁芯管现浇成型的空心楼板，是集新技术、新材料及新施工方法于一身的新技术应用范例，它打破了传统结构形式，把建筑物集中受力的梁变成无数分散空间受力的“工”字形空心结构体系，使楼盖的受力性能更为合理。

薄壁芯管现浇混凝土空心楼盖刚度大，自重轻，挠度小，抗震性能好，增加了建筑净空间。楼盖的封闭空腔结构减少了楼层噪声、热量的传递，使结构的隔热、保温性能得到显著提高，大大降低了采暖、空调的能耗。现浇混凝土空心楼盖与普通梁板结构相比，抗震性能好、综合造价低，减少了模板的损耗，降低了工人施工的劳动强度，该技术先进，施工快捷方便，隔热、保温性能好，隔声效果佳，可大大缩短工期，降低施工成本，符合环保节能的原则。

2.应用与效益

薄壁芯管现浇混凝土空心楼盖施工工法应用于深圳市海翔工业园A-2栋厂房等工程，累计产生经济效益480万元。在隔声效果要求较高和对保温、隔热要求较高的各类工业与民用建筑中有着广阔的推广应用前景。

(五十一)空心砌块墙中先安管道后砌墙施工技术

完成单位：深圳市西部城建工程有限公司、深圳市建筑工程股份有限公司

主要完成人：丁桂荣、叶平、陈大钢、高智勇、陆志勇

完成时间：2008年

成果登记号：SZJXJD02-2008

1.成果简介

空心砌块墙中先安管道后砌墙施工技术对传统工艺进行了革新，采用了先安装管道后砌筑空心砌块的施工方法，安装专业先安装管道、线盒，土建专业利用空心砌块的空腔，遇线管处在空心砌块侧面或肋上开一小槽进行包砌，土建与安装专业互相协调配合，共同完成空心砌块墙体的砌筑。该技术能有效地防止砌体及装饰面层裂缝，减少了砌块开槽、修补、钉钢丝网的工作量，降低工程造价，缩短工期，并减少了打凿砌体垃圾的清理，节能环保效益明显，有利于现场文明施工。经多项工程应用，经济效益和社会效益显著。

2.应用与效益

本成果在鼎太风华四期、中国经贸大厦、深圳地铁一期工程15A标段房建工程、鼎太风华五期等工程中应用，累计产生经济效益320万元，经济效益显著，有着广阔的推广应用前景。

(五十二)早拆模支撑体系施工技术研究

完成单位：深圳市鹏城建筑集团有限公司、深圳市建设（集团）有限公司

主要完成人：马宝兴、陈志龙、赖良学、何东进、李世钟、蔡希杰

完成时间：2005年

鉴定证书号：粤建鉴字[2010]4 号

1.成果简介

在按照要求搭设好钢管支撑架后，安装专用模板早拆托顶装置替代传统的钢支撑顶托，然后进行镶板和模板安装。在混凝土浇筑完毕48h后，即可在不松动支撑体系的前提下拆除模板，使得每次模板施工时间至少可提前6天；且使用本施工工法进行模板施工，只要一套模板便能完全满足施工要求。采用模板早拆托顶装置可达到降低成本，节约工期的目的。

本技术适用于各种不同工程结构中的不同模板类型，如木模、钢模、大模、小模、梁模、板模等均。高层、超高层建筑应用效果尤为突出。

2.应用与效益

自2005年起，本成果在福岸新洲名苑工程、天地峰景工程及深圳市香山美树苑等工程中得到了应用，有效节省了模板及支撑周转材料的费用，经测算，节约成本约25.3元/m²，普通支撑体系成本为35元/m²，节约率为25.3/35=72.3%，取得了良好的经济效益及社会效益。

(五十三)空间异型多曲面单层网壳高空散装施工技术

完成单位：深圳市建工集团股份有限公司

主要完成人：米本周、冯向东、孙顺利、田作留、石义维、李坚、段俊峰、赵春年、熊小亮

完成时间：2010年

成果登记号：粤建鉴字[2010]27号

所获奖项：广东省省级工法

1.成果简介

针对空间异型多曲面单层网壳高空散装施工技术进行了研究，针对工程特点，研发了可调支撑器，对网壳杆件连接节点进行三维定位，同时利用国外引进的SAP2000软件对空间异型多曲面单层网壳进行动态模拟，确定卸载方法与顺序，有效控制卸载后的应力及位移，确保网壳的空间拼装质量。

2.应用与效益

在惠州市会展中心工程应用，大大提高了施工进度，减少了施工成本的支出，通过对比，施工技术创新后比原来节约428万元，按屋面网壳2.4万m²施工面积计算，每平方米节约施工成本178元，经济效益明显。

(五十四)大面积水泥混凝土地面层三线控制超长分格缩缝施工技术

完成单位：深圳市建工集团股份有限公司

主要完成人：段少也、周杰、陈志龙、张进军、郭宁、张成林、侯光华

完成时间：2010年

成果登记号：粤建鉴字[2010]26号

所获奖项：广东省省级工法

1.成果简介

对大面积混凝土地面超长条形分仓施工技术进行研究，采用三线定位法，有效解决了超长混凝土分块施工平整度的控制难题，同时通过预埋抗碱性弹性填缝胶带，克服了分格缝切割所带来的碎缝、不顺直的质量通病。

2.应用与效益

此技术减少了分格缝的数量，比常规分格缩缝法施工速度加快约30%，有效加快了混凝土的施工进度，从而提高了经济效益，平均每平方米约比常规施工方法的施工成本降低0.95元，保证了整体混凝土的施工质量，直接减少了返工损失，具有良好的效益。

(五十五)无预应力现浇钢筋混凝土大跨度梁板挠度控制施工技术

完成单位：深圳市建工集团股份有限公司

主要完成人：米本周、刘扬、段少也、周杰、张进军、张成林

完成时间：2010年

成果登记号：粤建鉴字[2010]26号

所获奖项：广东省省级工法

1.成果简介

对大跨度无预应力现浇钢筋混凝土梁板挠度影响质量的问题，采用“九点十六线”起拱基准控制方法，较好控制了结构变形，保证了楼面结构安全与使用功能。

2.应用与效益

目前，大跨度楼盖结构的建筑越来越多。对于跨度较大的现浇混凝土梁、板，适度起拱有利于保证构件的形状与尺寸，而无预应力现浇钢筋混凝土大跨度梁板挠度控制的施工技术，为大跨度现浇混凝土梁板的起拱提供了可借鉴的理论依据和方法，值得应用与推广。

(五十六)双向超长、超宽混凝土无缝施工技术

完成单位：深圳市建工集团股份有限公司

完成时间：1997年

所获奖项：深圳市市级工法

1.成果简介

为了保证工期，经多方研究决定，采用UEA补偿收缩混凝土无缝施工，经精心组织、合理安排取得了较好效果。一、二层楼板由一道伸缩缝、两道后浇带分成六大块，创造了国内双向超长超宽混凝土无缝施工的新记录（最大板块108mx108m，一次性浇筑浇筑成功）

2.应用与效益

应用于机场扩建工程总建筑面积8万㎡，其中航站楼约4万㎡，共两层，采用大跨度预应力钢筋混凝土梁框架结构，以此为基础总结的“UEA补偿收缩混凝土无缝施工工法”获得“1998年深圳市土木建筑市级工法”。

(五十七)深圳会展中心钢结构工程安装技术

完成单位：广东省工业设备安装公司深圳分公司

主要完成人：陈友明、王恒、黄伟江、蔡植合、曾雄辉、陈诗光、陈兆勇、罗忠华、李庆杰、王志雄、杨建昭、丘文鑫

完成时间：2004年

成果鉴定号：粤建鉴字[2008]第10号

所获奖项：2004年度中国安协第七届科技成果一等奖、2006年度华夏建设科学技术三等奖（证书号：2006-3-5001）

1.成果简介

钢结构采用实心钢棒张弦梁（跨度126m），施工要求高，难度大，在安装施工过程中，通过优化大跨度、大截面钢箱梁吊装方案和焊接工艺，施工、设计使用了可调试胎架和特殊吊具，分段吊装，分段焊接，同时监测变形，钢箱梁的安装精度高，满足了设计要求。首次设计了大规格、高强度预应力锚栓的预埋、张拉、灌浆工艺，解决了锚栓在复杂环境下的高精度预埋定位，有限空间内的张拉和混凝土的灌浆等难题。采用相关的制作工艺，保证了大直径（150mm）实心钢棒的制作，优化张拉工序，保证了张弦梁的整体精度。

2.应用与效益

自2004年起，本成果在佛山新闻中心、中国出口商品交易会琶洲展馆二期、深圳盐田港三期出入闸口作业棚、深圳大运会主体育馆等大型钢结构工程中应用，累计产生经济效益5200多万元。

(五十八)导轨法坡屋面现浇混凝土收面施工技术研究

完成单位：深圳市鹏城建筑集团有限公司、深圳市建设（集团）有限公司

主要完成人：蔡希杰、张志钢、陈力波、刘永春、王世佼、郭宁、黄敏、黄育松

完成时间：2006年

鉴定证书号：粤建鉴字[2010]5 号

1.成果简介

本技术针对坡屋面结构特点，沿坡屋面设置导轨，以保证混凝土的浇筑质量。导轨材料就地取材，采用钢筋制作，导轨与屋面板钢筋焊接牢固，导轨面标高为屋面板结构标高。在屋面混凝土浇注过程中，采用4m刮尺在导轨上对浇注的混凝土进行压实找平，确保混凝土密实平整，操作非常方便，简单易行，效果良好。通过设置导轨控制坡屋面结构板平整度，可达到取消屋面板抹灰找平层的目的。

本技术适用于通常设计坡度在25°~60°之间的坡屋面现浇混凝土施工。

2.应用与效益

自2006年起，本成果在紫泉翠荔嘉园二期工程、紫泉翠荔嘉园三期工程及集信名城北区工程等工程中应用，有效节省了屋面找平层的费用，经测算，节约成本约2.2元/㎡，取得了良好的经济效益及社会效益。

(五十九)填埋场垃圾堆体抽排竖井旋挖法施工技术研究

完成单位：深圳市鹏城建筑集团有限公司、深圳市建设（集团）有限公司

主要完成人：赖良学、刘辉、陈志龙、田原、郭宁、肖立军

完成时间：2009年

鉴定证书号：粤建鉴字[2010]6 号

1.成果简介

本技术采用旋挖法成孔，对普通旋挖钻头进行改进，通过加大钻头收集口及形式以及加大钻杆直径，克服了普通旋挖钻头收集口被纤维布料垃圾缠饶封堵而无法钻进等问题，使钻头易于钻进垃圾堆体中收集纤维性垃圾并排出孔外，适应在含纤维性物质的垃圾堆体中的钻进成孔。本技术适用于垃圾堆中抽排竖井的施工。

2.应用与效益

2009年应用在深圳市下坪固体废弃物填埋场垃圾体应急抗滑工程中，该工程抽排竖井采用旋挖法施工，采用本技术施工，质量全部合格，顺利通过验收。竖井形成后降水、排气效果明显，据现场统计，最大降水量达到2500m^3/d，有效地实现了设计意图。

(六十)加气混凝土砌块非承重砌体干法施工技术研究

完成单位：深圳市鹏城建筑集团有限公司

主要完成人：张成亮、张明德、范猛、黄敏、田原

完成时间：2007年

鉴定证书号：粤建鉴字[2010]3 号

1.成果简介

本技术是在砌筑砂浆中添加专用砂浆添加剂，提高砌筑砂浆的粘结性、保水性，砌块砌筑时不需在砌筑面适量浇水，而且砌筑完成后能直接在干燥的墙面上抹灰，无须浇水保湿养护，能有效减少加气混凝土砌块因含水率过高导致墙面产生收缩裂缝的发生几率，是一种技术创新。

2.应用与效益

本成果在集信名城南区工程、集信名城北区工程、万科双城水岸一期二标段工程、万科金域华庭工程、万科双城水岸三期二标段工程等工程项目中应用，取得了良好效果。使用干法施工，创立了干作业施工的环境，根据统计，同样的工程量干法施工比普通砂浆湿法施工能节约60%的用水量，而且由于实施干法施工，进入装饰阶段的工地不再是泥水横流，改善了工人的作业环境，减少了施工对环境的污染，具有节能、环保的积极作用。大大缩短了砌块墙体施工工期，减少了人工及费用，节约0.5元/㎡。

(六十一)大型钢构件平衡法安装施工技术

完成单位：深圳市建设（集团）有限公司、汕头市达濠市政建设有限公司

主要完成人：肖营、沈开权、谭锦辰、陈志龙、薛华伟、郭宁

完成时间：2009年

成果登记号：粤建鉴字[2009]155号

1.成果简介

本成果适用于房建工程钢结构构件的吊运安装施工。在高层、超高层大跨度钢构件吊装工程中，塔吊、汽车吊等垂直运输设备覆盖范围和吊承能力有限，且成本较高，存在安全隐患。本技术创造性地利用钢夹板与高强螺栓将钢构件连接加长后，由小车承载、卷扬机同步牵拉，采用附加钢构件及其保险配重作为待安装构件平衡配重的方法，实现大跨度钢构件的安装，将较少的资源和机械进行优化并组合，有效解决了垂直运输设备不能覆盖区域钢构件的吊运安装难题。本成果被广东省住建厅鉴定为国内领先技术水平。

2.应用与效益

本成果具有很好的创新性，经济、安全、高效、易操作、易推广，2008年应用于华南国际皮革皮具原辅料物流区二期工程A标段，实现经济效益38万元，成本节约率1.9%。本成果为高楼层、大跨度、大进深钢构件吊运安装的施工提供了一种经济高效、安全、环保、节能的合理解决办法，符合国家关于节能工程的有关要求，有利于推进节能减排降耗工作，保护了生态环境，在工程实际应用中取得了良好的经济、社会效益，环保节能，具有良好的推广价值和发展前景。

(六十二)GRC轻质条板安装施工技术研究

完成单位：深圳市建设（集团）有限公司、深圳市建工（集团）股份有限公司

主要完成人：肖营、陈力波、邓威、陈志龙、石义维、郭宁

完成时间：2008年

成果登记号：粤建鉴字[2008]86号

1.成果简介

本成果在条板接缝处使用憎水型防裂胶二次刮缝，并粘贴防裂纤维布用聚合物砂浆平缝，用于控制接缝处表面裂缝的产生，是一种技术创新。使用憎水型防裂胶二次刮缝，因其延伸力较好，有一定的韧性，既修补了局部的收缩裂缝，使拼缝平整美观，又能抵抗接缝处轻微的裂缝，防止裂缝继续发展；粘贴防裂纤维布更克服了拼缝砂浆表面裂缝的产生，被广东省住建厅鉴定为国内领先技术水平。

2.应用与效益

2007年，本项成果应用于侨香村经济适用房8标工程，节约成本15510元，成本节约率为3.52%。解决了轻质条板施工过程中容易出现的板缝开裂问题，缩短了施工工期，减少了人工及维修费用，符合国家关于节能工程的有关要求，有利于推进可再生能源与建筑结合配套技术研发、集成和规模化应用，有利于保护耕地，保护生态环境，具有很好的市场应用前景。

(六十三)外墙防腐木安装防渗漏施工技术

完成单位：深圳市建设（集团）有限公司

主要完成人：肖营、王树春、周昊、陈志龙、郭宁

完成时间：2009年

成果登记号：粤建鉴字[2009]157号

1.成果简介

本成果遵循防水施工以排为主的原则，采取两道防水措施。在防腐木龙骨安装前，采用JS-Ⅱ型复合防水涂料填塞螺栓孔，并在孔洞周边刷防水涂料补强。JS-Ⅱ型复合防水材料成膜后具有较强的憎水性，可使雨水经防水涂层顺流而下，避免雨水沿螺栓孔壁及周边裂缝渗入墙体，解决了外墙因安装龙骨破坏原有防水层而引起的螺栓孔壁及周边易出现渗漏的质量通病，被广东省住建厅鉴定为国内先进技术水平。

2.应用与效益

2007年应用于东莞百悦尚城一期工程，与环氧树脂灌浆防渗漏比较，节约成本41133.2元，成本节约率33%；对比水泥基渗透结晶防渗漏节约成本42756.4元，成本节约率115%。本技术解决了外墙螺栓孔壁及周边易渗漏的质量通病，缩短了工期，加快了施工进度，取得了较好的社会效益。

(六十四)外墙窗户防渗漏施工技术

完成单位：深圳市建设（集团）有限公司、深圳市建工集团股份有限公司

主要完成人：肖营、陈志龙、郭宁、凌添兵、李坚、陈力波

完成时间：2009年

成果登记号：粤建鉴字[2009]156号

1.成果简介

本项成果在外墙窗洞上采用设有“L”形挡水坎的预制或现浇钢筋混凝土窗套，在窗框边采用聚氨酯发泡胶和聚合物水泥砂浆堵缝，在窗边外侧先刷聚合物水泥基防水涂料，然后抹聚合物水泥砂浆，并在窗框外侧四周预留槽口填嵌中性硅酮密封胶，形成窗边防渗漏成套技术，是一种技术创新，被广东省住建厅鉴定为国内领先技术水平。

2.应用与效益

2007年应用于朗苑工程，节约成本79090元，成本节约率为3.04%。应用本技术克服了窗边渗漏的难题，减少了返修材料浪费，降低社会资源消耗，减少了客户的投诉率及返修率，受到建设单位的肯定，赢得了较大的社会信誉。

(六十五)镶贴板材切割降尘、降噪、节水施工技术研究

完成单位：深圳市建设（集团）有限公司

主要完成人：黄育松、郭宁、陈志龙、凌添兵、屠尚德

完成时间：2008年

成果登记号：粤建鉴字[2008]87号

1.成果简介

本技术应用于建筑工程中镶贴板材切割降尘、降噪、节水施工。自水箱通过软管流至切割机锯片边的循环水，在锯片旋转带动下形成水雾，切割产生的粉尘被吸附在水雾上，落入沉淀水池中；循环水对锯片冲刷形成的水雾，可以降低切割产生的噪声；降尘水经过沉淀后通过滤水孔流入清水池，由抽水泵抽送至水箱循环利用。2008年，本成果被广东省住建厅鉴定为国内领先技术水平。

2.应用与效益

2008年应用于深云村经济适用房7标工程切割镶贴板材作业，消除90%以上的粉尘，成功地达到了降尘目的。而循环水对切割机锯片的冲刷形成水雾，可以降低切割产生的噪声，减少了对环境的污染和人员的伤害，而且通过降尘循环水利用，达到节约用水的目的，实现绿色施工目标，达到节能与环保目标，社会效益显著。

(六十六)大跨径隧道双上侧壁导坑施工技术

完成单位：深圳市建设（集团）有限公司、汕头市达濠市政建设有限公司

主要完成人：肖营、韦广华、曹泊宇、胡伦炜、王首标、陈志龙、闫星佑

完成时间：2009年

成果登记号：粤建鉴字[2009]159号

1.成果简介

本成果适用于公路、市政隧道工程施工中，在隧道同一位置处采用双侧壁导坑法与台阶法相结合进行施工是一种创新。根据新奥法原理，以导坑法为基础，采用双侧壁导坑法与台阶法相结合进行施工。该技术以起拱线为界将隧道横断面分为上下两部分，上部分采取双侧壁导坑法施工，将大断面隧道分成左右导洞先后紧随施工，然后放坡开挖核心土，既减小了每个坑道的跨度，核心土又能起到支撑作用。下部分分左右幅先后开挖，并及时施作仰拱及填充层，最后施作拱墙拱顶二次衬砌，与围岩及初期支护进入共同工作状态。本成果2009年被广东省住建厅鉴定为国内领先技术水平。

2.应用与效益

2009年，本技术应用于丹平快速路一期工程。与双侧壁导坑法施工相比，每延米节约成本5970元。由于采用双侧壁导坑法与台阶法相结合进行施工，既保证了施工安全，又降低了造价，加快了施工进度，且围岩变形几乎不发展，能够满足对变形要求严格的项目施工。本技术在软弱围岩部分采取机械开挖，在仰拱较硬围岩部分可采取微爆破，施工噪声相对较低，对环境影响很小，有很好的社会效益。

(六十七)雨水、混凝土养护水收集重复利用施工技术研究

完成单位：深圳市建设（集团）有限公司、深圳市市政工程总公司

主要完成人：肖营、凌添兵、陈志龙、郭宁、庞聪、屠尚德

完成时间：2008年

成果登记号：粤建鉴字[2008]88号

1.成果简介

本技术适用于降雨量较为充沛地区的设计有地下室的钢筋混凝土框架结构、框剪结构等建筑物的雨水、混凝土养护水的收集重复利用。利用地面雨水和楼层养护水进行有组织汇流，经三级沉砂池沉淀后，流入地下室消防水池，经水处理净化系统物理净化处理，检验合格后，由高压水泵加压输送至用水部位，对收集水循环利用。本成果2008年被广东省住建厅鉴定为国内领先技术水平。

2.应用与效益

2008年，本技术应用于朗苑商住楼工程，直接经济效益21456.96元。深圳是个缺水型城市，将雨水及混凝土养护水进行收集、重复利用，节水率可达30%以上。有效利用降雨量充沛地区的气候特点，对在暴雨时城市排水困难有一定的缓解作用，也大大节约了城市自来水用量，加强了人员节水意识，达到节约用水效果，对节水型社会建设进行了积极探索，具有良好的社会效益。

(六十八)双联拱隧道由主洞斜插入中导洞施作中隔墙施工技术

完成单位：深圳市建设（集团）有限公司、深圳市第一建筑工程有限公司

主要完成人：肖营、于芳、韦臣、刘刚根、徐瑞生、钟云波

完成时间：2008年

成果登记号：粤建鉴字[2008]88号

1.成果简介

本成果适用于软围岩双联拱隧道初期开挖支护，以及大跨度多导洞开挖地下工程或隧道工程施工。通过在主洞中斜向开挖进入中导洞，在主导洞开挖过程中碰到困难时创新出新工作面，使施工进度不受客观条件影响，加快施工进度；技术也可有效避开围岩变坏、涌水加大等不利地质条件地段，另行掘进中导洞。2009年本成果被广东省住建厅鉴定为国内领先技术水平。

2.应用与效益

2008年应用于深圳市南通道工程，因使用本项成果，避免了施工中因客观条件影响而导致的停工、窝工，减少了损失，节约了成本，有效保障了施工安全，社会效益显著。

(六十九)超高层建筑斜向型钢混凝土组合柱成套施工技术

完成单位：江苏省华建建设股份有限公司深圳分公司

主要完成人：朱学农、吴碧桥、唐兵、张传捷、庞文荣

完成时间：2008年

成果登记号：34-2008

1.成果简介

超高层建筑斜向型钢混凝土组合柱施工中借位测量定位、施工荷载变形预控、厚钢板开斜向孔以及半装配式箍筋安装等综合应用成套施工技术：根据斜柱在三维空间的变化形态，研究制定借位测量方法，将三维构件精确投影至二维平面，通过竖向投点控制网闭合、测量、排尺、放线，快捷、准确地完成斜柱构件的空间定位。

根据工程实践，针对斜向型钢柱在施工及自重荷载下的变形影响和楼面混凝土收缩对斜向型钢柱位置的影响，采用了预留变形量的方法，保证了型钢混凝土组合柱斜度，位置准确。

设计采用专用夹具进行钢板开斜向孔，使钻头在专用夹具的卡位和夹持下精确定位和保持钻进角度，满足了开孔精度要求，解决了斜柱钢骨斜向开孔、水平穿筋难题。对柱的各类箍筋进行统筹安排，将柱的半数箍筋套入下段伸出楼面的型钢柱，另半数箍筋在每根型钢柱吊装前预先套入型钢柱，随柱吊装，待型钢柱焊接就位后，再逐个就位箍筋。

2.应用与效益

自1998年起，本成果在深圳世贸中心大厦（招商银行总部大楼）、深圳国际商会中心、深圳江胜大厦等工程中应用，保证了质量和施工进度，节省了人工，缩短了施工周期。

(七十)超高层建筑直升飞机停机坪及观光屋面施工技术

完成单位：江苏省华建建设股份有限公司深圳分公司

主要完成人：朱国梁、夏礼明、吴碧桥、唐兵、熊佳树

完成时间：2008年

成果登记号：27-2008

1.成果简介

针对建筑屋面和停机坪的特点，在保证一般屋面使用功能的同时尚应满足航空标准。屋顶直升机停机坪承受荷载大，梁跨度大，板面厚度大，同时由于停机坪一般设置在核心筒和屋顶水箱上面，因此模板支设、防水层、面层是本工法极为重要的一方面。同时，按航空要求，停机坪面上的附属设施以及标记、航标灯、消防、防雷接地等的施工验收应符合《建筑工程施工质量验收统一标准》和国际航空标准要求。停机坪下叠合层屋面还应满足设备安装、各种管道留设、排水以及设备用房等的要求。停机坪周边观光屋面还应做到美观、安全可靠、结构合理。

工艺流程：模板工程(预埋预留)→钢筋工程→防雷接地→混凝土工程→防水层→保温隔热层→面层→标识→航标灯和附属设施安装调试→钢格栅安装→表面油漆。

2.应用与效益

自1998年起，本成果在深圳世贸中心大厦（招商银行总部大楼）、深圳国际商会中心、深圳江胜大厦等工程中应用，屋面不仅需要满足防水、抗渗、隔热、防雷、屋面空调设备的安装、各种管道的设置、屋面雨水的排泄等普通屋面的功能要求，而且还要满足直升机起飞、降落和停留等航空的需求，同时本着以人为本的宗旨，从构建和谐社会的目标出发，停机坪周边还设置了可供人们观看城市日新月异美景的屋面，因此形成一种叠合式屋面。

(七十一)无缆大角度回转式拔杆拆除内爬式塔吊施工技术

完成单位：江苏省华建建设股份有限公司深圳分公司

主要完成人：胡华兵、朱涛、戴苏敏、刘柳、王觅

完成时间：2008年

成果登记号：30-2008

1.成果简介

定型回转式拔杆拆卸内爬式塔吊施工技术针对超高层施工过程中内爬式塔式起重机拆卸的难题，从安全、经济和拆卸方便的角度出发，利用自身研制的定型回转式拔杆和塔吊主卷扬机，结合轻型龙门架，实施内爬塔吊的屋面解体、部件移位、吊运至地面；该拔杆最大吊重为塔式起重机各部件中最大重量的2倍，下支座安有回转机构便于在操作面上180°旋转；该拔杆可方便地在屋面组装、解体，最后用施工电梯将拔杆部件、卷扬机运回地面。该技术适用于超高层建筑施工用内爬式塔吊的拆卸，可多次组装、重复使用。

2.应用与效益

本成果在深圳荣超经贸中心、深圳国际商会中心、深圳江胜大厦等工程中应用，利用定型回转式拔杆拆除内爬塔机可以节省大量的费用，形成很好的经济效益，并且操作过程安全便利，便于多种工序同时进行，从而可大大缩短拆卸时间。

(七十二)EPE隔声垫与现浇混凝土复合隔声楼面施工技术

完成单位：江苏省华建建设股份有限公司深圳分公司

主要完成人：朱学农、吴碧桥、石伟国、高原、刘秋生

完成时间：2008年

成果登记号：28-2008

1.成果简介

在现浇楼面上铺设一道具有独特弹性闭孔结构的EPE隔声垫层，并设置相应的保护层、现浇面层（及装修层），与钢筋混凝土结构层共同形成复合隔声楼面，有效地降低了楼板撞击声传播；根据隔声原理，设计了避免声桥形成的细部节点构造，制定了有效的施工技术措施；采用现浇混凝土和挤塑板复合保护层的施工工艺，保护隔声垫，保证隔声楼面具有较好的耐久性能。

2.应用与效益

本成果在深圳红树西岸、深圳金域蓝湾三期、深圳香蜜湖一号等工程中应用，施工的楼面隔声系统具有施工工艺简单、铺设非常方便、施工工期短的优点，并能取得良好的社会效益。它与普通钢筋混凝土楼面相比，虽增加了工程费用，但取得的隔声效果、赢得的社会效益远远超过了增加的费用。

(七十三)设置后浇带的高空大跨连体结构模板支撑系统设计与施工技术

完成单位：江苏省华建建设股份有限公司深圳分公司

主要完成人：石伟国、高原、吴碧桥、袁邦权、刘秋生

完成时间：2008年

成果登记号：23-2008

1.成果简介

利用原有竖向结构承载条件，在两侧竖向结构中安装托梁，空中连体结构梁板下设置施工用下沉式重型钢桁架，形成安全、可靠的模板支撑工作平台；上部连体结构后浇带补浇并达到设计强度前，钢桁架平台承受自重及上部连体结构继续施工的荷载，保证上部结构连续施工；在平台上支设梁板模板，施工钢筋混凝土连体结构，待后浇带补浇并达到设计强度后再化整为零，空中解体，拆除全部钢桁架。

2.应用与效益

本成果在深圳红树西岸工程中应用，工期有保障：钢桁架可自由选择场外加工预制及现场加工方式，不占用主导工期，可提供立体交叉作业的条件。钢桁架传递上部结构施工荷载，上部结构施工不受后浇带设置的影响，施工工期可得到有效保障；周转材料省：利用钢桁架平台，将高空高支模转换成普通模板支撑系统，大量节省了钢管脚手架材料的投入，其中型钢可以回收再利用；安全可靠：钢桁架平台受力明确、性能可靠，而钢管脚手架很难一次搭设到30m以上，且搭设太高存在安全隐患，钢桁架平台将高空作业的高支模，转换成了安全可靠的作业条件；便于质量控制：在钢平台上施工高空大跨度结构，操作条件安全方便，便于检查、验收，有利于提高施工质量。

(七十四)复杂空间钢结构曲线滑移、非对称整体提升等施工技术的研究与应用

完成单位：中国建筑第三工程局、深圳建升和钢结构建筑安装工程有限公司、中国东北设计研究院

主要完成人：鲍广鑑、张希黔、王宏、李国荣、张琨、王煦、郭彦林、罗军、陆建新、徐联民、徐重良、戴立先、刘家华、黄建川、杨正军、王朝阳

完成日期：2004年

所获奖项：国家科学技术进步奖二等奖（证书号：2004-J-221-2-03-DO2）

1.成果简介

本项目是大型复杂空间钢结构工程成套施工技术的研究与应用。本课题结合钢结构行业发展要求，开展了对多项大型复杂空间钢结构工程施工技术的研究，并成功地应用于工程实践，形成了多项居于国际领先水平的创新成果，进而推动了我国钢结构施工行业生产力水平的提升，使我国复杂空间钢结构的施工技术迈入了世界前列。

2.应用与效益

中建钢构有限公司及其控股企业深圳建升和钢结构建筑安装工程有限公司在广州新白云机场、沈阳博览中心、深圳会议展览中心、广州新白云机场飞机维修设施、深圳市文化中心等钢结构工程项目中，采用本课题各种不同的先进施工技术，产生的直接经济效益为 5886.5233万元。

(七十五)深圳文化中心钢结构工程铸钢节点支状空间钢结构的研究与应用

完成单位：深圳建升和钢结构建筑安装工程有限公司(中建钢构全资子公司)

主要完成人：王宏、鲍广鑑、张琨、郭彦林、徐联民、王煦、赵刚、刘家华、陈国栋、朱易举、徐重良、汪碧飞、廖伟、蔡荣根、潘晓峰、张晓明、陈小太、欧阳仕清

完成日期：2004年

所获奖项：华夏建设科学技术进步奖三等奖（证书号：2004-J-221-2-03-DO2）、中建总公司科学技术进步奖（证书号：KJ2004-3-19-D1）

1.成果简介

深圳文化中心采用了铸钢节点枝状空间钢结构，由主杆、粗枝、中枝和端枝组成空间结构体系，不同类型的铸钢节点67个，铸钢节点分枝最高达10枝，单个节点最重7.71t。结构形式新颖独特，节点造型复杂，整个工程的深化设计、节点铸造、结构安装、测控与焊接等方面的综合技术在国内尚无先例可循，具有极大难度。

施工过程中通过对节点的大量计算和分析，创造性地采用半空心半实心的节点形式，解决了铸钢节点的构造和受力难题。针对铸件体积大、吨位重、分枝多及半空心等复杂性，在模型选择与制作、铸造工艺、成品的精度控制等方面形成了一套新工艺。采用坐标引出、全程测控、由下向上、由内及外、由主枝到次枝的空间定位安装工艺，保证了工期，确保了安装精度。通过优化和改进焊接工艺，控制整体焊接变形、控制节点各分枝焊接变形、控制单个接头焊接变形，解决了不同材质、不同壁厚钢管对接焊的难题，保证了焊接质量和节点传力的安全可靠。

2.应用与效益

深圳文化中心钢结构工程铸钢节点支状空间钢结构的研究与应用在项目实施过程中取得了良好的经济效益，为项目施工节直接省支出约400万元人民币。

黄金树为我国唯一、世界罕见，当初日方多次表示中国没有人能完成黄金树的施工任务，深圳文化中心钢结构工程的胜利完工，向日本设计方证明了中国钢结构施工企业的水平，充分证明了国内施工企业的综合实力，谱写了中国大型树枝结构和异型空间结构的新篇章。

(七十六)大跨度双箱梁—钢棒拉杆组合钢结构施工技术

完成单位：深圳建升和钢结构建筑安装工程有限公司(中建钢构全资子公司)

主要完成人：王宏、鲍广鑑、李国荣、陆建新、杨正军、朱易举、蒋礼、钟广建、吴洪涛、郭川

完成日期：2003年

所获奖项：建设部专项技术科技示范工程（证书号：05017-3）

1.成果简介

针对工程采用的主箱梁具有薄壁、截面大的特点，在制作、安装及变形控制方面存在巨大困难，利用计算机进行结构预拱计算、箱梁和胎架稳定性验算，现场采用胎架支撑原位分段高空拼装施工方法，保证箱梁整体直线度和控制整体变形，快速、准确将主梁吊装至设计位置，为该工程提前31天胜利封顶奠定了基础，获得了良好的社会效益和经济效益。

2.应用与效益

钢结构吊装比合同工期提前31天顺利封顶，未出现重大质量和安全事故，受到了深圳市政府、建设工务局、监理及钢结构行业专家的称赞。项目节约成本近500万元，仅此提前一个月工期一项，节约成本开支约200万元，为企业创造了良好的经济效益和社会效益。

(七十七)深圳万科中心预应力拉索钢结构综合施工技术

完成单位：中建钢构有限公司(中国建筑第三工程局钢结构安装工程公司）

主要完成人：戴立先、李雪、潘晓峰、唐富、敖春枫、陈振林、罗永兵、唐齐超、黄敏、杭华荣

完成日期：2008年

1.成果简介

万科中心工程设计造型独特，是桥梁斜拉索技术在建筑工程上的运用。结构类型为钢筋混凝土框架结构（地下室）和钢筋混凝土框架结构+钢结构+拉索结构体系（上部结构）。拉索有三种规格，单根全长29.5m，单根最大重量为7.5t，其中7×499是目前国内最大规格的索具。

2.应用与效益

万科中心钢结构项目，根据工程特点及要求，通过施工方案的优化和对比，选择了适合本工程施工特点的施工方案，解决了预应力拉索张拉的关键问题；根据现场条件，设计了大承重量的型钢支撑胎架，为结构施工提供了安全保障，独特的支撑胎架结构形式，有效地解决了工程中的支撑点与结构承力点的不对应问题；通过科学严谨的测量方法，解决了铸钢节点的高精度校正问题，根据结构监测报告数据显示，铸钢节点的安装精度满足预应力施工要求，监测数据符合设计要求；预应力拉索一次张拉到位，分级加载施工技术的成功应用，为预应力拉索结构提供了很好的参考依据。

万科中心预应力拉索钢结构综合施工技术，为今后相似工程的施工提供了一个很好的参考案例。其中大型支撑胎架设计、混凝土楼板加固、高精度节点的测量控制、预应力拉索张拉与控制等技术，具有很高的参考应用价值。

(七十八)清华斯维尔安装算量软件TH-3DM

完成单位：深圳市斯维尔科技有限公司

主要完成人：彭明、张立杰、刘罗兵、彭学、秦向群、王涛、林学谦、沈楚沛、黎芸、廖明秋、龙乃武、熊俊鹏、陈可祥、薛建刚

完成时间：2005年

成果登记号：2005SR08578

所获奖项：第十四届中国国际软件博览会创新奖

1.成果简介

清华斯维尔安装算量3DM是国内首创的基于AutoCAD（2002~2011年）平台的安装专业工程量计算软件，符合全国各地方省市定额以及《建设工程工程量清单计价规范》（GB50500-2003或GB50500-2008）。软件通过智能识别设计院电子文档和手工建模两种建模方式，建立面向工程量计算的三维图形模型，通过记录构件的三维空间属性，辅以开放的计算规则设置，方便准确地解决了建设工程工程量计算中的各类复杂扣减问题。软件提供了先进的智能识别转换功能，可以直接识别设计院二维电子文档和三维电子文档。软件运用自定义对象核心技术，以安装基本构件为对象，建立安装工程的三维虚拟模型，通过二三维同步编辑显示，整个建模过程开放、简单、快速、操作方便。通过内置全国各省市的定额规则及定额库、建设工程工程量清单计算规则及国标清单库，通过构件属性判定建立构件与定额和清单之间的联系，输出建设工程工程量清单及清单工程计算表格以及定额工程量及定额工程量计算表格。软件扣减规则设置开放，构件核对智能，可准确快速地计算建设工程工程量。

2.应用与效益

自2005年起，本成果在全国各地数万项建设工程中应用，安装算量软件3DM解决了安装专业工程工程计算的难题，大幅度提高了建设工程工程量计算的速度与准确度，把安装专业造价人员从繁重的工程量计算工作中解放出来，彻底改进了工程造价人员工程量计算的操作模式，使安装专业造价人员有更多精力投入到工程造价控制中来，这对准确控制工程造价，减少资源消耗有极大的促进作用。安装算量可显著提高工程造价软件的算量效率，一般可提高工作效率2~10倍，促进了行业进步。该软件在全国销售，累计产生直接经济效益数千万元。

(七十九)清华斯维尔三维算量软件TH-3DA

完成单位：深圳市斯维尔科技有限公司

主要完成人：彭明、张立杰、刘罗兵、彭学、秦向群、王涛、林学谦、沈楚沛、黎芸、廖明秋、龙乃武、熊俊鹏、陈可祥、薛建刚

完成时间：2000年

成果登记号：2001SR0275

所获奖项：建设部华夏奖、第九届中国国际软件博览会金奖

1.成果简介

清华斯维尔三维算量3DA是国内首创的基于AutoCAD（2002~2011年）平台的建设工程量计算软件，符合全国各地方省市定额以及《建设工程工程量清单计价规范》（GB50500-2003或GB50500-2008）。软件通过智能识别设计院电子文档和手工建模两种建模方式，建立面向工程量计算的三维图形模型，通过记录构件的三维空间属性，辅以开放的计算规则设置，方便准确地解决了建设工程工程量计算中的各类复杂扣减问题。软件提供了先进的智能识别转换功能，可以直接识别设计院二维电子文档和三维电子文档。软件运用自定义对象核心技术，以建筑基本构件为对象，建立建筑的三维虚拟模型，通过二三维同步编辑显示，整个建模过程开放，简单，快速，操作方便。软件内置了全国各省市的定额规则及定额库、建设工程工程量清单计算规则及国标清单库，通过构件属性判定建立构件与定额和清单之间的联系，输出建设工程工程量清单及清单工程计算表格以及定额工程量及定额工程量计算表格。软件扣减规则设置开放，构件核对智能，可准确快速地进行建设工程工程量的计算。

2.应用与效益

自2005年起，本成果在全国各地数万项建设工程中应用，三维算量软件3DA解决了建设工程工程量计算的难题，大幅度提高了建设工程工程量计算的速度与准确度，把工程造价人员从繁重的工程量计算工作中解放出来，彻底改变了工程造价人员工程量计算的操作模式，使工程造价人员有更多精力投入到工程造价控制中来，对准确控制工程造价、减少资源消耗有极大的促进作用。软件一般可提高工作效率5~20倍，促进了行业进步。该软件在全国销售，累计产生直接经济效益上亿元。

(八十)建筑物外爬架

发明人：杨忠臣

专利号：ZL 2005 2 0063390.3

专利权人：杨忠臣

1.成果简介

本实用新型专利公开了一种建筑物外爬架，由彼此间隔的两组平台构成，各组平台由悬挑梁固定链条和受力支撑链条两条链条组成，在两组平台之间装有至少两个间隔排列垂直向上的双向动力液

压缸作为水平面支托和提升受力部件，通过增减各组平台的悬挑梁固定链条和受力支撑链条之长度与建筑物的周长相适应，并通过牵引绳将各链条的首尾端相连并抱紧箍于建筑物外壁，解决了外爬架可以沿建筑物上下移动和安全等问题，具有结构简单、适用范围广和安全可靠等优点，可以在人口密度大的繁华街道使用，广泛用作搭设包括烟囱、水塔和电视发射塔在内的横截面为圆形、类圆形和多边形建筑物的外脚手架。

2.应用与效益

本专利技术在2003年4月至2004年6月应用于华融大厦项目，提高了施工安全性，加快了施工进度，节省了施工成本。

(八十一)一种板材圆形切割机

发明人：王福全、杨春林

专利号：ZL 2008 2 0213882.X

专利权人：中铁建工集团有限公司

1.成果简介

本实用新型公开了一种板材圆形切割机，具有结构简单、操作方便、便于维修和应用范围广等优点，广泛用在面砖、瓷砖、石板、玻璃板、塑料板和金属板上切割圆形孔。

2.应用与效益

本专利技术在2005年6月至2006年5月应用于名家富居工程，提高了施工质量，加快了施工进度，节省了施工成本23.5万元。

(八十二)一种电梯井筒工具式脚手架

发明人： 寇广辉、李强、刘献伟、刘洪海

专利号： ZL 2008 1 0167299.4

专利权人： 中建三局第一建设工程有限责任公司

1.成果简介

本专利技术有效地降低了电梯井筒架体搭设和拆除工作量，同时降低了安全风险，降低了施工成本。

2.应用与效益

本专利技术在2008年5月至2010年3月应用于皇岗世纪中心一标段工程，提高了施工安全性，加快了施工进度，节省了施工成本50.2万元。

(八十三)一种竹模饰面清水混凝土模板体系

发明人：李强、魏宾

专利号： ZL 2008 2 0178460.3

专利权人： 中建三局第一建设工程有限责任公司

授权公告日：2009年9月30日

1.成果简介

本专利技术克服了混凝土漏浆、粘模等质量问题，提高了混凝土饰面效果。

2.应用与效益

本专利技术在2007年10月至2008年10月应用于万科中心工程，提高了施工质量，加快了施工进度，节省了施工成本20.3万元。

(八十四)一种定型楼梯钢模板

发明人：寇广辉、李强、刘洪海

专利号： ZL 2008 2 0139914.6

专利权人： 中建三局第一建设工程有限责任公司

1.成果简介

本专利技术减少了重复性的劳动，同时解决了人员踩踏、收面等质量问题，减少浪费，节约资源投入。

2.应用与效益

本专利技术在2008年5月至2010年3月应用于皇岗世纪中心一标段工程，提高了施工质量，加快了施工进度，节省了施工成本10.1万元。

(八十五)光电控制的氩弧焊接钢管设备

发明人：张洪

专利号：ZL 2008 2 0049407.3

专利权人：中国华西企业有限公司设备周材租赁公司

1.成果简介

焊接钢管性能良好，工作效率得到提高，满足相关质量验收标准和工程施工要求，可与未焊接钢管同等使用。

2.应用与效益

2007年至2009年，本设备焊接钢管2992t，并成功应用于卓越时代广场(二期)、圣·莫丽斯C区花园、惠州市会展中心、比亚迪9#厂房等多个工程的外脚手架和内支模架搭设施工。

(八十六)一种栓孔模套

发明人：米本周、陈宏峰、李冠填、温木兴、石义维
专利号：200920204634.3
专利权人：深圳市建工集团股份有限公司

1.成果简介

本专利应用在清水混凝土钢大模板上，能与钢大模板紧密结合，防止漏浆效果非常好，并可以杜绝因拆模而损坏墙面的情况。

2.应用与效益

本专利技术在2002年4月至2009年5月应用于惠程电气厂区工程，加快了施工进度，保证了工程质量。

(八十七)一种降尘、降噪、节水的切割装置

发明人：肖营、陈志龙、郭宁、凌添兵、黄育松
专利号：ZL 2009 1 0130091.5
专利权人：深圳市建设（集团）有限公司

1.成果简介

本专利技术可有效解决切割作业产生的大量粉尘，减少环境污染以及噪声污染对人员的伤害，节省资源，实现水资源循环利用，从而达到环保目的。

2.应用与效益

本专利技术2008年应用于深云村经济适用房7标工程切割镶贴板材作业，消除了90%的粉尘，降低了切割产生的噪声，减少了对工作人员的伤害。通过降尘循环水利用，达到节约用水的目的，实现绿色施工目标，达到节能与环保目标，社会效益显著。

(八十八)超高层建筑停机坪观光平台

发明人：朱国梁、夏礼明、吴碧桥、熊佳树、唐兵
专利号：ZL 2007 2 0045268.2
专利权人：江苏省华建建设股份有限公司深圳分公司

1.成果简介

本专利涉及的观光平台采用型钢合理搭配制造，工艺简单，具有足够的刚性。安装时，将角钢框边的两侧分别与超高层建筑停机坪周边混凝土中的预埋件固定连接即可，十分方便。

2.应用与效益

深圳世贸中心大厦（招商银行总部大楼）、深圳国际商会中心、深圳江胜大厦等工程中应用，不仅需要满足防水、抗渗、隔热、防雷、屋面空调设备的安装、各种管道的设置、屋面雨水的排泄等普通屋面的功能要求，而且还要满足直升机起飞、降落和停留等航空的需求，同时本着以人为本的宗旨，从构建和谐社会的目标出发，停机坪周边还设置了可供人们观看城市日新月异美景的屋面，因此形成一种叠合式屋面。

(八十九)高空大悬挑钢筋混凝土结构高支模模架

发明人：朱国梁、吴碧桥、庞文荣、王銮学、马尚善
专利号：ZL 2007 2 0045270.X
专利权人：江苏省华建建设股份有限公司深圳分公司

1.成果简介

高空大悬挑钢架混凝土结构高支模模架由金属型材构成，包括：构成底部支撑杆件型钢格构柱的一组钢桁架梁，以及担在桁架梁上的一组钢平台梁，各桁架梁彼此基本平行、相互间隔分布，各平台梁以基本垂直于桁架梁的方向间隔分布固定在桁架梁上面，各平台梁上面间隔固定垂直向上、用以布置模板支撑体系的定位钢筋头。

2.应用与效益

本专利在荣超经贸中心工程中运用，可以使原先难以进行的高空操作“落地化”，从而大大方便施工操作，减轻劳动强度，而且节省占用场地，便于立体交叉作业。由于采用了桁架梁和平台梁，因此避免了钢管脚手架的大量投入，且桁架梁和平台梁也可以回收使用，十分经济。

(九十)新型高分子发泡板材风管

发明人：吴碧桥、刘秋生、石伟国、阮师权、费海丰
专利号：ZL 2007 2 0045271.4
专利权人：江苏省华建建设股份有限公司深圳分公司

1.成果简介

高分子发泡板材风管是由阻燃高分子板材和金属加固件粘结而成的空调系统风道。其优点有：自重轻；不燃、无烟；无毒、无刺激性；防潮、不结露；不透水，密封性好；吸声隔声、保温隔热；性能稳定不变性也不变形；可任意挠曲，易粘贴加工、制作简便快捷；雌雄接口无需法兰连接，安装便利；占用建筑空间小，外观可喷不同色彩的水性涂料，随需而变。

2.应用与效益

本专利在深圳红树西岸工程中运用，在施工过程中执行该工法得到了预期效果，高分子发泡板材制安空调风管1150户，风管面积约54500㎡，与镀锌铁皮0.75mm+橡塑发泡板材13mm制安风管方案相比，本工程共节约工程投资约900.00万元。

(九十一)塔吊工法专用拔杆吊

发明人：胡化兵、朱涛、戴苏敏、王觅、刘柳

专利号：ZL 2007 2 0045269.7

专利权人：江苏省华建建设股份有限公司深圳分公司

1.成果简介

定型回转式拔杆拆卸内爬式塔吊施工技术针对超高层施工过程中内爬式塔式起重机拆卸的难题，从安全、经济和拆卸方便的角度出发，利用自身研制的定型回转式拔杆和塔吊主卷扬机，结合轻型龙门架，实施内爬塔吊的屋面解体、部件移位、吊运至地面；该拔杆最大吊重为塔式起重机各部件中最大重量的2倍，下支座安有回转机构便于在操作面上180°旋转；该拔杆可方便地在屋面组装、解体，最后用施工电梯将拔杆部件、卷扬机运回地面。该技术适用于超高层建筑施工用内爬式塔吊的拆卸，可多次组装、重复使用。

2.应用与效益

在深圳荣超经贸中心、深圳国际商会中心、深圳江胜大厦等工程中应用，利用定型回转式拔杆拆除内爬塔机可以节省大量的费用，形成很好的经济效益，并且操作过程中安全便利，便于多种工序同时进行，从而大大缩短拆卸时间。

(九十二)先安后砌工法用空心砌块

发明人：朱国梁、吴碧桥、熊佳树、唐兵、庞文荣

专利号：ZL 2007 2 0045272.9

专利权人：江苏省华建建设股份有限公司深圳分公司

授权公告日：2008年9月24日

1.成果简介

对空心砌块墙体管道安装的传统工艺进行革新，采用了先安装管道后砌筑空心砌块墙体的施工方法（简称先安后砌），综合研究了该方法的施工技术要点、施工工艺、工序质量及过程控制，提高了空心砌块墙体质量，防止空心砌块墙体及装饰面层裂缝，降低工程造价，缩短工期，经多项工程应用，效益明显。

2.应用与效益

砌体完成后，不需再开槽凿洞，缩短施工工期，减少资源浪费，有效地防止了墙体及装饰面层沿管道敷设方向发生裂缝的现象。

(九十三)建筑节能种植景观屋面板块

发明人：朱国梁、吴碧桥、庞文荣、王銮学、徐平

专利号：ZL 2007 2 0045267.8

专利权人：江苏省华建建设股份有限公司深圳分公司

1.成果简介

通过对屋面结构层、找坡层、找平层、防水层、隔离层、防水保护层、隔根层、疏（蓄）水层、隔土层、种植介质和植物层等各个层次的施工，以及给、蓄、疏、排水系统，形成隔热、抗渗、环保节能的种植屋面。适用于一般工业与民用建筑工程中采用种植物的隔热屋面工程，以及地下室顶板、裙楼屋面、架空层和屋顶等有种植要求的园林建筑工程。

2.应用与效益

种植屋面的做法和传统屋面相比，所产生的经济效益主要体现在节能方面，研究证明，每公顷绿地每天能从环境中吸收的热量，相当于1890台功率为1000W空调机的作用，种植屋面顶层室内的气温比非种植屋面顶层室内的气温要低2~3℃，优于目前国内任何一种屋面的隔热措施，大大节约了能源。社会效益主要体现在环境保护方面。种植屋面大大减少了城市的大气污染和噪声污染，同时起到美化城市景观的作用，是建筑技术与风景园林艺术相结合的具体体现，改善了居住生态环境，实现了人与自然的和谐相处。

(九十四)建筑模板早拆托顶装置

发明人：马宝兴

专利号：ZL 03 1 46894.2

专利权人：马宝兴

1.成果简介

采用本专利在混凝土浇筑48h后即可在不松动支撑的前提下拆

除模板，加速模板周转，能显著节约模板费用并节省工期，投资小，操作简单，适用于各种模板和不同的施工项目，通用性强。

2.应用与效益

本专利技术2005年起应用于深圳市天地峰景住宅小区、福岸新洲名苑工程、香山美树苑等工程项目上，提高了模板材料及钢管材料的周转使用效率，工作效率高，节约了人工，节约成本25.3元/㎡，加快了施工进度。

(九十五)电缆盘转向器

发明人：任立品

专利号：ZL 2005 2 0055412.1

专利权人：任立品

1.成果简介

本专利是一种电缆盘转向器，应用该转向器无需撬动，即可轻松实现大型电缆盘的定点转向作业。

2.应用与效益

本专利技术2005年起应用于香山美树苑（原工程名称馨昱苑）工程、集信名城南区工程、侨香村经济适用房第五标段等工程项目上，取得了较好的社会效益和经济效益，节约了人工，加快了施工进度。

(九十六)钢丝绳穿线器

发明人：任立品

专利号：ZL 2005 2 0055413.6

专利权人：任立品

1.成果简介

本钢丝绳穿线器是一种用在建筑物体内预埋的塑胶管路内穿置导线作业的专用工具，具有强度好、经久耐用、不会打胶、成本低、牵引导线穿管快、操作方便等优点。

2.应用与效益

本专利技术2005年起应用于深圳市天地峰景住宅小区、福岸新洲名苑工程、侨香村经济适用房第五标段等工程项目上，取得了较好的社会效益和经济效益，节约了人工，加快了施工进度。

(九十七)CO_2气体保护半自动立焊或斜立焊钢板焊接工艺

发明人： 鲍广鉴、刘家华、魏大年、吴洪涛、蔡荣根

专利号：ZL 96 1 07082.X

专利权人：中国建筑第三工程局钢结构建筑安装工程公司（中建钢构有限公司）

1.成果简介

二氧化碳立焊、斜立焊技术为国际首创，为钢结构现场焊接开辟了一条高效率的道路。

2.应用与效益

本专利技术自1996年起在全国钢结构施工领域得到了广泛应用，为二氧化碳焊接技术的普及作出了重大贡献。

(九十八)安全围护连接夹具

发明人：曹辉发、陈华周、杨道俊、柯有刚、马于广、姜彩君、何培洋、龚光宁、李章军、朱新强

专利号：ZL200720191029.8

专利权人：中建三局建设工程股份有限公司•中建钢构有限公司

1.成果简介

本实用新型专利是一种应用在钢结构施工中的安全围护连接夹具，使用时，该夹具通过夹持槽设置在结构钢梁上，通过定位紧固件夹紧固定，立杆可用于挂装防护网，立杆上的连接固定件用于设置脚手架的铁管。该夹具拆卸方便，不损伤结构钢梁，避免了传统钢结构施工中焊接围护夹具工作量大、损伤结构钢梁的缺点，也避免了采用抱箍设置夹具操作不安全的问题。

2.应用与效益

本专利技术在中建公司钢结构工程中得到了广泛应用，经济效益可观。

(九十九)大吨位校正和稳固装置

发明人：曹辉发、陈华周、杨道俊、柯有刚、马于广、姜彩君、何培洋、龚光宁、李章军、朱新强

专利号：ZL200720191029.8

专利权人：中建三局建设工程股份有限公司——中建钢构有限公司

1.成果简介

本实用新型专利涉及一种校正和稳固装置，尤其涉及一种在建筑工程安装中使用的对大吨位构件进行校正和稳固的装置。该装置可以对大吨位构件进行对位校正和焊接固定前的稳固，保证构件在空间的定位准确性和安全性。

2.应用与效益

本专利技术在中建公司施工的钢结构工程中得到了广泛应用。经济效益可观。

(一〇〇)反力盒装置

发明人：张成、戴立先、周发榜、刘家华、陆建新、陈韬、高勇刚、罗琴丽、赵中原、谭神洲

专利号：ZL200920106056.X

专利权人：中建钢构有限公司

1.成果简介

本实用新型专利公开了一种反力盒装置，属于建筑施工中用的调整装置。该反力盒装置包括：后座板、两个翼板、两个加劲板、焊接舌头板和竖向限位扣。两个翼板相对设置，两个翼板的一侧均固定设置在后座板上，两个翼板的另一侧均设置加劲板，两个加劲板下端与设置的焊接舌头板连接，焊接舌头板的一侧同时与两个翼板固定连接；一个翼板的下面设有竖向限位扣。该反力盒装置结构简单，与千斤顶配合可以方便地进行钢结构施工中的柱距调整，使测量校正工作量大大降低，相比传统的缆风绳加单纯的导链调节方法，技术优势、经济效益相当明显。

2.应用与效益

本专利技术在中建公司施工的钢结构工程中得到了广泛应用，经济效益相当明显。

(一〇一)拼装式焊接操作钢平台

发明人：王超、戴立先、陈韬、高勇刚、方振亚、罗琴丽、张成、谭神洲

专利号：ZL200920106055.5

专利权人：中建钢构有限公司

1.成果简介

本实用新型专利公开了一种拼装式焊接操作钢平台，属于钢结构施工用的操作平台。该焊接操作钢平台包括：第一基座、第二基座和围护部件；第一基座为板式结构，板式结构两端设有侧向伸出的两根支脚；第二基座为板式结构，第二基座通过固定设在第一基座的两根支脚上，与第一基座的板式结构构成中空的基座；围护部件设置在第一基座和第二基座连接后构成的基座上，围护在基座上的四周构成操作钢平台。这种钢平台结构简单，部件少，在使用时，搭设、拆卸非常方便，避免了传统的脚手架钢平台部件多，易造成掉落或部分钢管出问题，影响施工安全的问题。

2.应用与效益

本专利技术在中建钢构有限公司施工的钢结构工程中得到了广泛应用，经济效益可观。

(一〇二)一种钢柱接头快速连接校正夹具

发明人：张成、戴立先、周发榜、刘家华、陆建新、陈韬、高勇刚、罗琴丽、赵中原、谭神洲

专利号：ZL200920106057.4

专利权人：中建钢构有限公司

1.成果简介

本实用新型专利公开了一种钢柱接头快速连接校正夹具，属于施工用的连接校正工具。该连接校正夹具包括：加强框、竖向顶紧螺栓、侧向顶紧螺栓和内嵌螺母。竖向顶紧螺栓通过加强框上端板内设置的内嵌螺母设在加强框上，竖向顶紧螺栓的前端指向加强框的框架内；侧向顶紧螺栓为两个，两个侧向顶紧螺栓均通过加强框两个翼板内设置的内嵌螺母对应设置在加强框两侧，两个侧向顶紧螺栓的前端均指向加强框的框架内。该连接校正夹具结构简单，使用方便，不但可以加强钢柱临时连接的稳定性，而且可以大大提高钢柱校正施工效率，避免了传统施工在钢柱与钢柱连接时架设多个缆风绳，施工不方便、成本高、安全性不好的问题。

2.应用与效益

本专利技术在中建钢构有限公司施工的钢结构工程中得到了广泛应用，经济效益可观。

(一〇三)地脚螺栓导向锥

发明人：曾平雨、周康生、蒋官业、钟广建、孟祥冲、李泰鹏、余孝万、黄河浪

专利号：ZL200920106864.6

专利权人：中建钢构有限公司

成果简介

本实用新型专利公开了一种导向锥地脚螺栓，属于钢结构安装部件。该导向锥地脚螺栓包括螺栓体和导向锥。导向锥设置在螺栓体顶端；导向锥为圆锥台体结构，圆锥台体结构的底座面上设有连接柱，导向锥的连接柱设置在螺栓体顶端内设置的连接孔内。该地脚螺栓结构简单，解决了安装过程中，因地脚螺栓与安装孔洞的视觉障碍无法一次性就位问题，并且对于有些工程中要求安装的螺栓与孔洞之间误差较小的情况，可以在快速安装的同时，有效保护螺丝口不受破坏，减少施工现场安装措施的投入量，节约资源，降低施工费用。

(一〇四)高性能钢筋应用技术

1.成果简介

本技术是建设部发布的建设行业科技成果推广项目，采用的HRB400钢筋和HRB335钢筋，粗直径钢筋范围Φ25～Φ32，钢筋屈服强度提高，可降低用钢量，并具有良好的可焊性，从而达到节约资源的目的。

2.应用与效益

经在深圳鸿昌广场、卓越世纪中心一标段、万科中心、深圳电视中心、中兴通讯研发大楼、腾讯大厦等工程中应用，取得了良好社会效益，钢筋节约效果显著。

(一〇五)粗直径钢筋直螺纹机械连接技术

1.成果简介

粗直径钢筋直螺纹机械连接技术是通过将钢筋端头加工成直螺纹，再用带有内螺纹的连接套筒将两根待连接钢筋连接起来。直螺纹接头可用于HRB335、HRB400级热轧带肋钢筋的连接，其质量稳定，性能可靠。同时对接头位置、锚固长度进行提前翻样和节点深化设计，处理好钢筋的避让关系，现场可实现提前预制，在连接作业面施工方便、快捷，从而达到节约成本的目的。

2.应用与效益

在深圳鸿昌广场、卓越时代广场写字楼、万科中心、深圳电视中心、中兴通讯研发大楼、腾讯大厦、盛唐商务大厦、市民中心等工程中应用，钢筋节约效果显著。

(一〇六)超高层泵送混凝土技术

1.成果简介

本技术是建设部发布的建设行业科技成果推广项目，通过从商品混凝土搅拌站优化配合比，在优化配合比时考虑水灰比、坍落度、扩展度、运输时间、坍落度损失等参数。同时利用大功率输送泵进行混凝土竖向运输；通过以上手段保证了混凝土的竖向运输，同时通过加强振捣、养护，满足了混凝土实施效果。

2.应用与效益

经在深圳国际贸易中心大厦、深圳鸿昌广场、卓越皇岗世纪中心一标段、深圳地王商业中心、赛格广场、特美思广场、东海商务中心、福岸新洲名苑等工程中应用，效果显著。

(一〇七)新型架体应用技术

1.成果简介

本成果是广东省建设厅发布的建设行业科技成果推广项目，分为自升式外爬架、碗扣式脚手架等多种形式，可大量节约钢管等周转材料数量，直接经济利益较高，同时亦降低了因外架搭设过高而产生的安全风险。

2.应用与效益

本成果应用于特美思广场工程、华明楼等工程中，效果良好。

(一〇八)厚钢板焊接技术

1.成果简介

在超高层建筑中，核心筒外围大量采用了钢结构，钢结构体量大，钢板厚度超厚，结合CO_2气体保护焊，实现了结构对称、节点对称的全方位对称连续焊接，减少了焊接变形及内应力过大产生的影响，同时对于不同厚度的钢板，对构件进行预热、后热和保持施焊中的层间温度，防止产生焊接裂纹。该技术的应用提高了一次焊接合格率。

2.应用与效益

该技术在深圳发展中心大厦、深圳地王大厦、深圳世贸中心大厦、卓越皇岗世纪中心二标段等工程中应用，效益显著。

(一〇九) 拉索施工技术

1.成果简介

万科中心工程的钢结构拉索施工技术是广东省建设厅2008年发布的建设行业科技成果推广项目。该技术为桥梁斜拉索施工技术在房建结构中的应用，拉索采用了7×499超高强、高耐久性拉索，索体直径为196mm，为目前世界上工程应用直径最大、强度最高的拉索，在施工时需要综合考虑钢结构、索结构与混凝土结构的协调变形、安全性和张拉与安装施工作业面。

2.应用与效益

本技术在万科中心工程中应用，相对常规钢结构工程节省大量钢材和施工费用。

(一一〇)大体积混凝土温度监测和控制技术

1.成果简介

大体积混凝土结构因其截面大、方量多，易产生温度裂缝和冷缝，需要在浇筑时保证连续浇捣，杜绝或减少冷缝，同时加强养护和测温，在混凝土内外温差控制、温度降低速率控制温度缝的产生。针对结构特点，大体积混凝土均采用综合蓄热法养护，并预埋温度应变片，采用电子测温方式测温，保证了混凝土内外温差不致过大，混凝土浇筑质量良好。

2.应用与效益

本成果在深圳市市民中心、深圳世贸中心大厦、万科中心、卓越皇岗世纪中心一标段、江胜大厦、红树西岸等工程中应用，效益显著。

(一一一)深基坑工程监控和控制技术

1.成果简介

本技术主要以对基坑挡土结构位移和水位监测为主，兼对周边建筑物沉降及土体沉降进行监测。在保证施工质量的同时，确保了地基与基础分部工程的施工安全。

2.应用与效益

本成果在卓越皇岗世纪中心一标段工程、深圳国际贸易中心大厦、深圳鸿昌广场、深圳地王商业中心、赛格广场、特美思广场、东海商务中心、福岸新洲名苑等工程中应用，效益显著。

(一一二)清水混凝土技术应用

1.成果简介

清水混凝土及模板技术是建设部新技术推广项目，具有质量好、节约找平层等优点。建鑫花园全面采用清水混凝土新技术，在华南地区尚属首家，通过清水混凝土技术的实施，取消了抹灰层，增加了房间使用面积；在万科中心工程中清水混凝土面积达到3.5万㎡，通过对混凝土的配合比优化，结合滨海地区高性能清水混凝土耐久性研究成果和研制形成的新技术，加强对影响耐久性因素的钢筋、模板、混凝土分项工程进行控制，并通过钢筋保护层厚度控制、裂缝控制技术的应用，形成了满足滨海地区高性能清水混凝土要求的成套的施工新技术，该成果达到国际领先水平。

2.应用与效益

本技术在福岸新洲名苑等多项工程项目中应用，均取得了良好的社会经济效益。

(一一三)高分子防水卷材技术

1.成果简介

本技术为广东省建设厅2007年发布的建设行业科技成果推广项目，施工中不需加热熬制沥青，从而减少了环境污染，改善了施工劳动条件，提高了劳动效率，有利于环境保护、职业健康。

2.应用与效益

本技术经在万科中心、卓越世纪中心一标段、卓越时代广场写字楼等工程中应用，效果良好。

(一一四)预拌砂浆技术

1.成果简介

本技术是建设部发布的建设行业科技成果推广项目，在全国大、中城市推广使用预拌砂浆对节约能源、资源，提高工程质量，加快施工进度，保护环境有着十分重要的意义。

2.应用与效益

本技术在腾讯大厦等工程中应用，效果良好。

(一一五)干混砂浆施工技术

1.成果简介

干混砂浆可实现机械化作业，节约人工成本，大大提高生产效率，同时可避免传统施工中原材料现场配置时经常出现的比例差错或掺杂使假造成的质量问题。由高分子聚合物改性的干混砂浆，产品质量大大提高，可满足现代化建筑对于一些质量有特殊要求的工程，如防水、抗干缩、龟裂、保温等，特别适合于外墙的外保温工程。可大大改善施工环境，利于环境保护。

2.应用与效益

本技术在深云村经济适用房住宅区工程内、外墙及地面得到应用，使用效果较好。

(一一六)钢与混凝土组合结构技术

1.成果简介

本技术是建设部发布的建设行业科技成果推广项目，钢与混凝土组合结构可显著减小梁柱的截面尺寸，提高结构承载力和刚度，具有很好的抗震性能和防火性能，特别适合应用于高层、超高层建筑的梁柱及其他有重载承载力设计要求的结构。

2.应用与效益

本技术在深圳地王商业中心、赛格广场、腾讯大厦、深圳市邮电信息枢纽大厦、深圳俊园、江胜大厦、益田花园D区综合楼等工程中应用，效果良好。

(一一七)预应力锚杆支护技术

1.成果简介

该技术是采用支护桩或地下连续墙与预应力锚杆相结合的方式进行支护，在施工期间对基坑进行监测，监测结果在规范允许范围之内。

2.应用与效益

本技术应用于深圳市市民中心等工程，效益显著。

(一一八)动臂塔式起重机应用技术

1.成果简介

本技术是建设部发布的建设行业科技成果推广项目，动臂塔式起重机的起重量大，可达到50t甚至80t，适应了单个构件越来越重的吊装需要；可以带载变幅，工作效率高，在非工作状态的平衡稳定性优于水平臂塔机；特别适合城市狭窄地带和群塔施工，内爬式动臂塔机更适合超高层建筑施工。

2.应用与效益

本成果在赛格广场、地王大厦等工程中应用，效果良好。

(一一九)逆作法施工技术

1.成果简介

本技术是建设部发布的建设行业科技成果推广项目，逆作法是将地下结构的外墙作为基坑支护的挡墙（地下连续墙）。将结构的梁板作为挡墙的水平支撑、将结构的框架柱作为挡墙支撑立柱的自上而下作业的基坑支护施工方法。逆作法可分为全逆作法、半逆作法和部分逆作法三种。逆作法具有以下技术特点：(1)适用性广，可在各种地质条件和周围环境下作业；(2)基坑变形小，对周围环境和建筑物影响小；(3)施工效率高，工程施工总工期短；(4)结构设计合理；(5)施工工序简化，经济效益明显。

2.应用与效益

本成果在深圳地王商业中心、赛格广场工程等工程中应用，效果良好。

(一二〇)早拆模板技术

1.成果简介

本技术是建设部科技成果推广应用项目，具有节约模板、钢管材料等周转材料，节省工期、节能环保等优点。

2.应用与效益

在万科东海岸社区（一、二期）、深圳书城、邮电信息枢纽大厦、福岸新洲名苑等工程中应用，取得了良好的社会效益和经济效益。

(一二一)复合土钉墙支护技术

1.成果简介

本项目是建设部科技成果推广应用项目，具有施工操作方便、造价低、整体安全稳定、节能环保等优点。

2.应用与效益

经在万科东海岸社区（一、二期）、深圳安业馨园、深圳供电局高层住宅等工程中应用，效果良好。

(一二二)高强高性能混凝土技术及混凝土裂缝控制技术

1.成果简介

本技术为广东省建设厅发布的建设行业科技成果推广项目，具有高抗渗性。高抗渗性是高耐久性的关键。本技术对混凝土具有较高的抗裂要求，从混凝土结构的设计、原材料(水泥、掺和料、细骨料、粗骨料）的选择、优化抗裂混凝土配合比，预防了混凝土裂缝的产生，混凝土体稳定性高、抗介质侵蚀能力强，满足工程结构或构件较高要求的承载能力的要求，具有良好的施工性，有节约资源、节能环保等优点。

2.应用与效益

经在万科东海岸社区（一、二期）、深圳书城、香江西苑、万科中心、卓越世纪中心一标段、卓越时代广场写字楼等工程中应用，效果良好。

(一二三)冷轧带肋钢筋焊接网应用技术

1.成果简介

冷轧带肋钢筋焊接网将原来的现场制作工序及90%以上的绑扎成型工序进行工厂化生产，除保证了钢筋制作、绑扎的质量外，还大大缩短了工程的施工周期，解决了调直钢筋时所产生的噪声污染等问题，促进了现场文明施工，具有节能环保等优点，在楼面结构板中使用。

2.应用与效益

该技术在丸泽机电（深圳）新厂工程等工程中得到应用，效果良好。

(一二四)“小预应力工法”在加固工程中的应用

完成单位：深圳市天其佳实业有限公司

主要完成人：傅淑娟、赵崇恒、李敬业、李大伟、刘建洪

1.成果简介

“小预应力工法”是相对于普通预应力方法的一种简单的预应力工法，其特点是用扭力扳手对带有螺纹的钢筋进行扳扭，张紧钢筋施加预应力。此方法工具简单，施工方便，受力明确。

通过试验、计算已得到扭力板手与钢筋中的纵向拉力的相关关系。

该方法可用于受弯构件加固中各纵向钢筋及箍筋的张紧，以消除应力滞后影响和用于活动裂缝的治理及阳台下垂的调整。

2.应用及效益

首次将此方法用于园岭八角楼四楼挑檐的加固中，该挑檐已因根部开裂而下垂，用“小预应力工法”把挑檐端部拉起，减小了端部下垂并增加了负钢筋，完成了加固工作。施工速度快，节省钢筋10%左右，加固效果明显，受到甲方好评。

(一二五)深圳市市民中心工程（建设部专项技术科技示范工程）

证书编号：建设部05020

完成单位：中铁建工集团有限公司深圳分公司

主要完成人：杨煜、侯玉水、穆亦龙、李光球、王英、刘青锋、王静、赵金龙、钟万才

完成时间：2005年8月6日

示范技术内容

纤维混凝土在地下室大体积混凝土工程中的应用技术、高抛免振捣自密实混凝土在钢管混凝土中的应用技术、虹吸式屋面排水系统在56000㎡超大曲面屋面的应用技术、486mx154m超大型钢网架屋盖结构施工技术。

(一二六)深圳市会议展览中心（建设部专项技术科技示范工程）

证书编号：建设部05017-2

完成单位：江苏省华建建设股份有限公司深圳分公司

主要完成人：朱学农、吴碧桥、朱国梁、张立新、卞国祥、徐锋、陶有山、蔡军、阮师权

完成时间：2005年3月17日

示范技术内容

深圳市会议展览中心位于深圳市中心区，地下3层，地上5层，总高度60m，建筑面积28万㎡，工程中运用了126m大跨度张弦梁施工技术；三掺、降温防止大体积混凝土裂缝综合技术；高支膜格构式钢框架支撑系统技术；计算机数值模拟分析技术；固定金属遮阳百叶板应用技术。

(一二七)深圳电视中心（建设部科技示范工程）

证书编号：建科[2001]5-010号

完成单位：中建二局有限公司深圳分公司

主要完成人：李景芳、夏宏智、马永志、丁鹏、刘培、郝天和、郑强、张远富、张勇、张丽娟、韩今强

完成时间：2005年9月15日

示范技术内容

新Ⅲ级钢筋的应用；钢筋等强度滚轧直螺纹连接技术；混凝土中掺加PP纤维应用技术；混凝土中掺加KY-FS复合防水剂应用技术；APP塑性体改性沥青防水卷材的应用；“贴必定”自粘性防水卷材的应用；导轨式电动整体提升爬架的应用、拉索点支撑双层敞开式通风幕墙、钢骨混凝土结构施工技术。

(一二八)深云村经济适用房绿色施工示范工程（住建部、中国城市科学研究会绿色建筑和节能委员会认定绿色施工示范项目）

完成单位：深圳市越众(集团)股份有限公司

主要完成人：应宪、疏义、谭松明、张昭雄、吴鸿、李建春、高小龙、史剑、刘明华、金雨红、向华伟、杜丽君、袁克明

完成时间：2010年6月

示范技术内容

优化模板方案及塑料模板的应用、优化钢筋下料及废料的利用、混凝土余料及混凝土废渣的利用、砌体残砖的加工利用、可收集重复使用的临建材料的使用、连锁砖路面、节能器具的使用、能耗实时监控系统、节水器具的使用、雨水收集净化循环利用系统、用水监控、清水混凝土在房屋建筑工程的运用、垃圾源分析及分类收集处理、噪声源分析、噪声及扬尘监控等。

(一二九)江苏省华建建设股份有限公司技术中心深圳分中心

完成单位：江苏省华建建设股份有限公司深圳分公司

当地主管单位：江苏省经贸委科学技术处

确认文号及时间：苏经贸科技[2009]41号

成立日期：2007年

研发中心或产业化基地简介

江苏省华建建设股份有限公司技术中心于2007年成立，2009年1月公司技术中心被江苏省经贸委和建管局认定为江苏省建筑业企业技术中心，深圳分中心是总公司技术中心的一个重要的分支，依据总公司科技发展规划及计划，结合本单位的施工、生产需要，以项目为依托，以成套和专项施工技术为重点，开展应用技术的开发研究，同时以新技术应用示范工程为载体，开展新技术的推广和科技成果转化工作。技术分中心由分公司直接领导，技术分中心主任由分公司总工程师兼任。

研发或产业化成果：

(1)超高层建筑斜向型钢混凝土组合柱成套施工技术；

(2)超高层建筑直升飞机停机坪及观光屋面施工技术；

(3)无缆大角度回转式拔杆拆除内爬式塔吊施工技术；

(4)EPE隔声垫与现浇混凝土复合隔声楼面施工技术；

(5)设置后浇带的高空大跨连体结构模板支撑系统设计与施工技术。

(一三〇)中国华西企业有限公司技术中心

完成单位：中国华西企业有限公司

当地主管单位：四川省人民政府四川省经济委员会

确认文号及时间：川经[2009]364号

成立日期：2007年

研发中心或产业化基地简介

中国华西企业有限公司技术中心于2007年成立，2009年通过四川省人民政府四川省经济委员会认定为省级企业技术中心，研发机构设有预应力研究中心、钢结构研究中心、工程测试研究中心、节能技术研究中心、新型材料研究中心、设备与周材研究中心、澳

门研究基地。技术中心由公司总部直接领导，技术中心主任由公司总经理兼任。

研发或产业化成果：

(1)建筑用脚手架短钢管光电控制自动焊接技术；

(2)南方地区外墙外保温砂浆抗裂与防渗施工技术；

(3)夹胶玻璃阳台围栏的拼装施工技术；

(4)建筑设备及管线等电位联结集成施工技术；

(5)引流法控制预应力孔道灌浆施工技术；

(6)油库码头1000m超长距离泵送混凝土技术。

(一三一)钢管混凝土叠合柱结构施工工法

工法编号：GDGF046-2009

工法级别：广东省省级工法

完成单位：深圳市第一建筑工程有限公司、深圳龙岗阳光金属构件公司

主要完成人：杨程、王旭峰、金陵、李正勇、冯清川

发证日期：2010年6月

1.工法内容简介

本工法包括钢管制作和安装、钢管内混凝土浇注和钢管外钢筋混凝土施工三部分，钢管柱柱管等构件实行工厂制作，钢管之间采用焊接、连接翅片芯与钢筋翅片连接。管内外混凝土可不同期施工。

2.应用与效益

通过在东海商务中心等工程应用，钢管混凝土叠合柱通过组合优化，造价低，断面小，现用绑扎连接工程量小，节点连接构造简单，焊接工作量少，有利于绿色施工，节能环保效果明显。

(一三二)混凝土密肋梁预制箱体空腔楼盖施工工法

工法编号：HBGF186-2008

工法级别：省级

完成单位：中建三局第一建设工程有限责任公司深圳分公司

主要完成人：刘洪海、杜永伟、李强、王选民、童涛

发证日期：2009年

1.工法内容简介

混凝土密肋梁预制箱体空腔楼盖是由预制空腔箱体、现浇钢筋混凝土密肋梁和框架梁构成的整体结构，该楼盖优良的双向传力性能和箱体构件上、下面板对密肋梁和框架梁明显的刚度贡献，使主体结构的框架梁和密肋梁同高度形成底面平整的整体楼盖。

2.应用与效益

提高了楼盖的整体性能，并具有自重轻、挠度变形小、保温隔热、隔声、空间灵活间隔等特点，省钢材20%～30%，节省混凝土40%～50%，节省模板15%～20%，加快施工进度30%，使土建工程费用大大降低，符合环保节能的原则。

(一三三)多层框架结构预应力斜拉索施工工法

工法编号：HBGF046-2008

工法级别：省级

完成单位：中建三局第一建设工程有限责任公司深圳分公司

主要完成人：戴岭、何景洪、梁清淼、刘洪海、李强、浦正锷、刘献伟、岳进、王霓、杨建中、彭兴宇、肖禾、蒋科仪、张雪峰、朱志荣

发证日期：2008年

1.工法内容简介

根据超长连体斜拉转换的结构特点，控制预应斜拉索结构施工过程中的结构形状、结构变形，保证混凝土结构梁、柱在施工过程中主要承受自重和较小的由于变形产生的弯矩效应，避免开裂。

2.应用与效益

在深圳万科中心钢结构+预应力拉索结构体系中应用，该工程采用7x499超高强高耐久性索，索体直径为196mm，为目前世界上工程应用的直径最大、强度最高的拉索。与常规钢结构相比，节约钢材约8000t，减少投资约6000万元。

(一三四)滨海环境高耐久性清水混凝土施工工法

工法编号：HBGF194-2008

工法级别：省级

完成单位：中建三局第一建设工程有限责任公司深圳分公司

主要完成人：戴岭、冯乃谦、何景洪、梁清淼、刘洪海、刘献伟、岳进、寇广辉、李强、杨建中、张重伟、王卫仑、浦正锷、彭兴宇、朱明

发证日期：2009年

1.工法内容简介

采用理论分析、检验试验手段，从滨海环境作用下氯离子等对结构耐久性影响评估、滨海环境中高耐久性清水混凝土配制技术、清水混凝土施工技术三个方面保证滨海地区高耐久性清水混凝土的结构施工质量。

2.应用与效益

新技术的应用及技术上的创新给项目带来了显著的经济效益，在模板方面节省投入58万元，并省去表面精装需投入的大量费用，同时保证结构耐久性，省去结构使用安全而进行提前维修的大量无形费用。

(一三五)竹模饰面混凝土施工工法

工法编号：HBGF187-2008

工法级别：省级

完成单位：中建三局第一建设工程有限责任公司深圳分公司

主要完成人：戴岭、冯乃谦、何景洪、梁清淼、刘洪海、刘献伟、岳进、寇广辉、李强、杨建中、张重伟、王卫仑、浦正锷、彭兴宇、朱明

发证日期：2009年

1.工法内容简介

通过在大模板面板铺贴三分之一截面竹板和PVC条作为内衬，通过铝梁+槽钢的加固体系，混凝土浇筑完成后形成一种天然的饰面效果。

2.应用与效益

万科中心工程项目中的附属建筑外墙采用竹模饰面混凝土施工工艺，与常规施工方法相比，有较好的经济效益和社会效益，产生经济效益86.35万元，并得到业主的一致好评。

(一三六)整体装配式框架结构施工工法

工法编号：GJYIJGF016-2008

工法级别：国家一级

完成单位：中建三局第一建设工程有限责任公司深圳分公司

主要完成人：戴岭、冯乃谦、何景洪、梁清淼、刘洪海、刘献伟、岳进、寇广辉、李强、杨建中、张重伟、王卫仑、浦正锷、彭兴宇、朱明

发证日期：2009年

1.工法内容简介

以每层每跨为单元合理分构件，便于构件加和吊装；对所有构件之间进行钢筋检讨，避免吊装冲突和构件危害；合理运用连接形式，有效解决锚固对构件吊装的影响。

2.应用与效益

该工法在万科第五园工程中成功得到应用，节约工期3～4个月；由于新技术的应用及技术上的创新给项目带来了显著的经济效益，在机械租金、材料投入、人工费支出方面共计节省投入322.5万元。

(一三七)长螺旋钻孔压灌混凝土桩、CFG桩复合地基施工工法

工法编号：GDGF116-2008

工法级别：广东省省级

完成单位：深圳市建筑工程股份有限公司

主要完成人：李学健、罗斯、梁洪枢、黄树林、颜驹

发证日期：2009年3月19日

1.工法内容简介

长螺旋钻孔压灌混凝土桩、CFG桩复合地基施工工法钻孔可入强风化岩，桩、桩间土和褥垫层共同承担荷载，具有承载力高、荷载调整幅度大、沉降变形小、沉降稳定较快等特点，且施工无震动，噪声低，成桩速度快。该工法技术先进，施工简易，可节约工程造价约1/3~1/2，经济、环保，节能效益显著。

2.应用与效益

本工法在深圳市中医院住院楼工程、龙岗区中心医院工程、深圳港大铲湾港区集装箱码头一期工程控制大楼桩基础及5号变电所土建工程、宝源路市政工程、深圳市龙岗区人民医院住院大楼等工程中应用，累计产生经济效益1180万元。

(一三八)高层建筑垂直系统母线槽施工工法

工法编号：GDGF124-2008

工法级别：广东省省级

完成单位：广东省工业设备安装公司、深圳市建筑工程股份有限公司、深圳市西部城建工程有限公司

主要完成人：吴睿力、孙健桦、邓耀全、谢玉金、夏可夫、张星荣、张伟华、邹雪芹、吕怀兴

发证日期：2009年3月19日

1.工法内容简介

本工法技术先进，安装简单、方便，母线槽长度现场智能测量，工厂定制，现场安装，缩短了施工工期，保证了工程质量，降低人工成本，解决了使用电缆在安装中产生的大量尾料、废料等问题。

2.应用与效益

高层建筑垂直系统母线槽施工工法应用于深航综合办公楼、中国经贸大厦、精量电子集团全球研发生产基地等工程，累计产生经济效益380万元。 本工法技术先进，工序规范，节能环保，具备较高的推广应用价值。

(一三九)薄壁芯管现浇混凝土空心楼盖施工工法

工法编号：GDGF013B -2007

工法级别：广东省省级

完成单位：深圳市建筑工程股份有限公司

主要完成人：李国松、林峰、岳自龙、张伟华、赖茹清

发证日期：2008年1月25日

1.工法内容简介

薄壁芯管现浇混凝土空心楼盖是采用与混凝土紧密结合的薄壁芯管现浇成型的空心楼板，是集新技术、新材料及新施工方法于一身的新技术产物。该工法技术先进，施工快捷方便、抗震性能好，综合造价低，隔热、保温性能好，隔声效果佳，符合环保节能的原则。

2.应用与效益

本工法应用于深圳市海翔工业园A-2栋厂房等工程，累计产生经济效益480万元。在隔声效果要求较高及对保温、隔热要求较高的各类工业与民用建筑中有着广阔的推广应用前景。

(一四○)大面积水泥混凝土地面层超长条形分仓施工工法

工法编号：GDGF048-2009

工法级别：广东省省级

完成单位：深圳市建工集团股份有限公司、深圳市建设（集团）有限公司

主要完成人：周杰、段少也、张进军、侯光华、郭宁

发证日期：2010月6月

1.工法内容简介

大面积水泥混凝土地面采用超长条形分仓法施工，突破常规分仓法施工方法，一次施工的混凝土地面宽度不超过6m，长度超过100m，其后再进行横向切割分仓。能较好地控制地面平整度和混凝土的收缩变形，减低裂缝的发生率，在保证施工质量的同时提高工效，加快施工进度。采用小角钢作为超长条分仓地面两侧的纵向分仓条，采用“三线定位”法对小角钢分仓条定位控制的安装工艺，提高超长预设分格缩缝的顺直度、平整度等施工质量水平，收到了很好的效果。

2.应用与效益

应用于惠州会展中心工程的地下室车库及展厅地面。其中地下室分为28仓块施工，展厅分为44仓块施工。经过对上述部位的条形分仓施工，施工效果良好，质量综合评价满足规范要求。

大面积水泥混凝土地面面层三线控制超长分格缩缝技术，因采取了条形分格缩缝的方法，减少了分格缩缝的数量，比常规分格缩缝法施工速度加快约30%，有效地加快了混凝土施工进度，从而提高了经济效益，平均每平方米约比常规施工方法的施工成本降低0.95元。返修成本只有0.11元/m^2，较以往的工程低。

采用该技术，保证了整体混凝土的施工质量，直接减少了返工等损失，树立了良好的企业形象，具有很好的社会效益。

(一四一)空间异型多曲面单层网壳高空散装施工工法

工法编号：GDGF049-2009

工法级别：广东省省级

完成单位：深圳市建工集团股份有限公司

主要完成人：米本周、孙顺利、石义维、李坚、熊小亮

发证日期：2010月6月

1.工法内容简介

设计专用空间异型单层网壳可调支撑器，有效控制支承架的整体沉降及对杆件两端部三维点进行准确定位。根据工程结构特点，制定科学合理的拼装顺序，有效减少累积误差；针对13万条焊缝焊接量大、焊接应力变形复杂的难题，技术人员反复研究，工前制定焊接施工方案，确定科学合理的焊接顺序，有效地减少了应力变形。利用计算机运用SAP2000模拟卸载过程，确定卸载方法与顺序，有效控制卸载后的应力及位移变化。

2.应用及效益

惠州会展中心屋面网壳工程空间异型多曲面单层网壳施工完成后，各方面检测的数据都满足施工验收规范的要求，施工进度大大提高，减少了施工成本的支出。通过对比，施工技术创新后比原来节约428万元。按屋面网壳2.4万m^2施工面积计算，每平方米节省施工成本约178元，经济效益明显。

(一四二)清水饰面混凝土钢大模板施工法

工法编号：GJEJGF062-2008

工法级别：国家级工法

完成单位：深圳市建工集团股份有限公司、深圳市建设（集团）有限公司

主要完成人：米本周、陈宏峰、李冠填、温木兴、郭宁

发证日期：2010年4月

1.工法内容简介

选用酸洗钢面板，采用脱水防锈油模剂，消除混凝土表面模板痕迹色差、铁锈及污迹。设计专用栓空模套、分格明缝钢条，避免混凝土浇筑时漏浆污染墙面，保证墙面螺栓孔位和分格明缝装饰一次成型，观感好。

2.应用与效益

清水饰面混凝土钢大模板不仅能创造经济效益，明显提高工程质量，而且对环保、节能、实现可持续发展具有积极意义。该工法应用于深圳惠程电气厂区工程，克服了模板引起的混凝土缺陷，节省了表面清理打磨、线条修补、螺杆洞修补等费用，与一般施工法相比节省13元/m^2，经济效果明显。

(一四三)半潜驳浮箱施工工法

工法编号：YJGF11-98

工法级别：国家级工法

完成单位：中建二局有限公司深圳分公司

主要完成人：张承馥、李代明、张惠民、高愈、李平正、陈坤厚、华永年、陈健

发证日期：1998年

1.工法内容简介

该工法先以半潜驳为载体，在其甲板上完成大型浮箱的制作，后经沉浮分离、浮运、定位，将浮箱沉放在基床上，在浮箱围护下，在箱内进行干式作业，完成水工构（建）筑物的施工。

2.应用与效益

该工法在深圳妈湾电厂循环水泵房施工中应用，为深圳妈湾电厂抢回工期一年，实现了18个月1#机组并网发电，创造了国内外同类工程的最短工期，同时节约建造成本105万元，技术进步效益率为2.5%。

(一四四)柔性接口离心铸铁排水管安装工法

工法编号：YJGF99-2004

工法级别：国家级工法

完成单位：中铁建工集团有限公司深圳分公司

主要完成人：柳海民

发证日期：2006年1月

1.工法内容简介

卡箍式离心铸铁管采用不锈钢卡箍连接，管与管或管与配件之间夹一层橡胶，所以属于柔性接口，允许有一定的转向调节，可以解决有一定弧度敷设的排水管线。但接口不能承受太大的轴向的拉力和垂直于轴向的剪切力，故在水平方向每根直管必须有两个支架，而且必须有一个是固定支架。在垂直方向剪切力很小，主要承受垂直方向的承载力，每根管道只需一个支架即可，但立管底部转向处必须设一个加强型支架，以消除可能的垂直方向的冲击力和水平方向的反冲击力。还有一个传统排水管无法具备的特点：在更换任意一根管时，不用拆除相邻管段，只需松开被拆管段两头卡箍，直接更换相同尺寸的管段，然后重新箍紧不锈钢卡箍即可。

2.应用与效益

卡箍式离心排水铸铁管应用于雨水、污水和通气管系统中。虽然材料费比传统排水管（承插铸铁排水管、UPVC塑料管）高大约20%，但其实际安装费比传统排水管安装费用低30%~40%，并且卡箍式离心铸铁管使用寿命长、坚固耐用、维修方便，返修率低。

该系统巧妙地运用了一些特殊的配件，如穿楼板专用短管、90°鸭脚弯头，可以节省许多管支架、穿楼板套架，节省投资。另外，这套施工技术，克服了卡箍式接口不能承受拉力和剪力的缺点，使柔性卡箍管用于排水系统更完美。

柔性卡箍式排水铸铁管施工技术是从深圳市民中心工程的现场研究试验中总结出来的一套行之有效的施工方法，同时又指导了该项目雨水系统、污水系统的现场安装。自2001年3月开始到目前，雨水系统已全部完成；污水主干管也已全部安装完毕，并一次性通过了闭水试验，经甲方、监理验收合格，经系统调试，排水畅通，未出现任何渗水现象。雨水系统经几年的运行，情况良好，未出现任何问题。

(一四五)超深基坑钢筋混凝土内支撑体系切割卸载与静爆拆除施工工法

工法编号：GJEJGF030-2008

工法级别：国家级工法

完成单位：中铁建工集团有限公司深圳分公司

主要完成人：冯涛、钟万才、文有明、俞宏箭、吕燕霞

发证日期：2009年10月

1.工法内容简介

利用监测技术进行内力分析，利用切割卸载技术完成结构换撑平稳过渡，利用化学药品静态膨胀技术使混凝土产生裂缝而破碎，再用小风镐进行集中破碎清运，完成支撑体系拆除。

2.应用与效益

该工法在多个工程中应用，与传统的拆除方法（爆破拆除、机械拆除、切割拆除、人工拆除）相比更具有优越性，对周围建筑物的影响较小，产生的粉尘少，噪声小，更具有环保效果；施工安全简便快捷，设备简单易操作，工期短，综合成本相对较低，经济效益明显。

(一四六)全站仪AUTOCAD软件结合在施工测量中的应用工法

工法编号：GDJGF2006-02

工法级别：广东省省级工法

完成单位：中铁建工集团有限公司深圳分公司

主要完成人：尹振宇

发证日期：2006年12月

1.工法内容简介

用系统的观点把先进的仪器、软件、严谨的施工作风及科学的管理手段结合起来的施工测量新技术。此方法思路清晰，操作简单明了，精度高，误差小，充分体现了全站仪与CAD结合应用的优点。利用AUTOCAD软件的坐标查询功能将控制坐标点（或所有关键点）自动记录下来，再配合全站仪的坐标放样功能便能将建筑物精确、迅速地定位下来，使测量的放样精度及工作效率得到很大的提高。

2.应用与效益

本工法利用AutoCADR14的自动捕捉和查询功能，将所需要控制点的坐标自动捕捉下来（任意点的坐标），再结合使用全站仪的坐标放样功能，准确、方便地测设出整个建筑的平面控制网，为施工测量提供了新的方法。采用本工法，能准确、方便地进行平面建筑网的控制，测量精度高，速度快，操作简便，安全、实用，不受场地限制，可直接放样；而CAD的自动捕捉坐标功能，避免了繁琐的计算，尤其是对那些平面图形复杂的建筑物更是起到了事半功倍的作用。建筑物的平面图形越复杂，所收到的效益越好。

(一四七)薄壁芯管现浇混凝土空心楼盖施工工法

工法编号：粤建工法证字（2007）013号

工法级别：广东省省级工法

完成单位：中铁建工集团有限公司深圳分公司

主要完成人：韩昆、岳自龙、王晓杰、饶小春、李茂辉

发证日期：2008年1月

1.工法内容简介

"薄壁芯管及现浇混凝土空心楼盖技术"打破了传统结构模式，把建筑物集中受力的梁变成无数分散空间受力的"工"字空心结构体系，使楼盖的力学性能更为合理，解决了钢筋混凝土自身体积大、重度高等缺陷。主要用于对隔声效果要求较高的图书馆、教学楼、住宅、医院、娱乐场所、疗养院，及对保温、隔热要求较高的大型冷库、储物库、空调房、屋面等。

薄壁芯管是一根长度一定、两端封闭、壁厚3~5mm的空心管，与混凝土共同工作具有优良的特性。为保证整个现浇混凝土空心楼板的强度，需对薄壁芯管抗压线荷载、饱水抗压线荷载、抗震动冲击进行检测，合格后方可使用。

在百合星城二期工程使用，经济效益分析比较，证明该技术具有广阔前景和使用价值。

2.应用与效益

本技术的土建工程费用与一般的钢筋混凝土结构基础持平，与一般的平板、实心无梁板相比，土建工程费用大大降低。同时，对于采用集中式空调的建筑来说，楼层层高可减少0.4m左右，如仍按原层高设计，则可降低总高。降低层高则可增加层数，增加使用面积，给业主带来可观的经济效益。本技术符合环保节能的原则。本技术是无梁楼盖结构体系中多孔现浇板的新技术，是现有板式结构施工技术的发展和创新，具有广泛的推广应用价值，有显著的经济效益和社会效益。

(一四八)大型场馆钢结构安装工法

工法编号：EJGF090-2008

工法级别：国家级

完成单位：广东省工业设备安装公司深圳分公司

主要完成人：黄伟江、张广志、陈友明、李琦、王恒

发证日期：2009年10月

1.工法内容简介

该工法采用高强度预应力锚栓高精度预埋、张拉以及灌浆工艺，复杂空间钢结构测量技术，大吨位、大体积构件吊装工艺，低合金高强度结构钢材工艺，计算机模拟控制张拉技术，在大跨度、复杂空间等大型场馆钢结构工程方面具有先进性、创新性和实用性，保证了大型场馆钢结构的安装质量。

2.应用与效益

该工法已成功应用于广东奥林匹克体育场、深圳会议展览中心、佛山新闻中心、中国出口商品交易会琶洲展馆二期等大型钢结构工程，取得了经济效益约3500万元，具有节能、降耗、环保的效果，对钢结构工程施工起到了较大的推动作用，具有广泛的应用前景。

(一四九)GRC轻质条板安装施工工法

工法编号：GDGF074-2008

工法级别：广东省省级

完成单位：深圳市建设(集团)有限公司、深圳市金众（集团）股份有限公司

主要完成人：肖营、邓威、陈力波、陈志龙、石义维

发证日期：2009年3月

1.工法内容简介

本工法创造性地在GRC轻质条板安装施工时，在条板接缝处使用憎水型防裂胶二次刮缝，并粘贴防裂纤维布用聚合物砂浆平缝控制裂缝的产生，解决了轻质条板施工过程中容易出现板缝开裂的问题。

2.应用与效益

2007年，本工法应用于侨香村经济适用房8标工程，节约成本15510元，成本节约率为3.52%，缩短了施工工期，减少了人工及维修费用，有利于保护耕地，保护生态环境，推进可再生能源与建筑结合配套技术的研发应用。

(一五○)砌块及瓷片切割降尘施工工法

工法编号：GDGF075-2008

工法级别：广东省省级

完成单位：深圳市建设(集团)有限公司、广州市建筑集团有限公司

主要完成人：肖营、黄育松、郭宁、屠尚德、刘金刚

发证日期：2009年3月

1.工法内容简介

本工法用于砌块及瓷片等镶贴板材切割施工，通过利用循环水产生水雾，达到降尘、降噪、节水施工的目的。

2.应用与效益

2008年应用于深云村经济适用房7标工程切割镶贴板材作业，消除了90%以上的粉尘，成功地达到了降尘的目的，降低了切割噪声，减少了对环境的污染和人员的伤害，而且通过降尘循环水利用，达到了节约用水的目的。

(一五一)雨水、混凝土养护水收集重复利用施工工法

工法编号：GDGF073-2008

工法级别：广东省省级

完成单位：深圳市建设(集团)有限公司、深圳市市政工程总公司

主要完成人：肖营、凌添兵、陈志龙、郭宁、庞聪

发证日期：2009年3月

1.工法内容简介

本工法用于降雨量较为充沛地区，设计有地下室的钢筋混凝土框架结构、框剪结构等建筑物的雨水、混凝土养护水的收集重复利用。

2.应用与效益

2008年，本工法应用于朗苑商住楼工程，产生直接经济效益21456.96元，节水率达30%以上。有效利用降雨量充沛地区的气候特点，大大节约了城市自来水用量，对节水型社会建设进行了积极探索，具有良好的社会效益。

(一五二)大型钢构件平衡法安装施工工法

工法编号：GDGF051-2009

工法级别：广东省省级

完成单位：深圳市建设(集团)有限公司、汕头市达濠市政建设有限公司

主要完成人：肖营、沈开权、谭锦辰、陈志龙、薛华伟

发证日期：2010年5月

1.工法内容简介

本工法用于高层、超高层大跨度钢构件吊装工程中钢结构构件的吊运安装施工，尤其是超出塔吊、汽车吊等垂直运输设备覆盖范围和吊承能力的吊装工程。

2.应用与效益

2008年应用于华南国际皮革皮具原辅料物流区二期工程A标段，实现经济效益38万元，成本节约率1.9%。本工法为高楼层、大跨度、大进深钢构件吊运安装的施工提供了一种经济、高效、安全、环保、节能的解决办法，在工程实际应用中取得了良好的经济、社会效益，环保节能，具有良好的推广价值和发展前景。

(一五三)双联拱隧道由主洞斜插入中导洞施作中隔墙施工工法

工法编号：GDGF052-2009

工法级别：广东省省级

完成单位：深圳市建设(集团)有限公司、深圳市第一建筑工程有限公司

主要完成人：肖营、于芳、韦臣、刘刚根、徐瑞生

发证日期：2010年5月

1.工法内容简介

本工法用于软围岩双联拱隧道初期开挖支护，以及大跨度多导洞开挖地下工程或隧道工程施工。通过在主洞中斜向开挖进入中导洞，在主导洞开挖过程中碰到困难时创新出新工作面，使施工进度不受客观条件影响，加快施工进度；可有效避开围岩变坏、涌水加大等不利地质条件地段，另行掘进中导洞。

2.应用与效益

2008年应用于深圳市南通道工程，因使用本项成果，在主导洞开挖过程中碰到围岩变坏、涌水加大等困难，另行掘进了中导洞创造出新工作面，使施工进度未受客观条件影响，加快了施工进度，减少了损失，节约了成本，并有效保障施工安全，社会效益显著。

(一五四)大跨径隧道双上侧壁导坑施工工法

工法编号：GDGF050-2009

工法级别：广东省省级

完成单位：深圳市建设(集团)有限公司、汕头市达濠市政建设有限公司

主要完成人：肖营、韦广华、曹泊宇、胡伦炜、王首标

发证日期：2010年5月

1.工法内容简介

本工法适用于公路、市政隧道工程施工，以导坑法为基础，在隧道同一位置采用双侧壁导坑法与台阶法相结合进行施工，以起拱线为界将隧道横断面分为上下两部分，上部分采取双侧壁导坑法施工，将大断面隧道分成左右导洞先后紧随施工，然后放坡开挖核心土，既减小了每个坑道的跨度，又能让核心土起到支撑作用。下部分分左右幅先后开挖，并及时施作仰拱及填充层，最后施作拱墙拱顶二次衬砌，与围岩及初期支护进入共同工作状态。

2.应用与效益

2009年本技术应用于丹平快速路一期工程。与双侧壁导坑法施工相比，每延米节约成本5970元。由于采用双侧壁导坑法与台阶法相结合进行施工，既保证了施工安全，又降低了造价，加快了施工进度，且围岩变形几乎不发展，能够满足对变形要求严格的项目施工。本技术在软弱围岩部分采取机械开挖，在仰拱较硬围岩部分可采取微爆破，施工噪声相对较低，对环境影响小，有很好的社会效益。

(一五五)外墙窗户U形窗套施工工法

工法编号：GDGF053-2009

工法级别：广东省省级

完成单位：深圳市建设(集团)有限公司、深圳市建工集团股份有限公司

主要完成人：肖营、陈志龙、郭宁、凌添兵、李坚

发证日期：2010年5月

1.工法内容简介

本工法主要用于解决外墙窗户防渗漏问题，通过在外墙窗洞上采用设有“L”形挡水坎的预制或现浇钢筋混凝土窗套，在窗框边采用聚氨酯发泡胶和聚合物水泥砂浆堵缝，在窗边外侧先刷聚合物水泥基防水涂料，然后抹聚合物水泥砂浆，并在窗框外侧四周预留槽口填嵌中性硅酮密封胶，形成窗边防渗漏成套技术，从根本上解

决外墙窗户防渗漏问题。

2.应用与效益

2007年应用于朗苑工程，节约成本79090元，成本节约率为3.04%。应用本技术克服了窗边渗漏的难题，减少了返修材料浪费，减少了社会资源消耗，减少了客户的投诉率及返修率，受到业主的肯定，赢得了较大的社会信誉。

(一五六)早拆模支撑体系施工工法

工法编号：GDGF054-2009

工法级别：广东省省级

完成单位：深圳市鹏城建筑集团有限公司、深圳市建设（集团）有限公司

主要完成人：马宝兴、陈志龙、赖良学、何东进、李世钟

发证日期：2010年5月

1.工法内容简介

本工法针对高层钢筋混凝土结构施工特点，使用操作简易、切实可行的建筑模板早拆托顶装置（此装置获国家专利，专利权人为本公司项目经理马宝兴，专利号ZL 031468942）做模板支撑体系，达到加快模板周转、节省投入的效果。采用早拆托顶装置在混凝土浇筑48h后即可在不松动支撑的前提下拆除模板，操作简单，适应性和通用性强，易于推广。

2.应用与效益

本工法已成功应用在福岸新洲名苑工程、天地峰景工程及深圳市香山美树苑等工程中，采用早拆托顶装置在混凝土浇筑48h后即可在不松动支撑的前提下拆除模板，加速模板周转，显著节约模板费用并节省工期，经测算，节约成本约25.3元/㎡，普通支撑体系成本为35元/㎡，节约率为25.3/35=72.3%，有着良好的经济效益及社会效益。

(一五七)导轨法坡屋面现浇混凝土收面施工工法

工法编号：GDGF055-2009

工法级别：广东省省级

完成单位：深圳市鹏城建筑集团有限公司、深圳市建设（集团）有限公司

主要完成人：蔡希杰、张志钢、刘永春、郭宁、王世佼

发证日期：2010年5月

1.工法内容简介

本工法针对坡屋面结构特点，使用一种操作简易、切实可行的导轨，来保证混凝土的浇筑质量。通过对混凝土平整度、标高等的严格控制，使屋面结构板达到抹灰层的平整要求，取消屋面板找平层。本施工工法适用于通常设计坡度在25°~60°之间的密实性的坡屋面结构。

2.应用与效益

本工法已成功应用在紫泉翠荔嘉园二期工程、紫泉翠荔嘉园三期工程及集信名城北区工程等工程中，有效节省了屋面找平层的费用，经测算，节约成本约2.2元/㎡，取得了良好的经济效益及社会效益。

(一五八)高耸构筑物内爬塔吊高空拆除工法

工法编号：GJYJGF040-2008

工法级别：国家级工法

完成单位：四川华西集团有限公司、江苏省华建建设股份有限公司

主要完成人：王其贵、陈跃熙、谢守德、董群、罗呈刚、胡华兵

发证日期：2009年10月

1.工法内容简介

本工法研制的定型无缆大角度回转式拔杆，基座的四根平衡臂与屋面的钢筋混凝土梁用螺栓和槽钢固定，不设缆风绳；该定型拔杆最大吊重为6t，下支承安有回转机构，可方便地在操作面上180°旋转。拆卸内爬式塔吊时，先利用塔吊在屋面安装定型无缆大角度回转式定型拔杆（以下简称“定型回转式拔杆”或“定型拔杆”），然后塔机整体下降，起重臂和平衡臂搁置到建筑屋面（或在屋面搭设支架），用定型回转式拔杆与龙门架、塔吊主卷扬机结合实现塔吊的屋面解体、部件移位和吊运至地面；零部件的水平移动，采用在屋面事先设计的路线上铺设钢管做导轨，然后用辅助卷扬机进行部件的牵引移动；零部件的垂直运输，采用定型回转式拔杆和塔吊主卷扬机进行吊运。塔吊主卷扬机可满足吊运重量和吊运高度的要求；定型回转式拔杆是分段组装的，其重量、尺寸均可实现解体后用现场施工电梯运回地面。

本工法利用定型回转式拔杆拆除内爬塔机，可以节省大量的费用，形成很好的经济效益，并且操作过程安全便利，便于多种工序同时进行，从而可大大缩短拆卸时间。

2.应用与效益

工法应用工程名称和时间：

(1)深圳国际商会中心（2002年9月~2004年12月）

(2)深圳荣超经贸中心（2005年11月~2007年7月）

(3)深圳江胜大厦（2006年7月~2008年12月）

目前国内拆卸内爬塔吊采用较多的方法，主要是在起重臂上安装专制小拔杆拆除起重臂和屋面安装小塔机组合拆内爬塔机，其他还有如安装附着大塔机拆内爬塔机，甚至利用直升飞机拆内爬塔机等办法。与这三种方法相比，本工法利用定型回转式拔杆拆除内爬塔机可以节省大量的费用，形成很好的经济效益，并且操作过程安全便利，便于多种工序同时进行，从而可大大缩短拆卸时间。

(一五九)设置后浇带的高层建筑高空大跨连体结构施工工法

工法编号：GJEJGF060-2008

工法级别：国家级工法

完成单位：江苏省华建建设股份有限公司、天津天一建设集团有限公司

主要完成人：石伟国、高原、吴碧桥、袁邦权、刘秋生

发证日期：2009年10月

1.工法内容简介

设置后浇带的高空大跨连体结构施工，具有结构内力状态在后浇带完成前后完全不同，转换层结构自重大、临空高度高、跨度大，施工荷载大，难度及危险性高等施工难点和特点。在高空大跨连体结构施工中，设置高空支模钢桁架、科学论证并合理利用房屋结构自身承载能力，解决因转换层后浇带混凝土未达到设计强度而转换层以上楼层不能连续向上施工的难题，经济可行，安全可靠。

本工法利用支模钢桁架平台能支承转换层及以上部分楼层的结构自重和施工荷载，来进行钢桁架的设计；支模钢桁架平台施工时，先在两侧竖向结构中安装托梁，后焊接钢桁架工字型钢梁，形成安全、可靠的模板支撑工作平台；高空大跨连体结构施工时，在平台上支设转换梁板模板，施工转换层梁板，然后逐层向上施工空中连体结构的钢筋混凝土；钢桁架在空中解体，拆除。施工过程中进行钢桁架变形监测，实时了解连体结构连续向上施工过程中钢桁架的受力状况，可根据情况对施工过程进行调控。

高空的厚大混凝土的结构施工中，以钢桁架支模平台替代传统的落地式高支模支撑体系，钢桁架平台受力明确、工艺简单、安全可靠，在工厂制作、现场安装，质量易保证，施工方便、快捷，制作钢桁架平台的型钢回收利用率高，避免大量的现场施工周转材料和劳动力的投入，节约楼层回顶加固或地基基础加固措施费用，减轻劳动强度，便于立体交叉作业。

工法应用工程名称和时间：深圳红树西岸1#楼（2003年10月20日~2006年3月28日）；深圳红树西岸2#楼（2003年10月20日~2006年3月28日）；深圳红树西岸3#楼（2003年10月20日~2006年3月28日）

2.应用及效益

（1）与传统的满堂钢管支撑相比，节约了大量的周转材料和加固费用，减轻了劳动强度，便于立体交叉作业。

（2）钢桁架平台受力均匀，传力明确，工艺简单，安全可靠。

（3）钢桁架平台的型钢回收利用率高，经济合理。

(一六○)组合式石材幕墙施工工法

工法编号：GJEJGF094-2008

工法级别：国家级工法

完成单位：海南盛达建设工程集团有限公司 、江苏华建建设股份有限公司

主要完成人：张金镒、吴兴宗、石伟国、吴碧桥、高家驯

发证日期：2009年10月

1.工法内容简介

为了追求建筑物的完美、安全、健康、节能、环保、自然和谐等，在装饰行业高速发展的今天，组合式石材幕墙在我国幕墙工程中广泛应用。组合式石材幕墙该施工技术通过合理的结构和构造设计，使石材板块彼此独立，可随时拆卸和安装，使石材幕墙易于维护；通过合理布置连接点的数量和位置，改变石材板面的受力模型，使石材幕墙系统更加安全可靠。本工法以一个横向分格和一个竖向分格为基本单元，一般板块大小在1㎡左右，质量轻、安装方便，且具有单元式石材幕墙的优点；附框制作与现场龙骨安装可同时进行，合理安排作业计划，可大大缩短工期。

其优点有：使用快捷方便；系统结构合理；背卡和石材之间用环氧树酯胶粘结，易于工厂化生产，质量容易控制，拉拔实验其承载力满足设计要求，离散性小，而且耐腐蚀性好；幕墙便于维护保养。组合幕墙组合合理，能发挥各种幕墙的特点，使建筑物的外观得有效的发挥，而且施工工艺简单，安装方便，施工工期短，综合成本低。本工法施工技术最适合用于高层和超高层建筑花岗岩、微晶石等石材幕墙。

工法在工程实践过程中总结了工艺流程、操作要点和材料要求及质量标准，详细介绍了组合式石材幕墙制安的要领，并提出了该工法实施劳动组织及安全文明施工相关要求供参考，可指导建设工程中类似工程施工。

工法应用工程名称和时间：深圳皇轩酒店（2003年10月~2006年11月）；深圳皇兴大厦（2002年4月~2005年3月）；深圳皇安大厦（2001年5月~2004年10月）

2.应用与效益

采用该工法施工的高层建筑石材幕墙工程，技术经济效益显著：施工工艺简单、安装快捷方便，节省工期，便于维护保养；石材背栓孔专业加工，质量容易控制；无污染，环保效益好。

(一六一)不锈钢管道外卡压式连接施工工法

工法编号：GDGF001-2008

工法级别：广东省省级工法

完成单位：江苏省华建建设股份有限公司 、深圳市西部城建工程有限公司

主要完成人：吴碧桥、邹雪芹、阮师权、费海丰、孙国兵、张传捷

发证日期：2009年3月

1.工法内容简介

随着我国改革开放政策的实施，国民经济快速增长，城镇住宅、公共建筑和旅游设施大量兴建，对热水供应和生活用水供给提出了更高的要求。特别是水质问题，人们越来越重视，要求也不断提高。不锈钢管更具有优越性，特别是在优质饮用水系统、热水系统及将安全、卫生放在首位的给水系统中，具有安全可靠、卫生环保、经济适用等特点。其卡压式连接的方法也凭借其无污染、简捷、方便、安全的优点成为不锈钢连接的主要方法之一。

其优点有：(1)施工工艺简单，螺纹或焊接连接需要熟练的技术工，而本连接方法只要注意施工要领，各种人员都能操作且保证质量均一。(2)施工时间大幅度缩短。管子插入管件后，用专用的卡压工具，瞬间即可完成连接作业。不需要带螺纹连接时的复杂套丝作业，也不需要焊接时的前后处理。(3)施工过程安全。由于管道施工现场不使用火源，施工安全性能大大提高。

本工法在工程实践过程中总结了工艺流程、操作要点和材料要求及质量标准，详细介绍了卡压式连接施工的要领，并提出了该工法安全措施及环保施工相关要求供参考，可指导建设工程中类似工程施工。

工法应用工程名称和时间：星河丹堤工程（2005年9月～2006年4月）；鼎太风华五期（2005年3月～2006年9月）；深圳水榭山庄一期工程（2007年1月～2007年12月）

2.应用与效益

采用该工法施工的给水系统工程，因其良好的观感效果、优良的防漏性能以及安全的使用性能在市场上建立了良好的信誉，取得了很好的社会效益，施工安全简便快捷，设备简单易操作，综合成本相对较低，经济效益明显，其发展前景十分广阔。

(一六二)高空大悬挑钢筋混凝土结构高支模施工工法

工法编号：GDGF002-2008

工法级别：广东省省级工法

完成单位：江苏省华建建设股份有限公司、深圳市西部城建工程有限公司

主要完成人：朱国梁、吴碧桥、叶平、庞文荣、王銮学、张传捷

发证日期：2009年3月

1.工法内容简介

本工法采用高空钢桁架平台上搭设模板支撑系统的施工工艺，充分利用原有大跨高悬空结构条件，在高空大悬挑结构的下一层安装钢结构的桁架梁，在桁架梁上安装工字钢，形成安全、可靠的工作平台。在平台上搭设钢管脚手排架、支立模板，施工高空大悬挑的钢筋混凝土结构。然后利用钢平台和排架系统，施工高空大悬挑结构的外装饰、装修工程。验收合格后拆除排架，再化整为零、空中解体，拆除全部钢结构桁架梁。

本高空大悬挑结构高支模的施工方法，能够充分利用结构自身的承载力，节约地基基础加固或楼层回顶的投入。钢桁架、工字钢平台受力明确，安全可靠，工艺简单，桁架梁和工字钢平台的型钢回收利用率高，经济合理。通过钢平台化落地式高支模为普通支模，避免了钢管脚手架的大量投入，减轻了劳动强度，而且占用场地小，便于立体交叉作业。

钢桁架可在场外加工预制，不占用主导工期，不占用施工场地，可提供立体交叉作业的条件。用钢桁架和工字钢组成的平台，将30m、40m、100m甚至更高的高支模，转换成普通模板支撑系统，大量节省了钢管脚手架材料的投入，其中型钢可以回收利用。钢桁架、工字钢平台受力明确、性能可靠，而钢管脚手架很难一次搭设到30m、40m和100m以上，还存在安全隐患，现将高空作业的高支模，转换成具有可靠安全防护的作业条件。在钢平台上施工高空大悬挑结构和外装饰装修工程，操作条件安全方便，便于检查、验收，有利于提高施工质量。

工法应用工程名称和时间：深圳会议展览中心（2002年11月～2005年3月）；深圳新洲骏皇嘉园（2004年10月～2006年4月）；深圳红树西岸（2003年10月20日～2006年3月28日），中国经贸大厦（2005年6月～2007年1月）

2.应用与效益

工期短：钢桁架可在场外加工预制，不占用主导工期、不占用施工场地，可提供立体交叉作业的条件。

周转材料省：利用钢桁架和工字钢组成的平台，将30m、40m、100m甚至更高的高支模，转换成普通模板支撑系统，大量节省了钢管脚手架材料的投入，其中型钢可以回收利用。

安全可靠：钢桁架、工字钢平台受力明确、性能可靠，而钢管脚手架存在安全隐患，现将高空作业的高支模，转换成具有可靠安全防护的作业条件。

便于质量控制：在钢平台上施工高空大悬挑结构和外装饰装修工程，操作条件安全方便，便于检查、验收，有利于提高施工质量。

(一六三)金钢砂耐磨地坪施工工法

工法编号：GDGF006-2008

工法级别：广东省省级工法

完成单位：广州市建筑集团有限公司 、深圳市西部城建工程有限公司 、江苏省华建建设股份有限公司

主要完成人：刘智东、吴祥威、梁伟坚、陈白朗、陈立权、丁桂荣、左岳群、吕怀兴、吴碧桥、吴刚

发证日期：2009年3月

1.工法内容简介

随着国内物流业的快速发展，大面积的物流仓储不断涌现，仓库楼地面在使用过程中经常承受叉车等动荷载作用，极易磨损和破坏，因此要求仓储地面必须具备较好的耐磨性能。采用现浇混凝土结构与金刚砂耐磨楼地面一次成型的施工工艺，对提高地面耐磨性能，避免空鼓、裂缝，降低工程造价，缩短工期起到了显著作用，综合效益十分明显。工法基本内容如下：

混凝土结构层与金刚砂耐磨面层一次成型。在混凝土初凝和终凝之间进行金刚砂耐磨面层的施工，终凝后用养护剂养护，并做好成品保护，在混凝土结构层表面形成约3mm厚的坚固、耐磨的地面。

(1)测量人员按照图纸要求将每层的模板面标高和楼板面混凝土标高分别引测到框架柱四角钢筋上和框架梁主筋上，并在楼面层上用钢筋头测出水平控制点。

(2)在混凝土初凝前进行收光、提浆，然后将金刚砂材料均匀地撒布在混凝土表面，终凝前用电动抛光机进行抛光。

(3)抛光工作完成后，派专人在抛光后的楼面上均匀的刷涂专用油性养护剂进行养护。

(4)金刚砂地面完成后，采取相应的隔离、保护措施对金刚砂楼面进行认真的成品保护。

工法应用工程名称和时间：深圳综合信兴物流仓储大楼三期（2004年9月～2004年12月）；上海综合信兴物流仓储二期；彩虹科技工业厂房（2006年3月～2007年5月）；杭州综合信兴物流仓储中心

2.应用与效益

本工法与传统的金刚砂楼面施工方法相比较，经济效益明显。传统工艺浇筑5cm细石混凝土面层需33元/㎡，耐磨地面施工需12元/㎡，地面成品保护人工费需2元/㎡，合计47元/㎡；本工艺耐磨地面施工需12元/㎡，地面成品保护材料费需10元/㎡，地面成品保护人工费需4元/㎡，合计26元/㎡，节省了21元/㎡。

传统工艺先浇筑5cm细石混凝土面层，然后在混凝土面层上进行金刚砂的施工；本工法与传统工艺相比，减少了工序，节约了成本，克服了地坪空鼓、裂缝、起砂的质量通病，减小了楼面荷载，增加了楼层的净高。

(一六四)预置螺母式型钢混凝土组合柱模板施工工法

工法编号：GDGF044-2009

工法级别：广东省省级工法

完成单位：江苏省华建建设股份有限公司 、汕头市建筑工程公司深圳分公司

主要完成人：吴碧桥、唐兵、王爱军、陈少东、王伟民、张传捷

发证日期：2010年5月

1.工法内容简介

近年来，相当多的超高层建筑采用了型钢混凝土组合结构，由于型钢混凝土组合柱中设置了型钢柱，型钢柱不能随意穿孔，用于浇筑柱混凝土的模板固定时无法像普通混凝土柱一样设置对拉螺杆来承受柱模板的侧压力，此前主要采用的方法是在施工现场在型钢柱上焊接对拉螺杆以固定模板，费工费时，螺杆还不能周转使用。针对此问题本工法设计了一种新的型钢混凝土组合柱模板固定装置。

采用由焊接在型钢柱上的加长型螺母、两头均设螺纹的螺杆、护套螺杆的PVC管、“3”形卡以及模板背方次楞和钢管主楞组合构成的装配式加固装置，保证了质量和施工进度，同时又节省了周转材料，经济效益和社会效益显著。

工法应用工程名称和时间：绿景纪元大厦（2007年12～2009年11月）；卓越皇岗世纪中心（2008年2月～2009年11月）荣超国际商会中心（2002年9月～2004年12月）；深圳招商城市公寓（2004年2月～2005年11月）

2.应用与效益

工程在施工过程中执行该工法得到了预期效果，预置螺母式型钢混凝土组合柱模板既保证了工程施工质量与安全，又有效缩短了工程施工工期，工序规范，质量优良，安全可靠，施工便捷，取得了良好的社会效益与经济效益。

(一六五)高层建筑施工装配式悬挑安全防护棚施工工法

工法编号：GDGF045-2009

工法级别：广东省省级工法

完成单位：江苏省华建建设股份有限公司 、汕头市建筑工程总公司深圳分公司

主要完成人：张立新、徐锋、孙梅玲、陈少东、胡华兵、王伟民

发证日期：2010年5月

1.工法内容简介

高层建筑施工装配式悬挑安全防护棚的结构和该防护棚搭建的施工方法，由悬挑主梁、水平横杆、防护栏杆、受力铰节座、反拉锚固座、反拉钢丝绳等搭建构成。悬挑主梁、水平横杆和防护栏杆连接构成双层防护棚，受力铰节座、反拉锚固座分别固定在建筑主体结构上，悬挑主梁的一端连接受力铰节座；反拉钢丝绳的一端连接反拉锚固座，另一端与悬挑主梁上设置的反拉点连接，并科学合理地选择主梁上的吊点位置，优化主横杆钢管抗弯更合理。

高层建筑施工装配式悬挑安全防护棚结构合理简单，方法简便，将棚体主梁直接附着在建筑主体结构上，通过装配延伸成整体，克服了传统的防护棚的缺点，提高了防护棚的承载能力和抗冲击强度，保证了施工安全，安装和拆除方便、快捷。

工法应用工程名称和时间：星河世纪大厦（2005年5月~2006年6月）；中央西谷大厦（2008年10月~2009年11月）；卓越皇岗世纪中心（2008年2月~2009年11月）；深圳招商城市公寓（2004年2月~2005年11月）

2.应用与效益

工程在施工过程中执行该工法取得到了预期效果，装配式悬挑安排防护棚既保证了工程施工质量与安全，又有效缩短了工程施工工期，工序规范，质量优良，安全可靠，施工便捷，取得了良好的社会效益与经济效益。

第十章　混凝土专业

深圳混凝土科技创新30年

谭志仁　陈少波　苏军

深圳改革开放30年来，在城市建设发生翻天覆地的变化过程中，混凝土作为深圳土木建筑工程中最主要的结构材料，其生产方式、工艺技术、管理水平、产品质量及性能都有了可喜的巨大变化，深圳混凝土行业的科技队伍迅速扩大，研发能力增强。

一是混凝土生产方式发生了根本转变，由原来施工现场的分散拌制，变成目前全面实行预拌混凝土生产。混凝土的规模化、工厂化生产方式，不仅保证了混凝土质量，提高了混凝土性能,也减少了环境污染，降低了城市干扰。同时，混凝土生产能力和质量的提高，为深圳城市的大规模高速度建设提供了有力保障。混凝土集约式的生产方式，更进一步推动了深圳混凝土行业的科技进步。深圳预拌混凝土的发展大体可分为三个阶段：

1.起步阶段（1980～1990年）。深圳第一个搅拌站始建于1980年，1981年建成投产，混凝土在预拌厂内配料并计量，由搅拌车在运输途中搅拌送至工地。1981年建成了由进口搅拌设备组成的半自动化生产线，混凝土的配料、计量和搅拌在搅拌站完成，满足了个别工期紧、施工难度大的工程项目需要。至20世纪80年代末，全市仅有为数不多的几个混凝土搅拌站点。

2.加速发展阶段（1990～2000年）。随着预拌混凝土的优越性逐步显现，特别是在政府主管部门的大力推动下，深圳特区内预拌混凝土企业，由当初的几个发展到20世纪90年代末的十多个，装备水平和生产能力也大为提高。这期间，安托山混凝土公司建成了东南亚最大的混凝土搅拌站，曾为深圳会展中心工程项目在1天内供应10000m^3预拌混凝土。

3.发展与提高阶段（2000年后）。进入了新世纪，预拌混凝土的应用迅速向全市范围扩展，截至2010年中，全市已有混凝土搅拌站点109个，预拌混凝土生产线226条，搅拌运输车2900多台，混凝土汽车泵300多台，全市预拌混凝土生产能力达8000余万m^3/年，预拌混凝土普及率在特区内超过95%，在宝安龙岗两区超过90%。

二是混凝土性能有了质的飞跃。20世纪80年代初，深圳一般是C25以下低塑性混凝土为主，而现时的超高层结构已普遍使用了C50、C60混凝土。不仅如此，深圳市还成功进行了C80混凝土在工程实际中的应用实践，开展了C100高性能混凝土在工程中应用的探索，在节约材料、降低能耗的同时，提高了建筑物的使用寿命和利用空间。

30年来，深圳的改革开放政策和科技兴市方针，极大地促进了深圳混凝土行业的发展和科技进步。从1997年深圳市政府发布62号市长令强力推行预拌混凝土，到近期出台的《深圳市预拌混凝土和预拌砂浆管理规定》,从散装水泥的应用到在预拌混凝土的生产中推广粉煤灰等活性掺和料及高效外加剂的双掺技术，政府在建设科技领域的政策导向始终是积极强势推进，力度有增无减。随着深圳混凝土行业的科技进步，一系列适应特殊结构要求的高性能混凝土不断地应用在实际工程中，如赛格广场等超高层钢管混凝土结构的高抛免振高性能混凝土、盐田港码头工程和西部通道跨海大桥的抵抗海水侵蚀高耐久性（120年）混凝土、深圳地铁工程中的抗裂防渗混凝土等等。各种混凝土技术应用情况如下：

1.高性能混凝土。深圳利建混凝土公司于1998年开始研发C80高性能混凝土并获成功，其成果用于大中华国际交易广场混凝土结构。此后十年间，深圳大学等高校及多个预拌混凝土企业共8个单位进行了高性能混凝土的研发工作，其成果全部在工程实践中得到应用，多数通过了省、市科技成果鉴定。

2.高强泵送混凝土。1990年，由中建三局一公司与中国建筑科学研究院深圳分院共同研发的C60泵送混凝土，成功用于深圳贤成大厦，该工程项目主体高218m，地上59层，是深圳首先使用C60高强泵送混凝土的工程。此后，市建五公司等多家企业也在高层建筑中使用C60高强混凝土。时至今日，深圳的预拌混凝土生产企业普遍具备生产C60高强泵送混凝土的能力，高强泵送混凝土应用日益广泛，已有多个高层建筑使用C70、C80高强泵送混凝土，目前C110、C120混凝土也在试验室配制成功。高强泵送混凝土的泵送高度也在不断提高，已在工程应用中实现的一次泵送垂直高度为310m，符合泵送高度400m要求的C60、C80混凝土已配制成功，即将在京基金融中心投入使用。

3.补偿收缩混凝土。2001年，华为科研中心大厦结构长度为276m的超长混凝土底板，采用了中国建材研究院的补偿收缩混凝土技术，达到了未出现有害裂缝的效果，这是当时深圳最长的混凝土底板。此后，在深圳欢乐海岸、深圳湾体育中心500m超长底板、深圳机场等其他工程超长结构施工中，应用此项技术均获得成功。

4.免振混凝土。1998年，深圳赛格广场超高层钢管柱结构，首次使用内恒山混凝土公司研发的高抛免振混凝土获得成功，此后，免振混凝土技术在工程实践中得到逐步推广应用。2003年，新丽鑫混凝土公司在南方国际广场进行了C100免振混凝土的应用研究，取得了宝贵的经验，这是深圳市首次将C100混凝土用于工程实践。近期建设的华润中心二期、京基金融中心大厦、证券中心大厦等工程均使用了免振混凝土。

5.矿物添加剂及掺和料双掺技术混凝土。1983年，中铁建厂局在蛇口工业区多个厂房工程中开始使用粉煤灰和减水剂双掺技术，此后，这项技术在预拌混凝土中普遍采用，并得以发展。1998年，经过专家论证认可，建厂局搅拌站首次使用矿渣复合掺和合料。随着磨细矿渣的技术标准出台，磨细矿渣在预拌混凝土中的应用亦得到了推广。2001年，建厂局搅拌站在深圳有色中金大厦底板中，采用30%大掺量粉煤灰混凝土，并利用其60天后期强度通过验收合格。

6.预制混凝土。2003年安托山公司在全国首家成功生产出1.2m的大直径高强混凝土预应力管桩。2008年港创建材公司在国内建成首家地铁管片全自动流水生产线。

7.特殊要求混凝土。2001年建厂局搅拌站在大中华国际交易广场中央大厅40m跨无粘结预应力大梁大体积混凝土施工中采用优化配比，达到全部构件无可见裂缝的效果。该批预应力混凝土梁的梁高2m多、厚1m多，是深圳当时跨度最大的预应力混凝土梁。

三是深圳混凝土领域的生产队伍和科研能力有了本质的提升。30年来，在改革开放政策的影响下，深圳企业不仅具备了预应力高强混凝土管桩、地铁盾构管片的生产能力，还能生产与建筑工业化相配套的高层建筑预制构件等高端混凝土制品；不仅能够生产第三代聚羧酸类混凝土外加剂，而且已将产品打入海外市场。配合泵送施工工艺的应用，深圳混凝土企业广泛生产符合泵送工艺要求的泵送混凝土， 深圳已经形成了以混凝土生产企业为主要社会力量的混凝土生产技术研发队伍，培育出一批有自主研发能力的混凝土生产企业，如安托山股份有限公司、港创建材有限公司、金众混凝土公司、盐田港搅拌站等。以深圳大学的深圳市土木工程耐久性重点实验室为代表的深圳混凝土行业的高端科研机构，混凝土耐久性基础理论研究水平以及混凝土生产技术，在华南地区及沿海城市中处于领先地位。

由于资料有限和时间短促，这里展示的只是部分深圳混凝土专业技术成果，未能将改革开放30年来深圳市混凝土专业技术成果进行系统、全面的展示，特向深圳市混凝土专业机构和混凝土科技人员表示歉意。

改革开放30年来，深圳混凝土科技取得的丰硕成果，为深圳的城市建设作出了应有的贡献，随着《珠江三角洲地区发展规划纲要（2008～2020)》的实施，深圳将进行新的更高层次的城市建设，对混凝土科技提出新的要求和挑战，深圳市的混凝土科技需要从以下几个方面重点发展。

1.混凝土技术要顺应节约资源、保护环境的要求，研究高强高性能混凝土的成套技术，减少原材料消耗，通过配制技术的研究和应用，提高混凝土的强度和性能，充分发挥材料的效能；

2.重点进行提高混凝土耐久性的技术研究，探讨海砂对混凝土性能的劣化和预防技术，确保混凝土结构在工程的全生命周期内安全使用；

3.开展混凝土工程中建筑废弃物、建筑废水应用研究和应用实践，推进混凝土工程的节能减排和建筑废料的循环利用；

4.根据建筑工业化的需要，进行混凝土以及混凝土制品配套技术和生产工艺开发研究；

5.加强工程建设所需特殊混凝土，如钢管混凝土结构用混凝土、抗裂混凝土、低收缩混凝土等的研究和开发工作，以配合深圳市工程建设的需要。

(一)地铁防护抗裂高性能混凝土

完成单位： 深圳市地铁公司、深圳港创建材股份有限公司、清华大学、深圳迈地混凝土外加剂有限公司

主要完成人： 廉慧珍、张家识、阎培渝、张用秋、陈清志、樊高杰、杨骏、陈伟国、姚大鑫、李玉琳

完成时间： 2000年3月

应用与效益

防腐抗裂高性能混凝土具有高耐久性、高工作性、高强度性等特性。其抗渗性能、抗腐性能、抗裂性能及氯离子 扩散系数均优于普通混凝土和掺防水材料的防水混凝土，且能保证钢筋不被锈蚀，与普通混凝土相比，安全使用周期可延长一倍以上，维修费也可大幅度降低。防腐抗裂混凝土黏聚性好、流动性大，有良好的和易性和可泵性；有较高的早期强度和验收强度，加快了工程进度，缩短了工期。

从2000年起深圳地铁工程使用防腐抗裂高性能混凝土量超过100万，为深圳地铁建设作出了贡献。

(二)混凝土高性能技术的研究与应用

完成单位：深圳大学深圳市土木工程耐久性重点实验室

主要完成人：邢锋、冯乃谦、姜建军、刘伟、蔡军旺、吴文贵、吕珍、冷发光、牛全林、倪绍文、冯永乾、丁小波、曹淑学、陆晗、李鸿

完成时间：2007年

成果登记号：粤科成登字20080078

所获奖项：广东省科学技术二等奖（证书号：［2009］707号）

1.成果简介

项目着重探讨混凝土高性能技术和混凝土耐久性相关理论，主要研究内容包括：新型矿物质超细粉的开发及其制备高性能混凝土的技术；矿物质超细粉对混凝土耐久性的影响；混凝土抗氯离子渗透性能研究等。

项目研发的新型矿物质超细粉可以显著降低混凝土渗透性，有效提高其强度和抗硫酸盐腐蚀性能；研发的复合超细粉通过离子交换作用能抑制水下混凝土中骨料的碱溶出引发的碱—骨料反应，此外， 项目提出了混凝土受力区与非受力区氯离子扩散系数模型，使氯盐环境下的混凝土结构耐久性设计更接近实际。

2.应用与效益

本项目成果先后在商品混凝土公司以及重点工程项目建设成功应用，并取得了良好的社会与经济效益。其中应用于商品混凝土公司，产生直接效益3803.3万元；应用于深港西部通道工程，直接节约投资3609万元，产生直接效益及节约投资总计7412.3万元。

(三)PHC预应力高强混凝土管桩的研制与生产

完成单位：深圳市安托山混凝土管桩有限公司

主要完成人：梁锡武、吴兴祖、韦仕强、高芳胜、尤立峰、石义敏、杨琳、陈燕萍

完成时间：2002年

成果登记号：粤建签字2002第009号

所获奖项：国家四部委认定为国家重点新产品（项目编号：2006GRE0202）、广东省名牌产品、深圳市科技局认定为高新技术项目

1.成果简介

PHC管桩是我国C80混凝土应用开发最早的大型混凝土预制构件产品，以其高强度、大承载力、适应性强、设计选用灵活方便、施工省时简单等优点，克服了传统施工工艺的诸多不足，并以混凝土强度达到C125标号取代了钢管桩，增强了管桩的防腐性能，且成本比钢型管桩减少1/2~1/3，投资工期也大大缩短了(仅为原来的1/10)，大大节约了国家资源，减少了投资成本，是一种新型的节能、节材、绿色环保型高科技建材新产品，是国家基本建设重要的桩基材料。

2.应用与效益

安托山管桩公司从成立开始，就积极投身深圳市的重大项目的建设，主要工程有TCL第8.5代薄膜液晶显示器件、深港西部通道、深圳大学城、南海石化、大亚湾核电站、中信房地产、赛格三星、深圳机场、华为厂房、富士康企业和中兴通信等大型工程项目，尤其是在TCL第8.5代薄膜液晶显示器件生产基地中，PHC预应力混凝土管桩节能环保及经济效益显著，混凝土方量比方桩及钻孔灌注桩少40%~50%，耗钢量比方桩少50%~60%，节约成本50%。

(四)聚羧酸系混凝土减水剂的制备方法（发明专利）

发明人：马保国、谭洪波、董荣珍

专利号：ZL 2005 1 0018890.X

专利权人：武汉理工大学

受让人：深圳市迈地砼外加剂有限公司

授权公告日：2007年4月4日

1.内容简介

本专利技术配方设计合理，工艺设计具有创新性，经工业试生产表明，专利中提出的各生产工艺参数及配方完全满足工业化的要求，所对应的原材料来源广泛，有利于大规模的生产实施，成本优势明显。

2.应用及效益

本专利技术先后用于青藏铁路西格二线、武广客运专线、哈大铁路、京沪高铁、沪宁城际铁路、广珠城际铁路、夏深铁路、广深港客运专线等重点工程，使用效果良好，取得了可观的经济效益和社会效益。实现产值已超过2亿元。

(五)码头高性能混凝土研究及应用

完成单位：深圳市盐田港混凝土有限公司

主要完成人：陈爱芝、黄辉、周明臣

完成时间：2006年6月

所获奖项：中国科技报、中国档案出版社科技创新理论成果一等奖

1.成果简介

研究和应用高性能混凝土提高码头结构耐久性，用优质混凝土外加剂和矿物掺和料、降低混凝土单方胶凝材料用量，配制出工作性能好、高强度、高耐久性、高抗碳化和抗氯离子扩散能力的抗盐污染高性能的混凝土。

2.应用与效益

在深圳盐田港三期码头工程中，在合理考虑成本的前提下，通过降低混凝土水胶比、选用优质材料及矿物掺和料，研究开发出性能较好的抵抗海水侵蚀能力的高性能混凝土，取得了较好的技术经济效果。

(六)湿拌预拌砂浆

完成单位：深圳华润混凝土有限公司

主要完成人：成亚辉、王雯、李序明

完成时间：2007~2010年

1.项目简介

本项目是通过对原材料进行处理及添加特殊的外加剂，并在专业工厂通过准确计量而生产出的湿拌砂浆，它有别于工地现场拌制的普通砂浆，同时也符合深圳市推广使用预拌砂浆的产品要求，具有节能环保、存放时间长、操作性好、可大幅度降低工人劳动强度和难度、显著提高施工效率等优点。

2.应用与效益

本成果在深圳市大运中心游泳馆项目、招商澜园、金地上塘道花园等工程中应用，效果良好。

(七)高强高性能混凝土研究研制与工程应用

完成单位：深圳市安托山混凝土有限公司

主要完成人：梁锡武、吴兴祖、韩素芳、叶伟松、尤立峰、高芳胜、杨琳、林伟坚

完成时间： 2006年

成果登记号：粤科成登字2006239

所获奖项： 2007年深圳市循环经济示范项目

1.成果简介

高强高性能混凝土技术含量国内领先，流动性好，能泵送免振自密实，混凝土的填充性、密实性、均匀性得到显著的提高； 直接制作墙、柱结构，可直接暴露于大气之中，硬化后不会产生有害裂缝；不用硅灰，仅用粉煤灰作为掺和料等普通原材料制作，大大降低成本。满足特殊要求的高性能混凝土，包括大体量、大面积工程中用的高性能混凝土、防腐蚀工程中用的高性能混凝土以及超缓凝工作中用的高性能混凝土，节能、节材、环保显著。

2.应用与效益

本成果2005在深圳市金润大厦（该工程获得“2008年度中国建设工程鲁班奖”证书）使用C80代替C60技术方案，大大节省了混凝土和运输成本，有效增加了建工物的使用面积。本成果2007年起又先后用于深圳安托山综合大楼，深圳京基金融中心等重点工程，使用效果良好，取得前所未有的社会综合效益和直接经济利益。

(八)腐蚀环境下钢筋混凝土结构使用寿命研究

完成单位：深圳大学深圳市土木工程耐久性重点实验室

主要完成人：邢锋、韩宁旭、王胜年、王卫仑、潘德强、李伟文、丁小波、王刚、陆晗、王迎飞、刘伟、丁铸、张小刚、董必钦、冯乃谦

完成时间：2007年

成果登记号：粤科成登字20080077

所获奖项：教育部科学技术进步奖二等奖（证书号：2008-274）

1.成果简介

创造性提出了以性能和可靠度理论为基础的使用寿命（再）设计框架，对混凝土结构的耐久性评估、修复及检测、监测进行了系统的研究及应用；同时进行了荷载与环境共同作用下的结构劣化的基础理论研究，借助于对力学荷载与环境荷载作用的创新性研究，进一步就材料本身对其他腐蚀性介质的抵抗性能进行研究，对在役混凝土结构基于定量使用寿命的补修补强有着重要的意义。

本研究成果对于已经劣化的在役混凝土结构能够科学评估其损伤程度，为业主提供正确的基于结构使用寿命的维护决策，可以避免混凝土结构重大事故的发生。最后，该科研项目的研究对提高混凝土结构的耐久性、延长在役混凝土结构的使用寿命、尊重混凝土结构科学的发展规律等具有重大意义。

2.应用与效益

本成果在深圳西部通道深圳侧接线工程、广州国贸大厦、深圳海洋生物娱乐馆、深圳盐田港、深圳大铲湾港、湛江港、KIPEVU桥等工程中应用，累计产生经济效益1.8亿多元。

(九)C80高性能混凝土成套技术研究

完成单位：深圳市市政工程总公司

主要完成人：林江、唐华、秦华东、孟伟峰、古晓明、李清玉、郭永平、刘延冬

完成时间：1999年

所获奖项：广东省建设系统科技进步奖三等奖（文件号：粤建科字[2000]40号）

1.成果简介

该项目研制成功C80高强泵送混凝土，经混凝土的碳化、抗硫酸盐、冻融循环、抗钢筋锈蚀和抗渗性能的试验研究表明，所配制的高性能混凝土比普通混凝土具有更优良的耐久性。该项目对研制的混凝土订立了施工指南，生产工艺流程配套完整，密切结合实际，可操作性强，能充分保证现场混凝土的施工质量，经实际工程试点应用，质量优良，成果技术水平达国内领先。

2.应用与效益

自1998年起，本成果在深圳香蜜三村5号楼等工程中应用，累计产生经济效益500多万元。

(十)地铁盾构管片全自动流水生产线的应用

完成单位：深圳港创建材股份有限公司

主要完成人：张永秋、裘晓黎、潘培华、刘小军

完成时间： 2008年8月

1.成果简介

盾构管片生产在采用了本生产工艺方法后，充分发挥了其较之传统生产方式的产能优势，将产能提高了一倍，满足了施工的需要；本工艺方法采用全新理念，将预制管片的蒸养工序集中于绝热条件良好的蒸养室，提高了管片温度裂缝优化控制能力，保证了管片的质量；减少了能源消耗，节约了能源，较之传统生产方式减少能耗约50.9%；产能的提高，有效减少了生产用模具的投入数量，降低了盾构管片生产的固定成本投入；由于将混凝土浇筑、振捣工序置于密闭和吸声的浇筑振捣室进行，较之传统生产方式大大降低了管片生产过程的噪声污染。

2.应用与效益

盾构管片生产在采用了本生产工艺方法后，在原有的场地与模具条件下，2009年完成地铁用管片11090环，是2008年产量的2.16倍，为深圳地铁的快速建设作出了有力的保障，形成了良好的社会与经济效益。

(十一)路用碾压混凝土配合比设计与应用

完成单位：深圳市盐田港混凝土有限公司

主要完成人：陈爱芝、李华军、张明春、周明臣

完成时间：2001年

所获奖项：中国交通行业科技创新优秀质量管理奖

1.成果简介

路用碾压混凝土（Roller Compacted Concrete，简称RCC）是一种含水率低，通过振动碾压施工工艺达到高密度、高强度的水泥混凝土。其特干硬性的材料特点和碾压成型的施工工艺特点，使碾压混凝土路面具有节约水泥、收缩小、施工速度快、强度高、开放交通早等技术经济上的优势。

2.应用与效益

由于碾压混凝土用水量比普通混凝土低得多，水灰比也小，因此碾压混凝土强度增长速度快，7天可达到设计要求，由此可见碾

压混凝土特别适用于路面工程，可缩短养护周期，提前开放交通。碾压混凝土路面施工技术可加快施工进度。碾压混凝土中掺适量粉煤灰，一方面可大幅度节约水泥，降低成本，较普通水泥路面混凝土节约水泥50kg/m^{3}以上，取得较高的经济效益和社会效益；另一方面，对提高混凝土密实度、耐久性有着积极作用。

(十二)高性能混凝土膨胀剂ZY在华为科研中心的应用

完成单位：深圳市陆基建材技术有限公司

主要完成人：董同刚、黄春江、李光明、游宝坤

1.成果简介

利用ZY高性能混凝土膨胀剂的补偿收缩性能，控制超大型地下室及上部结构中的超长梁板混凝土由于干缩、冷缩、化学减缩、塑性收缩等原因引起的开裂现象，加快施工进度，缩短工期，提高结构的整体性，防水封闭性及耐久性。

2.应用与效益

本成果2001年在华为科研中心地下室10.8万㎡底板、1500m外墙及上部结构超长梁板等工程中应用，未发现有害裂缝，全部技术指标满足设计要求，ZY补偿收缩混凝土达到了对超大型钢筋混凝土结构裂缝控制与结构自防水目的，取得了显著的技术经济效益和社会效益。

(十三)MD-HKB微膨胀复合防水剂

完成单位：中国建筑材料科学研究院、深圳市迈地砼外加剂有限公司

主要完成人：江云安、陈伟国、王显斌、郑炜、邵俊鹏、刘云、刘克忠

完成时间：2000年

成果登记号：建材鉴字[2000]第063号

1.成果简介

MD-HKB微膨胀复合防水剂是一种复合型混凝土（砂浆）防水剂，由抗渗组分、缓凝组分、引气组分、保塑组分、增强组分和微膨胀组分等多种高分子材料复合而成，是较理想的多功能高效防水剂。它能显著提高混凝土、砂浆的防水抗渗性能，降低吸水率，同时也能使砂浆、混凝土具有一定的微膨胀性能，其施工性能也得以改善。该成果有效提高了建筑物的结构自防水性能，使混凝土具有抗裂抗渗的双重功能，延长了建筑物的使用寿命。

2.应用与效益

该成果先后在笔架山水厂改扩建工程，深圳会展中心，海军112、114基地，华为污水处理厂等重点工程中广泛使用，取得了良好的使用效果和可观的经济效益。

(十四)水性聚羧酸多元共聚物系列高分子材料工业化技术及应用技术研究

完成单位：深圳市海川实业股份有限公司

主要完成人：何唯平、姬存慧、刘方、郭宏涛、杨学贵、潘鑫、王兵、徐世国、李明、秦海英、贺娜、王守臣、费万成、肖卫星

完成时间：2009年3月

成果登记：建设部课题06-K7-23、建科验字[2009]第23号

1.项目简介

本成果是新材料新技术的一次创新，其衍生成果混凝土用超塑化剂也是2008年度的广东省重点新产品，本成果通过了2009年住房和城乡建设部科技司鉴定，达到国际先进水平。聚羧酸高分子多元共聚技术（通过活性自由基技术，实现分子量调节、控制窄分子量的分布和组成均匀性的目的）可以在诸多行业形成产品，如涂料、纸浆以及高性能混凝土塑化剂。

2.应用与效益

本成果于2008年在深圳市部分民用建筑用预拌混凝土中使用，效果良好，产生了数百万元的经济效益。另据有关资料统计，我国目前每生产1t水泥，需排放1t CO_2、排放20kg粉尘、排放约0.24kg SO_2、排放约 0.15kg NOx，采该技术衍生物的新型塑化剂，可以节约水泥使用量约10%以上。

(十五)HF-30复合高效水泥混凝土抗折强度增强剂

完成单位：深圳市市政工程总公司

主要完成人：林江、刘延冬、朱宏伟、郭永平、胡正东、汤水明、苏万寿、李健

完成时间：1996年

所获奖项：广东省科技进步奖三等奖（证书号：城-3-001-01）

1.成果简介

微观上，通过改善硅酸盐水泥水化过程，增加水化产物的数

量，延长晶体尺寸及密实空间构架，形成有利于抗拉强度的“纤维水泥混凝土结构模型”，细观上改善孔结构、孔径分布及水泥浆—集料界面粘结，从而在宏观上改善水泥混凝土物理力学性能，尤其是大幅度提高水泥混凝土抗折强度，降低脆性，因此所采取的技术路线具有独创性。该成果在使用外加剂增强水泥混凝土抗折性能研究方面有所突破，达到了国际先进水平。

2.应用与效益

自1995年起，本成果在深圳皇岗北路等工程中应用，累计产生经济效益1000万元。

(十六)节能型恒温恒湿箱（专利）

发明人：罗刚、黄远洋
专利号：ZL 2005 2 0057070.7
专利权人：深圳市建筑科学研究院
授权公告日：2006年5月31日

1.成果简介

由于本实用新型专利工作时，箱内温度与环境温度很接近，所以在除湿系统不工作的情况下，只要在工作室内放置一个水盘，箱内湿度就可以达到90%以上。

2.应用与效益

已在深圳市建科院实验室使用5年以上，节能效果好。

(十七)混凝土养护箱（专利）

发明人：罗刚
专利号：ZL 2006 2 0017598.6
专利权人：深圳市建筑科学研究院
授权公告日：2007年07月11日

1.内容简介

本成果利用一定温度的冷水来确保箱体内的温湿度，适用于混凝土抗压试件、混凝土抗折试件、混凝土抗渗试件等混凝土试件的标准养护，具有节地、节电、节水，减轻劳动强度、造价和故障率低的优点。

2.应用与效益

已在深圳市建科院实验室和深圳市福田建工质检中心使用，效果良好。

第十一章 幕墙专业

深圳幕墙科技创新30年

万树春

30年的回顾，是足以让人感慨万千的。这30年不同寻常——深圳发生了翻天覆地的变化，中国发生了翻天覆地的变化。这些变化，改变了中国在世界的地位，改变了中国人的生活方式。这些变化，相当一部分起源于深圳，再通过媒体，通过市场，通过政府的政策导向，辐射到全国。正因为如此，当早期来到深圳的拓荒者、建设者们容颜渐渐老去时，始终无怨无悔，因为回顾往事让他们顿生自豪，回顾往事让他们重拾青春。

站在建设者的角度，我们不会忘记深圳从一个贫穷落后的边陲小镇蜕变为高楼林立的现代化大都市的过程中，在这片土地上创造的许多“第一”。

深圳经济特区建设的头十年，深圳建筑门窗幕墙行业在全国领先起步发展。深圳国贸大厦在1985年建成时，以160m的高度被冠以“中华第一高楼”，由于它在国内首创的平均每三天一层楼的建设速度而被誉为“深圳速度”名扬海内外，在它的外表首次出现了幕墙这一装饰形式；建于1981年的深圳电子大厦，是国内首次采用铝合金门窗的高层建筑，数年后，铝合金门窗作为一种时尚的主流产品走入“寻常百姓家”；1985年国内首次自主开发的明框玻璃幕墙应用于深圳特区早期的标志性建筑——上海宾馆的外墙装饰，代表了当时国内幕墙的先进水平；建成于1990年的深圳特区发展大厦，是我国第一个引进消化国外隐框玻璃幕墙技术的高层建筑，它使国人第一次看到连续、光滑的玻璃幕墙如镜面般折射出流光溢彩的影像，同时见识了一种全新的技术——用柔性的硅酮结构胶，通过粘结铝材、玻璃来制造装配型结构玻璃组件。这次引进意义重大，直接导致了几年后隐框玻璃幕墙在全国大中城市遍地开花，还间接地导致了以硅酮胶和镀膜玻璃为主的一系列建材行业在中国诞生并迅速发展壮大，其中包括深圳玻璃企业在20世纪90年代末生产的适用于南方地区的遮阳型低辐射中空玻璃。

进入20世纪90年代后，隐框、半隐框玻璃幕墙技术得到长足发展，金属板、石材幕墙也逐步进入市场，随着建筑造型的多样化，点式玻璃幕墙也从深圳发展起来。90年代初，深南路旁先后矗立起当时亚洲第一高楼——383.95m的地王大厦和当时世界上最高的钢管混凝土结构大厦——355.8m高的赛格广场，这些外表全部用半隐框玻璃幕墙装饰的高楼成了深圳特区的标志，也成为中国隐框幕墙技术成功地推广应用的标志。新产品需要有新的标准支持，国内第一个有关隐框玻璃幕墙的企业标准在深圳诞生，它体现了深圳企业的质量管理意识，也在一定程度上推动了国家行业相关标准的出台。深圳电子科技大厦一期于1993年建成，在这座大厦外墙第一次采用了深圳企业自主开发的半单元式幕墙，其中两项技术—“滑移沟块式玻璃幕墙”、“上挂内扣式玻璃幕墙上悬窗”获得了国家实用新型专利，这说明深圳幕墙企业已经具有很强的技术创新意识和知识产权保护意识。到90年代末，深圳企业又一次成为国内点式玻璃幕墙的举旗人——建成于1999年8月的深圳高交会馆，是深圳最早大面积采用点式玻璃幕墙的建筑，它宣传了深圳幕墙点式玻璃技术的科技含量和领先地位，它的实物广告效应也为深圳相关幕墙企业赢得了广阔的市场。

2000年后，深圳的门窗幕墙行业仍然保持着敏锐的嗅觉和不懈的创新精神，保持了在国内同行业中的领先地位。这一时期的产品主要体现了节能环保的理念，有代表性的是新型节能门窗幕墙、通风式双层幕墙、智能型幕墙以及光伏建筑应用产品。同时随着建筑师对新颖奇特建筑造型的追求，幕墙外形也由规则平面向复杂曲面变化，大大促进了计算机三维绘图技术、电脑辅助设计程序的二次开发应用以及先进的测量、定位等施工技术的应用。

自2000年深圳幕墙企业率先在上海设计施工国内最大跨度的点支承玻璃幕墙后，2003年玻璃采光顶预应力拉索网架结构在深圳市民中心首次使用，之后大型点式预应力索结构玻璃幕墙在多项工程中得到应用，在点支承玻璃幕墙成为现代建筑竞相采用的表现形式后，点式幕墙技术发展很快，支撑系统从刚性桁架结构到索（杆）桁架结构最终发展到柔性的单索结构，有研究人才和技术准备的相关幕墙企业获得了发展先机，使得一些企业十多年来一直作为承揽国内大型场馆点支承玻璃幕墙项目最有力的竞争者，并取得了辉煌的业绩。

2001年深圳幕墙企业在方大大厦首次采用了光电玻璃幕墙和双层外通风幕墙；接着2003年深圳TCL工业研究院项目首次在深圳大面积使用双层外通风幕墙，并以悬臂钢板结构点接驳支撑体系而获得专利授权。2004年深圳国际会议展览中心以其大气的风格出现在深圳城市新轴线上，采用了钢铝结合的、带有超大型钢结构抗风柱的幕墙支撑体系、室外超大型铝合金通风百叶（断面尺寸1300mm长、190mm厚）和室内电动遮光吸声百叶，解决了构件生产、安装工艺问题，外观和使用性能达到国外建筑师提出的设计要求。2006年，深圳西部通道旅检大楼采用了节能型幕墙，它综合了现阶段先进的幕墙材料和节能技术，幕墙传热系数仅为1.39W/(m²•K)，达到国际先进水平，不仅如此，该工程幕墙上的电动窗、自动门还具有排烟逃生功能。

从建筑门窗幕墙从业人的角度，我们也不会忘记，深圳门窗幕墙行业对于中国建筑装饰行业所作出的贡献。早期成立于深圳的元老型企业有中航、金粤、华加日等，随着这些企业人才流动或生产模式被复制，这个队伍日渐庞大，形成了国内建筑装饰业中有代表性的一个组群，有着“深圳制造”标记的门窗幕墙在整体上被视为可信赖的品牌，在国内市场有着强大的竞争力。1997年8月建设部首次公布的一级资质的建筑幕墙施工企业48家中，深圳的企业就有7家，占14.6%。

同样，行业的发展壮大也推动了人才辈出，我们还记得中国建筑金属结构协会门窗幕墙委员会第一批专家组成成员共13人，其中出自深圳知名企业的就有2人，而到2009年，该专家组42位专家中已有7人出自深圳，占16.7%。

这些企业和这些专家以及企业的老员工一起，经历过企业兴衰起伏的考验，享受过成功带来的荣誉和回报，同时也见证了中国门窗幕墙行业从无到有、从自在到自为的发展过程。

改革开放30年后，深圳历史仍将续写，行业发展仍将持续。

展望未来，我们乐见深圳门窗幕墙行业再创辉煌。我们认为，持续发展的切入点主要有以下几方面：一是利用深圳门窗幕墙行业厚重的技术积淀，以技术发展为引导，做精品，做高性价比的产品，让“深圳制造”的产品达到国际一流的水平，从“我们能做”上升到“我们能做得最好”。二是抓住产业结构调整的机遇，大力推广节能型门窗幕墙产品，大力研发并推广应用具有低碳、生态概念的光伏建筑应用产品，往小处说是为门窗、幕墙产品赋予新的附加价值，为企业搭建更为广阔的经营舞台，往大处说是为城市建设低碳化提供有价值的产品，以便让更多人享受绿色低碳生活。

我们预计，未来深圳的建筑外墙上将会大量用高性能的节能门窗，不仅防风雨、遮阳、隔热、隔声，还有各种不同感观、不同造型、不同开启方式供选择；光伏建筑应用将在零能耗建筑中唱主角，使用各种光伏电池组件的门窗幕墙利用大自然的慷慨赠与为建筑提供运转的能源；发光玻璃的应用将直接用白天吸收的太阳能点亮夜间的照明灯，使幕墙同时成为光源或广告牌；智能型幕墙能感知外界的种种变化（如风雨、光线、温度、湿度、噪声等等），根据主人的设定开启或闭合相应的装置，自动调节室内环境参数，甚至启动防盗防坠落功能......

更好的城市让生活更美好。让我们做更好的门窗幕墙使建筑更适应城市的发展。

(一)一种点式幕墙

发明人：徐利明、杨江华、吕明然
专利号：ZL2007 2 0047403.7
专利权人：深圳金粤幕墙装饰工程有限公司

1.成果简介

本专利通过对市场上通常规格的钢型材进行简单加工、组装，可实现点支承幕墙玻璃支承的多维可调，具有经济实用、安装方便、受力可靠的特点。

2.应用与效益

本专利技术于2004年8月应用于南宁地王大厦顶部椭球体点玻幕墙，可以快速调整结构误差，采购快捷，降低成本约100万元，节省工程工期约30天。

(二)隐藏式可变位连接装置

发明人：陈志刚、杨江华、范抚临
专利号：ZL2007 2 0047402.2
专利权人：深圳金粤幕墙装饰工程有限公司

1.成果简介

本专利能将相互变位要求较大的材料连接，并能较好地解决因为变位而影响幕墙结构的安全和使用性能的问题

2.应用与效益

本专利于2007年5月至2009年12月应用于广州新电视塔幕墙工程，有效解决了层间大变位对幕墙密封性能的不利影响，保证了幕墙的安全和使用性能。

(三)幕墙三维可调非焊式钢连接装置

发明人：范抚临、杨江华、吴光琼、林文峰、翟国占
专利号：ZL 2008 2 0043561.X
专利权人：深圳金粤幕墙装饰工程有限公司

1.成果简介

本专利有效提高幕墙施工工效，减少施焊火花对幕墙的损害，杜绝现场施焊可能造成的火灾隐患。

2.应用与效益

本专利于2007~2009年应用于杭州市民中心双层呼吸式幕墙工程，效果良好。

(四)一种光伏玻璃幕墙

发明人：郭海云、兰伟东、郭海钦、王荣硕
专利号：ZL 2008 2 0042788.2
专利权人：深圳金粤幕墙装饰工程有限公司

1.成果简介

本专利技术有效地减小工作温度升高对光伏组件发电效率的不利影响。同时更好地实现了能源的合理利用，提高了居住者的舒适度。

2.应用与效益

本专利技术应用于保定市电谷锦江国际酒店工程，建成后整体并网安装容量300kWP。电谷广场项目预计年发电量171万kWh，每年可以节约标准煤 684t，减排二氧化碳496t，减排二氧化硫15t， 减排氮化物 6.84 t，减排烟尘11t。

(五)不规则曲面和多棱面幕墙可调连接装置

发明人：张华、王春、董米丘
专利号：ZL 200820042787.8
专利权人：深圳金粤幕墙装饰工程有限公司

1.成果简介

本成果确保了幕墙板块在不规则曲面和多棱面上的便捷安装，实时的精确调整保证了建筑外观的美观性，同时大大节约了人工。

2.应用与效益

本专利技术应用于郑州广电中心幕墙工程，有效消除了主体结构上的偏差，减少了焊接工作量，使幕墙施工简便快捷。

(六)一种适用不同形状角度幕墙安装连接的挂件

发明人：陈志刚、万树春
专利号：ZL 2008 2 0048391.4
专利权人：深圳金粤幕墙装饰工程有限公司

1.成果简介

本专利提供一种5维调整的连接装置，能有效解决幕墙和主体结构之间空间角度无序变化时的连接固定，能够实现常规单元式幕

墙所需的挂件要求。

2.应用与效益

本专利于2007年5月至2009年12月应用于广州新电视塔幕墙工程，有效解决了单元板块与主体结构之间空间角度无需变化的连接问题，较好地控制了生产周期，节约了成本。

(七)一种单元式幕墙水槽贯通的简易装置

发明人：陈志刚、范抚临、杨江华、吴光琼

专利号：ZL 2008 2 0049024.6

专利权人：深圳金粤幕墙装饰工程有限公司

1.成果简介

本专利提供一种针对单元式幕墙水槽料角度无序变化的简易连接装置。

2.应用与效益

本专利于2007年5月至2009年12月应用于广州新电视塔幕墙工程，解决了由于单元板块水槽料之间角度无序变化引起的水槽贯通问题和由于单元板块之间相对运动造成的连接装置破坏。

(八)一种多棱面采光天窗可调连接装置

发明人：张华、舒华、李建国

专利号：ZL 2008 2 0203428.6

专利权人：深圳金粤幕墙装饰工程有限公司

1.成果简介

本专利技术解决了多棱面采光天窗板块多角度拼接的问题，使多棱面采光天窗的外观造型得到实现。

2.应用与效益

本专利技术应用于广州西塔采光天窗工程，减少了铝材用量。

(九)一种角度可调的异形幕墙板块组角块

发明人：张华、郭海党

专利号：ZL 2009 2 0054561.4

专利权人：深圳金粤幕墙装饰工程有限公司

1.成果简介

本专利技术解决了异型玻璃板块组框的问题，使异型幕墙板块的整体性大大加强。

2.应用与效益

本专利技术应用于广州西塔阶梯雨篷工程，大大减少不同角度幕墙组框的加工工作量，使幕墙板块加工简便快捷。

(十)一种点式玻璃幕墙上地弹簧门的顶部夹具

发明人：李建国、张华、舒华

专利号：ZL 2008 2 0206737.9

专利权人：深圳金粤幕墙装饰工程有限公司

1.成果简介

本专利技术解决了花边褶皱点玻幕墙地弹门的连接问题，保证了花边褶皱外观造型的点玻幕墙上平开地弹门的顺利开启。

2.应用与效益

本专利技术应用于广州西塔点玻幕墙工程，保证了点玻幕墙花边褶皱的外观造型上平开地弹门的安装。

(十一)60系列平开下悬窗铝合金断热窗、95系列推拉铝合金断热窗、50系列平开铝合金断热窗

推广证号：广东省建设厅2005002-2007004

完成单位：深圳金粤幕墙装饰工程有限公司

完成时间：2001~2005年

1.成果简介

本成果作为建筑节能产品，既可用于既有建筑的节能改造，又可用于新建建筑的外窗，减少了能耗。

2.应用与效益

经在大连万科锦绣花城开发有限公司、鞍山万科房地产开发有限公司等工程中应用，效果良好。

(十二)铝合金隐框玻璃幕墙研究

完成单位：深圳金粤幕墙装饰工程有限公司

主要完成人：蔡国强、杜继予、肖小奇、杨士元、江勤、万树春、耿滨

完成时间：1993年

所获奖项：1994年深圳市科学技术进步奖一等奖

1.成果简介

本成果在消化吸收国外技术后，自行研发采用半单元技术的铝合金隐框玻璃幕墙系列填补国内的空白，为建筑外围护结构提供更多的选择，对城市建设、节能环保等具有重大意义，为1996年版《玻璃幕墙工程技术规范》JGJ 102-96提供了工程实例。

2.应用与效益

1993年与国外公司合作完成全国第一座隐框幕墙——深圳发展中心大厦隐框幕墙工程。1994年开始，相继完成了深圳电子科技大厦、彭年酒店、景轩酒店、特区报业大厦、罗湖商业城等工程，取得了良好的效益。

(十三)首个点接驳式幕墙工程

完成单位：深圳金粤幕墙装饰工程有限公司

主要完成人：万树春

完成时间：1993年

1.成果简介

在广州招商宾馆工程中使用玻璃支承点接驳式玻璃幕墙，为国内首创先进技术，面板使用12mm的钢化白玻，肋玻使用19mm的钢化白玻，点支撑装置是一种不锈钢夹板。

2.应用与效益

点接驳式幕墙首次在广州招商宾馆工程中运用，以后在各种幕墙工程中得到广泛使用，丰富了建筑幕墙的形式。

(十四)首次使用铝板幕墙技术

完成单位：深圳金粤幕墙装饰工程有限公司

主要完成人：万树春

完成时间：1990年

1.成果简介

1990年首次在广州世贸项目中使用了铝板幕墙技术，其采用的单层铝板厚度为2.5mm，该项目铝板幕墙总面积为8422㎡。在国内同行业中单项工程如此大面积使用铝板幕墙尚属首次。

2.应用与效益

1990年在广州世贸项目中首次使用了该项技术，以后在幕墙工程中得到广泛使用，丰富了建筑幕墙的形式。

(十五)半单元式幕墙

完成单位：深圳金粤幕墙装饰工程有限公司

主要完成人：万树春、杜继予、王春

完成时间：2008年

1.成果简介

本成果创造性将横梁进行分离，简化幕墙现场施工环节，幕墙安装快捷安全，提高幕墙性能，装饰效果好。

2.应用与效益

本成果获国家专利，已在几十项工程中采用，直接经济效益2000万元。

(十六)大面积大跨度曲面点式幕墙

完成单位：深圳金粤幕墙装饰工程有限公司

主要完成人：杨江华、吴光琼、万树春

完成时间：2000年

所获奖项：2002年度中国建筑工程鲁班奖、2002年度上海市建设工程“白玉兰”奖

1.成果简介

本成果是一种新型的点式幕墙支承体系，可适应主体跨度大、变形大的特点，安装快捷，装饰效果好，可大面积使用。

2.应用与效益

本成果于2000年成功运用于上海科技城等项目，直接经济效益1000万元。

(十七)变角度单元幕墙

完成单位：深圳金粤幕墙装饰工程有限公司

主要完成人：杨江华、陈志刚、胡军华、范扶临、王小勇

完成时间：2007年

所获奖项：中国建筑装饰协会先进奖

1.成果简介

针对超高层空间扭面幕墙的特征，创造性地采用异形单元式幕墙系统，结合幕墙工程的现场施工和维护更换，采用双水槽分段式单元式幕墙系统。该系统能满足幕墙所需要的各项物理性能，尤其能满足较大的平面内变形。尽可能地减少现场安装工作量，间接减少现场安装和维护可能的事故，方便现场组织管理和使用维护。

2.应用与效益

本成果2007～2009年在广州新电视塔幕墙中心工程中应用，节省了组织管理和使用维护成本，取得了显著的经济效益和社会效益。

(十八)38系列铝合金门窗

完成单位：深圳中航幕墙工程有限公司

主要完成人：唐秉利、姜成爱、梁慈光、吴兰柏

完成时间：1981年

所获奖项：1987年广东省替代进口产品

1.成果简介

本成果是国内最早自主开发的铝型材建筑门窗产品，断面为38mm壁厚1.8mm铝合金挤压型材制作的门窗系列。铝合金型材产品在国内还处于未开发的领域，本成果取代了易锈、易漏气、易漏水的钢窗。

2.应用与效益

1981年完成了深圳电子大厦铝合金门窗的工程施工。深圳电子大厦是1981年深圳市第一高楼、标志性建筑，也是国内第一栋采用铝合金门窗的高层建筑。本成果在深圳和国内完成多项建筑门窗工程，如广交会、怡景花园、深圳迎宾馆、珠岛宾馆等，取得了很好的社会效益和经济效益。

(十九)150系列明框玻璃幕墙

完成单位：深圳中航幕墙工程有限公司

主要完成人：唐秉利、姜成爱、陈珊

完成时间：1984年

所获奖项：1987年广东省替代进口产品

1.成果简介

当时国内幕墙还处于空白期，这是国内最早开发设计的150断面系列3mm型材壁厚的建筑明框玻璃幕墙， 是国内首例具有自主知识产权的构件式玻璃幕墙。本成果作为建筑的新型围护结构，其功能完善，抗风性能、防水性能、气密性能等多项性能达到国际先进水平，外观装饰线条美观大方，层次感强，是当时幕墙的先进产品，是我国建筑幕墙行业发展的里程碑，为我国自主建筑幕墙的发展奠定了坚实的基础。

2.应用与效益

本成果1984年应用于武汉工业品贸易中心，直接经济效益30多万元，是深圳幕墙企业最早承接的玻璃幕墙工程。1985年用于武汉市标志性建筑——长江大酒店幕墙工程，是首次在幕墙上安装镀膜安全玻璃，直接经济效益300多万元。1985年用于深圳市标志

性建筑上海宾馆幕墙工程，直接经济效益50多万元，是国内最早应用具有自主知识产权的玻璃幕墙项目之一。

(二十)140系列全隐框玻璃幕墙

完成单位：深圳中航幕墙工程有限公司
主要完成人：陈珊、姜成爱、姜飞雁、衣景兰、郭学林
完成时间：1989年

1.成果简介

本产品结构设计属开创性设计，之前国内的建筑还是明框铝合金幕墙时代，通过吸收国外的先进技术和先进的结构胶粘结工艺，自主开发设计，制造安装完成了140系列全隐框玻璃幕墙系统。其功能完善，抗台风性能、防水性能等多项性能达到国际先进水平。全隐框玻璃幕墙外观大气、宏伟、壮观，是我国创新性建筑幕墙，也使建筑幕墙进入了隐框时代，至今仍广泛采用，也使现代建筑设计得到极大的发挥。

2.应用与效益

本成果1989年首次在深圳市华民大厦玻璃幕墙工程中应用，该工程项目获鲁班奖。广州宝马大厦等建筑幕墙工程中多次采用，取得了显著的经济效益和社会效益。

(二十一)悬挂式单元玻璃幕墙

完成单位：深圳中航幕墙工程有限公司
主要完成人：闭思廉、姜成爱、陈珊、姜飞雁
完成时间：1987年

1.成果简介

本设计是国内最早设计的悬挂式单元玻璃幕墙技术，采用了玻璃开孔磨孔技术，工厂内加工单元式玻璃组件组装成单元板块，施工现场采用电动葫芦吊装技术进行施工安装，提高了效率，缩短了安装工期，该项目的成功，使我国玻璃开孔技术、单元生产加工及施工现场吊装安装技术得到了飞速发展。

2.应用与效益

本成果1987年在深圳国际展览中心首次应用，取得了显著的经济效益和社会效益。

(二十二)热弯弧型夹胶玻璃幕墙

完成单位：深圳中航幕墙工程有限公司
主要完成人：闭思廉、刘秀云、姜成爱、姜飞雁、何春玲
完成时间：1989年

1.成果简介

本设计是国内采用的弧形玻璃幕墙，采用了热弯弧形凝胶法装配的夹层玻璃，以及铝合金拉弯型材技术。该项目的成功，使我国热弯玻璃技术和铝合金型材拉弯技术得到了飞速发展，也使建筑外观多样化得到进一步发展。

2.应用与效益

本成果1989年在北京亚运村五洲大酒店幕墙工程中应用，取得了显著的经济效益和社会效益。本成果1989年在北京广播电视交流中心大厦幕墙工程中应用，取得了显著的经济效益和社会效益。

(二十三)Alcad幕墙门窗计算机辅助设计软件

完成单位：深圳中航幕墙工程有限公司
主要完成人：连刚、袁国平、李文胜、姜成爱、姜飞雁

1.项目简介

1987年开始，深圳中航幕墙工程有限公司就致力于幕墙门窗计算机辅助设计软件的开发，并与中国科学院计算机研究所合作，填补了国内专业幕墙设计软件的空白，为建筑幕墙的专业技术人员设计提供了平台。

2.应用与效益

本成果1993年完成开发，在建筑幕墙工程设计和制作生产中广泛应用，提升了制图质量，提高了制图水平，加快了制图速度，大大提高工程设计和生产制作效率，取得了显著的经济效益和社会效益。

(二十四)电动遮光吸声百叶系统

发明人：闵守祥、闭思廉、刘晓烽、蔡志斌、吴宇轩、李胜

才、涂铿、付莉、常新民、林胜宇

专利号：ZL 200620017666.9

专利权人：深圳中航幕墙工程有限公司

1.成果简介

本成果采用电动百叶，传动装置为变速无级传动，并采用隐藏式工艺结构，可大大提高构件的可靠度和使用寿命；百叶采用梭型百叶，由铝合金壳体和穿孔板及吸声材料组成，有效地解决了采光与完全遮光的转换，并有效阻隔噪声，为空间提供良好的声学环境。同时实现与消防联动，可自动控制也可手动控制，满足了防火防烟等要求。

2.应用与效益

本专利技术2003年5月至2005年3月应用于深圳会展中心三标段幕墙室内遮光吸声装饰工程，解决了会馆内百叶无级传动、遮光、吸声、消防联动等技术难题，使得整幅百叶电动系统隐藏，达到会展美观的要求，提高了施工可行性，加快了施工进度，节省了施工成本400万元，并获深圳市政府相关部门颁发的“突出贡献奖”。

(二十五)隐框玻璃幕墙

主要完成人：杜继予

完成时间：1994年

所获奖项：广东省建委科学技术进步一等奖（证书号：粤建科字第94008号）、深圳市科学技术进步一等奖（证书号：94-1-07）

1.成果简介

隐框玻璃幕墙技术是20世纪90年代世界上最先进的建筑幕墙技术，通过与法国CFEM公司在深圳特区发展中心建筑幕墙工程项目上的合作，自行创新开发出了一系列的新型隐框结构建筑幕墙产品，特别是中空玻璃隐框幕墙系统的设计，在国内尚属首创。探索和制定出一套完整的生产加工和安装的工艺，确保产品的安全和可靠度，在国内处于领先地位，为我国制定第一个建筑幕墙产品标准奠定了良好的基础。

2.应用与效益

本成果替代了当时的进口产品，在广州世界贸易中心、佛山建设银行、广州招商宾馆等幕墙工程中应用，同时出口至朝鲜和新加坡等地，取得良好的经济效果。

(二十六)一种铝合金窗主框与附框连接结构

发明人：杜继予

专利号：ZL 2008 2 0114431.0

专利权人：深圳市新山幕墙技术咨询有限公司

1.成果简介

本成果在窗主框与附框之间采用了螺栓联接，通过一块开有螺栓孔的压块把主框压在附框上。调节螺母可方便控制主框与附框的贴紧程度,确保窗主框与附框之间紧密接触；窗主框与附框之间的密封垫片被充分压缩，起到了很好的密封防水防渗作用。

2.应用与效益

该项成果目前在香港和记黄埔地产公司所属的工程深圳观澜观湖园一期、深圳平湖御峰园一期中推广应用，并在“十一五”国家科技支撑计划重点项目“典型地区用建筑外窗系统研究开发”中推广。

(二十七)一种新型铝合金窗玻璃托块

发明人：杜继予

专利号：ZL 2009 2 0158395.2

专利权人：深圳市新山幕墙技术咨询有限公司

1.成果简介

本成果是新型铝合金窗玻璃托块，结构简单合理，成本低廉，可以有效承担玻璃荷载，延长了断热条的使用寿命。

2.应用与效益

该项成果应用于长春市净月潭大顶山住宅项目1B期、珠海唐家湾发展第四期铝门窗工程中，效果良好。

(二十八)一种外插式可调垫片

发明人：杜继予

专利号：ZL 2009 2 0154144.7

专利权人：深圳市新山幕墙技术咨询有限公司

1.成果简介

本成果的外插式可调垫片，外形相同，厚度可以有多种，当放置在连接件底板与混凝土结构面间的间隙中时，可以在不影响连接件底板正常连接的情况下进行有效调节。

2.应用与效益

该项成果目前在香港和记黄埔地产公司所属的工程深圳观澜观湖园一期、深圳平湖御峰园一期中推广应用，效果良好。

(二十九)一种新型铝合金保温窗

发明人：杜继予

专利号：ZL 2009 2 0167006.2

专利权人：深圳市新山幕墙技术咨询有限公司

1.成果简介

本成果的新型铝合金保温窗，结构简单，提高了保温性能、气密性能、抗风压性能、水密性能、隔声性能，实现了窗体工厂化生产，大大提高了生产效率及产品质量，窗体的安装更加简单方便，安装效率及效果都有很大的提高，更容易保证外附框与窗体间的水密性、气密性，能很好做到防渗防漏。

2.应用与效益

该项成果应用于长春市净月潭大顶山住宅项目1B期、湖南长沙盈峰翠邸工程，效果良好。

(三十)玻璃采光顶预应力拉索网架结构在深圳市民中心工程中的应用

完成单位：深圳市三鑫幕墙工程有限公司

主要完成人：姚裕昌、谢国生、花定兴

完成时间：2003年5月

所获奖项：2007年度鲁班奖

高新技术认定证书号：深圳市科学技术局200104号

1.成果简介

本成果是国内首次将预应力索网结构应用于采光顶，同时也是首次尝试将双层钢网架结构体系改为双层索网结构体系，从而实现了结构通透、美观新颖的目标。

2.应用与效益

本成果2003年首次用于深圳市民中心30m×54m的采光天棚，提高了施工安全性，加快了施工进度。

(三十一)特大型点式预应力索结构玻璃幕墙在广州新机场主航站楼工程中的应用

完成单位：深圳市三鑫幕墙工程有限公司

主要完成人：花定兴、姚裕昌、蔡广剑

完成时间：2003年8月

所获奖项：广东省经济贸易委员会2002年广东省优秀新产品三等奖（154号）、国家经济贸易委员会2002年国家重点新产品（2002440216号）、华夏建设科学技术类2007年一等奖、2005年第五届詹天佑土木工程类（05-005）

1.成果简介

本成果采用钢桁架预应力自平衡索结构形式，构成轻巧网状立体空间受力结构体系，构思独特，能有效地满足通透的设计意图，受力简洁，安全可靠。

2.应用与效益

本成果在广州新机场主航站楼工程中应用，主楼点式玻璃幕墙24000m^2，提高了施工安全性，加快了施工进度，节省了施工成本近百万元。

(三十二)预应力自平衡索桁架

发明人：王德勤、韩平元、姚裕昌、花定兴

专利号：ZL 01 2 55358.1

专利权人：深圳市三鑫幕墙工程有限公司

1.成果简介

本成果解决了因主体建筑结构支承力不足而无法使用索桁架作为幕墙支承结构的问题，增加了新型幕墙的使用范围，为现代新型建筑提供了理想的方案，具有结构简单、施工安装方便、安全可靠、外视效果好等优点，是一种极具实用性的幕墙桁架。

2.应用与效益

本成果应用于广州新机场主航站楼特大型点式预应力索结构玻璃幕墙工程，提高了施工安全性，加快了施工进度，节省了施工成本。

(三十三)万向驳接组件

发明人：韩平元

专利号：ZL 99 2 46252.5

专利权人：深圳市三鑫幕墙工程有限公司

1.成果简介

本成果是一种用于安装幕墙玻璃时需要在任意方向调整玻璃角度的万向驳接组件。与现有技术相比，其初始位置的确定及角度调整更为便捷，结构更为经济、合理。

2.应用与效益

本专利技术多次应用于广州新机场、深圳南山书城、广州亚运城幕墙工程，提高了施工安全性，加快了施工进度，节省了施工成本。

(三十四)钢铝组合型材幕墙

发明人：韩平元、李辉、花定兴、陈立东、谢国生

专利号：ZL 2006 2 0014363.1

专利权人：深圳市三鑫幕墙工程有限公司

1.成果简介

本成果是一种新型钢铝组合型材幕墙，其连接位于内部，结构简单，外表美观，同时安装方便且降低成本。

2.应用与效益

本成果多次应用于卓越皇岗世纪中心、广州亚运城幕墙工程，提高了施工安全，加快了施工进度，节省了施工成本。

(三十五)敞开式双层幕墙通风结构

发明人：周嘉陵、张桂先、谢国生、刘长龙

专利号：ZL 03 2 67864.9

专利权人：深圳市三鑫幕墙工程有限公司

1.成果简介

本成果是在保持原有双层幕墙通风结构核心原理的基础上，克服原有设计方案挡风钢板与支撑结构相交因测量、安装和加工工作量大的不足，结合施工中的实际情况，进行创新设计。通过节点优化，达到方便施工、减小工作量的目的。

2.应用与效益

本成果已应用于深圳电视中心幕墙工程，加快了施工进度，提高了节能效益，节省了施工成本。

(三十六)光伏电池中空玻璃组件研究

完成单位：深圳市瑞华建设股份有限公司

主要完成人：汤莉、陈娜琳、周良柱

完成时间：2008年

国家重点新产品证书号：科学技术部2008GRE02008

1.成果简介

创造性地发展采用BIPV技术，将薄膜铜铟硒电池与非标准尺寸的中空玻璃结合，应用于大型采光顶建筑，使太阳能技术与建筑幕墙有机结合，在国内幕墙领域尚属先例。系统组件安装包括太阳能光伏方阵、汇线盒、直流配电柜、逆变器及交流配电柜的安装，中空玻璃组件内设温度传感器，外设辐射强度传感器，实时监测采光顶温度升高对发电效率的影响。整个控制系统安放在建筑中央控制室，统一监控、计算光伏系统实时发电量和累计发电量。

本研究成果与实践对于建筑光伏一体化科学评估有着深远的意义，为幕墙行业在光伏领域的发展提供了宝贵的经验。

2.应用与效益

自2008年起，本成果在北京南站等工程中应用，已产生综合经济效益数200万元。

(三十七)自动控制换气系统

发明人：汤莉、孙连弟、汤世君、于浩峰

专利号：ZL 032634633

专利权人：深圳市瑞华装饰工程有限公司

1.成果简介

双层换气幕墙由内外两层幕墙组成，中间是气流通道，按开放式外循环系统设计。本专利技术有效地提高了双层幕墙通风量，改善了热工性能，大大降低了建筑制冷的使用成本。

2.应用与效益

本专利技术2004年7月应用于TCL工业研究院主体双层幕墙工程，节省了能源成本近100万元。

(三十八)一种光伏电池中空玻璃组件

发明人：汤莉、汤劲松、孙连弟

专利号：ZL 2007 2 0119222.0

专利权人：深圳市瑞华建设股份有限公司

1.成果简介

采用铜铟硒75W CIS太阳电池组件与中空玻璃组合，并安装在建筑屋面上。太阳能电池组件与中空玻璃组合有两种形式，一种是与标准外片叠合，一种是封装在普通中空玻璃内。本专利技术有效地结合了电池板与中空玻璃，为建筑光伏一体化设计与使用提供了宝贵经验。

2.应用与效益

本专利技术在2007年5月应用于北京南站采光顶幕墙工程，目前已累计发电几十万kWh。

(三十九)深圳市文化中心大型扭曲钢结构玻璃幕墙新技术

完成单位：深圳市瑞华建设股份有限公司

主要完成人：汤莉、陈娜琳、曾会容

完成时间：2004年9月

所获奖项：中国建筑装饰协会2005年建筑工程装饰类（证书号：ZJ0550031）

成果内容

本成果是幕墙设计空间定位、大跨度钢结构误差控制，以及玻璃构件在空间钢结构龙骨上安装固定的新技术。深圳市文化中心幕墙工程中玻璃垂帘幕墙工程每跨各由60根共120根长短不一的斜钢柱组成。最长的斜钢柱长度达32m。每跨垂帘是由2500多个不相等的三角形网格组成的空间曲面。立柱与T形钢檩条形成整体结构受力体系。结构定位放线根据三维设计模型，由计算机输出定位坐标数据库程序，全站仪导入结果文件后，自动校核检验施工定位精度。

(四十)深圳会议展览中心幕墙工程

完成单位：深圳市瑞华建设股份有限公司

主要完成人：汤莉、陈娜琳、黄东亮

完成时间：2004年8月

所获奖项：中国建筑装饰协会2005年建筑工程装饰类（证书号：ZJ0510035）、广东省建筑业协会2006年度广东省优秀建筑装饰工程类（证书号：GD ZS06075）

成果内容

采用钢铝组合幕墙，其特点为分格大，对钢结构焊接要求高。尤其是抗风柱设计，既体现了幕墙设计特点，同时也为整体屋面结构提供了抗风支撑，将建筑幕墙与主体结构完美结合。屋顶装饰由铝板和大型通风百叶构成，其中百叶设计尺寸堪称国内首创，百叶断面长1300mm，宽最大190mm，分三段开模制成，每段平均长430mm，采用万t压力机挤压成型。此项技术已获国家知识产权专利。所有焊接部位均为坡口焊或对接焊连接，以保证构件角部为直角。

(四十一)NIU240K单元式节能幕墙的分析改进和应用研究

完成单位：深圳华加日铝业有限公司

主要完成人：张光炎、何伟、田有永、李万昌、覃志树、刘江虹

完成时间：2001年10月25日

所获奖项：2004年度中国建筑工程鲁班奖

1.成果简介

NIU240K单元式节能幕墙是在引进日本先进技术的基础上，结合国内标准规范要求开发的高性能节能幕墙产品。幕墙面材可使用LOW-E中空玻璃、保温金属板、石材等饰面材料，可满足建筑师对幕墙视觉风格及表面纹理的要求。结构上利用雨屏等压和构件强度理论设计，立柱采用多腔的复合式迷宫结构，具有良好的抗侧弯稳定性，实现了幕墙优良的水密、气密和抗风压性能。在上下层单元板块之间设置隐藏式随动定位装置，当地震发生时，上下板块同步变位，避免了相邻板块之间的碰撞，提高了产品的抗震性能。开启扇采用与横梁融为一体的内藏式勾挂结构，立柱、横梁为流线型设计，线条简洁，外观优美。

2.应用与效益

运用该项技术建造的华为科研中心幕墙工程，幕墙面积9万㎡。

(四十二)NIW170S铝合金节能推拉门窗性能研究与实践

完成单位：深圳华加日铝业有限公司

主要完成人：麦华健、许伊纬、李万昌、李经伟、邱克平、谭晓红

完成时间：2004年11月20日

所获奖项：2008年度中国建筑工程鲁班奖

1.成果简介

NIW170S高性能组合型铝合金节能推拉门窗运用单元式幕墙的设计原理，横、纵向采用插接式连接，可制成不同规格的单樘和窗墙系统组合门窗，具有无限延展性和较强的吸纳层间三向变位能

力，可最大程度满足建筑使用功能布局的需要。在扇边梃位、勾企位、对碰位采用双道EPDM胶条密封，辅以阶梯式下轨和空腔排水系统相结合，大大提高了系统的气密性和水密性能。创新的断面结构设计使窗中横框跨度可达4.5m，扇宽可达1.3m，高可达2.8m，既使外观典雅大方，又能推拉轻便、灵活。产品采用LOW-E中空玻璃及保温隔热材料，可有效阻隔室内、外以及相邻房间的热、声传递，具有可靠的节能、隔声性能。

2.应用与效益

采用该项技术承建的深圳红树西岸1#、3#楼窗墙系统工程，工程面积 15万㎡，工程造价1.1亿元人民币。产品的水密性按美国标准ASTME331达到了1000Pa，按美国标准AAMA501.1达到了750Pa，按国家标准GB/T15228固定部分达到了2500Pa，开启部分达到了500Pa，打破了推拉门窗的水密性不高的传统观念。

(四十三)NIU180G单元式节能幕墙及其隔声构造研究应用

完成单位：深圳华加日铝业有限公司

主要完成人：雷庆祖、麦华健、李万昌、吕绍德、李经伟、曾君权

完成时间：2006年5月15日

所获奖项：广东省优秀建筑装饰工程奖（证书号：GDZS09078）、2009年度全国建筑工程装饰奖（证书号：ZJ0950711）

1.成果简介

NIU180G单元式节能幕墙是自主研发的高性能环保节能幕墙产品。幕墙结构按照雨屏等压和构件强度理论设计，插接立柱和横梁通过胶条形成多腔体系，插接横梁增设了一道高性能"O"形胶条，避免幕墙在荷载作用时构件插接位置产生的碰撞和摩擦噪声。多功能宽幅竖向装饰带以独特滑槽连接方式与单元立柱连接，可根据建筑功能的需要内置LED灯饰。挤压成型铝合金幕墙连接系统不但可以实现三维调整，而且对单元板块安装倾角具有自适应功能，可实现无焊接施工。针对酒店建筑楼层及房间的隔声要求，研发出采用环保型隔声毡和吸声材料组成、具有优异宽频隔声特性和高阻尼性的幕墙隔声构造。

2.应用与效益

采用该产品建造的深圳福田香格里拉大酒店幕墙工程，幕墙面积4.2万㎡，造价7000万人民币。采用环保型隔声毡和吸声材料组成的幕墙隔声构造，有效地抑制了各种噪声在楼层及房间之间的传播。

(四十四)平开铝合金手摇窗

发明人：鞠岚、冯强

专利号：ZL 01271579.4

专利权人：深圳华加日铝业有限公司

1.成果简介

本成果的窗设置有手摇传动器，在不打开纱窗的情况下，摇动传动器即可将窗扇打开和关闭。其手摇传动器的手柄转动灵活，操作方便，通过手柄可调整窗扇的开启角度，且有很好的抗风能力。配备的纱窗可拆卸，便于清洗，窗扇的开启和关闭无需打开纱窗就可完成。窗框、窗扇框和中梃均为空腔结构，窗扇与窗框或中梃之间均设置两道胶条密封，并结合使用中空玻璃，使窗形成一个阻热层，大大降低了铝合金窗的导热系数，整窗具有良好的气密、水密等性能，保温节能性能良好。

2.应用与效益

采用该专利技术开发的产品， 2002年列入定型产品，填补了产品系列的空白。

(四十五)保温节能铝合金门

发明人：周德恩、刘再德

专利号：ZL 01271582.4

专利权人：深圳华加日铝业有限公司

1.成果简介

本成果采用铝塑材料，结合的门框和门扇框的截面均呈三层空腔结构，框与扇之间设置两道胶条密封，并结合使用中空玻璃，使门形成一个阻热层。由于采用隔热材料替代部分铝合金材料，型材均为三层空腔结构，所以大大降低了铝合金窗框的导热系数，保温节能效果好，又具有铝合金窗美观、精巧、环保、色彩多样等特点，可广泛用于现代中高档建筑。

2.应用与效益

采用该专利技术开发的产品， 2003年列入定型产品，填补了产品系列的空白。

(四十六)内开铝合金保温节能窗

发明人：王东明、张智宇

专利号：ZL 01271575.1

专利权人：深圳华加日铝业有限公司

1.成果简介

本成果采用铝塑材料结合的窗框、窗扇框和中框，所有型材的截面均呈三层空腔结构，窗框与窗扇框之间设置两道胶条密封，并结合中空玻璃，使窗形成一个阻热层，大大降低了铝合金窗框的导热系数，既具有塑钢窗保温节能的特点，又具有铝合金窗美观、精巧、环保、色彩多样等特点，可广泛用于现代中高档建筑。

2.应用与效益

采用该专利技术开发的产品， 2003年列入定型产品，填补了产品系列的空白。

(四十七)内开内倒保温节能铝合金窗

发明人：冯强、刘铁宏

专利号：ZL 01271577.8

专利权人：深圳华加日铝业有限公司

1.成果简介

本成果采用铝塑材料结合的窗框、窗扇框和中梃，所有型材的截面均呈三层空腔结构，窗框与窗扇框之间设置两道胶条密封，并结合中空玻璃，形成一个阻热层，大大降低了铝合金窗框的导热系数，既具有塑钢窗保温节能的特点，又具有铝合金窗美观、精巧、环保、色彩多样等特点，可广泛用于现代中高档建筑。

2.应用与效益

采用该专利技术开发的产品， 2003年列入定型产品，填补了产品系列的空白，累计完成销售产值5630万元。

(四十八)多功能内开内倒铝合金窗

发明人：张根祥、吴筱丹

专利号：ZL 02225070.0

专利权人：深圳华加日铝业有限公司

1.成果简介

本成果的窗框、窗扇框和中挺均为空腔结构，窗扇与窗框、窗扇与中挺之间均设置三道胶条密封，并结合使用中空玻璃，使窗形成一个阻热层，大大降低了铝合金窗的导热系数，整窗具有良好的气密、水密等性能，保温节能性能良好。框与扇、玻璃与玻璃在同一平面，显得整齐、美观。有较高的抗风压性能，适用于做大分格窗型，尤其适用于较多时间使用空调的建筑。

2.应用与效益

采用该专利技术开发的产品， 2003年列入定型产品，扩充了产品系列。

(四十九)外开铝合金保温节能窗

发明人：冯强、王东明

专利号：ZL 02225066.2

专利权人：深圳华加日铝业有限公司

1.成果简介

本成果采用铝塑材料结合的窗框、窗扇框和中梃，所有型材的截面均呈多层空腔结构，窗框与窗扇框之间设置两道胶条密封，并结合中空玻璃，使窗形成一个阻热层，大大降低了铝合金窗框的导热系数，既具有塑钢窗保温节能的特点，又具有铝合金窗美观、精巧、环保、色彩多样等特点，可广泛用于现代中高档建筑。

2.应用与效益

采用该专利技术开发的产品， 2003年列入定型产品，填补了产品系列的空白。

(五十)欧式60推拉铝合金保温节能窗

发明人：鞠岚、亓营

专利号：ZL 03222898.8

专利权人：深圳华加日铝业有限公司

1.成果简介

本成果窗内外框之间、窗扇内外框之间均采用隔热条连接，使整体的导热系数大大降低，并结合使用中空玻璃，使窗形成一个阻热层，大大降低了铝合金窗框的导热系数，既具有塑钢窗保温节能的特点，又具有铝合金窗美观、精巧、环保、色彩多样等特点。采用弧线形中梃，推拉方便，视觉效果好，广泛用于中高档建筑物。

2.应用与效益

采用该专利技术开发的产品， 2005年列入定型产品，填补了产品系列的空白。

(五十一)铝合金中悬窗

发明人：尹东海、明平稳

专利号：ZL 200420014607.7

专利权人：深圳华加日铝业有限公司

1.成果简介

本成果外观典雅大方、使用型材种类少，便于加工，而且窗扇可绕中悬转轴旋转180°，使室外面玻璃完全翻转到室内，便于清洗玻璃，另外其造价低，可广泛应用于各层次的用户。

2.应用与效益

采用该专利技术开发的产品，2005年列入定型产品，填补了产品系列的空白。

(五十二)可调铝合金百叶窗

发明人：王东明、刘再德、张根祥
专利号：ZL 200420014608.1
专利权人：深圳华加日铝业有限公司

1.成果简介

本成果结构新颖、安装方便，通过拨叉和传动杆可以方便调节百叶片的开启角度，其窗框和窗扇之间设置密封条，可有效减少开启噪声和风吹哨声，窗框和窗扇在同一平面内，外观典雅大方，视觉效果好，可以制作成推拉或平开窗，广泛适用于各种中、高档建筑。

2.应用与效益

采用该专利技术开发的产品，2005年列入定型产品，填补了产品系列的空白。

(五十三)消声防尘自然通风器

发明人：万凤琴、周瑞基
专利号：ZL 200420014604.3
专利权人：深圳华加日铝业有限公司

1.成果简介

本成果外形精致美观，可安装于门、窗或幕墙上，特别适用于风力资源较为丰富或室内外温差较大的地区及季节，其内腔中吸声棉形成的“Z”形通风通道，可有效消除空气流入时伴随的灰尘和噪声，另外采用自然通风，无动力能耗，且用隔热条起断桥作用，可有效节能。

2.应用与效益

采用该专利技术开发的产品，2005年列入定型产品，填补了产品系列的空白。累计完成销售产值1180万元，实现利税230.1万元。

(五十四)保温节能平开铝合金门

发明人：冯淑惠、亓营
专利号：ZL 200420103494.8
专利权人：深圳华加日铝业有限公司

1.成果简介

本成果的门设置于上、下门框之间的中梃，中梃与右/左门框之间通过玻璃扣条安装固定玻璃，中梃与左/右门框之间安装门扇，该门扇包括扇框、玻璃扣条以及通过密封胶条镶嵌在两者之间的门扇玻璃，门扇的扇框与相邻门框之间设置转向框，转向框与门框固定，门扇的左/右扇框与左/右门框之间安装合页，门扇的右/左扇框安装门锁和把手。还可以包括附框，附框设置于门框外周。通过在门扇的扇框与相邻门框之间设置转向框，使用于安装固定玻璃和门扇玻璃的玻璃扣条可全部安装于室内侧，防水、防盗性能好。通过设置附框和采用扣槽式合页，使安装更方便、省时。

2.应用与效益

采用该专利技术开发的产品，2006年列入定型产品，扩充了产品系列。累计完成销售产值2360万元，实现利税160.5万元。

(五十五)玻璃外挂式铝合金玻璃栏杆

发明人：刘再德、鞠岚
专利号：ZL 200420103495.2
专利权人：深圳华加日铝业有限公司

1.成果简介

本成果的栏杆由立柱、扶手、上横梁和下横梁组成，上横梁和下横梁均横设于立柱的外侧，上横梁和下横梁之间安装玻璃。立柱下端套于对应的钢套筒外面，钢套筒与埋在地下的预埋件固定，实现立柱的固定。本成果外观线条简洁，整体感强，安装、拆卸方便。

2.应用与效益

采用该专利技术开发的产品，2006年列入定型产品，扩充了产品系列。累计完成销售产值4360万元，实现利税384万元。

(五十六)保温节能平开铝合金窗

发明人：尹东海、亓营

专利号：ZL 200720118602.2

专利权人：深圳华加日铝业有限公司

1.成果简介

本成果采用“干法”安装，在室外侧无脚手架时，可以在室内侧进行安装，加快安装速度。由于整个铝合金窗采用数个单元窗拼接而成，所有单元窗均在工厂完成制作，现场安装方便，而且运输时占用面积小，方便运输。

2.应用与效益

采用该专利技术开发的产品， 2008年列入定型产品，扩充了产品系列。累计完成销售产值2370万元，实现利税204.2万元。

(五十七)带隐形纱窗的平开窗

发明人：亓营、尹东海

专利号：ZL 200720118603.7

专利权人：深圳华加日铝业有限公司

1.成果简介

本成果在活动窗扇一侧设置可折叠隐形纱窗，适用于尺寸较大的活动窗扇，窗户整洁、美观，采用“磁吸”方式实现纱窗推拉框和窗框的固定，结构简单，成本低。

2.应用与效益

采用该专利技术开发的产品， 2008年列入定型产品，扩充了产品系列。累计完成销售产值2820万元，实现利税252.8万元。

(五十八)平开铝合金窗

发明人：曾学军、亓营、尹东海

专利号：ZL 200720196053.0

专利权人：深圳华加日铝业有限公司

1.成果简介

本成果采用特殊结构的拼樘料和/或转角料将若干单元窗拼接成一个整窗，各单元窗连接牢固、可靠，而且可以防止雨水和灰尘从两单元窗之间进入室内。本成果各单元窗可以在工厂加工好，然后运到现场用拼樘料和/或转角料将单元窗拼装为一个整窗，运输容易，安装方便快捷。

2.应用与效益

采用该专利技术开发的产品， 2009年列入定型产品，扩充了产品系列。累计完成销售产值2160万元，实现利税181.4万元。

(五十九)折叠推拉铝合金门

发明人：亓营、洪继维

专利号：ZL 200720196052.6

专利权人：深圳华加日铝业有限公司

1.成果简介

本成果的开启宽度可接近整个门的宽度，而且，可适用于大尺寸宽度的门。

2.应用与效益

采用该专利技术开发的产品， 2009年列入定型产品，扩充了产品系列。累计完成销售产值308万元，实现利税51.5万元。

(六十)带纱窗的内开铝合金窗

发明人：尹东海、鞠岚、曾学军

专利号：ZL 200720196051.1

专利权人：深圳华加日铝业有限公司

1.成果简介

本成果纱窗设置于活动窗扇外侧的窗框内，且与窗框外表面平齐，外形美观，装拆、清洁极为方便。其窗框、窗扇采用欧标槽口设计，均为隔热铝型材，截面三层空腔结构，并结合中空玻璃，使窗形成一个阻热层，保温节能性能好，广泛适用于现代楼宇配套。

2.应用与效益

采用该专利技术开发的产品， 2009年列入定型产品，扩充了产品系列。累计完成销售产值3180万元，实现利税299.4万元。

(六十一)一种太阳能用异型铝型材

发明人：肖平霞、尹东海、王东明、倪壮伟、田长鲜

专利号：ZL 200820235264.5

专利权人：深圳华加日铝业有限公司

1.成果简介

本成果是一种太阳能用异型铝型材，相对现有技术能方便地对集热元件进行定位和固定。

2.应用与效益

采用该专利技术开发的产品， 2009年列入定型产品，扩充了产品系列。累计完成销售产值2020万元，实现利税230.3万元。

(六十二)隐框玻璃幕墙安全装置

完成单位：深圳市富诚幕墙装饰工程有限公司

主要完成人：蔡贤慈、黄志东、吴俊广、雷宏、吴顺红

完成时间： 1997年

成果登记号：深科成登字94084号、国家科技成果证书017601号

国家登记号：970054

所获奖项：1997年深圳市科学技术进步奖三等奖（编号：97353）

1.成果简介

本成果主要技术结构在于玻璃分界处设立安全装置，安全装置与铝合金型材结构连接，玻璃与结构成为一体，即使硅酮结构胶老化、产品加工和安装出现问题，也不会因玻璃脱落而造成安全事故。

2.应用与效益

惠州市邮电枢纽中心幕墙面积2万多m²，揭阳市邮电枢纽中心幕墙面积1万多m²，直接经济效益200多万元。

(六十三)建筑幕墙门窗物理性能自动化检测系统

完成单位：深圳市富诚幕墙装饰工程有限公司

主要完成人：蔡贤慈、姚耘辉、周辉、张丽燕

完成时间： 2000年

成果登记号：深科成登字20000102号

推广证号：建设部科技成果推广项目（证书编号：2002055）

1.成果简介

建筑幕墙门窗物理性能自动化检测系统包括根据国家幕墙的技术标准计算机软件系统及自动化检测控制系统，以及按幕墙技术标准要求研制的检测装置，从分级测试、数据采集、测试过程的实时监控等全部实现计算机化管理，从而保证了数据采集的真实性和可靠性，做到了科学、公正、公平、真实地反映了试件的实际情况。

2.应用与效益

采用本成果建立的检测中心，十多年来共承担了深圳市及周边地区1000余项幕墙检测业务，为送检单位节省了大量的送检时间。

(六十四)集成型多功能门窗

发明人：蔡贤慈

专利号：ZL 98 2 17438.1

专利权人：深圳市富诚幕墙装饰工程有限公司

所获奖项：2002年首届“深圳市企业新纪录”银奖

推广证号：2002年建设部科技成果推广项目（证书号：2002054）

1.成果简介

本成果是集建筑节能、节水、节材、节地“四节一保”，集建筑智能、安防智能、消防智能、家具智能“四能”为一体的新型产品。

2.应用与效益

本专利技术应用于深圳市龙湖山庄、深圳市梅花山庄、深圳市元征科技工业园办公大楼，产生经济效益200多万元。

(六十五)高性能节能幕墙

完成单位：深圳市华辉装饰工程有限公司

主要完成人：王海军、任少印、张明亮、宋金宝、贾春燕、王松峰

完成时间：2006年

1.成果简介

本成果从幕墙构造及材料方面尽可能地做到节能，玻璃采用双

银LOW-E玻璃，外露铝材采用断热型材。不透光部分增设了保温棉和硅钙板，透光部分采用了室外遮阳板。通过以上综合措施，幕墙传热系数达到1.39 W/(㎡•K)，比普通的镀膜玻璃幕墙减少能耗30%，达到了国际先进水平。

2.应用与效益

2006年在深圳西部通道旅检大楼首次使用，深港双方幕墙所围护的空间有 54000m^3，按平均每立方制冷用电0.03kWh，每年开放冷气2500h计算，空调制冷用电 405000kW/a，如果能耗下降15%，旅检大楼的用电每年就节省607500kWh，合48.6万元。平均每平方幕墙节电79度/年。

(六十六)具有消防逃生功能的智能式幕墙

完成单位：深圳市华辉装饰工程有限公司

主要完成人：王海军、任少印、张明亮、周锦云、王松峰、胡德文

完成时间：2006年

1.成果简介

本成果在人员密集处幕墙安装了电动窗、自动门，电动窗、自动门除了可以手动控制开启外，重要的是与消防联动，当遇到火灾时电动窗、自动门会自动打开，起到人员紧急逃生、幕墙排烟、补充新鲜空气的作用，使幕墙具备了先进的功能。

2.应用与效益

2006年在深圳西部通道旅检大楼首次使用，在人群密集地方对保障人员生命安全有重要意义。

(六十七)大跨度双曲面屋面及幕墙设计施工技术

完成单位：深圳市华辉装饰工程有限公司

主要完成人：林波、王小军、王海军、贾春燕

完成时间：2007年

1.项目简介

现代很多建筑造型采用大跨度双曲面屋面及幕墙，这种幕墙比平面幕墙设计及施工难度大很多，用传统方法效率低，效果差。采用三维绘图技术、可变角度调节节点、全站仪测量等多项先进技术，使异形大跨度双曲面幕墙施工效率提高，尺寸更准确，造型更美观。

2.应用与效益

2007年在深圳保利城市剧院完成大跨度双曲面屋面及幕墙技术，比传统设计、施工方法节省人力50%，缩短工期50%。

(六十八)通风式双层节能幕墙

完成单位：深圳市方大装饰工程有限公司

主要完成人：曾晓武、徐皓

完成时间：2002年

推广证号：建设部节能省地型建筑推广应用技术目录2006046号

1.成果简介

本成果与普通幕墙相比，在于其拥有独特的双层结构，使得系统具有通风换气的功能，具有良好的隔热、隔声和节能效果。系统采用单元式构造，工厂化生产程度高，安装方便，施工质量易于控制。经现场检测，通风式双层节能幕墙传热系数K值可达1W/(K·㎡)，隔声量可达55dB。

2.应用与效益

该成果已成功应用于北京国家会计学院、方大大厦、南京中国人寿广场、上海浦东公路管理署综合用房和清华大学超低能耗示范楼等工程中，节约了大量的能源，改善了系统的使用效果，具有良好的社会效益和经济效益。

(六十九)太阳能光电幕墙

完成单位：深圳市方大装饰工程有限公司

主要完成人：魏越兴、曾晓武

完成时间：2001年

1.成果简介

太阳能光电幕墙是一种集太阳能光电技术与建筑外围护于一体的集成系统，可将太阳能转化为能被人们利用的电能。

2.应用与效益

该成果已于2001年成功应用于方大大厦项目，并荣获中国企业新纪录称号。目前，系统运行稳定，累计发电超过10万kWh，使用效果良好。

(七十)城市轨道交通站台屏蔽门

完成单位：深圳市方大自动化系统有限公司

主要完成人：王胜国、熊海刚、刘晓东

完成时间：2005～2010年

所获奖项：深圳市2006年科技创新奖（编号：2006-创（引）DW003）、广东省2007年科技进步三等奖（证书号：[2008]155号）、2007国家重点新产品（编号：2007GRE02009）

成果验收证号：中华人民共和国建设部 建科验字[2005]第028号、深科评字[2006]第101号

1.成果简介

城市轨道交通站台屏蔽门系统应用于城市轨道交通领域，是集机械、电子、自动化、通信、软件等于一体的高科技产品。屏蔽门将站台候车区与轨道隔离，并设置与列车门对应的活动门，列车到站后，乘客可通过与列车车门同步打开的活动门直接出入列车车厢，为候车乘客提供安全保障，封闭式屏蔽门系统具有节能及降噪功能。本成果具有完全的自主知识产权，其技术国内领先并达到国外同类产品的水平。

2.应用与效益

该成果已成功应用于深圳地铁一号线延长段、南京地铁一号线南延线、台北"圆山站、市政府站及国父纪念馆站"等屏蔽门工程中，大大提高了地铁站台的安全性能，同时创造了直接经济效益2000多万元。

(七十一)高级浮法玻璃镀银原材料国产化

完成单位：南玻集团深圳宏达镜业有限公司

完成时间：1985年

所获奖项：1990年深圳市最佳合理化建议技术改进项目奖

1.成果简介

本成果实现了镀银原材料国产化，结束了镀银原材料依赖进口的历史。

2.应用与效益

自1985年起，南玻高级镀银镜投放市场，结束了中国没有高级镀银镜的历史。

(七十二)现代建筑安全玻璃系列的研制和开发

完成单位：南玻集团深圳南星玻璃加工有限公司

完成时间：1991年

所获奖项：广东省建材行业科技进步一等奖、1992年深圳市科学技术进步二等奖

1.项目简介

本成果综合应用了多项新技术、新结构、新工艺、新材料，成功地将现代建筑安全玻璃推向市场，引导了建筑安全玻璃的发展。

2.应用与效益

本成果应用于多个楼盘的建设，为建筑用安全玻璃提供了有效的技术保障。

(七十三)硅材料在建筑镀膜玻璃领域中的应用

完成单位：南玻集团深圳伟光镀膜玻璃有限公司

所获奖项：1999年深圳市科技进步三等奖

1.项目简介

首次将硅材料作为平面阴极磁控溅射靶材，镀制热反射玻璃，生产出仿黄金的外观颜色。

2.应用与效益

从1998年推出至今，共生产约80万㎡。

(七十四)遮阳型低辐射中空玻璃

完成单位：南玻集团深圳南方超薄浮法玻璃有限公司镀膜钢化厂

所获奖项：2002年深圳市科技进步三等奖

1.项目简介

遮阳型低辐射（LOW-E）镀膜玻璃是在保持原有高透型低辐射（LOW-E）镀膜玻璃的高可见光透过和低辐射率、低传热系数（U值）等基本特性外，对太阳能中的热辐射有较高的反射、较低的透过，有效地阻挡了太阳能中的热辐射进入室内。

2.应用与效益

1996年南玻集团从美国BOCCT公司引进具有90年代末先进技

术水平的大型真空磁控溅射镀膜玻璃生产线，率先在国内建筑市场推广低辐射（Low-E）镀膜玻璃。产品自1997底正式推出后，立即受到市场的欢迎，产销量连续三年以平均每年66%以上的速度递增，形成了巨大的经济效益。

(七十五)建筑镀膜玻璃颜色均匀性研究

完成单位：南玻集团深圳伟光镀膜玻璃有限公司

所获奖项：2000年深圳市科技进步奖三等奖

1.项目简介

采用分段供气手段，解决磁控溅射膜层的均匀性。

2.应用与效益

该项技术已应用在集团全部镀膜线上，仅2009年一年就生产镀膜产品860万㎡之多。

(七十六)点驳接装置（单臂独立式）

发明人：张玉乐

专利号：ZL 01347232.1

专利权人：深圳南玻幕墙工程有限公司

1.成果简介

本成果提供一种新的美观的点驳接装置。

2.应用与效益

已广泛应用于玻璃幕墙的安装中。

(七十七)硅酸盐防火玻璃的制造方法

发明人：江少华、熊伟、白振中

专利号：ZL 01124523.9

专利权人：中国南玻科技控股（集团）股份有限公司

1.成果简介

本成果是一种单片透明硅酸盐防火玻璃的制造工艺与方法。本发明将玻璃原片进行精选、切割、磨边抛光处理，磨边抛光处理后再进行化学钢化、超强物理钢化和镀红外线反射膜。

2.应用与效益

本成果所生产的玻璃的机械强度高、玻璃的热稳定性好，并降低了玻璃的膨胀系数，消除了玻璃表面的微裂纹，从而达到玻璃防火等。2001年递交专利申请后，在2003年就已经生产10000m^{2}防火玻璃。

(七十八)一种新型平面溅射阴极

发明人：白振中

专利号：ZL 200520055855.0

专利权人：深圳南玻南星玻璃加工有限公司

1.成果简介

本成果是一种新型平面溅射阴极，包括阴极体、磁铁、密封铜板和靶材。带阻磁且耐水腐蚀复合层的阴极体，与密封铜板一起构成冷却水槽，磁铁直接放置在冷却水槽内，在工作过程中，磁铁能够得到有效的冷却，可以防止离子轰击靶材时一部分能量转变成热能后导致磁铁因高温而消磁，从而保证阴极装置的正常工作。

2.应用与效益

该项技术已在本集团公司的10条镀膜线上使用，效果良好。

(七十九)中空玻璃生产技术

完成单位：深圳市光华中空玻璃工程有限公司

主要完成人：张春亭等

完成时间：1985年

所获奖项：1987年公司GHG牌中空玻璃获广东省优质奖，1990年首届全国轻工业博览会GHG牌中空玻璃获国家轻工业部银质奖、同时获得广东省科技进步一等奖，多锥体中空玻璃采光天棚及155系列中空玻璃幕墙获广东省科技进步二等奖、优秀节能科技成果奖（证书号：JNCPNO:941390）

1.成果简介

从奥地利、德国、英国、美国、意大利、日本等国家和地区先后引进全自动中空玻璃生产线，经过专家与技术人员消化、吸收及改进，形成年产10万m^{2}中空玻璃和15万m^{2}建筑幕墙的生产能力。该技术生产的中空玻璃具有以下性能：(1)光学性能方面：根据组合中空玻璃原片的性能不同，一般可见光透过率范围为10%~80%，反射率为13%~14%；(2)热学性能：导热系数K值为1.4~2.9；(3)隔声性能：一般可降低噪声30dB左右；(4)防结露性能：结露点可达-65°C；(5)具有相对重量轻及节省框材的性能。本工艺技术填补了国内中空玻璃生产空白。

2.应用与效益

本技术生产的中空玻璃及建筑幕墙应用于北京燕莎中心工程、

洛阳百货大楼、青岛市政府大楼、洛阳牡丹城等多项工程，并荣获建筑业最高质量奖——建筑工程鲁班奖；开拓中了国建筑节能新发展，产生了良好的社会效益及经济效益。

(八十)建筑节能塑钢门窗

完成单位：深圳市宝安建筑设计院

完成时间：2005年

主要完成人：陈军、黄杰云

1.成果简介

2005年国家和地方开始执行公建节能设计规范，塑钢门窗作为新型建材具有气密、水密、隔声、隔热等均较良好的物理性能而得到大力推广和广泛应用。

2.应用与效益

经在宝安高级中学工程中加以应用，效果良好。

(八十一)建设部建筑门窗节能性能标识实验室

完成单位：深圳市建筑科学研究院

成立日期：2007年10月28日

成果简介

深圳市建筑科学研究院于2007年10月28日，获得全国首批11家 “建设部建筑门窗节能性能标识实验室”的授牌，编号：2003。是整个华南地区首先开展建筑门窗节能性能标识的建筑类科研院所之一。

在多数建筑中，通过门窗损失的采暖和制冷热量，往往占到建筑围护结构能耗的一半以上，因而窗户是建筑节能的关键。由于我国幅员广阔，各地气候条件相差较大，必须按照实验室测试和模拟计算相结合的过程，因此需要有充当门窗节能性能标识信息“裁判员”作用的第三方实验室。培育和发展门窗节能性能标识实验室也是我国建筑能效测评制度的核心问题之一。在目前实践经验不多、市场机制不够完善的情况下，按照气候分区和地理区域合理授权成立建筑门窗节能性能标识实验室，在试点逐步积累经验的基础上，再稳步推进建筑门窗节能性能标识市场的建立，最后形成建筑门窗节能性能标识良性发展的市场。

(八十二)遮阳系数检测装置

发明人：罗刚、黄远洋、田雁晨

专利号：ZL 2006 2 0145309.0

专利权人：深圳市建筑科学研究院

1.成果简介

通过两个完全一样的箱体，其中一个加装百叶，测试两个箱体吸收的冷量的不同。适用于各种遮阳装置或者遮阳装置与玻璃组合体的遮阳系数（SC）检测。适用于科研单位对外遮阳装置进行遮阳系数检测。结构简单，测量准确，造价低。

2.应用与效益

已用于深圳市建科院科学实验。

第十二章 防水专业

深圳防水科技创新30年

瞿培华

30年来，深圳城市快速发展，建构筑物层出不穷，为深圳建筑防水提供了巨大的市场空间；建筑类型丰富多彩、新颖多样，为建筑防水提出了新的挑战，深圳建筑防水呈现多元化、系列化特征；深圳毗邻港澳的地理优势和开放心态，给深圳防水增加了国际化的视野；深圳创新的城市特质，也注入到防水领域。深圳在防水新材料的开发和应用方面走在全国前列，在建筑防水理论探讨和行业规范方面，深圳也领先于全国。

回顾深圳建筑防水30年，也与深圳经济特区的发展一样，走过了从无到有，从小到大，从落后到领先的辉煌历程。

一、深圳建筑防水的三个阶段

第一阶段，1980~1989年：创业起步的十年

特区成立初期，深圳的建筑防水与全国一样，还处在油毡、沥青和“两布三涂”的阶段。但建筑业的急速兴起，各种形式建筑，尤其是高层、深埋地下的大型建筑的建造，无疑对防水技术和材料性能提出了新的要求。现代防水事业在深圳应运而生，悄然起步。

1986年，湖北永佳防水公司与深圳建筑科学技术中心新技术推广部合作，在深圳推广和应用“PVC改性沥青柔性防水卷材及其粘结剂”。东方别墅、市政府办公大楼等建筑均应用了这种新型防水材料，现代工程防水开始成为深圳市建筑业不可或缺的项目。

1988年，三松防水材料厂率先将具有国内外先进水平的单组分聚氨酯防水涂料技术引入深圳。随后，又引进了高聚物改性沥青涂料生产技术，在深圳实现产业化，此项目曾荣获“深圳市科技进步三等奖”。同年，上海汇丽公司在深圳市场大力推广“双组分聚氨酯防水涂料”，对深圳建筑防水起到了积极的推动作用。

10年间，各种新型防水材料的开发，尤其是国外先进的防水材料生产技术与设备的引进，大大推动了深圳防水技术的进步。先进的防水技术不但适应了新型建筑的功能需要，也促进了防水材料性能的提高，打破了以往单一材料一统天下的局面。

与国外和国内其他城市和地区相比，此时的深圳建筑防水行业整体上还显得相对落后和弱小。

第二阶段，1990~1999年：成长壮大的十年

20世纪90年代，是深圳经济特区不平凡的年代。伴随着改革开放步伐加快，深圳机场、车站、地王大厦、华夏艺术中心个性化、多形式建筑的出现，对防水材料和技术提出了更高的挑战。

十年间，国外建筑防水的新理念、新技术不断被引进；本土防水企业经历了引进、模仿、吸收、消化后积极创新，迅速崛起，深圳涌现出一大批优秀的建筑防水企业。

20世纪90年代初，深圳市东方建材公司，将当时具有国内外先进水平的刚性防水材料“确保时”应用于晶都大酒店和深业华民大厦等工程；台湾宝力必思路公司将当时世界先进的纯聚氨酯防水涂料带到深圳，适应了新型建筑的功能需要，也促进了防水材料性能的提高。

1993年，中澳合资企业深圳弘深精细化工有限公司在深圳率先生产新一代高分子防水材料“非焦油双组分聚氨酯防水涂料”，并应用于市府二办、卷烟厂大楼、红岭大厦等工程。

1994年，“深圳市新黑豹建材有限公司”与高校共同开发研制出国内领先的“聚合物改性水泥”防水材料，该涂料应用于地王大厦、世贸中心大厦、华侨城威尼斯酒店、市民中心广场等深圳地标性项目，成为广东省聚合物水泥防水涂料产量第一、我国最早生产“聚合物水泥防水涂料”的企业。

这期间，易举的新兴防水公司，将603高分子防水材料和901瓷釉涂料引入深圳。广州鲁班建筑防水补强公司将国内先进的防水补强技术带到深圳，并着力于防水材料的性能和防水技术研究。

20世纪90年代末，深圳大学张道真教授主编了《深圳建筑防水构造图集A/B》。《图集》的出版与推行，对规范防水设计，尤其是对防水概念设计和防水节点处理起到了重要的指导作用。此图集至今仍被视为中国建筑防水设计的主要参考模版。

这十年，不论是从企业的创新，还是从行业规范，深圳防水界都在积极探索，并为行业的未来发展打下了良好的基础。

第三阶段，2000~2009年：蓬勃发展的十年

进入21世纪以来，深圳建筑防水发展跨入产品品种和应用领域多元化的时期。在产品方面，新型防水材料发展迅速，形成多类别、多品种、多样化、系列化的格局。与此同时，防水工程领域不断扩大，防水已从建筑工程扩大到市政工程；从单一的分项工程扩大到分部工程。地铁、桥隧工程、垃圾填埋、污水处理场和桥梁面等防水工程，要求防水技术向专业化和系统化发展。这些工程的建设都为建筑防水行业注入了生机和活力，深圳防水事业迅速发展

壮大。

这10年间，深圳建筑防水领域呈现出百花齐放、百家争鸣的繁荣景象，防水材料品种之多、材料之新、发展之快，前所未有。此外，深圳在防水标准的制定、防水研究领域，也为业界树立起了标杆。

深圳市卓宝科技股份有限公司自主研发生产的自粘卷材系列和屋面虹吸雨水排放系统，填补了国内技术空白。

深圳市科荣兴防水实业有限公司与美国 HT 研究所建立了长期的技术合作关系，成为该研究所防水材料技术在中国的唯一推广机构。

深圳成松实业发展有限公司，在深圳率先生产聚乙烯涤纶复合防水材料；深圳市耐克防水实业有限公司，开发出多项化学注浆防水的技术，解决了地铁、军用洞库等特殊场所渗水的顽疾；深圳市鸿三松实业公司研发的“单组分聚氨酯建筑密封胶”，填补了深圳密封胶生产的空白，被广泛应用于各类建构筑物的防水密封中。

深圳市科顺防水工程有限公司，大力推广应用聚氨酯防水涂料、自粘防水卷材和SBS/APP高聚物改性沥青防水卷材。

吴兆圣的变形缝系列防水构造技术，对沿用了半个世纪以上的内置式止水带，进行了彻底革新，有望颠覆“十缝九漏”之说。

2008年，东方雨虹公司采用环保型高弹厚质丙烯酸酯，成功治理了桃源村三期厨卫间的渗漏。

与现代防水材料和现代防水施工技术同步发展起来的，还有深圳的防水研究工作。

2004年，深圳市土木建筑学会防水专业委员会成立，这在深圳建筑防水领域更具有里程碑的意义，促进了科技进步，推动了新工艺、新技术、新材料应用。

2009年，“中国首届建筑防水（南方）专家论坛”在深圳举行，专家们从中国防水现状和发展、防水设计、防水材料、防水施工技术、防水标准、防水教育等方面作了深入探讨和专题论述，不仅开拓了深圳防水企业的视野，也确立了深圳防水在国内的重要地位。

由郑晓生、李子新、项桦太、张道真、瞿培华等主编的深圳市第一部强制性地方标准《深圳市建筑防水工程技术规范》（SJG19-2010），于2010年正式颁布实施。该规范充分总结了近三十年建筑防水从设计到选材、施工、验收的经验，根据深圳的实践、地区环境条件和施工技术水平，提出了许多新的理念。《深圳市建筑防水工程技术规范》的出台，不仅使深圳防水工程设计、选材、施工、验收有章可依，也为全国防水界提供了参考和借鉴。

二、深圳建筑防水前景展望

目前，建筑防水领域已由房屋建筑防水为主，向房屋建筑防水和工程建设防水并存的方向发展，防水材料也由单一化、中低端化，向系列化和高端化发展。

（一）防水基础研究和应用技术领域。深圳市防水要保持国内领先的地位，必须在防水的前沿技术方面进一步探索，其中包括防水材料产品系列化和配套化研究；防水材料制造成本数据库的建立；防水施工技术系统化、实用化研究等。一些新型实用设备的开发值得关注，如便携式现场检测仪器、多功能多通道多指标的检测仪器设备、防水效果综合测试仪等；有能力的企业还应建立防水工程施工和维护成本数据库，开发防水质量鉴定与评价软件，提高防水质量及效果的模拟能力等。

（二）新型屋面防水领域。单层屋面、种植屋面、斜坡屋面、太阳能屋面等新型屋面的出现与快速发展，为屋面防水技术应用提供了巨大的市场空间。尤其是坡屋面和种植屋面的防水隔热系统的整合，不仅要求政府和开发商转变观念，更需要构造技术的创新和设计理念的更新。

（三）工程防水领域。随着国家拉动内需的宏观产业政策逐步实施，未来几年，工程防水的比重将大幅度上升，应引起行业的足够关注。特别是在高速铁路、高速公路、机场码头、地下空间、地铁工程、交通枢纽、粮库仓储、环保工程等许多领域中，工程防水或混凝土防护技术都成为了防水产业的外延，其内涵则是各类专用防水材料应用于不同领域的特殊场合以满足各类不同工程的防水需要。

（四）喷涂聚脲防水技术领域。喷涂聚脲是一种科技含量甚高的高性能产品，近几年被应用于奥运场馆、京沪高铁等重点工程。聚脲技术大规模的应用，给防水行业带来了巨大的商机和挑战。深圳的防水企业和科研机构，也要在有条件的情况下，加大技术与资金投入，着力于研究聚脲弹性体原材料的国产化，聚天门冬氨酸酯聚脲材料、快速固化聚脲弹性体技术和相关设备，积极推广应用。

（五）新型建筑密封材料领域。建筑密封材料是重要的功能性材料。随着建筑设计和构造形式的发展，以及安全性能的提高，要求密封胶具有节能、阻燃、环保、耐候等高性能保障。开发研制改性硅酮密封胶，使高位移低模量成为可能；硅酮改性聚氨酯，使密封胶具有优异的粘附性和耐候性；硅酮改性丙烯酸酯，提高密封胶的耐水性、耐候性和位移能力；重视密封胶配套的底涂料的开发，以满足不同基材和使用条件的需求。

（六）建筑节能与建筑防水一体化领域。建筑节能是国家“节能减排”的重要领域之一，而防水工程将直接影响建筑围护结构的隔热性能，影响到节能效果，因此，加快绿色环保防水材料与构造技术的开发研究，积极推广硬质发泡聚氨酯和块状整体隔热材料，将建筑节能与防水工程进行整合研究，对于深圳市的建筑节能具有重要的意义。

（七）建筑防水行业管理领域。深圳建筑防水要获得进一步发展，也有赖于市场的进一步规范。改革承包机制、规范工程造价、建立防水设计专门机构，实现防水设计专门化，编制《深圳市建筑防水设计导则》和《深圳市建筑防水合理计价导则》，降低恶性竞争的风险，强化行业自律等，都是摆在深圳建筑防水行业面前的难题，还需要政府的进一步监管和引导，全行业的积极探索和努力。

防水专业

(一)HB型聚合物水泥防水涂料

完成单位：深圳市新黑豹建材有限公司、北京交通大学

主要完成人：杨淑智、王荣柱

完成时间：1993年10月

成果登记号：（93）鄂科登字095311号

所获奖项：1995年4月获宜昌市人民政府科技进步三等奖（证书号：K933313）；1995年12月获中华人民共和国农业部科技进步三等奖（证书号：95172）；1998年7月获中华人民共和国建设部科技成果重点推广项目（编号：C97091）；2001年8月获中华人民共和国建设部科技成果推广转化指南项目（编号：2001122）；2006年4月获国家康居示范工程选用部品与产品（编号：05-Z30-008）；2006年10月与2009年10月两次获湖北省名牌产品称号（编号：42-2006-141，42-2009-071）。

1.成果简介

HB型聚合物水泥防水涂料（以下简称HB型防水涂料）是以自行研制的HD型建筑乳液胶为基料，并配合一定比例的水泥及活性助剂精制而成。若产品中还添加有细骨料（砂）则可制成HB型聚合物防水砂浆。该成果是国内最早研制成功并工业化生产的聚合物改性水泥防水材料。HB型防水涂料具有优良的防水、防潮、防渗漏等性能，是一种全新的建筑用防水材料。

2.应用与效益

该科技成果推广应用以来，已在广东、广西、湖南、湖北、四川、重庆、山西、贵州、山东、云南、福建、上海、香港、澳门、越南等地区应用，深受客户的好评，累计产生经济效益8亿多元。

(二)湿铺法复合双面自粘橡胶沥青防水卷材(贴必定BAC)

完成单位：深圳市卓宝科技股份有限公司、北京卓宝科技有限公司

主要完成人：易长海、邹先华、李忠人、李明扬、江河

完成日期：2004年3月23日

成果登记号：建科评[2004]第009号

推广项目编号：建设部2004071

完成时间：2004年

1.成果简介

BAC湿铺法复合双面自粘橡胶沥青防水卷材采用水泥浆或水泥砂浆作为粘结剂，能实现“微观满粘”，避免窜水现象的发生，克服了传统防水卷材在施工过程中甲苯、二甲苯和汽油等溶剂带来一系列环境、消防和中毒等问题。BAC卷材防水系统简化了施工工序，节约了原材料、能源和人工。

2.应用与效益

本成果已在很多工程项目中应用，取得了显著的经济和社会效益。

(三)“贴必定”BAC防水卷材预铺反粘工法

完成单位：深圳市卓宝科技股份有限公司、北京卓宝科技有限公司、北京卓宝防水工程有限公司

主要完成人：邹先华、李忠人、李小溪、林旭涛、辛永刚

完成日期：2005年12月10日

推广证号：建设部2006025号

1.成果简介

利用BAC卷材独特的被动粘结性能，将BAC卷材预先铺放后再浇筑混凝土，BAC卷材料与混凝土粘为一体，长期浸泡下也依然密不可分。即使BAC卷材表面被刺穿，也不会在刺穿处产生窜水。由于取消了找平层和保护层，降低了工程造价。

2.应用与效益

本成果已在很多工程项目中应用，取得了显著的经济和社会效益。

(四)贴必定BAC高分子复合自粘防水卷材

完成单位：深圳市卓宝科技股份有限公司、北京卓宝科技有限公司

主要完成人：徐明、李明扬、柳文君、林旭涛

完成时间：2007年9月1日

成果登记号：建科评[2007]第049号

推广项目编号：建设部2007FS17

1.成果简介

针对隧道、侧墙等外防内贴部位的特殊防水要求，改进了BAC卷材构造层次，将高分子防水卷材和自粘卷材复合，研发出了适应面更广的预铺反粘型高分子复合自粘卷材。该卷材由高分子片材、自粘改性沥青胶料、隔离膜复合而成，并可根据需要在高分子片材上复合织物加强，适用于隧道、地下铁道、地下室等防水工程。

2.应用与效益

本成果已在很多工程项目中应用，取得了显著的经济和社会效益。

(五)贴必定WSBAC-008(超级BAC)自粘防水卷材

完成单位：深圳市卓宝科技股份有限公司、苏州卓宝科技有限公司

主要完成人：邹先华、徐明、江志磊、黄行、李清宇

完成时间：2009年3月25日

成果登记号：建科评[2009]第009号

1.成果简介

针对普通自粘卷材耐高低温黏性、耐老化和尺寸稳定性等的局限性，改进原材料配方，研制成性能好，适应范围更广，干、湿铺两用的超级BAC自粘防水卷材，施工过程无需有机溶剂和燃料，避免了环境污染，消防了隐患。

2.应用与效益

本成果已在很多工程项目中应用，取得了显著的经济和社会效益。

(六)化学压力复合注浆技术

成果编号：深建科[2009]21

完成单位：深圳市耐克防水实业有限公司

完成时间：2006~2007年

1.项目简介

本项目是深圳市住房和建设局2009年发布的建设科技成果推广项目，化学压力复合注浆采用有机材料和无机材料相结合，充分发挥两种材料的优点，弥补各自的缺点，达到取长补短、优势互补的效果，具有成本低、工期短、影响小等特点。

2.应用与效益

经在万轩大厦、金港华庭、海南铁路隧道等工程中应用，取得了显著的社会效益及经济效益。

(七)APF自粘卷材—聚合物砂浆粘结复合防水系统

完成单位：广东科顺化工实业有限公司

主要完成人：王庆安、汪文枝、姚清生、陈伟忠、阮宜萍、刘国华、邱敏志、周宇、慕容堂、王永成

完成时间：2004年

推广证号：广东省建设行业科技成果推广项目（证书号：2009013）

1.项目简介

APF自粘卷材—聚合物砂浆粘结复合防水系统，可在潮湿基面上施工，省去找平层，用聚合物砂浆粘结自粘卷材，实现两道防水复合设防，无需使用明火，安全、环保，施工方便。

2.应用与效益

自2004年起，本成果在深圳地铁项目、深圳怡景中心城、深圳晶岛国际购物广场等工程中应用，累计产生经济效益1.3亿元。

(八)APF复合防水自粘卷材

发明人：陈伟忠

专利号：ZL 2004 2 0083621.2

专利权人：陈伟忠

1.成果简介

本成果可在潮湿基面上施工，省去找平层；用聚合物砂浆粘结自粘卷材实现两道防水复合设防；无需使用明火，安全、环保，施工方便。

2.应用及效益

本成果自2007年起，在深圳地铁五号线、地铁二号线2206标等工程中应用，累计产生经济效益1000多万元。

(九)弘深牌聚合物水泥砂浆改性剂

完成单位：深圳弘深精细化工有限公司

主要完成人：贺余康、瞿培华、马先武、肖建军、洪祖飞

完成时间：1999年

1.成果简介

该产品无毒、无味、无污染，作为砂浆改性剂，既显著改善了水泥砂浆的防水、防渗效果，也较大提高了砂浆的粘结力及机械

强度，且能在潮湿基面上施工，可广泛应用于建筑物的外墙、厕浴间及水池等部位的防水、防渗处理。该产品生产技术成熟，质量稳定，技术性能达到国内产品先进水平。

2.应用与效益

自1999年起，本成果在深圳翠怡苑住宅区、宝安黄金大厦、布吉桂芳园、布吉可园、天利明园、海洋花园等工程中应用，累计产生经济效益3000多万元。

(十)弘深牌JS复合防水涂料

完成单位：深圳弘深精细化工有限公司

主要完成人：贺余康、瞿培华、马先武、肖建军、洪祖飞

完成时间：1999年

1.成果简介

该产品强度高，耐久性好，粘结力强，抗渗性好，尤其是能在潮湿或干燥等多种材质的基面上直接施工，且施工过程无毒、无害、无污染，可广泛应用于建筑物的屋面、地下室、厕浴间及水池等部位的防水、防渗处理。该产品生产技术成熟，质量稳定，技术性能达到国内先进水平。

2.应用与效益

自1999年起，本成果在深圳市民中心、南山星海名城1～7期、布吉桂芳园2～6期、布吉可园1～7期、振业城1～5期等工程中应用，累计产生经济效益5000多万元。

(十一)建筑接缝粘贴式防水技术

完成单位：深圳盛誉实业有限公司

主要完成人：吴兆圣

完成时间：2009年

成果登记号：深科成登字2009242号

1.成果简介

建筑变形缝、施工缝等建筑接缝的防水是地下防水工程中最难解决的问题，本研究成果采用特种环氧树脂粘合剂将聚氯乙烯防水卷材粘结在变形缝的两侧，消除了防水卷材与基层之间的渗水缝隙，以适应变形缝结构上下、左右、前后位移，实现柔性防水。

聚氯乙烯防水卷材在地下工程中有数十年的使用寿命，但普通溶剂型粘合剂寿命只有2~3年，无疑成为防水系统中的短板。本项目研发的聚氯乙烯防水卷材专用特种环氧树脂粘合剂是该项技术成果的关键，与聚氯乙烯防水卷材具有一致的使用寿命，从而实现可靠防水。

2.应用与效益

截至2009年7月，本研究成果已在杭州西湖文化广场、钱江新城国会中心、浙江日报等十几个工程中得到应用，都取得了良好效果。

(十二)高耐候单组分聚氨酯建筑密封胶

完成单位：深圳市鸿三松实业有限公司

主要完成人：周文新、张玉国、肖扬华、周红艳

完成时间：2009年

成果登记号：深科成登字2009185

1.成果简介

通过改善聚氨酯密封胶增塑剂的相容性并适当降低增塑剂的含量，调节湿气固化机理，使用多种老化稳定剂，即综合采用聚氨酯潜伏固化剂、新型增塑剂、抗氧剂、具有紫外线吸收能力的无机颜料、有机紫外线吸收剂，全面提高聚氨酸密封胶耐湿热和耐紫外线老化性能。

2.应用与效益

本成果已在武广高铁韶关段桥梁接缝等工程中应用，效果良好。按年产量3000t计，年销售额可达9000万元，年创利税3000万元。

(十三)水皮优”超强弹性防水涂料

完成单位：深圳市卓宝科技有限公司

主要完成人：肖扬华

鉴定日期：2001年8月8日

成果登记号：深科鉴字[2001]第112号

1.成果简介

“水皮优”超强弹性防水涂料加水固化成膜，无需使用有机溶剂，环保无毒，且其为单组分，避免了双组分涂料因配比不准确而导致的防水层成膜质量不稳定的缺陷。

2.应用与效益

“水皮优”超强弹性防水涂料各项性能优异，应用广泛，社会效益良好。

(十四)贴必定WSP(超级P型)自粘防水卷材

完成单位：深圳市卓宝科技股份有限公司、苏州卓宝科技有限公司

主要完成人：赵东奇、刘吉明、蒋继恒、徐明、江志磊

完成日期：2009年11月11日

成果登记号：建科评[2009]第010号

1.成果简介

在BS-P自粘橡胶沥青卷材的基础上，采用双膜技术，研发出可干、湿铺两用自粘卷材—"贴必定"WSP（超级P型）自粘防水卷材。本成果杜绝了"窜水"层的产生，提高了防水系统的可靠性得。

2.应用与效益

本成果已在多个工程中应用，效果良好。

(十五)湿铺法弹性体改性沥青防水卷材(WP-SBS)

完成单位：深圳市卓宝科技股份有限公司、苏州卓宝科技有限公司

主要完成人：邹先华、徐明、江志磊、黄行、李清宇

完成日期：2009年3月25日

成果登记号：建科评[2009]第057号

1.成果简介

湿铺法弹性体改性沥青防水卷材（WP-SBS）是在普通弹性体改性沥青防水卷材的基础上，增加湿铺粘结层，预留自粘或热熔搭接边制成。该卷材除具有普通SBS防水卷材的优点外，创新出卷材采用水泥(砂)浆湿铺粘贴的施工方法，解决了SBS卷材在潮湿基面施工的难题。

2.应用与效益

本成果已在多个工程中应用，效果良好。

(十六)自粘橡胶沥青防水卷材

发明人：邹先华、李明扬、黄玉环

专利号：ZL 02 2 32772.X

专利权人：深圳市卓宝科技有限公司

1.成果简介

用于工业、民用建筑的防水、防潮工程，干铺自粘粘贴，施工简便，搭接可靠，施工安全。

2.应用及效益

该专利技术于2001年开始生产，应用于深圳会展中心等项目，加快了施工进度，节省了施工成本。

(十七)一种可与水泥基面结合的复合防水卷材

发明人：邹先华、李明扬、江河、李忠人

专利号：ZL 2003 2 0104381.5

专利权人：深圳市卓宝科技股份有限公司

1.成果简介

该防水卷材采用湿铺法（水泥浆或水泥砂浆粘贴自粘卷材）施工，基层基本平整即可，允许基面潮湿，粘结材料采用水泥（砂）浆，实现微观满粘，避免"窜水"现象的发生，提高了防水可靠性；施工过程无需使用有机溶剂及热熔火烤，安全环保；施工方便，确保了防水施工质量稳定。

2.应用及效益

本成果已纳入国家规范《地下工程防水技术规范》（GB50108-2008）及国家标准《预铺湿铺防水卷材》（GB/T 23457-2009），应用于国内数百项工程，加快了施工进度，节省了施工成本。

(十八)可预铺自粘防水卷材

发明人：李忠人、江河

专利号：ZL 2004 2 0008931.8

专利权人：深圳市卓宝科技股份有限公司

1.成果简介

该卷材可以与后浇筑混凝土紧密粘结，即使长期水浸，依然能够与混凝土牢固、持久、紧密的粘结，从而形成可靠的"皮肤式"防水体系，杜绝了"窜水"层的产生，消除了渗漏产生的必要条件，极大地提高防水可靠性，降低后续维护费用。该成果已被纳入国家规范《地下工程防水技术规范》（GB50108-2008）及国家标准《预铺湿铺防水卷材》（GB/T 23457-2009）。

2.应用及效益

该成果已应用于数百个工程项目，效果良好。

(十九)复合防水卷材及使用改复合防水卷材的施工方法

发明人：邹先华、江河、李忠人、李明扬

专利号：ZL2003 1 0103896.8

专利权人：深圳市卓宝科技股份有限公司

1.成果简介

该材料在生产过程中，胎基经过多次涂覆，实现了7层构造（隔离膜、自粘胶料、SBS改性沥青、胎体材料、SBS改性沥青、自粘胶料、隔离膜），有效地避免了材料收缩，保持了卷材尺寸稳定性，提升了防水性能，降低了成本。

2.应用及效益

本成果已应用于数百项工程，效益良好。

(二十)高分子复合自粘防水卷材

发明人：李忠人、徐明、柳文君、林旭涛

专利号：ZL 2006 2 0120928.4

专利权人：深圳市卓宝科技股份有限公司

1.成果简介

针对暗挖隧道存在施工条件、环境恶劣（渗水、粉尘、闷热潮湿等）的情况，结合自粘卷材预铺反粘性能及高分子卷材施工方便、搭结可靠等性能，研发出高分子复合自粘防水卷材，该材具有施工简便、防水可靠等特点。

2.应用及效益

该技术应用在深盐二通道、狮子洋隧道、厦门成功大道隧道等工程，加快了施工速度，提高了隧道工程防水的可靠性。

(二十一)虹吸雨水斗

发明人：张雪亮、陆相君、邢福共

专利号：ZL2005 2 0132771.2

专利权人：深圳市卓宝科技股份有限公司

本成果雨水斗与屋面防水层之间采用填补国内外技术空白的独特机械固定（类似法兰结构）方式，彻底解决防水问题，实现了雨水排放与屋面防水的完美结合。独特的整流器设计，只需极低的斗前水深就能使系统形成虹吸。斗体外形美观耐用，机械强度高，施工便捷。

2.应用及效益

本成果广泛应用于大型公共、民用及工业建筑屋面雨水排水系统中，已有近200个工程项目采用，效果良好。

(二十二)雨水悬吊管道装置

发明人：邹先华、林捷生

专利号：ZL03 2 67765.0

专利权人：深圳市卓宝科技股份有限公司

1.成果简介

本成果将雨水悬吊管轴向伸缩产生的膨胀应力由固定管卡传递到消能悬吊系统上消解，对建筑的结构本体不会造成影响。将雨水悬吊管工作状态下的振动荷载通过悬吊管卡传递到消能悬吊系统上，利用悬吊钢结构的刚性进行消解，有效减少管道的固定中与屋面的固定点数量，减少对屋面的破坏。本成果适合工厂化生产，现场组装方便，可加快施工速度，提高施工精度，保证工程质量。

2.应用及效益

本成果已广泛应用于大型公共、民用及工业建筑屋面雨水排水系统中，有近200个工程项目采用，效果良好。

(二十三)高弹厚质丙烯酸酯防水涂料(环保型HCA-101)

成果编号：建设部05-Z30-014；北京科委、发改委022400112B科技部2001EB000052；2002ED600081

完成单位：北京东方雨虹防水技术股份有限公司

完成时间：2000年7月

1.成果简介

本成果具有绿色环保、耐紫外线、耐候、耐老化、防水性能优异等特点。

2.应用与效益

在2009年深圳桃源村三期卫生间防水维修、深圳市第三人民医院厕浴间防水、华为坂田总部基地屋面防水维修等工程应用，效果很好。

(二十四)预铺式高分子防水卷材

完成单位：广东科顺化工实业有限公司

主要完成人：陈伟忠、陈志忠、苏醒、易进、曾新龙、郑烷

完成时间：2007年

成果登记号：粤建鉴字[2007]第22号

推广证号：广东省建设行业科技成果推广项目（证书号：2007041）

1.成果简介

本成果产品预铺式高分子防水卷材预铺于地下工程的基面和围护结构上，混凝土直接浇筑在卷材的粘结层上，粘结层可与浇筑的混凝土实现满粘贴，可在潮湿基面上施工，不用做基层的表面处理，不需要涂刷底油或热气烘干潮湿的基面，无挥发性物质。转角及复杂部位处理简单，不需要做水泥砂浆保护层。无需使用明火，安全、可靠、环保，施工方便。

2.应用与效益

自2007年起，本成果在深圳地铁五号线、地铁二号线2206标等工程中应用，累计产生经济效益1000多万元。

(二十五)“奇封”高密度聚乙烯(HDPE)排水保护板

发明人：陈伟忠

专利号：ZL 2005 2 0200837.7

专利权人：陈伟忠

完成单位：广东科顺化工实业有限公司

主要完成人：叶军、陈伟忠、冯胜利、高军

完成时间：2006年

推广证号：全国建材行业防水专项科技成果推广项目（证书号：2007FS-47-1）

1.项目简介

本成果以高密度聚乙烯塑料（HDPE）为主材，运用先进合成材料技术和加工成型技术，将现代薄膜隔离防排水技术融为一体，经过先进的工艺压型为凹凸有致的卷材，提供50%的排水空间，降低屋面排水率；超薄超轻的材质具有高强度、高韧性的特点，最大程度地节省了建筑空间，中凸结构将面层与结构基层脱开，通过支点传递压力，在支点之间形成整体的建筑空隙夹层，空隙层具有排水、隔热、通风、隔声、穿线等多种功能。

2.应用与效益

自2007年起，本成果在万科第五园、万科中心项目、深圳地铁项目、深圳晶岛国际购物广场地下室顶板种植屋面防排水项目、大连石门山隧道、哈尔滨隧道等工程中应用，累计产生经济效益800多万元。

(二十六)FJS反应型聚合物防水涂料

完成单位：广东科顺化工实业有限公司

主要完成人：王庆安、汪文枝、姚清生、陈伟忠、阮宜萍、刘国华、邱敏志、周宇、慕容堂、王永成

完成时间：2004年

推广证号：全国建设行业科技成果推广项目（证书号：2005091）

1.项目简介

本成果采用特殊原料制成，具有固含量高、不含乳化剂、长期浸泡不返乳、防水效果持久、材料反应固化成膜受环境因素影响小、可以直接应用于潮湿基面施工等特点。

2.应用与效益

自2005年起，本成果在万科佛山乐购购物中心、杭州公元大厦、昆山康城花园、贵阳第二客运站等工程中应用，累计产生经济效益1200多万元。

(二十七)康优930水固化聚氨酯防水涂料

完成单位：广东科顺化工实业有限公司

主要完成人：王庆安、王云浩、姚清生、黄谋、汪文枝

完成时间：2004年

推广证号：全国建设行业防水专项科技成果推广项目（证书号：2007FS-29-1）

1.成果简介

本成果产品单组份包装直接加水固化无毒、无公害，产品经中国疾病预防控制中心依据《急性毒性试验》（GB/15193.3-94）标准检测属无毒产品。产品符合《环境标志产品技术要求：水性涂料》（HBC12-2002）的标准，可直接用于饮用水工程。

本产品防水涂膜具有拉伸强度大、断裂伸长率高、耐候性能好、适应变形能力强等特点。

2.应用与效益

自2005年起，本成果在深圳金润大厦、佛山香格里拉豪园、南海万科四季花城、东莞东骏豪苑、黄江雍雅山庄、广州信合大厦、岭南明珠体育馆等工程中应用，累计产生经济效益5000多万元。

(二十八)预铺式高分子防水卷材

发明人：陈伟忠

专利号：ZL 2005 2 0200836.2

专利权人：陈伟忠

推广证号：广东省建设厅2007041号

完成单位：广东科顺化工实业有限公司

完成时间：2007年1月

1.成果简介

本成果产品能承受直接作用其上的施工荷载及钢筋骨架的冲击，也不需要另做保护层，粘结层可与浇筑的混凝土实现满面粘结，解决了防水卷材被破坏后容易发生横向窜水的技术问题。主要应用于地下防水工程和洞体隧道等工程的防水防渗。

2.应用及效益

本专利技术自2007年起，在深圳地铁五号线、地铁二号线2206标等工程中应用，累计产生经济效益1000多万元。

(二十九)高聚物改性沥青自粘防水卷材

发明人：陈伟忠

专利号：ZL 2004 3 0038339.8

专利权人：陈伟忠

1.成果简介

本成果产品可在潮湿基面上施工，可直接施工在混凝土基面上而省去找平层；用聚合物砂浆粘结自粘卷材，两道防水复合设防；无需使用明火，安全、可靠、环保，施工方便。

2.应用及效益

本专利技术自2004年起，在深圳地铁项目、深圳怡景中心城、深圳晶岛国际购物广场等工程中应用，累计产生经济效益1.3亿元。

(三十)KS-991R施耐特防水涂料

完成单位：广东科顺化工实业有限公司

主要完成人：王庆安、王云浩、姚清生、黄谋、汪文枝

完成时间：2005年

所获奖项：优秀新技术（产品）推荐项目（证书号：深建学推字[2005]04号）

1.成果简介

本成果产品具有极高的抗拉强度、优异的延伸性能，在湿饱和状态下的基面施工仍具有优异的粘结力，耐候性优良，符合环保涂料要求，施工方便，质量可靠。

2.应用与效益

自2005年起，本成果在南海玫瑰园、城市主场公寓、凤凰大厦、首钢体育场、北京小汤山温泉度假村、罗马嘉园等工程中应用，累计产生经济效益3500多万元。

(三十一)APF自粘卷材—聚合物砂浆粘结复合防水系统

成果编号：广东省建设厅2009013

完成单位：广东科顺化工实业有限公司

完成时间：2009年1月~2011年12月

1.项目简介

本防水系统可在潮湿基面上施工，可直接施工在混凝土基面上，省去找平层，聚合物砂浆粘结自粘卷材形成两道防水复合设防，不使用明火，安全、环保，施工方便。

2.应用与效益

本系统经在深圳地铁项目、深圳怡景中心城、深圳晶岛国际购物广场等工程中应用，效果良好。

(三十二)新型结构的聚乙烯涤纶高分子复合防水卷材

完成单位：深圳市成松实业发展有限公司

主要完成人：王新占、邓一民、郭飒妮、王松民、陈永刚、吴刚

完成时间：2007年7月01日

成果登记号：深科成登字第2007156号

成果简介

本成果产品抗拉强度，断裂伸长率大，抗渗能力强，低温柔性好，膨胀系数小，变形适应能力强，摩擦系数大，耐腐蚀，易粘贴，材质柔软，随服性好，重量轻，易翻卷，易剪切，施工操作简单，不动火，不动油，无毒、无味、无污染，可与多种胶粘剂配合使用，对基层无特殊要求，可在潮湿基面及无明水基面施工，能省去找平层，总体造价低。

(三十三)高分子蠕变型自粘卷材

完成单位：深圳市科荣兴实业有限公司

主要完成人：朱建雄、郎恒元、林建、朱光皓、康少兵、何芝林

完成时间：2006年

成果登记号：深科成鉴字第2006371号

1.项目简介

本成果产品生产工艺采用常温浇注式，设备简单，无需加热处理，节能；原材料为水合性高分子材料，可大大节约高分子材料用量。本产品应用时通过自身的蠕变来消除基层变形对防水层的影响，提高了防水性能。

2.应用与效益

本成果自2006年至今，广泛用于地下室和屋面防水工程，在深圳华立房地产新东豪园商住楼、越众集团中航花苑、珠海御景国际花园、东海地产商务中心、惠州異寮富巢酒店等工程中应用，防水效果良好，节省了材料，加快了施工进度，降低了工程造价。

(三十四)远程关料止流装置自粘防水卷材及其加工方法

发明人：朱光皓

专利号：ZL 2009 2 0130430.X　200610062576.6

专利权人：深圳市科荣兴实业有限公司

1.成果简介

本专利技术有效地提高了卷材生产的速度，大大降低了生产成本，节能、环保。

2.应用及效益

本专利技术于2006年起应用于倍耐克HP66高分子蠕变型自粘性卷材的生产，节能效果显著。

(三十五)聚氨酯防水涂膜技术应用

设计单位：深圳市建筑设计研究总院有限公司

主要完成人：陈春杏

完成时间：1988年8月

1.成果简介

聚氨脂防水涂膜具有良好的防水性能。

2.应用与效益

率先在深圳市的高层公共建筑项目金碧酒店采用性能良好的防水材料，提高其防水性能。该项目历经多年，仍具有较好的效果。该项目荣获深圳市优秀工程设计一等奖、广东省优秀勘测设计三等奖。

(三十六)911双组份聚氨酯防水涂料技术应用

完成时间：1998年，竣工2001年

完成单位：深圳市建筑设计研究总院有限公司、美国李名仪/廷丘勒建筑师事务所(合作设计单位)

主要完成人：陈达昌、董师标、涂宇红

1.成果简介

911聚氨酯防水涂料是焦油聚氨酯防水涂料的升级换代产品。涂料在施工涂覆后，经过化学反应固化后，形成坚固耐用无缝弹性胶膜。主要技术指标如下：固含量≥92%；拉伸强度≥1.9MPa；断裂伸长率≥450%；粘结强度≥0.5MPa；耐高低温：-35～100℃。该产品性能稳定，耐候性好，固体含量高，防水性能可靠；粘结力强，液态施工，室温固化，操作方便，工期短；具有优良的延伸性，抗拉强度，对防水基层的伸缩和开裂变形能起桥连作用；可在无明水潮湿的基面上施工；具有优异的耐低温性能；无污染，维修方便。

2.应用与效益

最早应用于深圳市招商银行大厦，效果良好。

(三十七)渗透结晶防水材料技术应用

完成单位：深圳市建筑设计研究总院有限公司、美国李名仪/廷丘勒建筑师事务所(合作设计单位)

主要完成人：涂宇红、樊勇、冯春、周原、岳红文、凌霞

完成时间：1998年，竣工2003年

1.成果简介

水泥基渗透结晶型防水涂料是由硅酸盐水泥，特别选用石英砂及多种活性化学成分配置成的一种粉状材料。防水原理是：与水作用后，材料中含有的活性化学物质通过载体向混凝土内部渗透，在混凝土中形成不溶于水的结晶体，填塞毛细孔道，与基层混凝土形成整体，从而使混凝土致密、防水，专用于地下混凝土结构及与水接触的混凝土结构。与传统的防水材料相比，水泥基渗透结晶型防水涂料具有如下特点：有良好的化学稳定性，无毒、无味、无污染，有利于环境保护；与基层混凝土有很好的相溶性；形成结晶并具有很强大渗透能力，可耐受强水压，有较强的裂缝自愈能力。防水层不怕磕碰，能承受一定外力作用；可在潮湿基层施工，施工方法简单，操作简便，大大缩短了工期；材料不存在老化问题，是一种永久性防水措施。

2.应用与效益

在深圳市民中心西、中、东区的各地下室的外防水采用了水泥基渗透结晶型防水涂料。工程竣工至今，未发生严重渗漏情况，效果良好。

(三十八)APP改性沥青防水卷材技术应用

完成单位：深圳市建筑设计研究总院有限公司

主要完成人：卢昌海、张一莉

完成时间：1990年11月，竣工1993年12月

所获奖项：1996年荣获深圳市优秀设计二等奖

1.成果简介

“APP改性沥青防水卷材”是以APP(无规聚丙烯）或APAO、APO（聚烯烃类聚合物）改性沥青为浸涂材料，以优质聚酯毡、玻纤毡、复合胎布为胎基，以细砂、矿物、PE膜、铝膜等为覆面材料，采用先进的工艺精制而成的塑性体改性沥青防水卷材。其特点是：抗拉强度高，延伸率大，具有良好的弹塑性，适应结构基层变形强；分子机构稳定，耐老化期长（15年以上），具有良好的耐高温性能和低温柔性，特别适合炎热高湿地区；耐水性好，耐腐蚀能力强，适用面广；施工简单。

2.应用与效益

该材料首次在新世纪酒店应用，地下室和屋面均采用“APP改性沥青防水卷材”进行防水设计。在当时未有防水设计规范和标准图集的情况下，地下室外墙采用外防水构造做法无疑是一项巨大的创新尝试。为了保证工程的防水质量，该项目地下室在外防水的基础上还增加了内防水，事实证明效果良好，为后来酒店功能的改造和使用以及规范标准的编制提供了有利条件。

(三十九)“聚合物水泥基防水涂料”应用

完成单位：深圳市建筑设计研究总院有限公司

主要完成人：麦旋威、李军、徐金荣

完成时间：2002年2月，竣工2002年12月

1.成果简介

聚合物水泥基防水涂料加强了对各基底的粘结力，具有透气不渗水、柔韧性好、耐候性强、施工简便、潮湿区域可以施工、环保等创新点。

2.应用与效益

香蜜湖水榭花都项目的外墙、厨房、卫生间等均采用“聚合物水泥基防水涂料”进行防水设计，防水效果良好。

该项目2004年荣获深圳市优秀设计一等奖，2005年获广东省优秀设计二等奖，2005年获建设部优秀设计三等奖。

(四十)“聚乙烯丙纶高分子防水卷材”技术应用

完成单位：深圳市建筑设计研究总院有限公司

主要完成人：陈更新、刘争

完成时间：2004年9月，竣工2006年12月

1.成果简介

该材料为三层式结构，表面增强；芯层（主防水层）采用了支比度较高(大分子侧链多)的线性低密度聚乙烯(LLDPE)，其延伸性、不透水性、柔软性、抗穿刺性、耐低温性能较好；表面为丙纶（涤纶）无纺布，通过与芯层的复合，解决了聚乙烯线胀系数大的不足。增加了产品表面的粗糙度，提高了产品的摩擦系数，并使复合卷材的粘结问题得以解决，实现了水泥粘结。属于合高分子防水卷材系列，他除了完全具有合成高分子卷材的优点外，其自身最突出的特点，在于其表面的网状结构，使其具有了自己独特的使用性能——水泥粘结。

因聚乙烯丙纶高分子防水卷材可用水泥直接粘结，因此在施工过程中不受基层含水率的影响，只要无明水即可施工。

2.应用与效益

福岸新洲名苑地下室、屋面采用了聚乙烯丙纶防水卷材，效果良好。项目于2008年获广东省优秀设计二等奖。

第十三章

深圳市建设行业有关单位主编或参编的国家、行业及地方技术标准

建筑专业

标准名称：《建筑装饰装修工程质量验收规范》
标准编号： GB 50210-2001
参编单位：深圳市建设工程质量监督检验总站、深圳市科源建筑装饰工程有限公司
参编人员：李子新、庄可章
发布时间：2001年11月1日

标准名称：《屋面及外墙隔热构造图集》
标准编号：SZJT-01
参编单位：江苏省华建建设股份有限公司深圳分公司
参编人员：朱国梁
发布时间：2001年

标准名称：《深圳市居住建筑节能设计规范》
标准编号：SJG 10-2003
参编单位：深圳市经济贸易局资源节约与综合利用办公室（主编）、深圳市建设局科技教育处（主编）、深圳市住宅局规划设计出（主编）、深圳市建筑科学研究院有限公司（主编）、深圳市建筑设计研究总院、深圳万科企业股份有限公司
参编人员： 叶青、刘俊跃、李承宗、李劲鹏、李晓君、朱银洪、罗刚、吴大农、肖景文、周泓、徐俊雄、黄俊红
发布时间：2003年7月

标准名称：《公共建筑节能设计标准》
标准编号：GB 50189-2005
参编单位：深圳市方大装饰工程有限公司
参编人员：曾晓武
发布时间：2005年4月4日

标准名称：《屋面外墙隔热构造图集》
标准编号：SZJT -01
参编单位：深圳市墙体材料改革办公室、深圳市建筑科学研究院有限公司
参编人员：卜增文、刘俊跃、杨衡、张延宏、黄邦杰、罗刚
发布时间：2006年3月7日

标准名称：《屋面外墙隔热构造图集》
标准编号：SZJT -02
参编单位：深圳市墙体材料改革办公室、深圳市建筑科学研究院有限公司
参编人员：卜增文、刘俊跃、罗刚、杨衡、罗哲尔
发布时间：2006年3月7日

标准名称：《深圳市居住建筑节能设计标准实施细则》
标准编号：SJG 15-2005
参编单位：深圳市墙体材料改革办公室（主编）、深圳市建筑科学研究院（主编）、香港华艺设计顾问（深圳）有限公司、深圳市电子院有限公司
参编人员：叶青、李泽武、刘俊跃、马晓雯、卜增文、吴大农、孙剑、宁琳、许维宁、顾群
发布时间：2006年3月

标准名称：《国家机关办公建筑及大型公共建筑分项能耗数据采集技术导则》
标准编号：建科[2008]114号
参编单位：深圳市建筑科学研究院有限公司
发布时间：2008年7月2日

标准名称：《深圳市绿色建筑评价规范》
标准编号：SZJG 30-2009
参编单位：深圳市建筑节能与墙体材料改革办公室、深圳市建筑科学研究院有限公司
参编人员：叶青、刘俊跃、卜增文、马晓雯、鄢涛、吴珍珍、沈宓、王莉芸、罗刚、毛洪伟、袁小宜、郭永聪
发布时间：2009年8月1日

标准名称：《公共建筑节能设计标准》深圳实施细则
标准编号：SZJG 29-2009
参编单位：深圳市建筑节能与墙体材料改革办公室（主编）、深圳市建筑设计研究总院（主编）、深圳市建筑科学研究院有限公司（主编）、香港华艺设计顾问（深圳）有限公司、深圳市电子院设计有限公司
参编人员：叶青、刘俊跃、李泽武、马晓雯、凌智敏、卜增文、吴大农、孙剑、宁琳、许维宁、李蕾、郭永聪
发布时间：2009年8月1日

标准名称：《可再生能源建筑应用示范项目数据监测技术导则》（试行）
标准编号：建科节函[2009]146号
参编单位：深圳市建筑科学研究院有限公司
参编人员：郭梁雨、田智华
发布时间：2009年11月12日

结构专业

标准名称：《深圳地区钢筋混凝土高层建筑结构设计试行规程》
标准编号：SJG I-84
参编单位：特区建设公司总工程师室、深圳市建筑设计院、深圳市勘察测量公司
参编人员：黎克强、陈景坚
发布时间：1984年1月

标准名称：《深圳地区建筑地基基础设计试行规程》
标准编号：SJG 1-88
参编单位：深圳市建设局（主编）、深圳市建筑设计院（主编）、深圳市建筑工务局、深圳市建筑科学中心、深圳市工程质量监督检验站、深圳市勘察测量公司、深圳市工程地质勘察公司、深圳工程咨询公司、中航深圳建筑设计院、深圳市建设（集团）公司、深圳机场建设领导小组办公室
参编人员：黎克强、梁炳泉、郭奕才、刘有德、刘铮华、刘维廉、刘有兆、秦绍元、姜云龙、张镇、康镇江、黄岫峰、顶祖泽、黄振熙、顾张根、刘家明、陈景坚
发布时间：1990年2月

标准名称：《冷轧变形钢筋混凝土结构设计与施工规程》
标准编号：DBJ/T 15-7-92
参编单位:深圳市建设局（主编）、深圳大盟冷轧变形钢筋有限公司
参编人员：黎克强、龚兆吉、刘有兆、赵国藩、蒋大骅、白生翔、姜三纲、范绥之、李京一
发布时间：1992年10月1日

标准名称：《非承重混凝土小型空心砌块墙体技术规程》
标准编号： SJG 06-1997
参编单位：深圳大学建筑设计研究院、深圳市宝安区建设局、江苏建安深圳一公司、深圳市展翼轻质墙体材料有限公司、深圳市宝安建筑设计院、深圳市龙林工贸公司建材厂、深圳市建筑设计总院总师室、深圳市金众股份有限公司
参编人员：支国祯、黄英燧、高泉、袁光宗、静恩渤、刘建兰、黎建邦、谭志仁、张典福、叶英明、徐英伟、范晖涛、张道真、唐绍光、宿东、安志宏、文键初、杨煜、林江、黄兴、马绍驹、叶英明、唐绍光
发布时间：1997年

标准名称：《非承重混凝土小型砌块砌体工程技术规程》
标准编号：DBJ/T 15-18-97
参编单位： 深圳市墙体革新领导小组办公室
参编人员：潘石金、胡美华
发布时间：1997年7月1日

标准名称：《建筑抗震设计规范》
标准编号： GB 50011-2001
参编单位：深圳市建筑设计研究总院有限公司、深圳大学建筑设计研究院
参编人员：王彦深、傅学怡
发布时间：2001年7月20日

标准名称：《高层建筑混凝土结构技术规程》
标准编号：JGJ 3-2002
参编单位：深圳大学建筑设计研究院
参编人员：傅学怡
发布时间：2002年6月3日

标准名称：《钢管混凝土叠合柱结构技术规程》
标准编号： CECS 188：2005
参编单位：深圳市建筑设计研究总院有限公司
参编人员：牛盾生、王启文
发布时间：2005年8月31日

标准名称：《预应力钢结构技术规程》
标准编号：CECS 212:2006
参编单位：深圳三鑫玻璃幕墙工程公司、深圳建升和 钢结构建筑安装公司
参编人员：姚裕昌、鲍广鉴
发布时间：2006年10月22日

标准名称：《建筑铜管管道工程连接技术规程》
标准编号：CECS 228:2007
参编单位：深圳市建设工程质量监督总站
参编人员：刘锋钢、何庆丰、马杰
发布时间：2007年12月30日

标准名称：《冷轧变形钢筋混凝土构件技术规程》
标准编号：DBJ/T 15-7-2007
参编单位： 深圳市建设局、深圳市土木建筑学会、深圳市康平金达科技有限公司、中国建筑科学研究院深圳分院、深圳市鑫中建建筑设计顾问有限公司、深圳市建筑设计研究总院第三设计院、深圳泛华工程集团有限公司、中建三局第二建设责任有限公司深圳分

公司、深圳市建设工程质量检测中心、深圳市建设工程质量监督总站、深圳市建筑新技术推广中心
参编人员：李荣强、黎克强、郑康平、魏琏、郭满良、王森、区国雄、黄孚浩、高称亭、陈仲华、仲政、段衡金、高泉、董重光、王志军
发布时间：2008年2月26日

标准名称：《预制装配整体式钢筋混凝土结构技术规程》
标准编号：DBSJG 18-2009
参编单位：万科企业股份有限公司（主编）、深圳泛华工程集团有限公司（主编）、深圳市华阳国际工程设计有限公司、深圳市建筑设计研究总院、中建国际设计有限公司、深圳市电子院设计有限公司、深圳市和致达建筑结构技术有限公司、深圳市建设工程质量监督总站、中国建筑第三工程局第一建设工程有限公司、中威预制混凝土产品有限公司
参编人员：魏琏、窦祖融、王庆扬、王传甲、王森、韦承基、江守来、刘洪海、刘琼祥、刘旭普、孙仁范、赵晓龙、郭满良、施永芒
发布时间：2009年9月30日

给排水专业

标准名称：《城市供水管网漏损控制及评定标准》
标准编号：CJJ 92-2002
参编单位：深圳市自来水集团有限公司
参编人员：陆坤明、蔡倩
发布时间：2002年9月19日

标准名称：《埋地聚乙烯给水管道工程技术规程》
标准编号：CJJ 101-2004
参编单位：深圳市水务（集团）有限公司
参编人员：韩德宏、宋林
发布时间：2004年5月8日

标准名称：《城市供水水质标准》
标准编号：CJ/T 206—2005
参编单位：深圳市水务（集团）有限公司
参编人员：张金松、陶涛、刘岳峰、陆坤明
发布时间：2005年2月5日

标准名称：《城市污水处理厂污泥检验方法》
标准编号：CJ/T 221-2005
参编单位：深圳水务集团水质监测中心
参编人员：李文宏、刘波、温小露、李冬梅、卢明宇、张凌云、叶一飞等
发布时间：2006年

标准名称：《室外排水设计规范》
标准编号：GB 50014-2006
参编单位：深圳市市政设计研究院有限公司
参编人员：刘章富
发布时间：2006年

标准名称：《旋转型喷头自动喷水灭火系统技术规程（给排水专业）》
标准编号：CECS 213：2006
参编单位：中建国际（深圳）设计顾问有限公司
参编人员：姜文源、娄玺明、梁振越
发布时间：2006年11月10日

标准名称：《火安注氮控氧防火系统技术规程（给排水专业）》
标准编号：DBJ/CT 523-2006
参编单位：中建国际（深圳）设计顾问有限公司
参编人员：姜文源、娄玺明、梁振越、吕晖
发布时间：2006年12月14日

标准名称：《瑞孚（RECOMB）沟槽式连接管道工程技术规程（给排水专业）》
标准编号：DBJ/CT 524-2007
参编单位：中建国际（深圳）设计顾问有限公司
参编人员：姜文源
发布时间：2007年7月16日

标准名称：《优质饮用水工程技术规程》
标准编号：SJG 16-2007
主编部门：深圳市建设局
主编单位：深圳市水务（集团）有限公司
参编单位：深圳市建设工程质量监督总站、深圳市建设工程质量检测中心、深圳市建筑科学研究院、深圳市利源水务设计咨询有限公司、深圳市深水海纳水务有限公司
参编人员：蔡倩、徐维发、刘岳峰、曲祥瑞、唐业梅、尹学康、黄宇阳、刘锋钢、谢传贵
发布时间：2007年11月1日

标准名称：《AD型特殊单立管排水系统技术规程（给排水专业）》
标准编号：CECS 232：2007

参编单位：中建国际（深圳）设计顾问有限公司
参编人员：姜文源、娄玺明、吕晖
发布时间：2007年12月26日

标准名称：《自动消防炮灭火系统技术规程（给排水专业）》
标准编号：CECS 245：2008
参编单位：中建国际（深圳）设计顾问有限公司
参编人员：姜文源
发布时间：2008年6月27日

标准名称：《TTC型卫生间同层排水系统(给排水专业)》
标准编号：2008沪S/T-204
参编单位：中建国际（深圳）设计顾问有限公司
参编人员：毛红卫、郑大华、姜文源、周洪宏
发布时间：2008年8月19日

标准名称：《建筑同层排水系统技术规程（给排水专业）》
标准编号：CECS 247：2008
参编单位：中建国际（深圳）设计顾问有限公司
参编人员：姜文源
发布时间：2008年8月19日

标准名称：《建筑给水排水设备器材术语（给排水专业）》
标准编号：CECS 277-2010
参编单位：中建国际（深圳）设计顾问有限公司
参编人员：姜文源、周洪宏
发布时间：2008年9月18日

标准名称：《泳池用聚氯乙烯膜片应用技术规程》
标准编号：CECS 208-2006
参编单位：深圳市建筑科学研究院
参编人员：王莹
发布时间：2008年11月1日

标准名称：《低阻力倒流防止器应用技术规程（给排水专业）》
标准编号：CECS 259:2009
参编单位：中建国际（深圳）设计顾问有限公司
参编人员：姜文源、张海宇、吕晖
发布时间：2009年7月27日

标准名称：《城镇排水设施气体的检测方法》
标准编号：CJ/T 307-2009
参编单位：:深圳市水务集团水质监测站等
参编人员：张凌云、谭美凌等
发布时间：2009年

标准名称：《城镇污水处理厂污泥泥质》
标准编号：GB 24188-2009
参编单位：深圳水务集团水质监测站等
参编人员：李文宏等
发布时间：2009年

标准名称：《城镇污水处理厂污泥处置-制砖用泥质》
标准编号：CJ / T289-2008
参编单位：深圳水务集团水质监测中心、
参编人员：刘波等
发布时间：2009年

标准名称：《深圳市供水行业技术进步指南》
标准编号：SZDB/Z 23—2009
参编单位：深圳市水务局、深圳市供水学会、深圳市水务（集团）有限公司、深水宝安水务有限公司
参编人员：张金松、刘丽君、刘江丽、曾文院、朱平生、刘岳峰、戴剑明、何谐、尤作亮、刘茜、王长平、蔡倩、尹学康、李一璇、邹启贤、廖镇坚、汪敏、赵国强、江贤新、齐玉玲、陈颂华、邓汇、刘旭辉、田恒、王丹、陈均贤
发布时间：2009年9月20日

标准名称：《深圳市排水管网维护管理质量标准》
标准编号：SZDB/Z 25—2009
参编单位：深圳市水务局、深圳市深水水务咨询有限公司、深圳市水务（集团）有限公司
发布时间：2009年11月27日
参编人员：李宝伟、常永第、张德浩、蔡敬、刘乾

标准名称：《建设项目用水节水评估报告编制规范》
标准编号：SZDB/Z 27-2010
参编单位： 深圳市节约用水办公室、深圳市利源水务设计咨询有限公司
参编人员：王丽、廖凤京、王冠平、杨亚静、刘军、张晓娜、付国徽
发布时间：2010年5月6日

标准名称：《埋地塑料排水管道工程技术规程》
标准编号：CJJ 143-2010
参编单位：深圳市水务（集团）有限公司
参编人员：朱平生、赵树林、陈华

发布时间：2010年5月18日

标准名称：《旋流加强型单立管排水系统技术规程（给排水专业）》
标准编号：CECS 271-2010
参编单位：中建国际（深圳）设计顾问有限公司
参编人员：郑大华、姜文源、张海宇、吕晖
发布时间：2010年7月1日

标准名称：《建筑给水排水薄壁不锈钢管连接技术规程（给排水专业）》
标准编号：CECS 277-2010
参编单位：中建国际（深圳）设计顾问有限公司
参编人员：郑大华、姜文源、张海宇、杨澎、刘文镔、彭洲、娄玺明、马敏、吕晖、李育松、周洪宏、刘彦菁
发布时间：2010年8月1日

电气专业

标准名称：《电子工业洁净厂房设计规范》
标准编号：GB 50472-2008
参编单位：深圳奥意建筑工程设计有限公司
参编人员：李杰
发布时间：2008年12月15日

标准名称：《体育建筑专用弱电系统设计安装（电气专业）》
标准编号：06DX701
参编单位：中建国际（深圳）设计顾问有限公司
参编人员：李志涛
发布时间：2009年9月1日

标准名称：《体育建筑智能化系统技术规程（电气专业）》
标准编号：JGJ/T 179-2009
参编单位：中建国际（深圳）设计顾问有限公司
参编人员：李炳华
发布时间：2009年7月9日

标准名称：《供配电系统设计规范（电气专业）》
标准编号：GB 50052-2009
参编单位：中建国际（深圳）设计顾问有限公司
参编人员：陈文良
发布时间：2009年11月11日

岩土专业

标准名称：《高层建筑岩土工程勘察规程》
标准编号：JGJ 72-90
参编人员：张旷成
发布时间：1991年8月1日

标准名称：《岩土工程勘察规范》
标准编号：GB 50021-94
参编单位：深圳市勘察测绘院
参编人员：张旷成、姜云龙、樊颂华
发布时间：1995年3月1日

标准名称：《深圳地区夯扩桩技术规程》
标准编号：SJG 03-96
参编单位：深圳市建筑设计总院、中国建筑科学研究院深圳分院、深圳市地质局、深圳市勘察研究院、深圳市勘察测绘院、深圳市建筑科学研究所、深圳市建设基础工程公司
参编人员：张咏梅、区国雄、王彦深、平涌潮、顾益子、李荣强、管文义、马烈、常璐
发布时间：1996

标准名称：《深圳地区地基处理技术规范》
标准编号：SJG 04-96
参编单位：深圳市勘察研究院、深圳市环宇岩土工程公司、深圳市勘察测绘院、深圳市岩土工程公司、
深圳地质勘探开发公司、深圳市建筑设计总院、深圳市工程质量监督总站、中国建筑科学研究院深圳分院、铁道部科学研究院深圳分院、冶金部建筑科学研究总院深圳分院、
参编人员：李荣强（主编）、张运标、秦宝玖、李福民、管文义、丘建金、沈孝宇、周国钧、夏静、黄柚峰、王维廉、平涌潮、顾益子、罗坚强、陆贻杰
发布时间：1996年7月1日

标准名称：《深圳地区建筑深基坑支护技术规范》
标准编号：SJG 05-96
主编单位：深圳市勘察测绘院、深圳市岩土工程公司
参编单位：深圳市勘察研究院、深圳市环宇岩土工程公司、深圳市建设工程质量监督总站、深圳市建筑设计院、深圳市地质局、中国建筑科学研究院深圳分院、冶金部建筑科学研究总院深圳分院、铁道部科学研究院深圳分院、中国船舶工业总公司第九设计研究院深圳分院
参编人员：张旷成、曾庆义、张镇、李荣强、秦宝玖、杨斌、毛

泊清、杨志银、夏静、黄柚峰、冯申铎、李长霖、戴运祥、沈孝宇、顾益子、刘国楠、麦朝明
发布时间：1996年12月1日

标准名称：《建筑基坑支护技术规程》
标准编号：JGJ 120-99
参编单位：深圳市勘察研究院、深圳市工程质量监督检验总站
参编人员：李荣强、杨志银、刘小敏、李子新
发布时间：1999年9月1日

标准名称：《地下铁道、轻轨交通岩土工程勘察规范》
标准编号：GB 50307-1999
参编单位：深圳市勘察测绘院
参编人员：刘官熙
发布时间：1999年12月15日

标准名称：《深圳地区基桩质量检测技术规程》
标准编号：SJG 09-99
参编单位：深圳市建设局技术管理处、深圳市勘察研究院、深圳市工程质量监督总站、深圳市福田区建设工程质量监督检验站、中国有色金属工业长沙勘察设计研究院深圳院、深圳市勘察测绘院、中国建筑科学研究院深圳分院
参编人员：李荣强（主编）、邓文龙、谭志仁、陈少波、蔡巧灵、徐慧、刘南渊、邱平、杨瑞清、管文义
发布时间：2000年1月1日

标准名称：《岩土工程勘察规范》
标准编号：GB 50021-2001
参编单位：深圳市勘察测绘院有限公司
参编人员：李荣强、张旷成、樊颂华
发布时间：2002年1月10日

标准名称：《高层建筑岩土工程勘察规程》
标准编号：JGJ 72-2004
参编单位：深圳市勘察测绘院
参编人员：张旷成、丘建金、张文华
发布时间：2004年10月1日

标准名称：《建筑地基处理技术规程》
标准编号：DBJ 15-38-2005
参编单位：深圳市勘察测绘院
参编人员：丘建金
发布时间：2005年2月3日

标准名称：《建筑变形测量规范》
标准编号：JGJ 8-2007
参编单位： 深圳市勘察测绘院有限公司
参编人员：王双龙
发布时间：2007年9月4日

标准名称：《工程测量规范》
标准编号：GB 50026-2007
参编单位： 深圳市勘察测绘院有限公司
参编人员：王双龙
发布时间：2007年10月25日

标准名称：《基坑支护技术规范》
标准编号：SJG 05-2010
参编单位：深圳市勘察测绘院、深圳市岩土工程公司、深圳市勘察研究院、深圳市工勘岩土工程公司、深圳市建筑设计研究总院有限公司、深圳市地质局、深圳市建筑科学研究院、中国建筑科学研究院深圳分院、深圳冶金院技术有限公司、中国铁道部科学研究院深圳分院、深圳市建设工程质量监督总站、深圳市施工安全监督站、深圳市建设工程质量检测中心、中国中铁南方投资发展有限公司、深圳市市政工程总公司
参编人员：丘建金、张旷成、杨斌、杨志银、温科伟、刘国楠、周洪涛、金亚兵、王启文、王贤能、黄圭峰、陈泽广、李爱国、刘小敏、刘南渊、孟祥臣、高俊合、刘建国
发布时间：2010年3月

轨道交通专业

标准名称：《城市轨道交通工程测量规范》
标准编号：GB 50308-2008
参编单位： 深圳市勘察测绘院
参编人员：王双龙
发布时间：2008年9月1日

标准名称：《城市轨道交通引起建筑物振动与二次辐射噪声限值及其测量方法标准》
标准编号：JGJ/T 170-2009
参编单位：深圳市地铁有限公司（主编）、深圳地铁三号线投资有限公司
参编人员：吴永芳、刘卡丁、邓秀娟、李兰青
发布时间：2009年3月15日

施工专业

标准名称：《建筑地基基础施工及验收规程》
标准编号：DBJ 15-201-91
参编单位：深圳市建设局
发布时间：1991年9月1日

标准名称：《建筑施工扣件式钢管脚手架安全技术规程》
标准编号：JGJ 130-2001
参编单位：深圳市建设工程质量监督总站
参编人员：袁欣平
发布时间：2001年2月9日

标准名称：《非承重砌体及饰面工程施工与验收规范》
标准编号：DBSJG 14-2004
参编单位：深圳市建设局科技教育处（主编）、深圳市建设工程质量监督总站（主编）、深圳市龙岗区建设工程质量监督检验站、深圳市宝安区建设工程质量监督检验站、江苏省华建建设股份有限公司深圳分公司、中国华西企业有限公司、中建保华建筑有限责任公司深圳分公司、深圳市第一建筑工程有限公司、深圳市住宅工程管理站、中国建筑科学研究院深圳分院、深圳市乐天品特涂饰有限公司
参编人员：李子新（主编）、郑晓生、陈少波、刘绪普、朱国梁、杜立新、钟志英、牛永宁、徐俊雄、段衡金、唐恩斯、陈跃聪、刘友先、李大寿、黄天杰、张辉、陈振基、胡美华
发布时间：2004年11月18日

标准名称：《建筑工程施工质量评价标准》
标准编号：GB /T 50375-2006
参编单位：深圳市建设工程质量监督总站
参编人员：袁欣平
发布时间：2006年7月20日

标准名称：《建筑节能工程施工质量验收规范》
标准编号：GB 50411-2007
参编单位：深圳市建设工程质量监督总站、深圳金粤幕墙装饰工程有限公司
参编人员：万树春、刘峰钢、韩红
发布时间：2007年1月16日

标准名称：《建筑地面工程施工质量验收规范》
标准编号：GB 50209-2009
参编单位：江苏省华建建设股份有限公司深圳分公司
参编人员：朱学农、朱国梁、吴碧桥
发布时间：2009年4月1日

标准名称：《建筑施工组织设计规范》
标准编号：GB/T 50502-2009
参编单位：深圳市科源建筑装饰工程有限公司
参编人员：罗璇
发布时间：2009年5月13日

标准名称：《建筑节能工程施工验收规范》
标准编号：SZJG 31-2010
参编单位：深圳市建筑科学研究院有限公司、江苏省华建建设股份有限公司深圳分公司、深圳市建设工程质量检测中心、深圳市宝安区建设局、深圳市龙岗区工程质量监督检验站、深圳市宝安区工程质量监督检验站、深圳市科源建设集团有限公司、深圳市越众（集团）股份公司、深圳市九州建设监理有限公司、招商局地产控股股份有限公司、深圳市乐天品特环保科技有限公司
参编人员：刘绪普、朱国梁、袁欣平、谢卫兵、朱银洪、刘锋钢、韩红、刘俊跃、马晓雯、高泉、郑晓生、张松、陈学颖、冼庆昌、剪爱森、高小龙、张印发、林武生、董中平
发布时间：2010年3月12日

混凝土专业

标准名称：《普通混凝土配合比设计规程》
标准编号：JGJ 55-2000
参编单位：深圳安托山混凝土公司
参编人员：李玮
发布时间：2001年

标准名称：《预拌混凝土》
标准编号：GB/T 14902-2003
参编单位：深圳安托山混凝土公司
参编人员：梁锡武
发布时间：2003年7月1日

标准名称：《预拌砂浆生产与应用技术规范》
标准编号：DBSJG 12-2004
参编单位：深圳市建设局科技教育处、深圳大学结构工程研究所、深圳市万科房地产有限公司、深圳市富通混凝土有限公司、深圳市华润铁建混凝土有限公司
参编人员：王瑞华、卢继常、邢锋、陆晗、吴义明、吴自全、陈振荣、杨斌、唐振忠、徐青、谭志仁

发布时间：2004年11月18日

标准名称：《干粉砂浆生产与应用技术规范》
标准编号：DBSJG 11-2004
参编单位：深圳市建设局科技教育处、深圳大学结构工程研究所、深圳市万科房地产有限公司、深圳市富通混凝土有限公司、深圳市华润铁建混凝土有限公司
参编人员：王瑞华、卢继常、邢锋、陆晗、吴义明、吴自全、陈振荣、杨斌、唐振忠、徐青、谭志仁
发布时间：2004年11月18日

标准名称：《混凝土用水标准》
标准编号：JGJ 63-2006
参编单位：深圳高新建商品混凝土有限公司
参编人员：邢锋
发布时间：2006年7月25日

标准名称：《环境标志产品技术要求 预拌混凝土》
标准编号：HJ/T 412-2007
参编单位：深圳市安托山混凝土有限公司
发布时间：2008年9月5日

标准名称：《混凝土结构耐久性设计规范》
标准编号： GB/T 50476-2008
参编人员：邢锋、陈肇元
发布时间：2008年11月12日

幕墙专业

标准名称：《点支式玻璃幕墙支承装置》
标准编号：JG 138-2001
参编单位：深圳市三鑫特种玻璃技术股份有限公司
参编人员：韩元平、王德勤
发布时间：2001年11月21日

标准名称：《吊挂式玻璃幕墙支承装置》
标准编号：JG 139-2001
参编单位：深圳市三鑫特种玻璃技术股份有限公司
参编人员：韩元平、王德勤、李涛
发布时间：2001年11月21日

标准名称：《建筑外窗抗风压性能分级及检测方法》
标准编号：GB/T 7106-2002
参编单位：深圳市富诚幕墙装饰工程有限公司
参编人员：姚耘辉
发布时间：2002年4月28日

标准名称：《建筑外窗气密性能分级及检测方法》
标准编号：GB/T 7107-2002
参编单位：深圳市富诚幕墙装饰工程有限公司
参编人员：姚耘辉
发布时间：2002年4月28日

标准名称：《建筑外窗水密性能分级及检测方法》
标准编号：GB/T 7108-2002
参编单位：深圳市富诚幕墙装饰工程有限公司
参编人员：姚耘辉
发布时间：2002年4月28日

标准名称：《中空玻璃》
标准编号：GB/T 11944-2002
参编单位：中国南玻科技控股（集团）股份有限公司
发布时间：2002年6月12日

标准名称：《广东省铝合金门窗设计、施工及验收规范》
标准编号：DBJ 15-30-2002
参编单位：深圳华加日铝业有限公司
参编人员：张根祥
发布时间：2002年10月18日

标准名称：《镀膜玻璃第1部分：阳光控制镀膜玻璃》
标准编号：GB 18915.1-2002
参编单位：中国南玻科技控股（集团）股份有限公司
参编人员：朱梅、周安心
发布时间：2002年12月17日

标准名称：《镀膜玻璃第2部分：低辐射镀膜玻璃》
标准编号：GB/T 18915.2-2002
参编单位：中国南玻科技控股（集团）股份有限公司
参编人员：朱梅、周安心
发布时间：2002年12月17日

标准名称：《铝塑复合板（框架）幕墙图集》
标准编号：GJBT-600/03J103-5
参编单位：深圳市瑞华建设股份有限公司
参编人员：汤丽、汤劲松、曾会容、黄东亮
发布时间：2003年2月15日

标准名称：《铝合金门》
标准编号：GB/T 8478-2003
参编单位：深圳华加日铝业有限公司
参编人员：张根祥
发布时间：2003年3月12日

标准名称：《铝合金窗》
标准编号：GB/T 8479-2003
参编单位：深圳华加日铝业有限公司
参编人员：张根祥
发布时间：2003年3月12日

标准名称：《建筑玻璃应用技术规程》
标准编号：JGJ 113-2003
参编单位：中国南玻科技控股（集团）股份有限公司
参编人员：许武毅
发布时间：2003年3月28日

标准名称：《玻璃幕墙工程技术规范》
标准编号：JGJ 102-2003
参编单位：深圳方大装饰工程有限公司、深圳市三鑫特种玻璃技术股份有限公司、深圳北方国际实业股份有限公司
参编人员：李涛
发布时间：2003年

标准名称：《铝及铝合金阳极氧化膜厚度的测量方法第1部分：测量原则》
标准编号：GB/T 8014.1-2005
参编单位：深圳华加日铝业有限公司
参编人员：熊进平
发布时间：2005年7月4日

标准名称：《铝及铝合金阳极氧化膜厚度的测量方法第2部分：质量损失法》
标准编号：GB/T 8014.2-2005
参编单位：深圳华加日铝业有限公司
参编人员：熊进平
发布时间：2005年7月4日

标准名称：《铝及铝合金阳极氧化膜厚度的测量方法第3部分：分光束显微镜法》
标准编号：GB/T 8014.3-2005
参编单位：深圳华加日铝业有限公司
参编人员：熊进平
发布时间：2005年7月4日

标准名称：《集成型铝合金门窗》
标准编号：JG/T 173-2005
参编单位：深圳市富诚幕墙装饰工程有限公司
参编人员：蔡贤慈、郑伟文、姚耘辉、周辉
发布时间：2005年7月19日

标准名称：《建筑用安全玻璃第2部分：钢化玻璃》
标准编号：GB 15763.2-2005
参编单位：中国南玻科技控股（集团）股份有限公司
参编人员：朱梅、艾发智
发布时间：2005年8月30日

标准名称：《建筑幕墙用钢索压管接头》
标准编号：JG/T 201-2007
参编单位：深圳市三鑫特种玻璃技术股份有限公司、深圳市坚朗建材有限公司
参编人员：张桂先、孙坚、王德勤、白宝鲲、花定兴
发布时间：2007年1月17日

标准名称：《建筑用不锈钢绞线》
标准编号：JG/T 200-2007
参编单位：深圳市三鑫特种玻璃技术股份有限公司、深圳市坚朗建材有限公司
参编人员：张桂先、孙坚、王德勤、白宝鲲
发布时间：2007年1月17日

标准名称：《铝及铝合金阳极氧化膜与有机聚合膜第1部分阳极氧化膜》
标准编号：GB/T 8013.1-2007
参编单位：深圳华加日铝业有限公司
发布时间：2007年4月30日

标准名称：《铝及铝合金阳极氧化膜与有机聚合膜第2部分阳极氧化复合膜》
标准编号：GB/T 8013.2-2007
参编单位：深圳华加日铝业有限公司
发布时间：2007年4月30日

标准名称：《建筑幕墙气密、水密、抗风压性能检测方法》
标准编号：GB/T 15227-2007
参编单位：深圳市三鑫特种玻璃技术股份有限公司

参编人员：张桂先
发布时间：2007年9月11日

标准名称：《建筑幕墙》
标准编号：GB/T 21086-2007
参编单位：深圳市中航幕墙工程有限公司、深圳市科源建筑装饰工程有限公司、深圳三鑫玻璃技术股份有限公司、深圳市新山幕墙技术咨询有限公司、深圳市方大装饰工程有限公司、深圳西林实业股份有限公司、深圳安捷幕墙科技有限公司
参编人员：杜继予、闭思廉、王德勤、罗璇
发布时间：2007年9月11日

标准名称：《建筑玻璃采光顶》
标准编号：JG/T 231-2007
参编单位：深圳市三鑫特种玻璃技术股份有限公司、深圳市方大装饰工程有限公司、中国南玻集团股份有限公司
参编人员：张桂先、谢士涛、许武毅、王德勤
发布时间：2007年12月24日

标准名称：《建筑装饰用搪瓷钢板》
标准编号：GB/T 234-2008
参编单位：深圳市新山幕墙技术咨询有限公司、深圳市科源建设集团有限公司
参编人员：杜继予、窦铁波
发布时间：2008年6月3日

标准名称：《采光测量方法》
标准编号：GB/T 5699-2008
参编单位：中国南玻科技控股（集团）股份有限公司
参编人员：许武毅
发布时间：2008年7月16日

标准名称：《建筑门窗洞口尺寸系列》
标准编号：GB/T 5824-2008
参编单位：深圳市新山幕墙技术咨询有限公司、深圳市泰然铝合金工程有限公司
参编人员：窦铁波、粟曙
发布时间：2008年7月30日

标准名称：《建筑门窗术语》
标准编号：GB/T 5823-2008
参编单位：深圳市新山幕墙技术咨询有限公司
参编人员：杜继予
发布时间：2008年7月30日

标准名称：《铝合金门窗》
标准编号：GB/T 8478-2008
参编单位：深圳市市新山幕墙技术咨询有限公司、深圳金粤幕墙装饰工程有限公司、深圳华加日铝业有限公司、深圳南玻工程玻璃有限公司、深圳市泰然铝合金工程有限公司
参编人员：杜继予、麦华健、许武毅、王春、粟曙、刘海波
发布时间：2008年8月7日

标准名称：《建筑门窗玻璃幕墙热工计算规程》
标准编号：JGJ/T 151-2008
参编单位：中国南玻科技控股（集团）股份有限公司、深圳市建筑科学研究院
参编人员：许武毅、刘俊跃
发布时间：2008年11月13日

标准名称：《建筑用安全玻璃第3部分：夹层玻璃》
标准编号：GB 15763.3-2009
参编单位：中国南玻科技控股（集团）股份有限公司、信义玻璃控股有限公司
参编人员：刘海波
发布时间：2009年3月28 日

标准名称：《建筑用安全玻璃 防火玻璃》
标准编号：GB 15763.1-2005
参编单位：中国南玻科技控股（集团）股份有限公司
参编人员：朱梅、艾发智
发布时间：2005年12月

防水专业

标准名称：《建筑防水工程技术规程》
标准编号：DBJ 15-19-97
参编单位：深圳大学建筑系、深圳大学建筑设计研究院
参编人员：张道真
发布时间：1997年9月23日

标准名称：《自粘聚合物改性沥青聚酯胎防水卷材》
标准编号：JC 898-2002
参编单位：广东科顺化工实业有限公司、深圳市卓宝科技股份有限公司
参编人员：陈伟忠、邹先华
发布时间：2002年6月19日

标准名称：《建筑表面用有硅防水剂》
标准编号：JC/T 902-2002
参编单位：广东科顺化工实业有限公司
参编人员：陈伟忠
发布时间：2002年12月9日

标准名称：《聚氨酯防水涂料》
标准编号：GB/T 19250-2003
参编单位：广东科顺化工实业有限公司
参编人员：陈伟忠
发布时间：2003年7月23日

标准名称：《聚合物水泥防水砂浆》
标准编号：JC/T 984-2005
参编单位：深圳市建筑科学研究院、深圳新黑豹建材有限公司、广东科顺化工实业有限公司
参编人员：王莹、王荣柱、陈伟忠
发布时间：2005年4月11日

标准名称：《建筑防水工程技术规程》
标准编号：DBJ 15-19-2006
参编单位：江苏省华建建设股份有限公司深圳分公司
参编人员：朱国梁
发布时间：2006年10月24日

标准名称：《水性渗透型无机防水剂》
标准编号：JC/T 1018-2006
参编单位：深圳市建筑科学研究院
参编人员：王莹
发布时间：2006年11月3日

标准名称：《陶瓷墙地砖填缝剂》
标准编号：JC/T 1004-2006
参编单位：深圳市建筑科学研究院
参编人员：王莹
发布时间：2006年12月1日

标准名称：《种植屋面防水工程技术规程》
标准编号：JGJ 155-2007
参编单位：深圳大学建筑设计研究院
参编人员：张道真
发布时间：2007年7月2日

标准名称：《建筑防水涂料中有害物质限量》
标准编号：JC/T 1066-2008
参编单位：深圳市建筑科学研究院、广东科顺化工实业有限公司
参编人员：王莹、陈伟忠
发布时间：2008年2月1日

标准名称：《塑性体改性沥青防水卷材》
标准编号：GB 18243-2008
参编单位：广东科顺化工实业有限公司
参编人员：陈伟忠
发布时间：2008年9月18日

标准名称：《弹性体改性沥青防水卷材》
标准编号：GB 18242-2008
参编单位：广东科顺化工实业有限公司
参编人员：陈伟忠
发布时间：2008年9月18日

标准名称：《地下工程防水技术规范》
标准编号：GB 50108-2008
参编单位：深圳大学建筑设计研究院
参编人员：张道真
发布时间：2008年11月27日

标准名称：《带自粘层的防水卷材》
标准编号：GB/T 23260-2009
参编单位：广东科顺化工实业有限公司、深圳市卓宝科技股份有限公司
参编人员：邹先华、陈伟忠
发布时间：2009年3月9日

标准名称：《自粘聚合物改性沥青防水卷材》
标准编号：GB 23441-2009
参编单位：广东科顺化工实业有限公司、深圳市卓宝科技股份有限公司
参编人员：陈伟忠、邹先华
发布时间：2009年3月28日

标准名称：《预铺/湿铺防水卷材》
标准编号： GB/T 23457-2009
参编单位：广东科顺化工实业有限公司、深圳市卓宝科技股份有限公司
参编人员：陈伟忠、邹先华
发布时间：2009年3月28日

标准名称：《建筑胶粘剂试验方法 第1部分：陶瓷砖胶粘剂试验方法》
标准编号：GBT 12954.1-2008
参编单位：深圳市建筑科学研究院
参编人员：王莹
发布时间：2009年4月1日

标准名称：《深圳市建筑防水工程技术规范》
标准编号：SJG 19-2010
参编单位：深圳市建设工程质量监督总站、深圳市龙岗区工程质量监督检验站、深圳市宝安区工程质量监督检验站、深圳市万科房地产有限公司、深圳市建筑科学研究院有限公司、深圳大学、深圳弘深精细化工有限公司、深圳市新兴防水工程有限公司、深圳市卓宝科技股份公司
参编人员：郑晓生、李子新、项桦太、张道真、瞿培华、朱国梁、王莹、朱银洪、易举、江志磊、叶军、高泉、张冬茵、冼庆昌、高强、范宇、黄天杰
发布时间：2010年2月9日

编后语

刘琼祥

30年来，深圳经济特区从一个小渔村变成现代化大都市，深圳建设科技的发展也同城市的发展进程一样，用短短30年的时间完成了世界上一个普通城市需要几百年才能走完的历程。

此书收集了深圳经济特区发展30年建设科技成果一千多项，它将对国内外勘察设计建设工作者以及从事相关专业的科研、教学人员具有一定参考价值，也为海内外朋友了解深圳的建设科技发展提供了一个重要途径。

深圳经济特区30年的科技成果还远不止这一千多项，由于我们水平有限，有些参与深圳建设的单位和个人现在不在深圳，给收集资料带来了一定困难，因此还有不少科技成果还未列入。已编入的成果中，可能还有不少错误，请广大读者和有关专家批评指正。

在编辑此书的过程中，得到了深圳市领导的高度关注，建设局的领导亲自组织与协调，也得到本书顾问团队的许多指导与帮助，以及各主编、副主编单位和参编单位的大力支持，各位副主编的全力合作，编辑委员会全体同仁和参编人员的辛勤努力，特此表示衷心感谢！

2010年6月